"十二五"普通高等教育本科国家级规划教材

普通高等教育
建筑环境与能源应用工程系列教材

Building Environment and Energy Engineering

建筑消防设备工程（第5版）

编　著 /陈金华　李天荣　龙莉莉

主　审 /刘荣光　肖铁岩

重庆大学出版社

内容提要

本书是建筑环境与能源应用工程系列教材之一，先后被列为“十一五”和“十二五”普通高等教育本科国家级规划教材。全书共分为12章，详细介绍了建筑火灾的发生、发展、蔓延，烟气流及其危害，灭火剂及其应用，详细阐述了建筑消防设备工程各系统的分类、组成、工作原理、设计布置、计算方法等内容。本书是跨学科、跨专业的消防技术教学用书和科学研究与工程应用的参考书。

本书为高等院校建筑环境与能源应用工程、给排水科学与工程、建筑电气工程技术、消防工程等专业的教学用书，也可供从事建筑消防技术研究、消防工程设计与施工、消防行业管理等人员参考使用。

图书在版编目(CIP)数据

建筑消防设备工程/陈金华，李天荣，龙莉莉编著
.--5版.--重庆：重庆大学出版社，2023.10
普通高等教育建筑环境与能源应用工程系列教材
ISBN 978-7-5689-4163-1

Ⅰ.①建… Ⅱ.①陈… ②李… ③龙… Ⅲ.①建筑物
—消防设备—高等学校—教材 Ⅳ.①TU998.1

中国国家版本馆CIP数据核字(2023)第159772号

普通高等教育建筑环境与能源应用工程系列教材
建筑消防设备工程
(第5版)
编 著 陈金华 李天荣 龙莉莉
主 审 刘荣光 肖铁岩
责任编辑：张 婷 版式设计：张 婷
责任校对：谢 芳 责任印制：赵 晟
*
重庆大学出版社出版发行
出版人：陈晓阳
社址：重庆市沙坪坝区大学城西路21号
邮编：401331
电话：(023)88617190 88617185(中小学)
传真：(023)88617186 88617166
网址：http://www.cqup.com.cn
邮箱：fxk@cqup.com.cn(营销中心)
全国新华书店经销
重庆市正前方彩色印刷有限公司印刷
*
开本：787mm×1092mm 1/16 印张：23.75 字数：594千
2006年9月第1版 2023年10月第5版 2023年10月第15次印刷
印数：33 001—36 000
ISBN 978-7-5689-4163-1 定价：65.00元

序

20世纪50年代初期,为了满足北方采暖和工业厂房通风等迫切需要,全国在八所高校设立"暖通"专业,随即增加了"空调"内容,培养以保障工业建筑生产环境、民用建筑生活与工作环境的本科专业人才。70年代末,又设立了"燃气"专业。1998年二者整合为"建筑环境与设备工程"。随后15年,全球能源环境形势日益严峻,保障建筑环境上的能源消耗更是显著加大。保障建筑环境、高效应用能源成为当今社会对本专业的两大基本要求。2013年,国家再次扩展本专业范围,将建筑节能技术与工程、建筑智能设施纳入,更名为"建筑环境与能源应用工程"。

[illegible]业内涵扩展的同时,规模也在加速发展。第一阶段,暖通燃气与空调工程阶段:近50[illegible]校由8所发展为68所;第二阶段,建筑环境与设备工程阶段:15年来,本科招[illegible]展到180多所,年招生规模达到1万人左右;第三阶段,建筑环境与能源应[illegible]一阶段有多长,难以预见,但是本专业由工程配套向工程中坚发展是必然的。[illegible]之第二阶段,社会背景也有较大变化,建筑环境与能源应用工程必须面对全国、全[illegible]化人才需求。过去有利于学生就业和发展的行业与地方特色,现已露出约束毕业生[illegible]展的端倪,针对某个行业或地方培养人才的模式需要作出改变。本专业要实现的培养目标是建筑环境与能源应用工程专业的复合型工程技术应用人才。这样的人才是服务于全社会的。

本专业科学技术的新内容主要在能源应用上:重点不是传统化石能源的应用,而是太阳辐射能和存在于空气、水体、岩土等环境中的可再生能源的应用;应用的基本方式不再局限于化石燃料燃烧产生热能,而将是依靠动力从环境中采集与调整热能;应用的核心设备不再是锅炉,而将是热泵。专业工程实践方面:传统领域即设计与施工仍需进一步提高;新增的工作将是从城市、城区、园区到建筑四个层次的能源需求的预测与保障、规划与实施,从工程项目的策划立项、方案制订、设计施工到运行使用全过程提高能源应用效率,从单纯的能源应用技术拓展到综合的能源管理等。这些急需开拓的成片的新领域,也体现了本专业与热能动力专业在能源应用上的主要区别。本专业将在能源环境的强约束下,满足全社会对人居建筑环境和生产工艺环境提出的新需求。

本专业将不断扩展视野,改进教育理念,更新教学内容和教学方法,提升专业教学水平;将在建筑环境与设备工程专业的基础上,创建特色课程,完善专业知识体系。专业基础部分包括建筑环境学、流体力学、工程热力学、传热学、热质交换原理与设备、流体输配管网等理论知识;专业部分包括室内环境控制系统、燃气储存与输配、冷热源工程、城市燃气工程、城市能源规划、建筑能源管理、工程施工与管理、建筑设备自动化、建筑环境测试技术等系统的工程技术知识。

本专业知识体系由知识领域、知识单元以及知识点三个层次组成，每个知识领域包含若干个知识单元，每个知识单元包含若干知识点，知识点是本专业知识体系的最小集合。课程设置不能割裂知识单元，并要在知识领域上加强关联，进而形成专业的课程体系。各校需要结合自己的条件，设置相应的课程体系，使学生建立起有自身特色的专业知识体系。

重庆大学出版社积极学习了解本专业的知识体系，针对重庆大学和其他高校设置的本专业课程体系，规划出版建筑环境与能源应用工程专业系列教材，组织专业水平高、教学经验丰富的教师编写。这套专业系列教材口径宽阔、核心内容紧凑，与课程体系密切衔接，便于教学计划安排，有助于提高学时利用效率。通过这套系列教材的学习，能够使学生掌握建筑环境与能源应用领域的专业理论、设计和施工方法。结合实践教学，还能帮助学生熟悉本专业施工安装、调试与试验的基本方法，形成基本技能；熟悉工程经济、项目管理的基本原理与方法；了解与本专业有关的法规、规范和标准，了解本专业领域的现状和发展趋势。

这套系列教材，还可用于暖通、燃气工程技术人员的继续教育；对那些希望进入建筑环境与能源应用工程领域发展的其他专业毕业生，也是很好的自学课本。

这是对建筑环境与能源应用工程系列教材的期待！

付祥钊

2013 年 5 月于重庆大学虎溪校区

第5版前言

建筑消防设备工程的主要任务是监测火灾、控制火灾、扑灭火灾，减少危害。本书自出版以来，受到广大师生和相关工程技术人员的欢迎，已多次再版及重印。本书于2006年12月和2014年10月分别确定为“十一五”和“十二五”普通高等教育本科国家级规划教材。

党的二十大报告指出，必须坚定不移贯彻总体国家安全观，把维护国家安全贯穿党和国家工作各方面全过程，确保国家安全和社会稳定。要建设更高水平的平安中国，完善国家应急管理体系，提高防灾、减灾、抗灾、救灾能力和急难险重突发公共事件处置保障能力，加强国家区域应急力量建设。《中华人民共和国国民经济和社会发展第十四个五年规划和2035年远景目标纲要》也提出，统筹发展和安全，建设更高水平的平安中国。要全面提高公共安全保障能力。坚持人民至上、生命至上，健全公共安全体制机制，严格落实公共安全责任和管理制度，保障人民生命安全。随着城市建设的不断发展，大型的复杂的建筑不断涌现，影响建筑安全的火灾时有发生。建筑安全是公共安全的重要组成部分，开展建筑消防知识学习，培养安全意识，服务国家建设，有利于提升建筑消防安全水平，保障人民生命安全和财产安全。

近年来，国家标准体系进行了改革，新增《消防设施通用规范》(GB 55036—2022)等系列通用技术规范标准，并陆续修订了现有技术规范标准。为了适应社会发展，以及系列消防技术规范和标准的变化和消防科学技术的发展，特对本教材进行此次再版修订。

此次对本书进行了全面修编，各章均做了不同程度的调整和修改。修订过程中充分采纳了读者、兄弟院校和有关工程技术部门的意见和建议。本书在前4版的基础上，保持了原有的编写特色。书中详细介绍了建筑火灾的发生、发展、蔓延规律和现代灭火技术，烟气流动规律和防排烟技术，火灾自动探测、自动报警和各消防系统的联动控制技术；全面、系统地讲述了各消防系统的类型、组成、工作原理、适用条件和设计计算。

本书可作为普通高等院校建筑环境与能源应用工程、给排水科学与工程、建筑电气工程技术、消防工程等专业的教材，也可作为从事建筑消防科学技术研究、消防工程设计、施工和消防行业管理等人员的参考用书。

本书共12章，其中第1章由李天荣和陈金华共同编写；第2,3,4,5章由李天荣编写；第6,7,8章由陈金华编写；第9,10,11,12章由龙莉莉编写。全书由陈金华统稿，刘荣光、肖铁岩主审。

在编写过程中得到了重庆大学土木工程学院的大力支持，清华大学、南京大学、同济大学、天津大学、西安建筑科技大学、山东建筑大学等兄弟院校提出了宝贵意见和建议，在这里表示感谢！

由于编著者水平有限，书中缺点、错误难免，敬请批评指正。

编　者

2023年3月

第1版前言

随着城市建设的迅速发展,各种功能的大型建筑、地下建筑、高层和超高层建筑不断涌现,火灾隐患逐渐增多,恶性火灾事故时有发生。有效监测建筑火灾、控制火灾、快速扑灭火灾,是建筑消防设备工程的主要任务。本书将有关专业的建筑室内、外消火栓给水系统,自动喷水灭火系统,气体灭火系统,防排烟系统,火灾自动报警与消防设施联动控制系统及工程设计等有机地组合为一体,成为跨学科、跨专业的教学用书。编写本书,既是拓宽专业面的需要,也是为适应不断发展的城市建设培养现代建筑消防工程技术人才的需要。

本书详细介绍了建筑火灾的发生、发展、蔓延规律和现代灭火技术,烟气流动规律和防排烟技术,火灾自动探测、自动报警和各消防系统的联动控制技术;全面系统地讲述了各消防设备系统的类型、组成、工作原理、适用条件、设计计算。本书在内容上充分吸收了近年来建筑消防中的新技术、新设备和先进经验,有鲜明的时代特色。

本书也可作为给水排水工程专业和建筑电气专业教学用书。

本书共12章,其中第1章由李天荣和陈金华共同编写;第2,3,4,5章由李天荣编写;第6,7,8章由陈金华编写;第9,10,11,12章由龙莉莉编写。全书由李天荣主编;刘荣光、肖铁岩主审。

由于编者水平有限,书中缺点、错误难免,敬请读者批评指正。

编　者

2002年7月

目 录

1 绪　论

火在人们的生产、生活中是不可或缺的，人类的进步与社会的发展都离不开火。但是，火如果失去了控制，就会酿成火灾，产生危害，造成生命和财产损失。所谓火灾，就是在时间和空间上失去控制的燃烧所造成的灾害。

有效监测建筑火灾、控制火灾、快速扑灭火灾，防止和减少火灾危害，保障国民经济建设，保障人民生命财产安全，是建筑消防设备工程的任务。建筑消防设备工程包括建筑灭火系统、防排烟系统、火灾自动报警和消防设施联动控制系统。

1.1 建筑火灾

1.1.1 火灾发生的原因和燃烧条件

1）火灾发生的原因

（1）生活用火不慎引起火灾

生活中因用火不慎引起的火灾较多。例如，炉灶、其他燃气用具等发生故障或使用不当引起火灾，燃放烟花爆竹引起火灾，乱扔烟头、火柴梗引起火灾等。这些火灾主要是因为人们缺乏防火常识、思想麻痹而造成的。

（2）生产活动中违规操作引发火灾

生产活动中违规操作引发火灾的情况有：不顾周围环境随意动火焊接，烘烤物品过热，熬油溢锅等；在化工生产中出现超温超压、冷却中断、操作失误而又处理不当；生产设备失修，可燃气体或易燃液体跑、冒、滴、漏，遇明火燃烧或爆炸等。

（3）电气火灾

电气火灾一般是由于电气线路、电气设备的短路、过载、接触不良、漏电，遇到雷电、静电等原因而产生的高温、电弧、电火花引燃绝缘材料或附近可燃物而造成的;另外,电气设备的故障、发热等也是造成火灾的原因。这些现象与违规操作或设备设计、安装不合理,维护不当,以及设备使用环境条件等有直接关系。

(4)可燃、易燃物自燃

这类火灾包括:易燃物受热自燃;植物、涂油物、煤、生活垃圾堆垛过大过久而发热自燃;化学危险品遇水、遇空气,相互接触、撞击、摩擦等产生自燃。

(5)自然灾害,人为灾害

在雷击较多的地区,建筑物上如果没有安装可靠的防雷保护设施,便有可能发生雷击起火。突然发生地震等灾难,人们急于疏散、逃避时往往来不及断电或处理好化学危险品,从而引起火灾。另外,人为纵火也可能引起火灾。

2)燃烧条件

燃烧过程的发生和发展必须具备可燃物、氧化剂(助燃物)和火源(提供一定的温度、一定能量的源头)。这3个条件是无焰燃烧的基本条件,而有焰燃烧还必须具备第4个条件,即未受抑制的链式反应。

(1)可燃物

凡是能在空气、氧气或其他氧化剂中发生燃烧反应的物质都称为可燃物。火灾中的可燃物是多种多样的,其燃烧难易程度、燃烧快慢也各不相同。

从化学组成上,可燃物可分为有机可燃物与无机可燃物;从物质形态上,可燃物可分为气体可燃物、液体可燃物和固体可燃物。可燃气体在助燃物存在条件下遇火即可燃烧,其过程比较简单;液体可燃物燃烧是液体蒸气的燃烧,液体燃烧首先必须吸收热量进行蒸发;固体可燃物燃烧则更复杂些,有的要吸热、熔化和蒸发,有的则要进行热分解。

(2)氧化剂(助燃物)

与可燃物相结合能导致燃烧的物质称为氧化剂。发生火灾时,主要的氧化剂是空气中的氧气。发生化工火灾时,其氧化剂还有高锰酸钾、过氧化钠、过氧化氢、氯酸钾等。

(3)火源

火源是可燃物与氧化剂(助燃物)发生燃烧反应的能量来源。它可以是明火,也可以是高温物体,其能量可以由化学能、电能、机械能转化而来。炉火、烛火及燃烧的烟头、未熄灭的火柴产生的明火等是住宅、旅馆、饭店常见的火灾火源;电器开关、短路电线、静电等产生的电火花是工矿厂房、场所火灾的常见火源。雷击会引起森林火灾或古建筑火灾;机械撞击、摩擦产生的火花易引起化学危险品着火。

火源将热量传递到可燃物与助燃物上,使其温度升高,同时激发自由基的产生,引起链式反应而导致着火。

能引起一定质量或体积的可燃物燃烧所需要的最小能量称为最小引燃能。若能量小于最小引燃能就不能点燃可燃物形成火源,故最小引燃能是衡量可燃物危险性的一个重要参数。一般来讲,可燃气体的最小引燃能小于可燃液体,而可燃液体的最小引燃能又小于可燃固体。对同种物质,这种规律就更明显。因为液体在变成蒸气燃烧之前需吸收一定的蒸发热,而固体物质需要经过熔融裂解等过程,也都需要能量。

燃烧时,可燃物、氧化剂、火源三者缺一不可。只有三者同时存在,而且可燃物、氧化剂要有一定的数量或浓度,火源要具有一定的能量,温度要达到或高于可燃物的燃点,燃烧才会发生。

(4)未受抑制的链式反应

足够数量的可燃物置于有一定氧浓度的环境中,遇火源(一定的温度)会发生燃烧。可燃物燃烧过程中,分子被活化,产生 H^+,OH^-,O^{2-} 等游离基的链式反应。以烃类物质(R—H)燃烧为例,其链式反应过程如下:

$$(R—H) + O_2 + 4e^- \longrightarrow R^- + H^+ + 2O^{2-} \quad \text{(链引发)}$$

$$H^+ + O^{2-} \longrightarrow OH^- \quad \text{(链传递)}$$

$$OH^- + OH^- \longrightarrow H_2O + O^{2-} \quad \text{(链终止)}$$

当两个 OH^- 结合生成 H_2O 时,释放大量的热量使火源能量更加充足,H^+,OH^-,O^{2-} 等游离基浓度越高燃烧越猛烈。如果这种链式反应不被抑制,燃烧将继续进行,直至可燃物燃尽为止。

1.1.2 建筑火灾的发展过程

根据国内外若干建筑火灾案例分析,按其特点可将火灾的发展过程分为 3 个阶段:第一阶段是火灾初起阶段,这时的燃烧是局部的,火势不稳定,室内的平均温度不高,是控火、灭火的最好时机;第二阶段是火灾发展阶段,此时火势猛烈,室内温度很高,控火原则是利用防火分隔限制燃烧范围,阻止火灾向外蔓延;第三阶段是火灾熄灭阶段,这时室内可燃物基本燃尽,但仍需防止火灾蔓延,应注意建筑结构的破坏和倒塌,保障灭火人员安全。

1)火灾初起阶段

(1)初起阶段的特点

①起火点处局部的温度较高,室内各点的温度极不平衡。

②由于可燃物燃烧性能、分布及通风、散热等条件的影响,燃烧的发展大多比较缓慢,有可能形成火灾,也有可能中途自行熄灭,燃烧的发展是不稳定的。

③燃烧的面积不大。

④持续时间的长短不定。

(2)初起阶段持续的时间

火灾初起阶段的温度一般比较低,容易被忽视,但初起阶段火灾温度持续的时间对疏散人员、抢救物资、保障灭火人员的人身安全等具有重要意义。可燃物从受热到起火燃烧需要的时间受火源的类型、可燃物的燃烧性能、建筑结构采用的材料等条件影响。具体影响条件如下:

①火源种类不同的影响:所谓火源,就是点火的能源,通常是正在燃烧或尚未起火,且本身具有较多热量的物体。这类物体本身的温度、点火能量和传热形式(包括辐射、传导、对流)等条件,对起火成灾发展的时间都有很大影响。例如,烟蒂点燃被褥和烛火点燃被褥的时间不同,前者较长,后者较短。

②起火点周围燃烧条件的影响:建筑材料的燃烧性能,在火灾初起阶段的作用比较明显,因为起火点周围可燃材料烧完毕后,不可燃材料的墙体和楼板是不会令火蔓延的。在燃烧面积小、温度低、燃烧不稳定的条件下,因为周围仅有的可燃物被烧尽,燃烧便会自行中断。然

而,如果燃烧发生在木板墙脚下或纤维板吊顶下面,则燃烧会因为点燃了上述的可燃结构而扩大,从而发展成火灾。

大面积可燃材料做成的墙体和吊顶,因为其燃烧面积大,能使火焰沿其表面迅速蔓延,放出大量的热量,助长火势发展,是影响火灾初起阶段持续时间的重要因素。

③通风条件的影响:当火源微小时,为了形成稳定的燃烧,由起火点发展到全面点燃,需要积蓄大量的热能。良好的通风散热会延缓火灾的发展;反之,减少通风量则有助于加速燃烧,缩短火灾初起阶段持续的时间。

当火源很大时,如果门窗大开,通风良好,满足燃烧所需的最小空气量,燃烧就会猛烈发展,使火灾初起阶段持续时间缩短;反之,门窗紧闭,空气供应不足,燃烧会减缓,甚至自行熄灭。

(3)火灾初起阶段燃烧的过程

火灾初起时,燃烧释放的热量,通过热传递,提高房间内各种物体的温度,使可燃物受热并分解出可燃气体,进入无焰燃烧阶段。在短时间内可燃物分解出的可燃气体,与空气混合便形成爆炸性气体混合物。

由起火点发展到全面燃烧,可能有两种形式:一种是明火点燃,这是由于热分解所产生可燃气体流向起火点,遇明火点燃;或者是起火点的热烟夹带火星,飞到周围可燃物上,将已进入无焰燃烧阶段的可燃物点燃。另一种是由气体混合物爆燃点火。

火灾初起,在氧气不足条件下,燃烧呈阴燃状态,室内的可燃物均处于无焰燃烧阶段,房间内积聚了温度较高、浓度较大、数量较多的可燃气体与空气混合的气体混合物,一旦开门或窗玻璃破碎,由室外向起火房间输入大量新鲜空气,室内的气体混合物便迅速自燃,在整个起火房间内剧烈燃烧,从而点燃室内存在的一切可燃物,使火灾从初起阶段迅速转变为火灾发展的第二阶段。

2)火灾发展阶段

火灾发展阶段具有以下特点:

①室内的可燃物都在猛烈燃烧,这段时间的长短与起火的原因无关,而主要取决于可燃物的燃烧性能、可燃物数量和通风条件。

②火灾温度几乎呈直线上升并达到最高点。

③燃烧稳定,燃烧速度几乎不变。该阶段可燃物的烧毁质量占整个火灾烧毁总量的80%以上。

3)火灾熄灭阶段

火灾熄灭阶段,即火灾发展的后期,具有以下特点:

①室内可燃物减少,温度开始下降。

②温度下降的速度与火灾持续时间的关系一般是:火灾持续时间长的,温度下降速度比持续时间短的要慢。持续时间在 1 h 以内,火灾温度下降速度约为 12 ℃/min;持续时间大于 1 h 的,其下降速度约为 8 ℃/min。

③火灾熄灭阶段开始时的温度仍为火灾的最高温度,火势最猛,热辐射最强,对周围建筑物仍有很大的威胁。

上述火灾发展阶段,是根据火灾温度曲线的拐点,即室内火灾温度变化的转折点的客观规律划分的。火灾发展3个阶段的出现受室内燃烧面积、火灾温度和燃烧速度等综合作用,这并不是由某一参数所单独决定的。

1.1.3 火灾蔓延方式和途径

1)火灾蔓延方式

火灾蔓延是通过热传递实现的。热传递的方式有多种,有时几种方式同时出现,有时只有一种方式。

(1)火焰接触

火焰接触是起火点的火舌直接点燃周围的可燃物而引发的燃烧。

(2)直接延烧

直接延烧即固体可燃物表面或易燃、可燃液体表面上一起火点,通过导热升温,使燃烧沿物体表面连续不断地向周围发展。

(3)热传导

热传导即物体的一端受热,通过物体分子、原子及自由电子等微观粒子的运动,将热量传到另一端。

(4)热辐射

热辐射即热由热源以电磁波的形式直接发射到周围物体上。辐射的波长分布随温度变化而不同,着火点温度由低到高,热辐射则由不可见的红外辐射逐渐变为可见光辐射乃致紫外辐射。着火点将以热辐射的方式引燃附近的可燃物。

(5)热对流

热对流是炽热的烟气与冷空气之间相互对流的现象。火灾时室内的热烟与室外的新鲜冷空气密度差别较大,热烟的密度小,浮在冷空气的上面,由窗口上部流出,室外冷空气由窗口下部进入室内。冷空气在燃烧区内受热膨胀,再次上升由窗口上部流出,形成热对流。着火房间的热烟由窗口上部排出,窜至楼上房间,或由门洞上部流向走道窜到其他房间,使火灾蔓延。

2)火灾蔓延途径

研究火灾蔓延途径,是在建筑物中科学、合理地采取防火隔断措施的需要,也是灭火中采取"堵截包围、穿插分割",最后扑灭火灾的需要。综合火灾实例,火灾蔓延的途径主要有以下方面。

(1)外墙窗口

着火房间的火通过外墙窗口向外蔓延,一方面是火焰的热辐射穿过窗口烤灼对面建筑物;另一方面是高温烟气由窗口排出,窜至楼上窗口,进入楼上房间,引燃楼上可燃物;再一方面是火舌直接燃烧至上层或屋檐。这样逐层向上蔓延,会使整个建筑物起火。

(2)内墙门

建筑物内起火的房间,开始时往往只有一个,而火最后蔓延到整个建筑物,其原因大多都是因为内墙的门未能把火挡住。火通过内墙门,经走廊,再通过相邻房间敞开的门进入房间,把室内的物品烧着。如果起火房间的门和邻近房间的门都是关闭的,那么对控制火灾的蔓延还是会起到一定的作用。

(3)楼板的孔洞

着火楼层火焰的热辐射、高温烟气等易向上发展蔓延,楼板上的孔洞、楼梯间、电梯井、管道井等,都为火灾向上蔓延提供了途径。

(4)空心结构

热气流通过建筑物封闭的空心处(如板条抹灰墙木筋间的空间、木楼板格栅间的空间等),把火由起火点带到连通的空间所达到的尽端,在不易觉察中蔓延开来,被发现时已经难以扑救了。

(5)闷顶

因为高温烟气有向上升腾的特性,所以吊顶上的入孔及通风口都是高温烟气的必经之处。高温烟气一旦进入闷顶空间内,必然向四周扩散,并形成稳定的燃烧。这种蔓延也很难被及时发现。

(6)通风管道

通风管道四通八达,高温烟气一旦进入管道,尤其是用可燃材料制作的通风管道,必然将燃烧扩散到通风管道的任意一点,使局部火灾迅速转变成整个建筑物的火灾。

1.1.4 火灾烟气及其危害

在讨论烟气的危害时,有必要明确烟气及随后将讨论的灭火剂等的量的标度。

烟气弥漫于着火空间的空气中,属气相混合物。灭火剂虽多属液相,但施放于防护空间的空气中也成为气相混合物。烟气或灭火剂在空气中的分量如何用分数来标度呢?过去常采用百分含量(或浓度),如 CO_2 的含量为20%等。我们不赞成,在本教材中也不采用这种标度法。“含量”或“浓度”只能作一般性的术语或不同量的泛称,如说 CO_2 在空气中的含量(或浓度)过高、过低等;但用它来表述具体量则概念模糊,如上述 CO_2 的含量的百分数是按体积计还是按质量计无法确定。

根据国家标准,气相混合物的组成应采用体积分数 φ 来标度,如空气中 CO_2 的体积分数为20%,其标度符号为 $\varphi(CO_2)=20\%$。

有对建筑火灾的统计,死亡人员中50%～70%是因有毒烟气中毒死亡的。自20世纪后半期,由于各种塑料制品大量用于建筑物内,以及无窗房间的增多,导致因烟气中毒死亡的比例显著增加。火灾中的烟气危害性极大,主要体现在以下3个方面。

1)对人体的危害

(1)对生理的危害

①一氧化碳中毒:一氧化碳被人体吸入后和血液中的血红蛋白结合成为一氧化碳血红蛋白,从而阻碍血液把氧输送到人体各部分。当一氧化碳和人体血液50%以上的血红蛋白结合时,便造成脑和中枢神经严重缺氧,人会失去知觉,甚至死亡。即使一氧化碳的吸入在致死量以下,人也会因缺氧而发生头痛、无力及呕吐等症状,最终因不能及时逃离火场而死亡。

医学分析证明,一氧化碳是烟气中对人体最具威胁的成分。空气中一氧化碳的浓度对人体的影响程度,见表1.1。

表 1.1 一氧化碳对人体的影响程度

$\varphi(CO)/\%$	对人体的影响程度
0.01	数小时内对人体影响不大
0.05	1.0 h 内对人体影响不大
0.1	1.0 h 后头痛、不舒服、呕吐
0.5	引起剧烈头晕,经 20～30 min 有死亡危险
1.0	呼吸数次失去知觉,经 1～2 min 即可能死亡

②二氧化碳对人体的危害:正常情况下,空气中 $\varphi(CO_2)$ 为 0.03%,而在燃烧旺盛阶段火场中心 $\varphi(CO_2)$ 为 15% ～23%。当 $\varphi(CO_2)=10\%$ 时,就会引起头晕、呼吸困难,以致昏迷。当 $\varphi(CO_2)=20\%$ 时,人会因控制生命的神经中枢完全麻痹而死亡。

③烟气中毒:木材制品燃烧产生的醛类,聚氯乙烯燃烧产生的氢氯化合物都是刺激性很强的气体,甚至是致命的。例如,烟中含有质量分数为 5.5×10^{-6} 的丙烯醛时,便会对上呼吸道产生刺激症状;如在 1.0×10^{-5} 以上时,就能引起肺部的变化,数分钟内即可致死。火灾疏散时丙烯醛的允许质量分数为 1.0×10^{-6},而木材燃烧的烟中丙烯醛的质量分数已达 5.0×10^{-5} 左右。同时,烟气中还有甲醛、乙醛、氢氧化物、氢化氰等毒气,对人都是极为有害的。随着新建筑材料及塑料的广泛使用,烟气的毒性会越来越大,火灾疏散时的有毒气体允许体积分数见表 1.2。

表 1.2 疏散时有毒气体允许体积分数

种 类	一氧化碳(CO)	二氧化碳(CO_2)	氯化氢(HCl)	光气($COCl_2$)	氨(NH_3)	氢化氰(HCN)
$\varphi/\%$	0.2	3.0	0.1	0.002 5	0.3	0.02

④缺氧:在着火区域的空气中充满了一氧化碳、二氧化碳及其他有毒气体,而且燃烧需要大量的氧气,这就造成空气的含氧量大大降低。发生爆炸时,空气中的含氧量甚至可能降到5%以下,人会因此受到强烈的影响而死亡,可见,缺氧的危险性也不亚于一氧化碳。空气中缺氧时对人体的影响情况见表 1.3。必须注意,高层建筑中大多数房间的气密性较好,有时少量可燃物的燃烧也会造成含氧量的迅速降低。

表 1.3 缺氧对人体的影响程度

$\varphi(O_2)/\%$	症 状
21	空气中含氧量的正常值
20	无影响
16～12	呼吸、脉搏增加,肌肉有规律的运动受到影响
12～10	感觉错乱,呼吸紊乱,肌肉不舒畅,很快即疲劳
10～6	呕吐,意识不清
6	呼吸停止,数分钟后死亡

⑤窒息:火灾时人员可能因头部烧伤或吸入高温烟气而使呼吸系统烫伤,导致口腔及喉头肿胀,器官受损,呼吸困难,以致引起呼吸道阻塞而窒息。此时,伤员若不能得到及时抢救,就有可能死亡。

在烟气对人体的危害中,以一氧化碳的增加和氧气的减少影响最为严重。但实际上,起火后各种因素往往是相互混合地共同作用于人体的。一般来说,这种混合作用比某一因素的单独作用更具危险性。

(2)对视觉的危害

在着火区域的房间及疏散通道内,充满了大量的烟气,烟气中的某些成分会对眼睛产生强烈的刺激,使人辨别疏散通道的视觉能力下降。

(3)对心理的危害

浓烟会造成极为紧张和恐怖的心理状态,使人们失去正常的行动能力和判断能力,导致无法疏散或采取异常行动。

2)对疏散的危害

在着火区域的房间及疏散通道内,充满了含有大量一氧化碳及各种有害物质的热烟,甚至远离火区的一些地方也可能烟雾弥漫,这给人员的疏散带来了极大的困难。

除此之外,由于烟气集中在疏散通道的上部空间,这通常迫使人们掩面弯腰地摸索行走,这样速度既慢又不易找到安全出口,甚至迷路。火场经验表明,人们在烟中停留 1 ~2 min 就可能昏倒,停留 4 ~5 min 即有死亡的危险。

由此可见,烟气对安全疏散具有非常不利的影响,这也说明对疏散通道进行防排烟设计具有极为重要的意义。

3)对扑救的危害

消防队员在进行灭火与救援时,同样会受到烟气的威胁。烟气不仅有引起消防员中毒、窒息的可能,还会严重妨碍他们的行动:弥漫的烟雾影响视线,使消防队员很难找到起火点,也不易辨别火势发展的方向,使灭火行动难以有效开展;同时,烟气中某些燃烧产物还有造成新的火源和促使火势发展的危险;不完全燃烧产物可能继续燃烧,有的还能与空气形成爆炸性混合物;高温的烟气会因气体的热对流和热辐射而引燃其他可燃物。上述情况将会导致火场的扩大,加大扑救工作的难度。

1.1.5 建筑火灾分类

根据《火灾分类》(GB/T 4968—2008)可知,火灾按 A,B,C,D,E,F 类划分。

1)A 类火灾

A 类火灾是指固体物质火灾。

(1)固体可燃物

固体物质是火灾中最常见的燃烧对象。可燃的固体物质通常有:木材及木制品、纤维板、胶合板、纸张、纸板、家具;棉花、棉布、服装、被褥、粮食、谷类、豆类;合成橡胶、合成纤维、合成塑料、电工产品、化工原料、建筑材料、装饰材料等。固体可燃物种类极其繁杂。

(2)固体物质燃烧过程

①热分解燃烧。例如,木材、高分子化合物,这类物质在火灾中被加热,发生热分解,释放出可燃的挥发分,挥发分在空气中燃烧生成其他物质。大多数固体物质是热分解式燃烧。

②固体表面燃烧。例如,木炭、焦炭,这类物质在燃烧时,空气中的氧气扩散到固体的表面或内部孔隙中,使表面的炭直接进行燃烧,生成其他物质。

③升华式燃烧。例如,萘类物质在火灾中直接被加热成蒸气,蒸气在空气中燃烧生成其他物质。

(3)评定固体物质火灾危险性的主要理化参数

评定参数有熔点、自燃点、比表面积、氧化特性、密度、导热性、热惯性等。

2)B 类火灾

B 类火灾是指液体火灾和熔化的固体火灾。

(1)液体可燃物和可熔化的固体可燃物

①液体可燃物。例如,汽油、煤油、柴油、重油、原油、动植物油等油脂;乙醇、苯、乙醚、丙酮等有机溶剂。

②可熔化的固体可燃物,如沥青、石蜡等。

(2)液体和熔化固体的燃烧过程

①液体燃烧实际上是液体升华后产生蒸气的燃烧。液体在火灾中受热首先变成蒸气,蒸气与空气燃烧生成产物。轻质液体的蒸发纯属相变过程,重质液体蒸发时还伴随着热分解过程。原油罐火灾喷溅和轻质可燃液体蒸气云爆炸是 B 类火灾中的特殊燃烧现象,破坏极其严重。

②熔化固体是熔融蒸发式燃烧。可熔固体物质在火灾中首先被加热熔化为液态,继续加热则变成蒸气,该蒸气与空气进行燃烧生成产物。

(3)评定可燃液体火灾危险性的理化参数

评定参数是闪点。闪点是表示可燃性液体性质指标之一,液体表面上的蒸气和周围空气的混合物与火接触,初次出现蓝色火焰闪光时的温度,称为闪点。$t_{闪}<28$ ℃的可燃液体属甲类火灾危险性物质,如汽油。28 ℃$<t_{闪}<60$ ℃的可燃液体属乙类火灾危险性物质,如煤油。$t_{闪}\geq 60$ ℃的可燃液体属丙类火灾危险性物质,如柴油、植物油。50 ~ 60 度的白酒,虽然其闪点小于 28 ℃,但考虑到白酒中含有水分,以及某些实际情况,而归于丙类火险物质。

(4)可燃液体火灾危险性分类

根据液体的闪点,将液体火灾危险性分为甲、乙、丙 3 类。

①甲类液体:$t_{闪}<28$ ℃,如汽油、苯、甲醇、丙酮、乙醚、石蜡油等。

②乙类液体:$t_{闪}=28\sim 60$ ℃,如煤油、松节油、丁醚、溶剂油、樟脑油、甲酸等。

③丙类液体:$t_{闪}>60$ ℃,如柴油、润滑油、机油、菜籽油等。

(5)沸溢性油品

液体在燃烧过程中,由于向液层内不断传热,会使含有水分、黏度大、沸点在 100 ℃以上的重油、原油产生沸溢和喷溅现象,造成大面积火灾,这种现象称为突沸。这类油称为沸溢性油品。

3)C 类火灾

C 类火灾是指可燃气体引起的火灾。

(1)可燃气体燃烧分类

按可燃气体与空气混合时间,可燃气体燃烧分为预混燃烧和扩散燃烧。可燃气体与空气预先混合好后的燃烧,称为预混燃烧;可燃气体与空气边混合边燃烧,称为扩散燃烧。预混燃烧由于混合均匀,燃烧充分,不产生碳粒子,燃烧速度快。失去控制的预混燃烧会产生爆炸,这是 C 类火灾最危险的燃烧方式。扩散燃烧由于是边混合边燃烧,混合不均匀,燃烧不充分,会产生碳粒子,火焰呈黄色,燃烧速度受混合快慢及混合比控制。

(2)可燃气体的爆炸极限

可燃气体与空气组成的混合气体遇火源能发生爆炸的可燃气体最低浓度(用体积分数表示),称为爆炸下限;可燃气体与空气混合遇火源能发生爆炸的可燃气体最高浓度(用体积分数表示),称为爆炸上限。爆炸下限和爆炸上限合称爆炸极限。可燃气体的火灾危险性用爆炸下限进行评定。爆炸下限小于 10% 的可燃气体为甲类火险物质,如氢气、乙炔、甲烷等;爆炸下限大于或等于 10% 的可燃气体为乙类火险物质,如一氧化碳、氨气等。应该指出的是,绝大多数可燃气体都属于甲类火险物质,极少数才属于乙类火险物质。几种可燃气体的爆炸极限,见表 1.4。

表 1.4　几种可燃气体及蒸气在常压空气中的爆炸极限

化学物质	φ(爆炸极限)/%		化学物质	φ(爆炸极限)/%	
	下限	上限		下限	上限
氨	15	28	甲烷	5.0	15
一氧化碳	12.5	74	汽油 100/130	1.3	7.1
乙炔	2.5	100	汽油 115/145	1.2	7.1
氢气	4.9	75			

4)D 类火灾

D 类火灾是指可燃金属燃烧引起的火灾和带电物体火灾。

(1)可燃金属

锂、钠、钾、钙、锶、镁、铝、钛、锆、锌、铪、钚、钍和铀等金属,由于它们处于薄片状、颗粒状或熔融状态时很容易着火,故称它们为可燃金属。可燃金属燃烧引起的火灾之所以从 A 类火灾中分离出来,单独作为 D 类火灾,是因为这些金属燃烧时,发热量很大,为普通燃料的 5 ~ 20 倍,火焰温度很高,有的甚至达到 3 000 ℃以上,并且在高温下金属性质特别活泼,能与水、二氧化碳、氮、卤素及含卤化合物发生化学反应。应对可燃金属着火,常用灭火剂失去作用,必须采用特殊的灭火剂灭火。

(2)建筑构件金属

作为建筑构件支撑的钢筋、铝合金框架虽然在火灾中不会燃烧,但受高温作用后强度降低很多。在 500 ℃时,钢材抗拉强度要降低 50% 左右,铝合金则几乎失去抗拉强度。这是建筑火灾扑救时应高度注意的问题。

(3)带电物体火灾

带电物体包括带电设备、导线等,在扑救这类火灾时,不能采用导电体作灭火剂,如直流水柱等。

5)E 类火灾

E 类火灾是指带电物体火灾。如发电机房、变压器室、配电间、仪器仪表间和电子计算机房等在燃烧时不能及时或不宜断电的电气设备带电燃烧引发的火灾。在扑救这类火灾时,不能采用导电体(如直流水柱等)作为灭火剂。

6)F 类火灾

F 类火灾是指烹饪器具内的烹饪物(如动、植物油脂)燃烧引发的火灾。

1.2 建筑分类和火灾救助原则

1.2.1 高、多层建筑的划分及高层民用建筑分类

1)高、多层建筑的划分

民用建筑可根据建筑高度或建筑层数分为单、多层和高层建筑。高层建筑的划分依据主要取决于扑救火灾时消防设备的登高工作高度和供水高度。根据火灾救援设备的扑救能力,划分高层民用建筑的起始高度是恰当的。

基于以上所述,我国在参考了国外部分高层建筑起始高度线后,确定了我国高层建筑的起始高度线为:建筑高度 24 m,住宅建筑高度为 27 m。表 1.5 为部分国家高层民用建筑起始高度标准。

表 1.5 部分国家高层民用建筑起始高度标准

国家名称	起始高度(或层数)	备 注
中国	建筑高度超过 27 m 的住宅;建筑高度超过 24 m 的其他民用建筑	
德国	按最高一层地坪(经常有人停留)高出地面以上 22 m	
日本	层数≥11 层或建筑高度≥31 m	建筑高度≥45 m 称超高层建筑
法国	建筑高度≥28 m 的公共建筑 建筑高度≥50 m 的居住建筑	
英国	建筑高度≥30 m 及建筑物底层面积≥900 m^2	
比利时	入口路面以上建筑高度≥25 m	

另外,高层建筑起始高度线不是固定不变的。随着科学技术的发展,当登高消防设备的

工作高度和消防车的供水能力等改变了,高层建筑的起始高度线也应做相应的调整。

2)民用建筑分类

高层民用建筑根据使用功能、建筑高度和楼层的建筑面积,可分为一类和二类。民用建筑的分类见表1.6。

表1.6 民用建筑的分类

名称	高层民用建筑		单、多层民用建筑
	一类	二类	
住宅建筑	建筑高度大于54 m的住宅建筑(包括设置商业服务网点的住宅建筑)	建筑高度大于27 m,但不大于54 m的住宅建筑(包括设置商业服务网点的住宅建筑)	建筑高度不大于27 m的住宅建筑(包括设置商业服务网点的住宅建筑)
公共建筑	①建筑高度大于50 m的公共建筑; ②建筑高度24 m以上部分任一楼层建筑面积大于1 000 m^2的商店、展览、电信、邮政、财贸金融建筑和其他多种功能组合的建筑; ③医疗建筑、重要公共建筑、独立建造的老年人照料设施; ④省级及以上的广播电视和防灾指挥调度建筑、网局级和省级电力调度建筑; ⑤藏书超过100万册的图书馆、书库	除一类高层公共建筑外的其他高层公共建筑	①建筑高度大于24 m的单层公共建筑; ②建筑高度不大于24 m的其他公共建筑

注:①表中未列入的建筑,其类别应根据本表类比确定。

②除《建筑设计防火规范》(2018年版)(GB 50016—2014)另有规定外,宿舍、公寓等非住宅类居住建筑的防火要求,应符合该规范有关公共建筑的规定。

③除《建筑设计防火规范》(2018年版)(GB 50016—2014)另有规定外,裙房的防火要求应符合该规范有关高层民用建筑的规定。

3)建筑物的耐火等级

根据建筑构件的燃烧性能和耐火极限,建筑物有不同的耐火等级要求。建筑构件的燃烧性能根据其组成材料的不同,分为不燃烧体、难燃烧体和燃烧体3类。建筑构件的耐火极限是指按时间—温度标准曲线进行耐火试验,从受到火的作用时起,到失去支持能力或完整性被破坏或失去隔火作用为止的这段时间。

《建筑设计防火规范》(2018年版)(GB 50016—2014)将工业与普通民用建筑的耐火等级划分为4级,并且对不同耐火等级建筑物的建筑构件的燃烧性能和耐火极限作了具体的规定。一级耐火等级建筑物的防火性能最好,四级建筑物防火性能最差。

民用建筑的耐火等级应根据建筑高度、使用功能、重要性和火灾扑救难度等确定。地下或半地下建筑(室)和一类高层建筑的耐火等级不应低于一级;单、多层重要公共建筑和二类高层建筑耐火等级不应低于二级;除木结构建筑外,老年人照料设施的耐火等级不应低于三级。

1.2.2 民用建筑防火分区、防烟分区及安全疏散

1)防火分区

建筑物一旦发生火灾,为防止火势蔓延扩大,需要将火灾控制在一定的范围内进行扑灭,尽量减轻火灾造成的损失。在建筑物内部采用防火墙、楼板及其他防火分隔措施分隔而成,能在一定时间内防止火势向同一建筑的其余部分蔓延的局部空间,称为防火分区。《建筑设计防火规范》(2018 年版)(GB 50016—2014)规定高层民用建筑每个防火分区允许的最大建筑面积为 1 500 m^2,耐火等级为一、二级的单、多层民用建筑,其每个防火分区允许的最大建筑面积为 2 500 m^2,耐火等级为三、四级的单、多层民用建筑,其每个防火分区允许的最大建筑面积分别为 1 200,600 m^2,地下或半地下建筑(室)防火分区允许的最大建筑面积为 500 m^2,当设置自动灭火系统时,上述面积可加大 1 倍。

竖向防火分隔设施主要有楼板、防火挑檐、功能转换层等。建筑内的电缆井、管道井,井壁耐火极限不应低于 1.00 h,井壁上的检查门应采用丙级防火门,且应在每层楼板处采用不低于楼板耐火极限的不燃材料或防火封堵材料封堵。

水平防火分隔设施主要有防火墙、防火门、防火窗、防火卷帘、防火幕和防火水幕等,建筑物墙体客观上也发挥防火分隔作用。

2)防烟分区

防烟分区是防火分区的细分,是指为了将烟气控制在一定的范围内,在屋顶、顶棚或吊顶下采用具有挡烟功能的防火构配件分隔而成的,具有一定蓄烟功能的空间。可有效地控制烟气随意扩散,但无法防止火灾的蔓延。防烟分区通常采用挡烟隔板、挡烟垂壁、隔墙或结构梁来划分。

划分防烟分区是在防火分区的基础上,保证在一定时间内,火场上产生的高温烟气不随意扩散,并得以迅速排除,以控制烟气蔓延,满足人员安全疏散和火灾扑救的需要,避免造成不应有的伤亡事故和火灾损失。

3)安全疏散与避难

建筑物发生火灾后,受灾人员须及时疏散到安全区域。疏散路线一般分为 4 个阶段:第一阶段为室内任一点到房间门口;第二阶段为从房间门口到进入楼梯间或前室的路程,即走廊内的疏散;第三阶段为楼梯间内的疏散;第四阶段为出楼梯间进入安全区。沿着疏散路线,各个阶段的安全性应依次提高。

(1)开敞楼梯间

开敞楼梯间一般指建筑物室内由墙体等围护构件构成的无封闭防烟功能,且与其他使用空间直接相通的楼梯间,如图 1.1 所示。开敞楼梯间在多层公共建筑和高度低于 21 m 的住宅建筑中应用广泛,它可充分利用自然采光和自然通风,人员疏散功能较为直接,但却是烟火蔓延的通道,故在高层建筑和地下建筑中禁止采用。

(2)封闭楼梯间

封闭楼梯间是指用具有一定耐火能力的建筑构配件分隔,在楼梯间入口处设置门,以防止火灾的烟和热气进入的楼梯间,如图1.2所示。

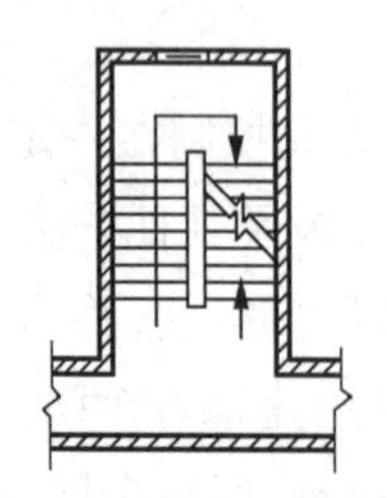

图1.1 普通开敞式楼梯间

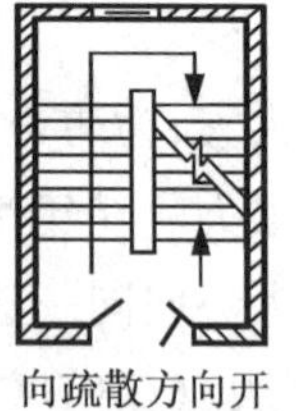

图1.2 封闭楼梯间

(3)防烟楼梯间

防烟楼梯间是指在楼梯间入口处设置防烟的前室、开敞式阳台或凹廊(统称前室)等设施,且通向前室和楼梯间的门均为防火门,以防止火灾的烟和热气进入的楼梯间。为了阻挡烟气直接进入楼梯间,在楼梯间出入口与走道间设有面积不小于规定数值的安全空间,称作前室;也可在楼梯间出入口处设专供防烟用的开敞式阳台、凹廊等。防烟楼梯间的主要形式,如图1.3所示。另外,根据《建筑设计防火规范》(2018年版)(GB 50016—2014)的要求,有些建筑需要设置2座防烟楼梯间,当其平面布置十分困难时,允许设置防烟剪刀楼梯间。剪刀楼梯间是在同一楼梯间内设置2个楼梯,要求楼梯之间设墙体分隔,形成2个互不相通的独立空间,如图1.4所示。

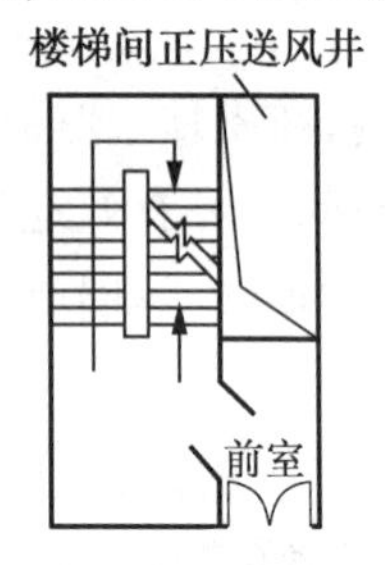

(a)带封闭前室的防烟楼梯间

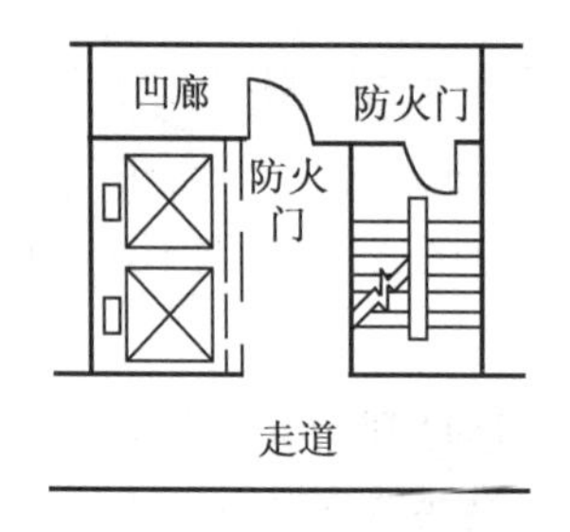

(b)带凹廊的防烟楼梯间

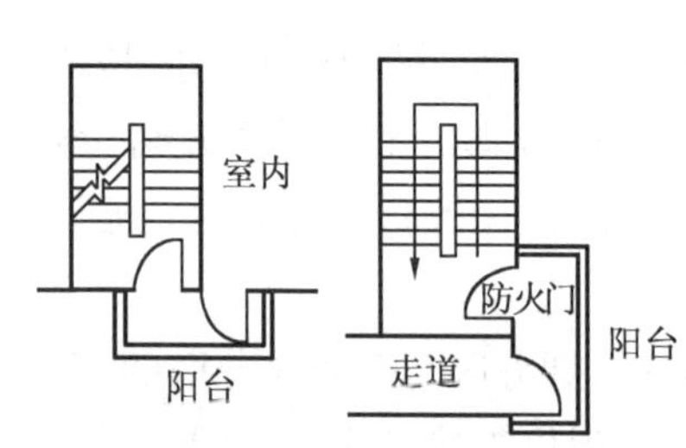

(c)带阳台的防烟楼梯间

图1.3 防烟楼梯间

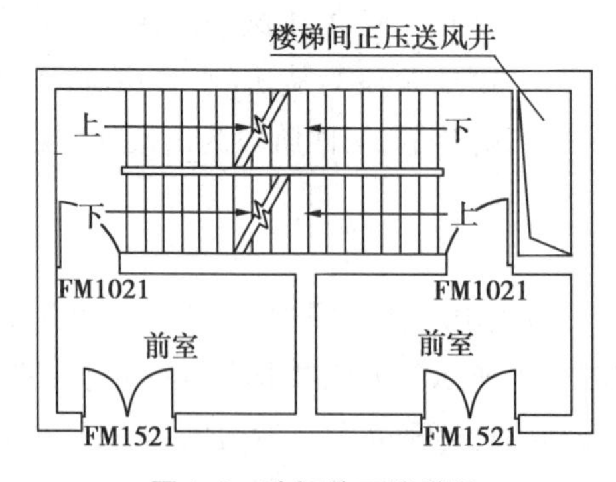

图1.4 防烟剪刀楼梯间

(4)独立前室与共用前室

只与一部疏散楼梯相连的前室称为独立前室。(居住建筑)剪刀楼梯间的两个楼梯共用同一前室时的前室称为共用前室。

(5)消防电梯间前室

消防电梯是消防人员扑灭火灾时的重要垂直通道。火灾发生后,为保证消防人员能顺利及时地赶到着火楼层进行扑救,在高层建筑的一类高层公共建筑、建筑高度大于 32 m 的二类高层公共建筑、5 层及以上且总建筑面积大于 3 000m²(包括设置在其他建筑内 5 层及以上楼层)的老年人照料设施、建筑高度超过 33 m 的住宅建筑,设置消防电梯的建筑的地下或半地下室,埋深大于 10 m 且总建筑面积大于 3 000 m² 的其他地下或半地下建筑(室)均应设置消防电梯。消防电梯可与客梯兼用,但要满足消防电梯的功能。而为保证消防人员到达着火楼层之后有一个较为安全的场所,以便进行扑救的,具有防火、防烟功能且面积不小于规定数值的安全空间,称为消防电梯间前室,如图 1.5 所示。

(6)合用前室

当布置受限或为节约空间时,防烟楼梯间和消防电梯可合用一个前室,该前室就称为合用前室,如图 1.6 所示。

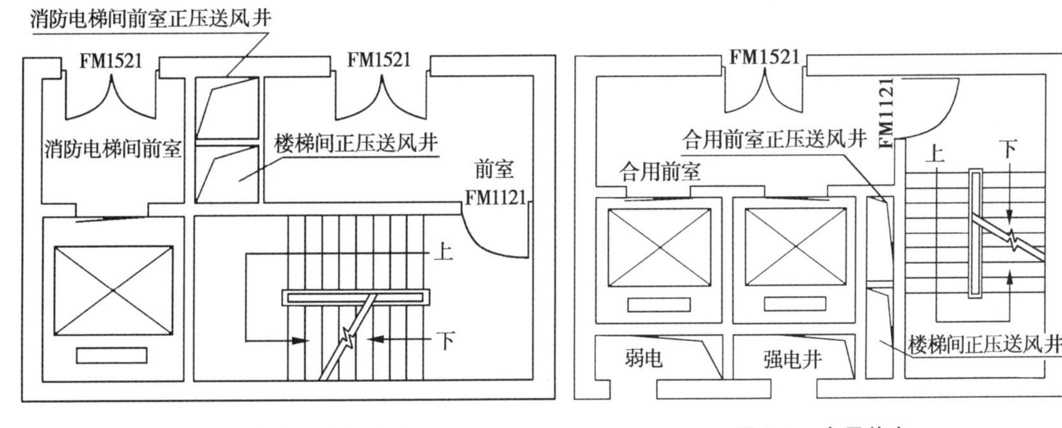

图 1.5 消防电梯间前室

图 1.6 合用前室

(7)避难层(间)

避难层(间)是建筑内用于人员暂时躲避火灾及烟气危害的楼层(房间)。对于高度超过 100 m 的公共建筑,一旦发生火灾要将建筑物内的人员全部疏散到地面是非常困难的,此时设置的暂时避难用的避难层(间)可减小火灾危害。第一个避难层(间)的地面至灭火救援场地地面的高度不应大于 50 m,两个避难层之间间隔高度不宜大于 50 m。避难层可兼设备层。高层病房楼在二层及以上的病房楼层和洁净手术部也应设置避难间。

(8)避难走道

采用防烟措施,且两侧设置耐火极限不低于 3.00 h 的防火隔墙,用于人员安全通行至室外的走道称为避难走道。防火分区至避难走道入口处应设置面积不小于规定数值的防烟前室。

1.2.3 不同高度建筑物火灾救助原则

1)高层建筑火灾的特点

(1)高层建筑功能复杂、火源多

高层建筑往往集多种功能的用房于一体,使用单位多,人员集中,往来频繁,管理制度松散,人为火灾因素较多。由于电气化、自动化程度高,设备多,耗电量大,线路复杂,因使用不当、漏电、短路等造成的起火概率较高。这类建筑标准较高,装修量大,装饰物多,可燃物多,着火的可能性也较大。

(2)火势蔓延迅速

由于功能需要,高层建筑内设置了电梯井、楼梯井、管道井、通风井、电缆井等,形成一座座“烟囱”。一旦失火,烟火将被吸入这些“烟囱”,在强大抽力作用下很快向上扩散。热烟在竖井中的上升速度随热烟温度和建筑高度的增加而加大,瞬间即可蹿上几十层楼。这样,火势的迅速蔓延给人员的疏散和扑救工作带来极大困难。

(3)人员疏散困难

高层建筑人员聚集,一遇火情便难以疏散,而且楼层越高、疏散距离越大。火灾时人流往往在楼梯间大量集中,极易造成拥挤堵塞,加上火势迅速蔓延,慌乱中容易引发伤亡,安全疏散难度极大。

(4)火灾扑救工作复杂

高层建筑消防设计应立足于“自救”,其灭火设备复杂、自动化程度高,只要任何一个环节有问题,灭火设施便不能充分发挥作用。扑灭初期火灾至关重要。但现场人员往往对灭火设备不会使用或无力使用,等消防人员赶到现场,登上高楼,消防人员已消耗较大体力大,还可能与疏散人流发生对撞,这样,往往因延误时机使火灾迅速蔓延。由于楼层高、距离大、现场消防队员和指挥人员与消防中心、水泵房等联系不便、配合困难。楼高风大、火势猛,消防队员在高温、浓烟下操作,也比一般火场难度大得多。

高层建筑防火、灭火工作比低层建筑复杂、困难,而且火灾造成的损失巨大、人员伤亡严重。因此,高层建筑消防设施必须完善、可靠,力求能将火灾扑灭在初起阶段。

2)不同高度建筑物火灾救助原则

(1)室内无消防给水系统的单、多层建筑

按《建筑设计防火规范》(2018年版)(GB 50016—2014)规定,不设室内消防给水系统的单、多层建筑,高度低、规模小,其建筑火灾全靠消防车水泵或室外临时水泵抽吸室外水源(室外消火栓、消防水池、天然水源),接出消防水带和水枪直接灭火、控火。

(2)室内有消防给水系统的单、多层建筑

按《建筑设计防火规范》(2018年版)(GB 50016—2014)规定,室内设置消防给水系统的单、多层建筑,其建筑火灾主要靠消防车水泵或室外临时水泵抽吸室外水源,接出消防水带和水枪直接灭火、控火。室内消火栓给水系统主要扑救初期火灾。

(3)建筑高度为27~54 m的高层建筑

建筑高度为27~54 m的高层建筑发生火灾时,应以室内“自救”为主,“外救”为辅。

若建筑高度超过27 m,普通消防车难以直接扑救火灾,此时高层建筑主要依靠室内消防设备系统灭火,而消防车通过室外水泵接合器向室内供水,以加强室内消防力量。消防云梯也可以协助营救和扑救。常用消防云梯的工作高度为32~52 m。消防车通过水泵接合器向室内消防给水管网供水时,其供水压力可按式(1.1)计算:

$$H = H_b - h_g - H_s \tag{1.1}$$

式中 H——消防车通过水泵接合器供水的最大压力,MPa;

H_b——消防车水泵出水口压力,MPa;

h_g——经水泵接合器至室内最不利点消火栓处的水头损失,m;

H_s——室内最不利点消火栓处所需压力,MPa。

例如,消防车水泵出水口压力为0.8 MPa,水头损失约0.08 MPa,而一般室内最不利点消火栓处所需压力约0.235 MPa。

则消防车通过水泵接合器供水的最大压力:

$$H = (0.8 - 0.08 - 0.235)\ \text{MPa} = 0.485\ \text{MPa}$$

(4)建筑高度为50~100 m的高层建筑

建筑高度为50~100 m的高层建筑发生火灾时,室内消防应靠“自救”;建筑高度超过50 m,室外消防设备无法向室内消防给水管网供水。因此,室内消防给水系统应具备独立扑灭室内火灾的能力,同时建筑物内宜设置闭式自动喷水灭火装置,加强火灾自动探测、自动报警措施。

(5)建筑高度超过100 m的高层建筑

建筑高度超过100 m的高层建筑,火灾隐患更多、火灾蔓延更迅速、人员疏散和火灾扑救更困难,事故后果更加严重。因此,建筑高度超过100 m的高层建筑应设置“全自救”消防系统,并以扑灭初起阶段火灾为重点。加强扑灭初起阶段火灾的消防设备系统十分重要。扑救初起阶段火灾以自动喷水灭火系统为主,辅以小口径消火栓设备。小口径消火栓构造简单、价格便宜、操作方便,是一种重要的辅助灭火设备。

高层建筑不管高度如何,都必须设置室外消防给水系统和水泵接合器,这对加强建筑消防力量具有十分重要的意义。

1.3 灭火剂和灭火的基本原理

灭火剂是能够有效地破坏燃烧条件,终止燃烧的物质。不同的灭火剂,灭火作用不同。应根据不同的燃烧物质,有针对性地使用灭火剂,才能成功灭火。

1.3.1 水

1)水的灭火作用

(1)冷却作用

水具有较好的导热性,1 kg 的水温度每升高 1 ℃,可吸收热量 4 184 J;每蒸发 1 kg 的水,可吸收热量 2 259 kJ。因而,当水与燃烧物接触或流经燃烧区时,将被加热或汽化,吸收燃烧产生的热量,从而使燃烧区温度大大降低,致使燃烧终止。

(2)窒息作用

水的汽化将在燃烧区产生大量水蒸气占据燃烧区,可阻止新鲜空气进入燃烧区,降低了燃烧区氧气的体积分数,使可燃物得不到充足的氧气,导致燃烧强度减弱直至燃烧终止。

(3)稀释作用

水本身是一种良好的溶剂,可以溶解亲水性可燃液体,如醇、醛、醚、酮、酯等。因此,当此类物质起火后,如果容器的容量允许或可燃物料流散,可用水予以稀释。由于可燃物浓度降低而导致可燃蒸气量的减少,使燃烧减弱。当可燃液体的质量降到可燃质量以下时,燃烧即行终止。

(4)分离作用

经射水器具(尤其是直流水枪)喷射形成的水流有很大的冲击力,这样的水流遇到燃烧物时,将使火焰产生分离。这种分离作用一方面使火焰“端部”得不到可燃蒸气的补充,另一方面使火焰“根部”失去维持燃烧所需的热量,使燃烧终止。

(5)乳化作用

非水溶性可燃液体的初起阶段火灾,在未形成热波之前,以较强的水雾射流(或滴状射流)灭火,可在液体表面形成“油包水”型乳液,乳液的稳定程度随可燃液体黏度的增加而增加,重质油品甚至可以形成含水油泡沫。水的乳化作用可使液体表面受到冷却,使可燃蒸气产生的速率降低,致使燃烧终止。

2)水的灭火应用

水是最常用的灭火剂,它可以单独用于灭火,也可以与其他不同的化学添加剂组成混合液使用。消防用水可以取之于人工水源,如消火栓、人工消防水池;也可以取之于天然水源,如地表水或地下水。

(1)灭火应用中的水流形态

利用不同的射水器具,可产生不同的水流形态。

①密集射流(直流水):利用直流水枪可产生呈“柱状”连续流动的密集射流(即直流水)。密集射流是几种水流形态中最具冲击力的射流。

②滴状射流(开花水):利用开花水枪或大水滴喷头可产生呈滴状流动的水流(即开花水)。滴状射流的水滴直径通常为 500 ~1 500 μm,其冲击力低于密集射流,可保证一定的射水距离,并获得较大的喷洒面积。

③雾状射流(喷雾水):利用喷雾水枪或雾流喷头可产生水滴直径小于 100 μm 的雾状射流。由于产生雾状射流需要较高的压力,因此这种射流具有很大的比表面积,可大大增加水与燃烧物料的接触面,有良好的冷却效果。

在实际火场上,水流形态可能是不规则的。例如,由于空气阻力和地心引力的作用,或水柱交叉及障碍物撞击,柱状的密集射流会变成初步分散的水流,其水滴直径的分布很广;呈分散流动的滴状水,水滴直径最大可达 6 mm(甚至更大),尤其是扩张角可调的开花水枪,水滴直径的变化范围也是很大的。

④水蒸气:利用加热设备,如蒸汽锅炉等,使水汽化产生水蒸气。水蒸气能稀释火场燃烧区内可燃气体,降低空气中氧的浓度,产生窒息作用。

(2)适用火灾范围

用水灭火的适用火灾范围受水流形态、燃烧物料的类别和状态、水添加剂的成分等条件制约。

用直流水或开花水可扑救一般固体物质的表面火灾,如木材及其制品、棉麻及其制品、粮草、纸张、一般建筑材料等;可以扑救闪点在 120 ℃以上的重油火灾;在遵守安全措施的前提下,可以扑救带电设备的火灾,如变压器、电容器着火等。

用雾状水可扑救阴燃物质的火灾,也可以扑救可燃粉尘(如面粉、煤粉、糖粉等)的火灾。对于上述火灾,如果使用润湿剂,灭火效果会更好。雾状水还可以扑救汽油、煤油、乙醇等低闪点液体可燃物的火灾;可以扑救浓硫酸、浓硝酸的火灾,或稀释质量浓度高的强酸产生的火灾;也可以扑救带电设备的火灾。

用水蒸气可以扑救封闭空间内的火灾。在常供蒸汽的场所,可以利用水蒸气来灭火。水蒸气主要适用于扑救容积小于 500 m^3 的容器、封闭用房及空气不流通的场所或燃烧面积不大的火灾,特别适用于扑救高温设备和燃气管道火灾。

(3)水灭火的注意事项

①防止结冰:严寒冬天,当水泵暂停供水时,输水管道易冻塞;气温很低的情况下,长时间供水,水带内可能产生冻结,由于结晶体积逐渐膨大,水带易破裂。自动喷水系统湿式管网,如无保温措施,应考虑加防冻液。

②防止物理性爆炸:漏包的钢水或铁水,水不可以直接溅入,因为高温会使水急剧汽化,同时有部分被分解为氢气和氧气,危险性、破坏性很强。

③防止水渍:精密仪器、仪表、工艺品、重要档案资料或图书,有重要价值的房间,水渍损失甚至大于火灾损失,应考虑使用气体灭火剂。

④直流水的冲击会引起粉尘物料的飞扬,易在空气中形成爆炸性混合物,有引起爆炸的危险。对于粉尘物料、阴燃物质或水难浸透的物质,建议使用雾状水(含润湿剂效果更好)。

⑤向密闭房间内的阴燃物质射水时,可能产生大量热水蒸气,有灼伤危险。

⑥用直流水或开花水扑救密度比水小且不溶于水的可燃液体火灾时,因为这些液体会漂浮在水面上随水流动,可使火势蔓延。这类情况使用水—泡沫联动装置扑救为好。

⑦用直流水或开花水直接喷射氧化钾、浓硫酸或浓硝酸时,由于酸液局部过热,有发生喷

溅的危险,可使用雾状水流。

⑧对于带电设备的火灾,在保持一定安全距离的条件下,可以用水扑救。

使用直流水扑救电压在35 kV以下的带电设备火灾时,应使用13 mm或16 mm口径的水枪,水枪口与火点距离在10 m以上,如果不能远距离射水,可采用尽量小的水枪口径,并增大射流的仰角;使用达到正常雾化状态的喷雾水枪,安全距离可以缩至5 m。如果水枪射流严重受空间限制而达不到安全距离要求,可以考虑水枪接地或水枪手穿着均压服等。

3)水灭火的禁用范围

①能使水分解,放出氢气和大量热量,可引起爆炸的轻金属,如钾(K)、钠(Na)、钙(Ca)等,不能用水扑救。

②遇水会生成可燃、可爆、有毒的气体,进而引起燃烧、爆炸或造成灭火人员中毒的物质,如金属碳化物(Na_2C_2,K_2C_2,CaC_2,Al_4C_3)、碱金属氢化物(KH,NaH)、金属硅化物(Mg_2Si,$FeSi_2$)、金属磷化物(Ca_3P_2)、硼氢化合物($NaBH_4$,KBH_4)、氯化磷(PCl_5,PCl_3)及某些金属粉(Zn,Al,Mg)等,不能用水扑救。

③处于熔化状态的钢、铁,喷射水可引起爆炸。

④炽热状态的含碳物不可以用水扑救,否则会引起爆炸或一氧化碳气体中毒。

4)水添加剂对水灭火的影响

为了改善水的性能,增强水灭火效果,可根据不同需要在水中添加所需要的药剂。常用的添加剂有防冻剂、防腐剂、润湿剂、减阻剂、强化剂等。

(1)防冻剂

可做防冻剂的物质有碳酸钾(K_2CO_3)、氯化镁($MgCl_2$)、氯化钙($CaCl_2$)、氯化钠(NaCl)和乙醇、乙二醇等。这类物质的加入使水溶液浓度增加而凝固点降低。

乙醇或乙二醇的水溶液,多用作汽车发动机的冷却水。

灭火器中所使用的防冻剂多为碳酸钾,其不仅没有腐蚀性,而且具有很好的抗腐蚀作用。

氯酸盐溶液的腐蚀性很大,应慎重使用。

(2)防腐剂

除在盛水容器(尤其是金属容器)内壁涂上保护材料层防腐外,可使用3种防腐蚀的抑制剂:

①无机阳性抑制剂:可形成氧化保护层的固体盐类,如碱金属的磷酸盐、碳酸盐和硅酸盐,或者铬酸钠、铬酸钾及亚硝酸钠等。

②无机阴性抑制剂:主要有碳酸氢钾。

③有机抑制剂:如吸收氧的鞣酸的混合物、苯甲酸钠和带长链的脂肪酸胺。

(3)润湿剂

润湿剂可使水的表面张力降低,渗透能力增加。这对于扑救纤维类物质的火灾,尤其是深部阴燃的火灾,可提高灭火效率。用作润湿剂的物质有:

①阴离子表面活性剂:主要有洗涤剂(有机硫酸硅,有机磺酸盐);

②阳离子表面活性剂:主要有多氧化物,普通的聚酯和聚酰胺等;

③两性表面活性剂:主要有三甲基胺内酯和硫酸三甲基胺内酯。

(4)减阻剂

减阻剂是用来减少水在水带中流动时的压力损失的添加剂。

聚氯乙烯是一种常用的减阻剂,为白色的固体物质,易溶于水,保存温度为-17.8~48.8 ℃。聚氯乙烯适用于各种以水作为流动介质的灭火设备,其在水中的添加量为0.1%。

当水通过较长的水带(或管道)流动时会产生压力损失。造成压力损失的原因有:一是由于水的黏度所引起的水与水带(或管道)内壁的摩擦作用;二是由流动中水沿垂直于主流方向的横向和涡流所引起的紊流作用。其中,紊流作用所造成的损失约占整个损失的90%。当减阻剂溶解于水后,能适当增加水的黏度,降低水的紊流作用,从而降低了水流动时的压力损失。由于紊流作用与水带直径(或管径)有关,所以聚氯乙烯减阻剂对小口径的水带(或管道)效果显著,随着口径的增加,效果将有所下降。

1.3.2 泡沫灭火剂

泡沫灭火剂是与水混溶,通过化学反应或机械方法产生泡沫进行灭火的药剂。

1)泡沫灭火剂的类别

泡沫灭火剂一般由发泡剂、泡沫稳定剂、降黏剂、抗冻剂、防蚀剂、防腐剂、无机盐和水等组成。泡沫灭火剂按其基料分为以下3类:

(1)化学泡沫灭火剂

化学泡沫灭火剂通常为一定比例的酸式盐和碱式盐构成的泡沫粉(分别包装)。酸式盐为带结晶水的硫酸铝[$Al_2(SO_4)_3 \cdot H_2O$];碱式盐为碳酸氢钠($NaHCO_3$)。这两种盐分别以水溶解,灭火时混合,发生下列反应:

$$Al_2(SO_4)_3 + 6NaHCO_3 = 3Na_2SO_4 + 2Al(OH)_3 + 6CO_2 \uparrow$$

反应生成的二氧化碳(CO_2)包在泡沫之中,生成的胶状氢氧化铝[$Al(OH)_3$]可使泡沫具有一定的黏度和热稳定性。

(2)蛋白质为基料的泡沫灭火剂

这种灭火剂是以天然蛋白质(如骨胶原蛋白、羊毛角朊蛋白)的水解产物为基料制成的泡沫液。

①普通蛋白泡沫灭火剂:在基料中加有稳定剂、防冻剂、缓蚀剂、防腐剂和降黏剂等添加剂,这是国内应用较多的泡沫灭火剂。

②氟蛋白泡沫灭火剂:以蛋白泡沫液为基料添加适当的氟碳表面活性剂制成的泡沫液。氟蛋白泡沫的流动性、疏油性、抗燃性、相容性、灭火效率优于普通蛋白泡沫。

③抗溶性泡沫灭火剂:是用于扑救水溶性可燃液体火灾的泡沫灭火剂,由抗溶性空气泡沫液与水按比例混合,经机械作用而形成。

(3)合成型泡沫灭火剂

合成型泡沫灭火剂是由石油产品为基料制成的泡沫灭火剂。

①凝胶型抗溶泡沫灭火剂:这种泡沫灭火剂的水溶液为透明均相液体,用以形成的泡沫在亲水性溶剂表面形成既不溶于水又不溶于溶剂的胶膜,泡沫稳定性好,且对灭火对象的污染度很低。

②水成膜泡沫灭火剂:外观在常态下为浅黄色透明液体,由氟碳表面活性剂、碳氢表面活性剂、泡沫稳定剂、溶剂或抗冻剂及水等主要组分组成。这种泡沫的灭火作用是通过泡沫和水膜的双重作用实现的,泡沫流动性好、灭火效率高。水成膜泡沫灭火剂主要用于扑灭非水溶性可燃、易燃液体火灾,灭火性能优于蛋白泡沫和氟蛋白泡沫。

③抗溶性水成膜泡沫灭火剂:有水成膜泡灭火剂的特性,主要用于扑灭水溶性可燃液体(如醇、酮、醚、醛及有机酸等)火灾。灭火时,能在水溶性可燃液体表面形成一层凝聚性聚合层。

④高倍数泡沫灭火剂:由发泡剂、泡沫稳定剂、溶剂、抗冻剂以及水组成。发泡剂一般为具有较大起泡性的阴离子型和非离子型表面活性剂。高倍数泡沫灭火剂具有耐水性好、发泡倍数高、灭火后工作环境恢复快等特点。

2)泡沫灭火剂及泡沫的性能

泡沫灭火剂的基料和添加剂及产生泡沫的方法决定了泡沫灭火剂质量,以及所产生泡沫的流动性、自封闭性、稳定性、耐液性、抗燃性等性能。

(1)泡沫的生成方法

除化学泡沫灭火剂外,所有的泡沫灭火剂均被用作产生空气机械泡沫。空气机械泡沫的产生过程大致可分为如下3个步骤:

①制取混合液。

②混合液与空气混溶。

③喷射泡沫。

(2)泡沫灭火剂性能指标

①相对密度:泡沫灭火剂在20 ℃时的密度与水在4 ℃时的密度的比值。泡沫灭火剂的相对密度通常要求在1.0~1.2。

②pH值:泡沫灭火剂中所含氢离子H^+的质量浓度,反映了泡沫灭火剂的腐蚀性。泡沫灭火剂的pH值一般要求在6~7.5。pH值过高或过低,对金属容器的腐蚀性就大。

③黏度:衡量泡沫灭火剂流动性能的指标,反映了泡沫灭火剂通过泡沫比例混合器的能力,即是否能保证泡沫灭火剂与水的混合比。黏度过大,会使混合液质量浓度降低而影响泡沫质量。

④流动点:泡沫灭火剂保持流动状态的最低温度值。该值一般为-15~-10 ℃,为储存温度下限,某些泡沫灭火剂的流动点不小于-5 ℃。

⑤沉降物含量:泡沫灭火剂中不溶于水的固态物含量,以每100 mL泡沫灭火剂中含沉降物的多少来表示。其值反映了泡沫灭火剂生产工艺的完备性及储存的稳定性,并应尽量低。

⑥沉淀物含量:已去除沉降物的泡沫灭火剂按规定比例制成混合液时,生成的不溶于水的固态物的含量。其中,含量的计量方式与沉降物一样,而沉淀物的存在对泡沫稳定性有不

利影响。

⑦热稳定性:衡量泡沫灭火剂在一定时间内和较高温度下质量变化的指标。如果质量稳定,则该泡沫灭火剂在被加热至65 ℃并保持24 h之后,所测得的沉降物和沉淀物含量应与加热前相比无明显的变化。

⑧腐蚀率:衡量泡沫灭火剂对由常用金属材料制造的包装容器、储存容器、灭火设备等产生腐蚀程度的指标。测定方法通常是用A3钢片和合金铝片浸入38 ℃的泡沫灭火剂中21 d,然后测定每平方分米每日平均质量损失的毫克数。

⑨混合比:泡沫灭火剂用于灭火时与水混合的体积分数,低倍数泡沫灭火剂有6%型和3%型(泡沫剂与水的体积比为6∶94或3∶97)。

⑩发泡率:形成一定体积的泡沫与所需混合液体积的比值。对于低倍数泡沫,量筒测发泡率为:

$$N=\frac{V}{W}d$$

式中 N——发泡率;

V——泡沫体积,mL;

W——泡沫质量,g;

d——混合液密度,$d\approx 1$ g/mL。

对于高倍数泡沫,可用立体拦网测量:

$$N=\frac{V}{tQ}$$

式中 t——泡沫充满拦网时间,s;

Q——混合液体积流量,m^3/s。

(3)泡沫的性能指标

①25%析液时间:衡量泡沫稳定性的一个指标,是单位质量的泡沫从生成开始,至1/4质量的混合液由泡沫中析出所需的时间,实际反映了泡沫由生成至自然破坏的过程。稳定性好的泡沫,这一过程需要的时间长。

②90%火焰控制时间:在灭火过程中,是指从开始向燃料喷射泡沫到90%燃烧面积的火焰被扑灭的时间。它是衡量泡沫灭火性能的一个重要指标。如果泡沫的流动性和抗烧性好,这一时间就短,反之则长。

③灭火时间:从向着火的燃料表面供给泡沫开始至火焰全部被扑灭的时间。在同样条件下,灭火时间越短,则说明泡沫的性能越好。

④回燃时间(对低倍数泡沫而言):一定体积的泡沫在规定面积的火焰的热辐射作用下,泡沫被全部破坏所用的时间。它是衡量泡沫热稳定性和抗烧性的指标。这一时间长,说明泡沫的热稳定性和抗烧性强。

3)泡沫灭火原理

泡沫的密度为0.001~0.5 g/cm³,且具有流动性、黏附性、持久性和抗烧性,可以漂浮或

黏附在易燃或可燃液体(或可燃固体,如设备)表面,或充满某一空间形成一个致密的覆盖层,产生如下的灭火作用:

(1)隔离作用

泡沫层将燃烧物的液相与气相分隔,即阻止可燃物料的蒸发,同时将可燃物与火焰区相分隔,即将燃烧物料与空气隔开。

(2)冷却作用

泡沫本身及从泡沫中析出的混合液——主要是水,起冷却作用。低倍数泡沫的冷却作用更为明显。

4)泡沫的应用范围

①普通蛋白泡沫主要应用于沸点较高的非水溶性易燃和可燃液体的火灾,以及一般固体物质的火灾。例如,应用于原油、重油、燃料油、木材、纸张、棉麻等的火灾,应用对象通常是油罐、油池、汽车修理厂、仓库、码头等。

②氟蛋白泡沫除上述火灾及场所外,主要用于扑救低沸点易燃液体,特别是大型储油罐可采用液下喷射泡沫灭火。

飞机火灾的扑救,首选"轻水"泡沫,其次是氟蛋白泡沫。以蛋白泡沫覆盖于飞机跑道,可防止飞机迫降时与跑道摩擦而起火。

③抗溶性泡沫主要用于扑救水溶性可燃液体的火灾。如醇、醛、酮、酯、醚、有机酸、有机胺的火灾以使用聚合型抗溶泡沫为好。以蛋白质为基料的抗溶泡沫,稳定性差,适用小范围火灾,尤其不适于低沸点水溶性可燃液体的火灾。

④中、高倍泡沫的主要应用:扑救电器和电子设备火灾(应断电);扑救船舱、巷道、矿井、地下室、汽车库、图书档案库等的火灾;以二氧化碳代替空气发泡时,可以扑救二硫化碳的火灾;液化石油气等气体泄漏时,可以用高倍泡沫覆盖,以防挥发起火爆炸。

5)泡沫的应用注意事项

(1)储存注意事项

①化学泡沫灭火剂的酸性粉与碱性粉应分开存放,并避免受潮和暴晒。

②液态泡沫灭火剂的金属容器内应涂防腐层,轻水泡沫剂甚至不能用金属容器;不得混入酸、碱或油类,储存温度宜在0~45 ℃;泡沫灭火剂的储存容器应尽量盛满。液态泡沫灭火剂的储存期一般可达5 年;合成泡沫剂的储存期可延长。

③储存期间,不可将不同基料的灭火剂或不同工艺制成的泡沫灭火剂相混合;泡沫灭火剂与水一般不做预先混合长期存放。

(2)应用注意事项

①带电设备和遇水发生化学反应而生成可燃气体或有毒气体的物质的火灾不能用泡沫扑救。

②水溶性液体火灾不可使用普通蛋白泡沫扑救,应使用抗溶泡沫扑救。

③高倍数泡沫不可用于开阔空间,因其易被或燃烧热气流吹散;在密闭空间内使用时,应

事先在泡沫供应源对面较高位置开设放气孔,利于泡沫流动。

④任何情况下,泡沫的供应速度都要高于泡沫的衰变速度,泡沫应不直接溅入可燃液体。

1.3.3　干粉灭火剂

干粉灭火剂是干燥的、易于流动的细微粉末,通常以粉雾的形式灭火。干粉灭火剂一般由某些盐类作基料,添加少量的添加剂,经粉碎、混合加工而制成。干粉灭火剂多用于物料表面火灾的扑救。

1)干粉灭火剂的分类

干粉灭火剂按应用范围分为:BC干粉灭火剂,即普通型干粉;ABC干粉灭火剂,又称多用型干粉;D类火灾专用干粉。

(1)普通型干粉灭火剂

普通型干粉适于扑救易燃和可燃液体、可燃气体和带电设备的火灾。

①钠盐干粉:碳酸氢钠为基料,如小苏打干粉,碳酸氢钠92%~94%;流动促进剂,如滑石粉2%~4%;绝缘剂,如云母粉2%;防潮剂,如硬脂酸镁2%。

改性钠盐干粉:碳酸氢钠72%,以硝酸钾、木炭、硫黄(分别为15%、4%、1%)为增效剂,滑石粉4%,云母粉2%,硬脂酸镁2%。

全硅化钠盐干粉:碳酸氢钠92%,云母粉、滑石粉等计4%,活性白土4%为增效剂,有机硅油5 mL/kg。经硅化处理的钠盐干粉,防潮效果和灭火效能均优于前两种干粉。

②钾盐干粉:分别以碳酸氢钾、氯化钾或硫酸钾为基料。

③氨基干粉:以碳酸氢钠(或碳酸氢钾)与尿素的反应产物为基料,加入少量的添加剂而成。通常认为不含硬脂酸镁的干粉可与泡沫联用。

(2)多用途干粉灭火剂

多用途干粉除应用于易燃可燃液体、可燃气体、带电设备火灾之外,还可应用于一般固体物质的火灾。多用途干粉的基料有3种:

①磷酸盐:如磷酸二氢铵、磷酸氢二铵、磷酸铵或焦磷酸盐;

②硫酸铵与磷酸铵的混合物;

③聚磷酸铵。

(3)金属火灾专用灭火剂

由于金属火灾的燃烧特性,要求灭火时干粉与金属燃烧物的表层发生反应或形成熔层,使炽热的金属与周围的空气隔绝。

2)干粉灭火剂的性能

干粉灭火剂的性能应符合《干粉灭火剂》(GB 4066—2017)的要求。表1.7列举了干粉灭火剂主要性能指标。

表 1.7　干粉灭火剂主要性能指标

检测项目		性能指标	
		普通干粉	多用干粉(暂行)
松密度/($g \cdot cm^{-3}$)		≥0.85	≥0.80
比表面积/($cm^2 \cdot g^{-1}$)		2 000～4 000	2 000～4 000
含水率/%		≤0.20	≤0.20
吸湿率/%		≤2.00	≤2.0
流动性/s		≤8.00	≤8.0
结块趋势	针入度/mm	≥16.0(表面松散)	≥16.0(表面松散)
	斥水性/s	≤5.0	≤5.0
低温特性/s		≤5.0	≤5.0
粒度分布	60 目以下	0.0	—
	60～100 目	0.0～5.0	—
	100～200 目	0.0～10.0	—
	200～325 目	5.0～20.0	—
	底盘	75.0～95.0	—
充填喷射率/%		≥90	≥90
灭火效能(标准试验装置)		3 次灭火试验至少 2 次成功	3 次灭火试验至少 2 次成功

(1)干粉的物理性能

①松密度:干粉在不受振动的情况下,100 g 粉末质量与其实际充填体积的比值。

②相对质量密度:干粉在 20 ℃时的密度(不包括颗粒之间的空隙)与水在 4 ℃时密度的比值。

③充填密度:干粉在受一定振动条件下被振实的粉末质量与充填体积的比值。

④比表面积和颗粒细度:前者指单位质量的干粉颗粒表面积的总和,单位以 cm^2/g 表示;后者一般以通过 60,100,200,325 目筛的百分数(即颗粒的细度分布)表示。这项指标直接影响干粉的流动性和灭火效率。

⑤含水率:干粉含水量的质量分数。含水量大,影响干粉的储存、施放和绝缘性,甚至失效。因此,对干粉的含水率要求较为严格。

⑥吸湿率:一定量干燥的干粉在温度为(20±0.5)℃、相对湿度为 78% 的环境中放置 24 h 以后吸水增重的百分数。吸湿率低,说明干粉抗结块性能好。

⑦流动性:是衡量干粉是否易于流动的指标。流动性的好坏,直接影响干粉的喷射性能。

⑧结块趋势:用以衡量干粉是否易于结块。以针入度和斥水性表示(即在规定条件下用标准针刺入干粉的深度和干粉在重力作用下自水面向下流动的时间)。对相同原料、配比和工艺的干粉而言,针入度值大,则干粉抗结块性能好。

⑨低湿特性:衡量干粉在低温条件下(−55 ℃)的流动性指标。

⑩充填喷射率:衡量干粉在实际应用时流动性能的指标(以标准 8 kg 干粉灭火器在规定条件下喷射后,干粉喷出量与充填量的百分率)。

⑪灭火效能:测定灭火能力的指标。以标准试验装置按规定条件要求在 1 min 内灭 0.65 m^2 的 70#汽油火为合格;也可以用标准灭火器测定一次灭火所能扑灭的最大燃油面积来测定,以 m^2/kg 表示。

(2)干粉的化学性能

干粉在干燥状态下呈惰性,加水并保持一段时间后,普通干粉呈弱碱性,多用途干粉呈弱酸性或中性。干粉的含水率符合规定要求时,没有腐蚀性。只有当普通干粉的吸湿量超过一定限度或温度升高过限(40 ℃)时,能引起金属腐蚀,对碳钢尤其严重;多用途干粉在火焰作用下能分解出氨气,在一定条件下对有色金属有一定的腐蚀作用(并不严重)。

某些专用于扑灭金属火灾的干粉是有毒的,而普通干粉和多用途干粉的基料是无毒的。干粉的基料(纯碳酸氢钠、硬脂酸镁)对泡沫有明显的破坏作用。

3)干粉的灭火作用

(1)化学抑制作用

干粉的抑制灭火作用:一是多相抑制机理,认为灭火过程是在干粉粒子表面发生化学抑制反应;二是均相抑制机理,认为灭火过程是干粉先在火焰区汽化后,再在气相粒子表面发生化学抑制反应。

①多相抑制机理。烃类物料燃烧发生以下链式反应:

$$\underset{\text{(燃料)}}{(R\text{—}H)} + O_2 \longrightarrow \underset{\text{(游离基)}}{R\cdot + H\cdot + 2O:} \quad \text{(链引发)}$$

$$H\cdot + O: \longrightarrow OH\cdot \quad \text{(链传递)}$$

$$OH + OH\cdot \longrightarrow H_2O + O: + Q\text{(能量)} \quad \text{(链终结)}$$

当两个 OH·游离基结合时,释放能量使燃烧反应过程得以继续。

当干粉射向燃烧区,干粉粒子与火焰中产生的活性基团接触时,活性基团瞬间被吸附在粉粒表面,发生以下反应:

$$M\text{(粉粒)} + OH\cdot \longrightarrow MOH$$

$$MOH + H\cdot \longrightarrow M + H_2O$$

在该反应中,活泼的 H·和 OH·在粉粒表面结合,形成了不活泼的 H_2O,从而中断燃烧的链式反应,使燃烧中止。

②均相抑制机理。干粉的灭火过程是,首先干粉在火焰中汽化,再在气相中发生化学抑制反应,其主要抑制形式(可能)是气态氢氧化物。若使用钠盐干粉,其反应主要过程如下:

$$NaOH + H\cdot \longrightarrow H_2O + Na \quad (1.2)$$

$$NaOH + OH\cdot \longrightarrow H_2O + NaO\cdot \quad (1.3)$$

$$Na + OH\cdot \longrightarrow NaOH \quad (1.4)$$

$$NaO\cdot + H\cdot \longrightarrow NaOH \tag{1.5}$$

$$NaOH + H\cdot \longrightarrow NaO\cdot + H_2 \tag{1.6}$$

通过反应式(1.2)—式(1.6)实现抑制作用的催化循环,其中 NaOH 通过反应式(1.4)和式(1.5)再生。

实验表明,干粉细度大有利于粉粒在火焰中的蒸发,可提高灭火效率。

碱金属的盐类对燃烧的抑制作用(即灭火效能)随碱金属原子序数的增加而递增,即锂盐<钠盐<钾盐<铷盐<铯盐。

多用途干粉灭火时,磷酸铵盐与火焰接触后,生成多聚磷酸盐,可以在燃烧物料表面形成玻璃状熔层,它也可以渗透到一般固体物质的纤维孔内,同时阻止空气与可燃物料的接触(起隔离作用)。

磷酸铵盐分解释放出来的氨气对火焰也能起类似卤代烷那样的均相负催化作用;磷酸铵盐还可以使燃烧物料表面碳化,这种导热性差的碳化层,可以降低燃烧强度。

(2)烧爆作用

某些化合物(如尿素与碳酸氢钠的反应产物 $NaC_2N_2H_3O_3$)与火焰接触时,由于高温作用,可以使干粉颗粒爆裂成为多个更小颗粒,使干粉的比表面积剧增,增加了干粉与火焰的接触面积,吸附作用增强,从而提高灭火效能。

(3)其他作用

灭火时干粉的“粉雾”可以减弱火焰对燃烧物料的热辐射;干粉颗粒的高温分解,释放出结晶水或不活泼气体,可以吸收部分热量或降低氧气的浓度,降低燃烧强度。事实上,这些“其他作用”是很小的。

4)干粉的应用范围

(1)普通干粉可用于扑救下列火灾

普通干粉可用于扑救易燃及可燃液体(如汽油、煤油、润滑油、原油等)火灾,可燃气体(液化气、乙炔等)火灾,电气设备火灾;与上述类别相应场所的火灾均可使用。

(2)多用途干粉可用于扑救下列火灾

除可与普通干粉作相同应用外,还可应用于一般固体物质(如木材、棉、麻、竹等)的火灾扑救。

5)干粉的应用注意事项

(1)干粉的储存

干粉储存期间应以塑料袋包装并热合封严,外套有较大强度的保护性封袋;储存地点应干燥通风,温度在 40 ℃以下;干粉堆垛不宜太高,以免压实结块。干粉受潮而结块后,若再行烘干粉碎后使用,灭火效率将大大降低。

正常储存的干粉,有效期为 5 年。超过有效期的干粉,应送交有权威性的灭火剂检测部门检测,认为合格方可继续使用。

(2)应用注意事项

干粉在使用时会形成粉粒沉积,因此禁止用干粉扑救电子计算机、电话通信站、高精度机械设备和仪器仪表的火灾。

干粉的冷却作用极小,因而应注意防止复燃。尤其是在扑救易燃和可燃液体火灾时,"联用"效果更好。"联用"时,先用干粉,后用泡沫。表1.8列举了各类干粉与泡沫联用的配伍。

表1.8 干粉与泡沫联用配伍表

泡 沫	干 粉			
	多用途	氨 基	钾 盐	普 通
无氟蛋白	○	○	△	×
含氟蛋白	○	○	○	○
合成型	○	○	○	○

注:"○"可以联用;"×"不可联用;"△"少用。

1.3.4 七氟丙烷灭火剂

七氟丙烷灭火剂是气体灭火剂的一种,是卤代烷灭火剂的替代物。卤代烷是碳氢化合物中的氢原子被卤素原子取代后生成的化合物。卤代烷化合物较多,其中卤代烷1211[二氟一氯一溴甲烷(CF_2ClBr)]和卤代烷1301[三氟溴甲烷($CBrF_3$)]因灭火效果好而被广泛使用。但由于卤代烷灭火剂中有溴元素和氯元素,遇火后会产生对臭氧层造成破坏的气体,有比较严重的环境污染问题。这类灭火剂我国已于2005年和2010年停止生产与禁止使用,并采用七氟丙烷灭火剂替代。

七氟丙烷灭火剂是一种以化学灭火为主兼有物理灭火作用的洁净气体化学灭火剂。依照国际通用卤代烷命名法则称为HFC-227ea,由C(碳)、F(氟)、H(氢)三元素所组成,分子式为C_3HF_7。它在常压下为无色无味气体,一定压力下呈液态状,是一种不导电、不污染被保护对象,不会对财物和精密设施造成损坏的,对人体危害小的气态灭火剂。

1)七氟丙烷灭火原理

七氟丙烷的灭火原理是物理和化学反应相结合。

物理灭火主要依靠降温和窒息两种灭火方式。七氟丙烷灭火剂是以液体状态在灭火器中封存,气化膨胀过程中会吸收大量热量,达到降低火场温度的效果。且由于七氟丙烷属于一种惰性气体,所以能够阻隔燃烧物与氧气的接触,最终达到窒息效果,有效控制火势蔓延。

化学灭火主要是依靠化学链式反应进行灭火。七氟丙烷灭火剂在火灾中吸热分解,产生CF_3,CF_2,CF_3CFO和CFO等含氟的自由基,与燃烧反应过程中产生支链反应的H^+,OH^-,O^{2-}等活性自由基发生反应产生CO_2,H_2O,HF等,从而中断燃烧过程中的化学链式反应。

2)七氟丙烷灭火剂的优点

(1)相对环保

七氟丙烷在灭火过程中反应比较充分,一般不会残留,其他反应物生成也比较少,因此对环境的污染程度很低,是一种相对环保的灭火剂。七氟丙烷的制取原料为丙烷、无水氢氟酸,制取过程较为清洁。和其他化学灭火剂相比,七氟丙烷的环境效益非常好。

(2)性质稳定

七氟丙烷属于惰性气体,七氟丙烷灭火剂储存时为液体,具有极为稳定的性质,耐寒性和耐热性均较强,其凝固点为-131 ℃,临界温度为101.7 ℃。和其他气溶胶灭火剂相比,七氟丙烷灭火剂储存时对环境没有过多要求,安全性很强。

(3)可扑救火灾类型多

七氟丙烷灭火剂具有良好的清洁性、良好的气相电绝缘性,适用于以全淹没灭火方式扑救电气火灾、液体火灾或可熔固体火灾、固体表面火灾、灭火前能切断气源的气体火灾,可保护计算机房、通信机房、变配电室、精密仪器室、发电机房、油库、化学易燃品库房及图书库、资料库、档案库、金库等场所,应用非常广泛。

(4)灭火效率高

七氟丙烷灭火剂有快速反应特点和极好的燃烧抑制能力,能够快速控制火势。在相同的火灾情况下,七氟丙烷灭火剂可以用相比固体灭火剂、液体灭火剂所需更短的时间完成对火灾的扑灭工作,具有很高的扑救效率。灭火后,使用七氟丙烷的灭火现场不容易复燃,故它能有效杜绝复燃导致的安全风险。

3)灭火剂缺点

(1)可能造成温室效应

七氟丙烷属于温室气体,且灭火过程中会产生大量的二氧化碳气体,二氧化碳气体也属于温室气体,所以生产和使用七氟丙烷灭火剂可能会带来一定的温室效应。

(2)可能产生腐蚀性物质

七氟丙烷灭火时,高温作用下可能会分解产生氟化氢,这些气体在和空气中的水结合将会产生白雾状的氢氟酸,具有比较刺激的气味。氢氟酸的腐蚀性很强,会对周围环境和物品产生影响。根据目前的实验研究,如果现场火势不大,而且火灾范围比较小,使用七氟丙烷灭火现场很难有氢氟酸产生,或者产生浓度极小可以忽略不计。因此对于规模较小的火灾,使用七氟丙烷灭火剂安全风险很低。但如过火面积和火势很大,大量使用七氟丙烷容易产生氢氟酸气体,所以必须加强保护,避免伤害消防员等相关人员。

1.3.5 二氧化碳灭火剂

二氧化碳灭火剂属液化气体型灭火剂。

1)二氧化碳的性质

(1)二氧化碳的物理性质

二氧化碳的物理常数见表1.9。二氧化碳可在6 MPa压力下液化,它通常以液相储存于钢瓶内(高压容器)。它在-78.5 ℃低温下,可制成干冰。在0 ℃时,1 atm(1标准大气压=101.325 kPa,下同)条件下,1 kg的液态二氧化碳能形成509 L气态二氧化碳,1 L的液态二氧化碳能形成462 L气态二氧化碳。

表1.9 二氧化碳的物理常数

项 目	数 值	项 目	数 值
分子式	CO_2	临界压力/MPa	7.395
分子质量	44.10	临界密度/($kg \cdot m^{-3}$)	0.46
升华点/℃	-78.5	液体相对[质量]密度	0.914
溶点/℃	-56.7	液体密度(20 ℃)/($g \cdot mL^{-1}$)	1.98
临界温度/℃	31.0	蒸气压/Pa	5.68×10^6
临界压力/Pa	7.14×10^6	汽化潜热(沸点时)/($J \cdot g^{-1}$)	577.67

(2)二氧化碳的化学性质

二氧化碳可溶解于水形成弱酸:

$$CO_2 + H_2O \rightleftharpoons H_2CO_3$$

二氧化碳与炽热的炭相互作用形成有毒的一氧化碳:

$$CO_2 + C \longrightarrow 2CO + Q$$

(3)二氧化碳的毒性

空气中二氧化碳含量较高时,会刺激眼睛黏膜和呼吸道,并可能灼伤皮肤,其毒性主要作用于人的呼吸和血液循环系统。当空气中$\varphi(CO_2)$=2%~4%时,中毒的初步症状是呼吸加快;当空气中$\varphi(CO_2)$=4%~6%时,人开始出现剧烈的头痛、耳鸣和剧烈的心跳;6%~10%体积分数突然作用于人体,会使人失去知觉。但是如果体积分数缓慢上升,生物会逐渐习惯于它的作用,在这样的条件下,人可以停留1 h(工作效率降低)。当空气中$\varphi(CO_2)$=20%时,人就会死亡。

2)二氧化碳的灭火性能

二氧化碳有两种灭火作用:

(1)窒息作用

在常温常压下,1 kg二氧化碳可以形成500 L左右的二氧化碳蒸气,这个数量足以使1 m^3空间范围内的火焰熄灭。一般情况下,当空气中$\varphi(CO_2)$=30%~35%时,绝大多数的燃烧物料的燃烧都将被窒息。为安全起见,二氧化碳实际应用剂量都大于理论计算剂量。

(2)冷却作用

二氧化碳的升华过程对燃烧具有冷却作用。在实际灭火过程中,液态二氧化碳(在临界温度以上为气态)释放时由于膨胀作用而吸热,在喷射口(或喷筒)迅速降温,可达-78.5 ℃,在该温度和常压下,二氧化碳可形成雪片状固体(干冰),具有很好的局部冷却作用。

3)二氧化碳的应用范围

①灭火前可切断气源的气体火灾;
②液体火灾或石蜡、沥青等可熔化的固体的火灾;
③固体表面火灾及棉毛、织物、纸张等固体深位火灾;
④电气火灾;
⑤贵重生产设备、仪器仪表、图书档案等的火灾。

4)二氧化碳灭火剂不得用于下列火灾

①硝化纤维、火药等含氧化剂的化学制品火灾;
②钾、钠、镁、钛、锆等活泼金属火灾;
③氢化钾、氢化钠等金属氢化物火灾。

1.3.6 其他灭火剂

1)卤代烷灭火剂的替代物

我国履行《保护臭氧层维也纳公约》《关于消耗臭氧层物质的蒙特利尔议定书》等国际公约。对大气臭氧层具有极强破坏作用的卤代烷“1301”和“1211”灭火系统被限制使用,开发和推广卤代烷灭火剂的替代物十分必要。

(1)理想卤代烷灭火剂(Halon)替代物的基本要求

①对大气臭氧层无损耗,臭氧耗损潜能值 ODP$\leqslant$0.05,最好 ODP=0;
②清洁性好,灭火后不留残存物;
③灭火剂用量少,灭火效能高;
④合成物在大气中存留寿命(ALT)短,潜在危险小;
⑤温室效应小,即温室效应潜能值(GWP)小或无;
⑥毒性小或无毒;
⑦良好的气相电绝缘性;
⑧成本低,经济合理。

(2)卤代烷灭火剂替代物的基本要求

卤代烷灭火剂使用受到限制,卤代烷灭火剂替代物的开发和研究随之展开。卤代烷灭火剂替代物的基本要求,就是既包含了卤代烷灭火剂所具有的不污染被保护对象的基本要求,又包含了不破坏大气臭氧层的基本要求。

在第5章,将介绍目前能替代卤代烷灭火剂的几种灭火剂和灭火系统。

2)水蒸气

这里所说的水蒸气指的是由工业锅炉制备的饱和蒸汽或过热蒸汽。饱和蒸汽的灭火效果优于过热蒸汽。凡有工业锅炉的单位,均可设置固定式或半固定式(蒸气胶管加喷头)蒸气灭火设备。

水蒸气是惰性气体,一般用于易燃和可燃液体、可燃气体火灾的扑救,通常应用于房间、舱室内,也可应用于开敞空间。水蒸气的灭火原理是:在燃烧区内充满水蒸气可阻止空气进入燃烧区,使燃烧窒息。由实验得知,对汽油、煤油、柴油和原油火灾,当空气中的水蒸气体积分数达到35%时,燃烧即停止。水蒸气在使用时应注意防止热汽灼伤。水蒸气遇冷凝结成水,应保持一定的灭火延续时间和供应强度,一般情况下,在无损失条件下为0.002 kg/(m^3·s),有损失条件下为0.005 kg/(m^3·s)。

3)发烟剂

发烟剂是一种深灰色粉末状混合物,由硝酸钾、三聚氰胺、木炭、碳酸氢钾、硫磺等物质混合而成。发烟剂通常利用烟雾的自动灭火装置(发烟器和浮子组成),置于2 000 m^3 以下原油、渣油或柴油罐内、1 000 m^3 以下航空煤油储罐内的油面。在火灾温度作用下,发烟剂燃烧产生二氧化碳、氮气等惰性气体(占发烟量的85%),在缸内油面以上的空间内形成均匀而浓厚的惰性气体层,阻止空气向燃烧区的流动,并使燃烧区可燃蒸气的体积分数降低,使燃烧窒息。发烟剂不适合开敞空间使用。

4)原位膨胀石墨

原位膨胀石墨灭火剂是石墨经处理后的变体,外观为灰黑色鳞片状粉末,稍有金属光泽,是一种新型金属火灾灭火剂。

(1)基本性质

石墨是碳的同素异构件,无毒、没有腐蚀性。当温度低于150 ℃时,密度基本稳定;当温度达到150 ℃时,密度变小,开始膨胀;当温度达到800 ℃时,体积膨胀可达膨胀前的54倍。

(2)灭火原理

碱金属或轻金属起火后,将原位膨胀石墨灭火剂喷洒在燃烧物质表面上,在高温作用下,灭火剂中的添加剂逸出气体,使石墨体积迅速膨胀,可在燃烧物表面形成海绵状的泡沫;同时与燃烧的金属接触的部分被液态金属润湿,生成金属碳化物或部分石墨层间化合物,形成隔绝空气的隔膜,使燃烧中止。

(3)应用注意事项

原位膨胀石墨的应用对象为钠、钾、镁、铝及其合金的火灾。其使用方法是:可以盛于小包装塑料袋内,投入燃烧金属的表面;或可灌装于灭火器内,以低压喷射。应密封储存,且温度应低于150 ℃。

5)砂和灰铸铁末(屑)

砂和灰铸铁末(屑)是两种非专门制造的灭火剂,它们单独应用于规模很小的磷、镁、钠等火灾,起隔绝空气或从火焰中吸热(冷却)的作用,可以灭火或控制火灾的发展。

1.3.7 灭火的基本原理

1）冷却作用灭火

灭火剂施放到火场后，因升温、蒸发等吸收热量，使火场降温，最后灭火。例如，具有冷却作用灭火的灭火剂有水、泡沫等。

每千克水的温度每升高1 ℃，可吸收热量4.148 kJ；每千克水蒸发汽化，可吸收热量2 259 kJ。喷洒在火场的水将被加热或汽化，吸收大量热量，使火场温度降低，致使燃烧终止。

2）窒息作用灭火

灭火剂释放到火场后，使燃烧区中氧体积分数降低，由于供氧不足使燃烧终止。正常情况下，空气中氧体积分数为21%，当空气中氧体积分数降到15%以下时，碳氢化合物就不会燃烧。例如，具有窒息作用灭火的灭火剂有水蒸气、CO_2 等。

3）隔离作用灭火

灭火剂释放到火场后，会使可燃物与空气（O_2）隔绝，会使可燃物与火源隔绝，使燃烧停止。例如，具有隔离作用灭火的灭火剂有泡沫等。

4）化学抑制作用灭火

灭火剂释放到火场后，因化学作用，抑制可燃物分子活化，迅速降低火场中 H^+，OH^-，O^+ 等自由基质量浓度，使燃烧终止。例如，具有化学抑制作用灭火的灭火剂有卤代烷、干粉等。

思考题

1.1 用一句话解释什么叫作火灾。
1.2 简述燃烧所具备的条件。
1.3 火灾烟气对人体有哪些危害？
1.4 按照我国相关规范，高、多层建筑是如何划分的？
1.5 防烟楼梯间与封闭楼梯间有何区别？
1.6 水作为灭火剂，简述其灭火的原理。
1.7 试述防烟分区的含义。

2 室外消防给水系统

2.1 概　述

2.1.1 室外给水系统的任务和用水要求

1) 室外给水系统的任务

室外给水系统的任务就是经济合理、安全可靠地供应城镇居民的生活用水、生产用水和消防用水,并满足各种用水对象对水质、水量和水压的要求。

消防给水系统是室外给水系统的一个重要组成部分。在有给水系统的城镇,大多数都是消防与生活、生产给水系统合并,只有在合并不经济或技术上不可能时,才采用独立的消防给水系统。

2) 室外给水系统的供水对象及用水要求

室外给水系统的供水对象一般有:居住区生活用水、工业企业生产用水、公共建筑用水及扑灭火灾的消防用水等。各种用水对水量、水质、水压均有不同的要求。

(1) 生活饮用水

生活饮用水包括:居住区居民生活饮用水、工业企业职工生活饮用水、淋浴用水以及全市性公共建筑用水等。生活饮用水水质应无色、透明、无臭、无味,不含对健康有害的物质,应符合国家生活饮用水水质标准。生活饮用水管网上的最小水头应根据多数建筑的建筑层数确定,一般应符合现行《室外给水设计规范》(GB 50013)的规定。

(2) 生产用水

属于生产用水的有:冷却用水,如高炉和炼钢炉、机器设备、润滑油和空气的冷却用水;生产蒸气和用于冷凝的用水,如锅炉和冷凝器的用水;生产过程用水,如纺织厂和造纸厂的洗涤、净化、印染等用水,冶金厂和机器制造厂的水压机和除尘器用水等;食品工业用水;交通运输用水,如铁路机车和船舶港口用水等。由于生产工艺过程的多样性和复杂性,因此生产用水对水质和水量要求的标准不一。在确定生产用水的各项指标时,应深入了解用水情况,熟悉用户的生产工艺过程,以确定其对水量、水质、水压的要求。此外,随着现代工业的迅速发展,生产用水水质的要求也在不断提高。

(3)市政用水

市政用水包括街道洒水、绿化浇水等。

(4)消防用水

消防用水只是在发生火灾时使用。一般是从街道边消火栓和室内消火栓取水,用以扑灭火灾。此外,在有些建筑物中采用特殊消防措施,如自动喷淋设备等。

消防给水系统,由于不是经常处于工作状态,因此可与城市生活饮用水给水系统合在一起。扑灭火灾时,根据消防用水量和消防时所需水压,考虑加强生活饮用水给水系统的供水工作。只有在防火要求特别高的建筑物、仓库或工厂,才设立专用的消防给水系统。消防用水对水质无特殊要求。

3)室外消防给水系统设置原则

《建筑设计防火规范》(2018 年版)(GB 50016—2014)规定:在进行城镇、居住区、企事业单位规划和建筑设计时,必须同时设计消防给水系统。但对于耐火等级为一、二级且体积不超过 3 000 m^3 的戊类厂房或居住区人数不超过 500 人且建筑物不超过二层的居住小区,可不设消防给水系统。因为上述两种情况的消防用水量不大,一般消防队第一出动力量就能控制和扑灭火灾。当设置消防给水系统有困难时,这样做比较经济,其火场的消防用水问题可由当地消防队解决。

高层建筑及建筑小区必须设置室外消防给水系统。

2.1.2 室外给水系统的组成

合并的室外消防给水系统,其组成包括取水、净水和输配水 3 部分工程设施。由于水源水质、地形条件、用水对象要求等不同,因此其给水系统的组成也不尽相同。一般情况下,独立的室外消防给水系统,因消防对水质无特殊要求(被易燃、可燃液体污染的水除外),故可直接从水源取水供作消防用水。其组成包括取水和输配水两部分工程设施。

取水工程的主要任务就是从天然或人工水源中取水,并将水送至水厂或用户,一般应取到足量的、水质较好的水。消防车吸水口就是取水工程中最简单的一种。

净水工程是将取到的原水进行净水处理,使之满足用水对象对水质的要求。

输配水工程包括输水管道、配水管网、储水池及加压泵站,它的任务就是将水厂生产的水送往用水对象,是给水系统的最后工序。无论生活、生产还是消防用水,一般都通过管网提供。

室外消防给水系统与生活、生产给水合并的城市给水系统,其基本组成与水源有很大关系。以地面水为水源的给水系统基本组成,如图 2.1 所示;以地下水为水源的给水系统基本组成,如图 2.2 所示。

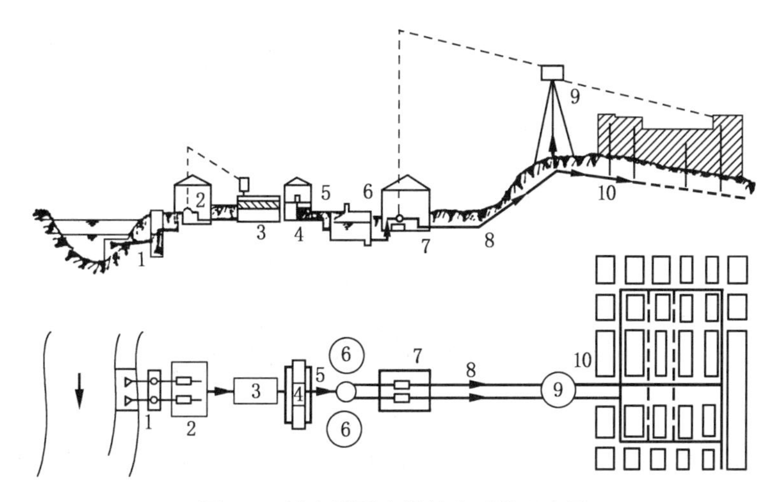

图 2.1　城市地面水源给水系统示意图

1—取水构筑物;2—一级泵站;3—沉淀设备;4—过滤设备;5—消毒设备;6—清水池;
7—二级泵站;8—输水管道;9—水塔或高位水池;10—配水管网

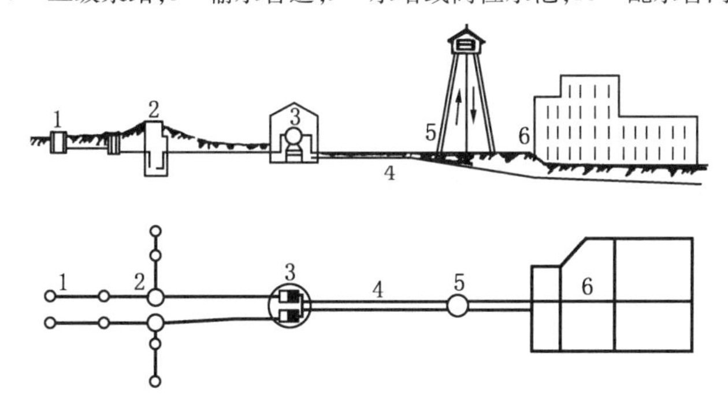

图 2.2　地下水源给水系统

1—水井;2—集水井;3—泵站;4—输水管;5—水塔;6—管网

2.1.3　室外消防给水系统类型

1)按消防给水系统水压要求分类

(1)高压消防给水系统

高压消防给水系统不需使用消防车或其他移动式水泵加压,而直接由消火栓接出水带、水枪灭火。

根据实践经验,为有效地扑救火灾和保证消防人员安全,在生活、生产和消防用水量为最大时,同时水枪布置在保护范围内建筑物最高处时,水枪的充实水柱不应小于 10 m。

如图 2.3 所示,高压消防给水系统最不利点消火栓处的压力为:

$$H_s = H_p + H_q + h_d \tag{2.1}$$

式中　H_s——系统最不利点消火栓处的压力,Pa;

H_p——水枪手与消火栓之间的标高差所产生的静压,Pa;

H_q——19 mm 水枪,充实水柱不小于 10 m,每支水枪的流量不小于 5 L/s 时,水枪喷嘴所需要的压力,Pa;

h_d——长度为120 m(6条水带),直径为65 mm的麻质水带的压力损失,Pa。

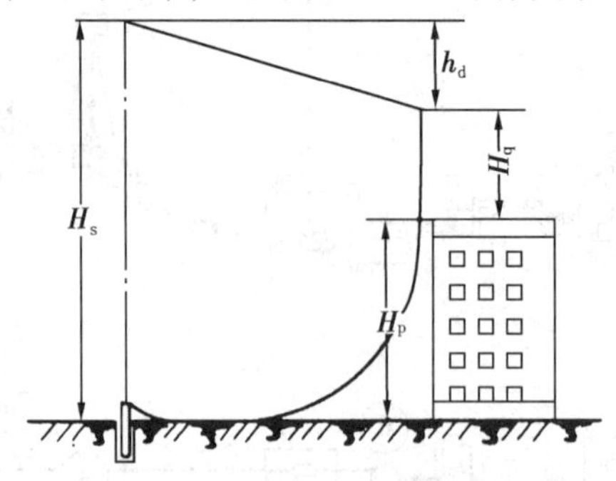

图2.3　消火栓压力计算图

城镇、居住区、企事业单位的室外消防给水系统,在有可能利用地势设置高位水池时,可采用高压消防给水系统。

(2)临时高压消防给水系统

临时高压消防给水系统管网内平时压力不高,在泵站(房)设置高压消防水泵,一旦发生火灾将立刻启动消防水泵,临时加压使管网内的压力达到高压消防给水系统的压力要求。

(3)低压消防给水系统

低压消防给水系统的管网平时水压较低,火场灭火时水枪所需压力由消防车或其他移动式消防泵产生。低压消防给水系统,其管网内的压力应保证灭火时最不利点消火栓处的水压不小于0.10 MPa。

2)按室外给水系统供水对象分类

(1)生活、消防合用给水系统

城镇、居住区和企事业单位广泛采用生活、消防合用给水系统。给水系统管网内的水经常保持流动状态,水质不易变坏,投资较经济,便于日常检查和保养,消防给水较安全可靠。当生活用水达到最大小时用水量时,采用这种给水系统仍应保证供给全部消防用水量。

(2)生产、消防合用给水系统

在某些工业企业内,采用生产、消防合用给水系统。当生产用水量达到最大小时用水量时,采用这种给水系统仍应保证全部消防用水量,而且要求当使用消防用水时不致因水压降低而引起生产事故,生产设备检修时也不致造成消防用水中断。

由于生产用水与消防用水的水压要求往往相差很大,在使用消防用水时可能影响生产用水;另外,有些工业企业的水质又有特殊要求。因此,在这种情况下较少采用生产、消防合用给水系统,而较多采用生活、消防合用给水系统,并辅以独立的生产给水系统。当生产用水采用独立给水系统时,在不引起生产事故的前提下,可在生产管网上设置必要的消火栓,作为消防备用水源,或将生产给水管网与消防给水管网相连接,作为消防的第二水源。但生产用水转换成消防用水的阀门不应超过2个,且开启阀门的时间不应超过5 min,以利及时供应火场消防用水。如果不能符合上述条件时,生产用水不得作为消防用水。

(3)生活、生产和消防合用给水系统

大中城镇的给水系统基本上都是生活、生产和消防合用给水系统。采用这种给水系统有时可以节约大量投资,符合我国国民经济的发展方针。从维护使用方面看,这种系统也比较安全可靠。一般情况下,当生活和生产用水量很大,而消防用水量不大时宜采用这种给水系统。

生活、生产和消防合用的给水系统,要求当生活、生产用水达到最大小时用水量时(淋浴用水量可按15%计算,浇洒及洗刷用水量可不计算在内),仍应保证室内和室外消防用水量,消防用水量按最大秒流量计算。

(4)独立的消防给水系统

当工业企业内生活、生产用水量较小而消防用水量较大,合并在一起不经济时,或者三种用水合并在一起技术上不可能时,或者是生产用水可能被易燃、可燃液体污染时,常采用独立的消防给水系统。设置有高压带架水枪、水喷雾消防设施等的消防给水系统基本上也都是独立的消防给水系统。

2.2 室外消防用水量

2.2.1 城镇(居住区、商业区、工业区)室外消防用水量

城镇或居住区的室外消防用水量可按下式计算:

$$Q = Nq \tag{2.2}$$

式中 Q——城镇或居住区的室外消防用水量,L/s;

N——城镇或居住区同一时间内的火灾次数,次;

q——城镇或居住区一次灭火用水量,L/(s·次)。

1)城镇或居住区同一时间内的火灾次数

较大的城镇或居住区,可能同时发生几起火灾,人们把在火灾延续时间内重叠发生的火灾次数称为同一时间内的火灾次数。

同一时间内的火灾次数受到许多环境因素的影响。例如,与城镇或居住区的规模、房屋的建筑材料、房屋的建筑密度、房屋的建筑高度,以及气候、季节、电气设备的使用程度和人们的消防意识等诸因素有关,而这些因素对同一时间内火灾次数的综合影响却是较复杂的。目前,仅根据城镇或居住区的人口数来确定同一时间内的火灾次数。人口越多,城镇或居住区的规模也就越大,同一时间内的火灾次数也相对越多。表2.1是根据多年火灾统计归纳总结出的同一时间内的火灾次数与人口数量的关系。

表2.1 城镇、居住区室外消防用水量

人数/万人	N/次	q/[L·(s·次)$^{-1}$]	人数/万人	N/次	q/[L·(s·次)$^{-1}$]
≤1.0	1	10	≤40.0	2	65
≤2.5	1	15	≤50.0	3	75
≤5.0	2	25	≤60.0	3	85
≤10.0	2	35	≤70.0	3	90
≤20.0	2	45	≤80.0	3	95
≤30.0	2	55	≤100.0	3	100

2)城镇或居住区一次灭火用水量

城镇或居住区一次灭火用水量,应为同时使用的水枪数量和每支水枪平均用水量的乘积,即:

$$q = nq_{\mathrm{f}} \tag{2.3}$$

式中 q——城镇或居住区一次灭火用水量,L/s;

n——同时使用的水枪数量,支;

q_{f}——每支水枪的平均用水量,L/(s·支)。

我国大多数城市消防队第一出动力量到达火场时,常用 2 支口径为 19 mm 的水枪扑救初期火灾,每支水枪的平均出水量在 5 L/s 以上。因此,室外消防用水量最小不应小于 10 L/s。

对于较大的火灾,就需要出较多的水枪进行控制扑救。例如,无锡太湖造纸厂的火场用水量达 210 L/s,上海锦江饭店的火场用水量达 200 L/s。若采用管网来保证其消防用水量,根据目前我国国民经济水平具有一定困难。因此,确定一次灭火用水量,既要满足城镇基本安全的需要,同时又要考虑国民经济的发展水平。

根据火场实际用水量统计,城镇或居住区的一次灭火用水量随着城市人口的增加而增加。为保证城镇或居民区扑救初、中期火灾用水量的需要,其一次灭火用水量不应小于表 2.1 的规定。

应该指出,有时可能出现工厂、仓库、堆场、储罐区或民用建筑的室外消防用水量超过表 2.1 的规定值,则该给水系统的消防用水量应按工厂、仓库、堆场、储罐区或民用建筑的室外消防用水量计算。

2.2.2 建筑物室外消火栓设计流量

建筑物室外消火栓设计流量包括工厂、仓库和民用建筑的室外消火栓设计流量。建筑物室外消火栓设计流量,应根据建筑物的体积、耐火等级、火灾危险性等因素综合确定。建筑物室外消火栓设计流量不应小于表 2.2 的要求。

表 2.2 建筑物室外消火栓设计流量/($\mathrm{L \cdot s^{-1}}$)

<table>
<tr><th rowspan="2">耐火等级</th><th rowspan="2" colspan="3">建筑物名称及类别</th><th colspan="6">建筑体积/m³</th></tr>
<tr><th>V≤1 500</th><th>1 500<V≤3 000</th><th>3 000<V≤5 000</th><th>5 000<V≤20 000</th><th>20 000<V≤50 000</th><th>V>50 000</th></tr>
<tr><td rowspan="11">一、二级</td><td rowspan="6">工业建筑</td><td rowspan="3">厂房</td><td>甲、乙</td><td colspan="2">15</td><td>20</td><td>25</td><td>30</td><td>35</td></tr>
<tr><td>丙</td><td colspan="2">15</td><td>20</td><td>25</td><td>30</td><td>40</td></tr>
<tr><td>丁、戊</td><td colspan="5">15</td><td>20</td></tr>
<tr><td rowspan="3">仓库</td><td>甲、乙</td><td colspan="2">15</td><td colspan="2">25</td><td colspan="2">—</td></tr>
<tr><td>丙</td><td colspan="2">15</td><td colspan="2">25</td><td>35</td><td>45</td></tr>
<tr><td>丁、戊</td><td colspan="5">15</td><td>20</td></tr>
<tr><td rowspan="3">民用建筑</td><td colspan="2">住宅</td><td colspan="6">15</td></tr>
<tr><td rowspan="2">公共建筑</td><td>单层及多层</td><td colspan="3">15</td><td>25</td><td>30</td><td>40</td></tr>
<tr><td>高层</td><td colspan="3">—</td><td>25</td><td>30</td><td>40</td></tr>
<tr><td colspan="3">地下建筑(包括地铁)、平战结合的人防工程</td><td colspan="3">15</td><td>20</td><td>25</td><td>30</td></tr>
</table>

续表

<table>
<tr><th rowspan="2">耐火等级</th><th rowspan="2" colspan="2">建筑物名称及类别</th><th colspan="6">建筑体积/m³</th></tr>
<tr><th>V≤1 500</th><th>1 500<V≤3 000</th><th>3 000<V≤5 000</th><th>5 000<V≤20 000</th><th>20 000<V≤50 000</th><th>V>50 000</th></tr>
<tr><td rowspan="3">三级</td><td rowspan="2">工业建筑</td><td>乙、丙</td><td>15</td><td>20</td><td>30</td><td>40</td><td>45</td><td>—</td></tr>
<tr><td>丁、戊</td><td>15</td><td>20</td><td>25</td><td>35</td><td></td><td></td></tr>
<tr><td colspan="2">单层及多层民用建筑</td><td colspan="2">15</td><td>20</td><td>25</td><td>30</td><td>—</td></tr>
<tr><td rowspan="2">四级</td><td colspan="2">丁、戊类工业建筑</td><td colspan="2">15</td><td>20</td><td>25</td><td colspan="2">—</td></tr>
<tr><td colspan="2">单层及多层民用建筑</td><td colspan="2">15</td><td>20</td><td>25</td><td colspan="2">—</td></tr>
</table>

注:①成组布置的建筑物应按消火栓设计流量较大的相邻两座建筑物的体积之和确定。

②火车站、码头和机场的中转库房,其室外消火栓设计流量应按相应耐火等级的丙类物品库房确定。

③国家级文物保护单位的重点砖木、木结构的建筑物室外消火栓设计流量,按三级耐火等级民用建筑物消火栓设计流量确定。

④当单座建筑的总建筑面积大于 500 000 m^2 时,建筑物室外消火栓设计流量应按本表规定的最大值增加 1 倍。

2.3 消防给水水源

消防用水可由市政给水管网、天然水源或消防水池供给。采用天然水源供水时,应确保枯水期最低水位时的消防用水量,并应设置可靠的取水设施。

2.3.1 市政给水管网供水

一般情况下,设有给水系统的城镇,消防用水应由给水管网供给。给水管网的任务就是将水源地的水送到水厂,再由水厂送往各个用户。给水管网是由输水管、输水干管、连接管和配水管组成的。输水管的作用就是向管网输送水,而不直接向用户供水;输水干管是将水送往水池、水塔、大用户的城镇管网的主要供水管,其干管一般负担向配水管供水;连接管就是连接输水干管的管段,使给水管网形成环状,当局部管线损坏时,通过连接管调节流量,同时供应生活、生产和消防用水,管网干管上各连接管的间距不宜大于 750 m;配水管就是将管网中的水送往各用水对象,城镇给水区每条道路下均需设置配水管,供应用户用水,一般配水管管径较小,配水管之间的最大距离不应超过 160 m,其直径应根据生产、生活和消防用水量之和进行确定。

1)设置要求

当生产、生活用水量达到最大时,市政给水管网仍能满足室内、外消防用水量时,则可作为消防供水水源,否则应增设第二水源。

2)布置要求

①供应消防用水的室外消防给水管网应布置成环状管网,以保证消防用水的安全。但在

建设初期,采用环状管网有困难时,可采用枝状管网,但应考虑将来有形成环状管网的可能。一般居住区或企事业单位内,当消防用水量不超过 15 L/s 时,为节约投资可布置成枝状,其火场用水可由消防队采取相应措施予以保证。

②为确保环状给水管网的水源,要求向环状管网输水的输水管不应少于 2 根,当其中一根发生故障时,其余的输水管仍应能通过消防用水总量。在工业企业内,当停止(或减少)生产用水会引起二次灾害(如引起火灾或爆炸事故)时,当输水管中一根发生故障时,要求其余的输水管仍应能保证 100% 的生产、生活和消防用水量,不得降低供水保证率。

环状管网的输水干管(即将水送往大用户、水池、水塔的给水管网的主要供水管)不应少于 2 条,并应从用水量较大的街区通过,且其中一根发生故障时,其余的干管应仍能通过消防用水总量。

③为了保证火场消防用水,避免因个别管段损坏导致管网供水中断,环状管网上应设置消防分隔阀门将其分成若干独立段。阀门应设在管道的三通、四通分水处,阀门的数量应按 n-1 原则设置(三通 n=3,四通 n=4)。为使消防队第一出动力量到达火场后,能就近利用消火栓一次串联供水,及时扑灭初期火灾,两阀门之间的管段上消火栓的数量不宜超过 5 个。

④设置室外消火栓的消防给水管道的最小直径不应小于 100 mm。根据火场供水实践和水力试验,直径为 100 mm 的管道只能供应一辆消防车用水,因此在条件许可时,宜采用较大的管径,如上海的室外消防给水管道的最小直径采用 150 mm。

2.3.2 天然水源

天然水源包括江、河、湖泊、溪、海洋、池塘和水库等。当天然水源很丰富时,可利用天然水源作为消防供水水源。利用天然水源作为消防供水水源应满足下列要求:

①利用天然水源,应确保枯水期最低水位时,仍能供应消防用水。一般情况下,城镇、居住区、企事业单位的天然水源的保证概率应按 25 年一遇计算。

②利用天然水源作为消防水源时,应在天然水源地建立可靠的,任何季节、任何水位都能确保消防车取水的设施。具体做法如下:

a. 当江、河、湖的水面较低,或水位变化较大,在低水位超过消防车水泵的吸水高度,或水源离岸边较远,超过吸水管的长度,消防车不能直接从水源吸水时,应建立消防码头,便于消防车向火场供水。目前,我国常用的消防码头有 2 种:坡路码头和过水码头。坡道码头即消防道路紧靠江、河、湖边,在重点保护单位附近或消防队管辖区内适当地点以及消防道路靠水体的一侧修建数个贯通坡道,使消防车接近水面吸水,它适用于常年水位变化不大的天然水源地;过水码头即水源地水位变化较大,在江、河、湖、海的岸边,修筑斜坡道通向水体,消防车根据水位的变化,停靠在斜坡道上吸水。

b. 当江、河、湖泊、溪流的水很浅,消防车从水源吸水的深度不足,吸水管内进入空气,消防车便不能从水源地吸水,需要在天然水源地挖掘消防水泵吸水坑,吸水坑的深度不应小于 1 m,且应使水源的水顺利地流入吸水坑。因此,在吸水坑四周应清除杂草,设置滤水格栅。若吸水坑底为泥土,宜填厚 20 cm 的卵石或碎石,防止泥浆吸入,但卵石和碎石的粒径应大些,防止将石屑吸进水泵,损坏水泵的叶轮或堵塞水枪喷嘴。在吸水坑边缘应有停放消防车的场地,便于消防车靠近吸水坑取水。

c. 天然水源比较丰富,常年水位变化较小的地区,消防车直接靠近河岸、湖边取水有困难时,或天然水源距城镇、重点保护单位较远时,可建立消防自流井,如图 2.4 所示。将河、湖水通过管道引至便于消防车停靠的地点或城镇、重点保护单位,在管道的不同部位上,根据火场用水需要,设置一定数量的吸水井,供消防车吸水。

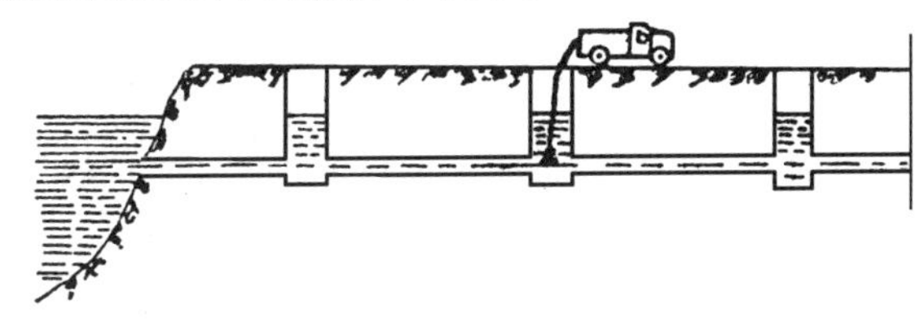

图 2.4 消防自流井

③利用天然水源作为消防水源时,为便于消防车到达火场后从天然水源地取水,应设置通向天然水源地的消防车道。道路的路面至少应用碎石或炉渣铺设,路面的宽度不宜小于 3.5 m。若为单行道,应在水源地建立回车场,其面积不宜小于 15 m×15 m。

④利用天然水源作为消防水源时,应在取水设备的吸水管上加设滤水器,以阻止河、塘水中杂物等吸入管道,影响水流,堵塞消防用水设备。

⑤被易燃、可燃液体污染的天然水源,不能作为消防水源。

2.3.3 消防水池

消防水池的设置原则、设置位置及设计要求等,详见 3.3.3 节。

消防水池的容量计算,详见 3.4.4 节。

2.4 室外给水管网

2.4.1 环状给水管网和枝状给水管网

1) 环状给水管网

管网在平面布置上,干线形成若干闭合环的管网给水系统,称为环状管网给水系统,如图 2.5(a)所示。由于环状管网的干线彼此相通,水流四通八达,供水安全可靠,并且其供水能力比枝状管网供水能力大 1.5~2.0 倍(在管径和水压相同的条件下)。因此,在一般情况下,凡担负有消防给水任务的给水系统管网均应布置成环状管网,以确保消防用水。

2) 枝状给水管网

管网在平面布置上,干线成树枝状,分枝后干线彼此无联系的管网给水系统,称为枝状管网给水系统,如图 2.5(b)所示。由于枝状管网内,水流从水源地向用水对象单一方向流动,当某管段检修或损坏时,其后方就无水,将会造成火场供水中断。因此,消防给水系统不应采用枝状管网。在城镇建设的初期,输水干管要一次形成环状管网有时有困难,可允许采用枝状管网,但在重点保护部位应设置消防水池,并应考虑今后有形成环状管网的可能。在城镇的郊区,当室外消防用水量小于 15 L/s 时,也可采用枝状管网消防给水系统,其枝状管网发生故障时的消防用水量,由当地消防队解决。

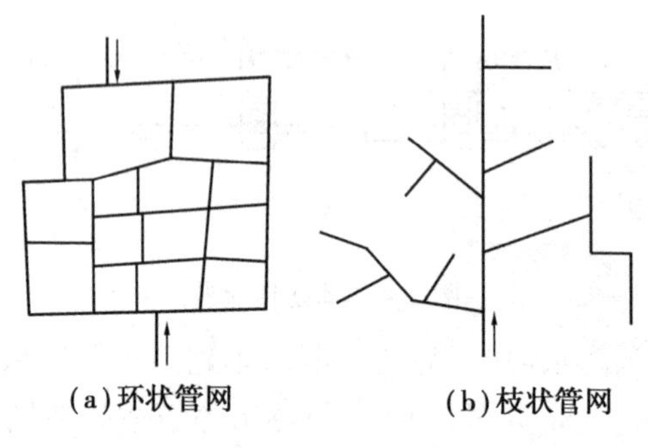

图 2.5　管网平面布置图

2.4.2　室外消防给水管道

室外消防给水管网应布置成环状管网。

室外环状管网的进水管不少于 2 条,并宜从市政给水管道引入,当其中一条发生故障时,其余进水管应仍能保证全部消防用水量。室外环状管道应用阀门分成若干独立段,每段内消火栓的数量不宜超过 5 个。室外消防给水管道的管径通过计算确定,但不得小于 100 mm。

2.5　室外消火栓

在低压消防给水系统中,室外消火栓是供消防车取水进行灭火的供水设备;在高压和临时高压消防给水系统中,室外消火栓是直接接出水带、水枪进行灭火的供水设备。

2.5.1　室外消火栓的类型

按设置条件,室外消火栓分为地上式消火栓和地下式消火栓 2 种。

1)地上式消火栓

地上式消火栓大部分露出地面,具有目标明显、易于寻找、出水操作方便等特点,适用于气温较高地区。但地上式消火栓容易冻结、易损坏,在有些场合妨碍交通,影响市容。在我国南方温暖地区宜采用地上式消火栓。

地上式消火栓是由本体、进水弯管、阀塞、出水口和排水口组成,如图 2.6 所示。目前,地上式消火栓有 2 种型号:一种是 SS100;另一种是 SS150。其主要性能参数见表 2.3。

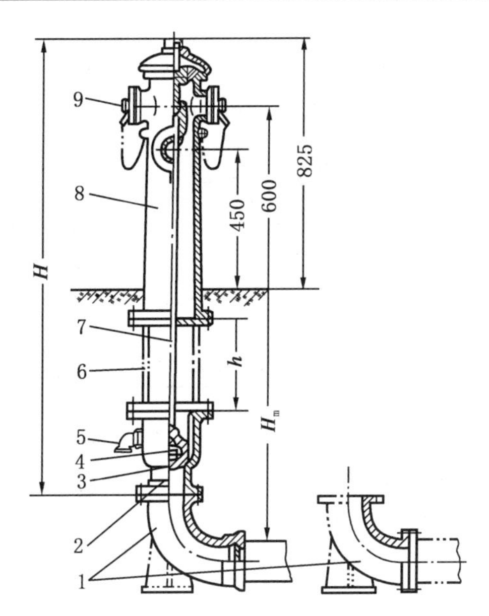

图 2.6　地上式消火栓

1—弯管;2—阀体;3—阀座;4—阀瓣;5—排水阀;6—法兰接管;7—阀杆;8—本体;9—KWS65 型接口

表 2.3　地上式消火栓主要性能参数

型　号	公称通径 /mm	进水口径 /mm	出水口径 /mm	公称压力 /Pa	外形尺寸 /(mm×mm×mm)	质量 /kg
SS100	100	100	100	16×10^5	400×340×1 515	135 ~ 140
			65×2			
SS150	150	150	150	16×10^5	335×450×1 590	191
			65×2			

2)地下式消火栓

地下式消火栓设置在消火栓井内,具有不易冻结、不易损坏、便利交通等优点,适应于北方寒冷地区使用。但地下式消火栓操作不便,目标不明显,特别是在下雨天、下雪天和夜间。因此,要求在地下式消火栓旁设置明显标志。

地下式消火栓是由弯头、排水口、阀塞、丝杆、丝杆螺母、出水口等组成,如图 2.7 所示。目前地下式消火栓有 3 种型号,分别为 SX65,SX100 和 SX65-10。其主要性能参数见表 2.4。

表 2.4　地下消火栓主要性能参数

型　号	进水口		出水口		工作压力 /Pa	开启高度 /mm	外形尺寸 /(mm×mm×mm)	质量 /kg
	类型	口径 /mm	类型	口径 /mm				
SX65	法兰式	100	接扣式	65×2	$<16\times10^5$	50	472×285×1 010	≤130

续表

型　号	进水口		出水口		工作压力/Pa	开启高度/mm	外形尺寸/(mm×mm×mm)	质量/kg
	类型	口径/mm	类型	口径/mm				
SX100	法兰式	100	连接器式	100	$<16\times10^5$	50	476×285×1 050	≤130
SX65-10	承插式	100	接扣式	65×2	$<16\times10^5$	50	472×285×1 040	≤115

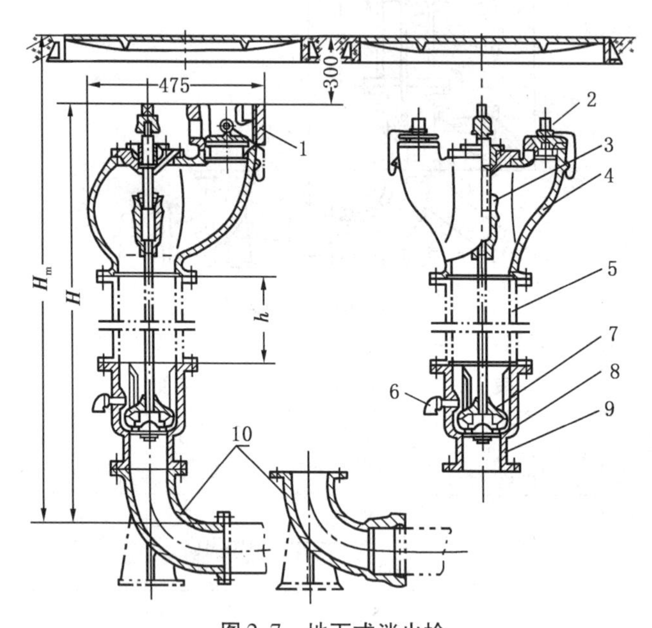

图 2.7　地下式消火栓

1—连接器座;2—KWX 型接口;3—阀杆;4—本体;5—法兰接管;
6—排水阀;7—阀瓣;8—阀座;9—阀体;10—弯管

为了使用和检修方便,地下式消火栓井的尺寸大小可参考图 2.8。

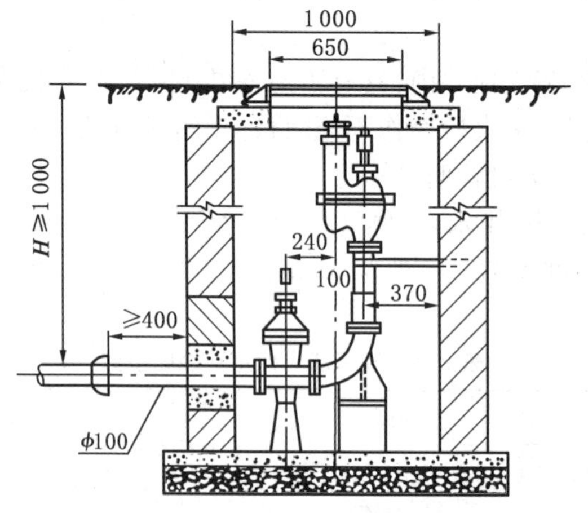

图 2.8　地下消火栓井

按压力分,室外消火栓分为低压消火栓和高压消火栓。设置在室外低压消防给水系统管网上的消火栓,称为低压消火栓。低压消火栓供消防车取水灭火使用;设置在室外高压或临时高压消防给水系统管网上的消火栓,称为高压消火栓。高压消火栓直接接出水龙带、水枪进行灭火,不需消防车或其他移动式消防水泵加压。其技术要求见表2.5。

表2.5 室外消火栓技术要求

序号	名 称	流量①/(L·s^{-1})	水枪/支	保护半径/m	布置间距/m	安装要求
1	低压消火栓	10~15	2	150	<120	给水排水标图有关图纸
2	高压消火栓	5~6.5	1	100	<60	—

注:①流量按充实水柱长度为10~15 m,水枪喷嘴按19 mm考虑。

②低压消火栓保护半径按消防车最大供水距离180 m,留给水枪手10 m机动水带。水带地面铺设系数按0.9计,则保护半径为153 m,按150 m计。

③高压消火栓采用6条65 mm麻质水带干线,消防车最大供水距离120 m,留给水枪手10 m机动水带,水带地面铺设系数按0.9计,则保护半径为99 m,按100 m计。

④在城市消火栓的保护半径150 m以内,消防用水量不超过15 L/s时,可不再设室外消火栓。

2.5.2 室外消火栓的布置

1)室外消火栓的数量

室外消火栓数量按式(2.4)计算:

$$n \geqslant \frac{Q}{q} \tag{2.4}$$

式中 n——室外消火栓数量,个;

Q——建筑室外消防用水量,L/s;

q——每个室外消火栓的用水量,应按10~15 L/(s·个)计。

2)室外消火栓的布置要求

(1)布置要点

室外消火栓沿消防道路均匀布置,道路宽度超过60 m时,宜在道路两边设置消火栓,并宜靠近道路交叉口;沿道路一侧布置建筑物的,消火栓宜布置在有建筑物的道路一侧,以避免其他消防车在通过消防车道时碾破水龙带。

(2)消火栓设置点与建筑物、道路边的距离

消火栓设置点距建筑物外墙不宜小于5 m,以防止建筑物上部物体坠落伤害操作人员;有困难时,低层建筑室外地上消火栓距建筑外墙距离可减少到1.5 m。距建筑物外墙不应大于40 m,以保证水带可扑救的有效范围。距路边的距离不宜大于2 m,以便消防车直接从室外消火栓取水。室外消火栓宜采用地上式,当采用地下式消火栓时,应有明显标志。

(3)室外消火栓的保护半径和间距

室外消火栓的保护半径不应超过150 m,间距不应大于120 m。

① 本书中的“流量”均指“体积流量”。

思考题

2.1　为什么室外给水管道要求布置成环形管网？
2.2　室外给水管网上设置阀门对室外消火栓的控制数量有何要求？
2.3　室外消火栓距离道路边缘及距离建筑物外墙有何具体要求？
2.4　高层建筑室外消火栓距外墙最大距离是多少？
2.5　室外道路宽度大于多少时要求道路两边均布置消火栓？

3

建筑室内消火栓给水系统

3.1 概　述

3.1.1 系统组成及系统的主要设施

室内消火栓给水系统由水枪、水带、消火栓、消防水喉、消防管道、消防水池、水箱、增压设备和水源等组成。当室外给水管网的水压不能满足室内消防要求时,应当设置消防水泵和水箱,如图3.7所示。

1)室内消火栓设备

消火栓设备是由消火栓、水带、水枪和有玻璃门的消火栓箱(图3.1)组成。

设置消防水泵的系统,其消火栓箱应设启动水泵的消防按钮。

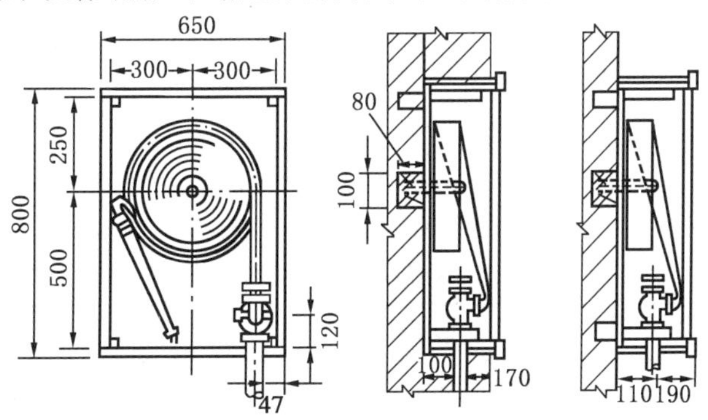

图3.1　消火栓箱安装图

水枪一般采用直流式,喷嘴口径有13,16,19 mm。喷嘴口径13 mm水枪配50 mm水带,16 mm水枪可配50 mm或65 mm水带,19 mm水枪配65 mm水带。一般低层建筑室内消火栓给水系统可选用13 mm或16 mm喷嘴口径水枪,但必须根据消防流量和充实水柱长度经计算后确定。高层建筑室内消火栓给水系统,水枪喷嘴口径不应小于 19 mm。

水带有麻质、化纤之分,口径一般为直径 50 mm 和 65 mm。水带长度有 15,20,25,30 m 4 种。长度确定根据水力计算后选定。建筑内消防水带长度不宜大于 25 m。

消火栓有单出口和双出口之分,均为内扣式接口的球形阀式龙头。单出口消火栓直径有 50 mm 和 65 mm 2 种,双出口消火栓直径为 65 mm。每支水枪最小流量不小于 2.5 L/s 时可选直径 50 mm 消火栓;最小流量不小于 5 L/s 宜选用 65 mm 消火栓。高层建筑室内消火栓口径应选 65 mm。

2)消防软管卷盘

人员密集的公共建筑、建筑高度大于 100 m 的建筑和建筑面积大于 200 m^2 的商业服务网点应设置消防软管卷盘或轻便消防水龙。建筑内员工和非职业消防人员可利用消防软管卷盘或轻便消防水龙扑灭初起火灾,避免火势蔓延发展,酿成大火。

消防软管卷盘又称为消防水喉和小口径自救式消火栓。消防软管卷盘的设置一般分为两类:一类是室内消火栓上带小口径消火栓,如图 3.2(a)所示;另一类是独立设置,如图 3.2(b)所示。其技术性能见表 3.1 和表 3.2。

轻便消防水龙为自来水给水管上使用,由专用消防接口、水带和水枪组成的一种小型简便的喷水灭火设备。

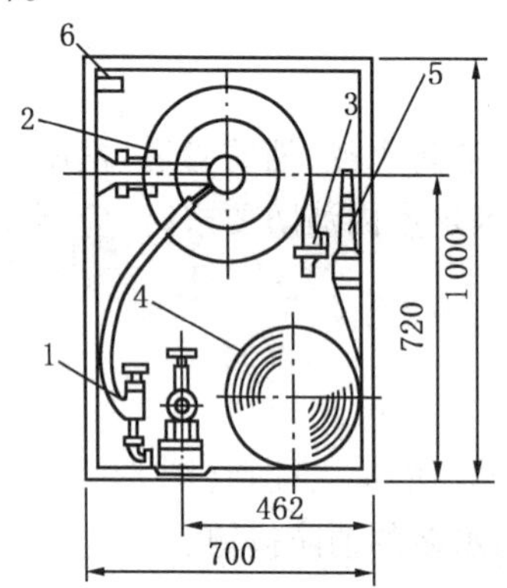

(a)室内消火栓带小口径消火栓设备

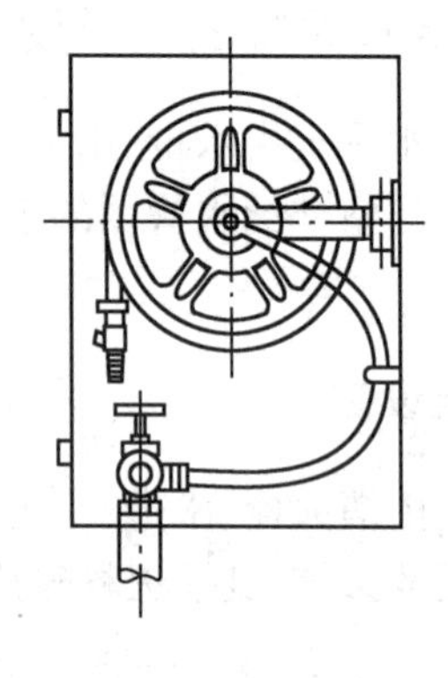

(b)消防软管卷盘

图 3.2 消防水喉设备

1—小口径消火栓;2—卷盘;3—小口径直流开关水枪;4—ϕ65 输水衬胶水带;5—大口径直流水枪;6—控制按钮

表 3.1 室内消火栓带小口径消火栓设备技术性能

室内消火栓		输水管和水带				水 枪	
栓口直径/mm	数量/个	名 称	公称压力/Pa	公称直径/mm	长度/m	型 号	数量/个
25	1	胶管	1×10^6	19	25	特制小口径直流开关水枪	1
65	1	衬胶水带	0.8×10^6	65	20	ϕ19 直流水枪	1

表 3.2 消防软管卷盘技术性能

消火栓栓口直径/mm	水枪喷嘴口径/mm	输入压力/MPa	有效射程/m	流量/(L·s^{-1})	软管			
					口径/mm	长度/m	工作压力/Pa	爆破压力/Pa
25	6	0.1~1	6.75~15.30	0.2~0.86	19	20,25,30	1×10^6	3×10^6
25	7	0.1~1	6.75~16.20	0.25~1.06	19	20,25,30	1×10^6	3×10^6
25	8	0.1~1	6.75~17.10	0.30~1.26	19	20,25,30	1×10^6	3×10^6

3)试验消火栓

为了检查消火栓给水系统是否能正常运行,避免本建筑物受邻近建筑火灾的波及,在室内设有消火栓给水系统的多层和高层建筑屋顶应设置1个消火栓。对于可能结冻的地区,屋顶消火栓应设在水箱间内或采取防冻措施。单层建筑宜设置在水力最不利处,且靠近出入口。试验消火栓应带压力表。

4)水泵接合器

水泵接合器一端由室内消火栓给水管网底层引至室外,另一端进口可供消防车或移动水泵加压向室内管网供水。当室内消防水泵发生故障或室内消防用水量不足时(如火场用水量超过固定消防泵的流量),消防车从室外消火栓、消防水池或天然水源取水,通过水泵接合器将水送至室内管网,供室内火场灭火。这种设备适用于消火栓给水系统和自动喷水灭火系统。水泵接合器有地上、地下和墙壁式3种。其外形如图3.3所示,基本参数和基本尺寸见表3.3和表3.4。

水泵接合器的接口为双接口,每个接口直径为65 mm及80 mm 2种,它与室内管网的连接管直径应不小于100 mm,并应设有阀门、止回阀和安全阀。

表 3.3 水泵接合器型号及其基本参数

型号规格	形式	公称直径/mm	公称压力/MPa	进水口	
				形式	口径/(mm×mm)
SQ100	地上	100	1.6	内扣式	65×65
SQX100	地下				
SQB100	墙壁				
SQ150	地上	150			80×80
SQX150	地下				
SQB150	墙壁				

表 3.4 水泵接合器的基本尺寸

公称管径/mm	结构尺寸/mm								法 兰/mm					消防接口口径
	B_1	B_2	B_3	H_1	H_2	H_3	H_4	l	D	D_1	D_2	d	n	
100	300	350	220	700	800	210	318	130	220	180	158	17.5	8	KWS65
150	350	480	310	700	800	325	465	160	285	240	212	22	8	KWS80

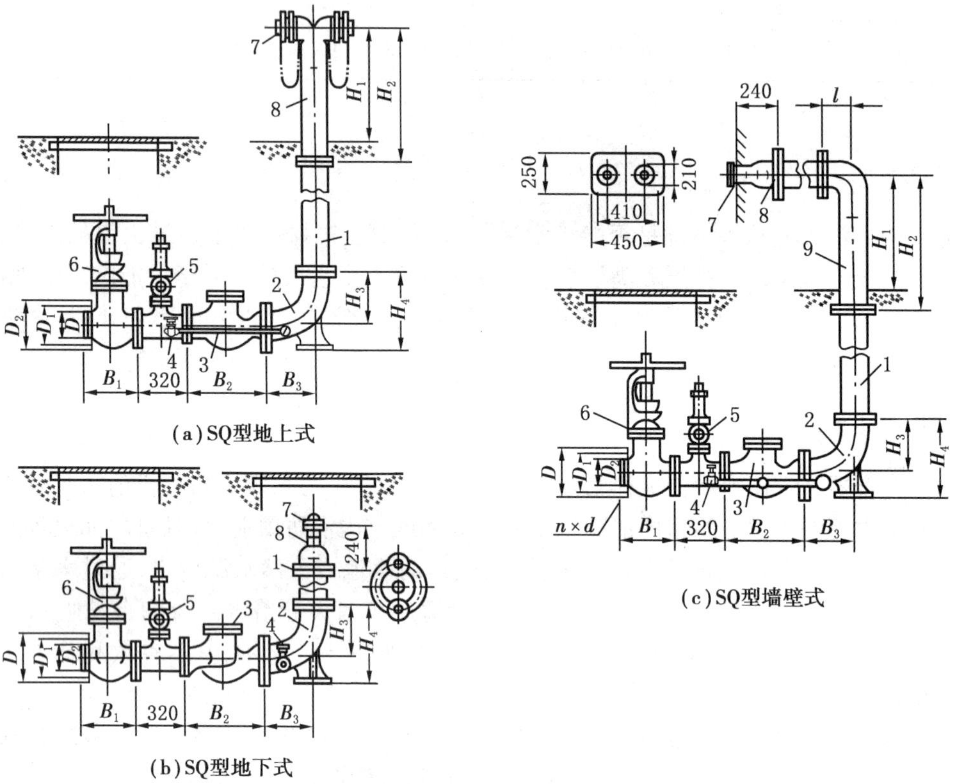

(a)SQ型地上式
(b)SQ型地下式
(c)SQ型墙壁式
320
240
250
210
410
450
n×d

图 3.3 水泵接合器外形图

1—法兰接管;2—弯管;3—升降式单向阀;4—放水阀;5—安全阀;6—楔式闸阀;
7—进水用消防接口;8—本体;9—法兰弯管

5)减压阀

在给水管道系统中,需要减静水压力和动水压力的地方,可安装减压阀。按结构形式和功能特点区分,减压阀可分为比例式和可调式2类,用于分区给水的减压阀多采用比例式减压阀。

(1)减压阀的构造和特点

①比例式减压阀:由阀体、导流盖、活塞、阀座和密封圈等组成,如图3.4所示。其主要特点是阀前压力与阀后压力有一定比例,阀前压力发生变化,阀后压力按比例相应变化。其构造简单、阀体体积较小、便于加工、安装、维护方便、价格低,但是出口压力不能调节。

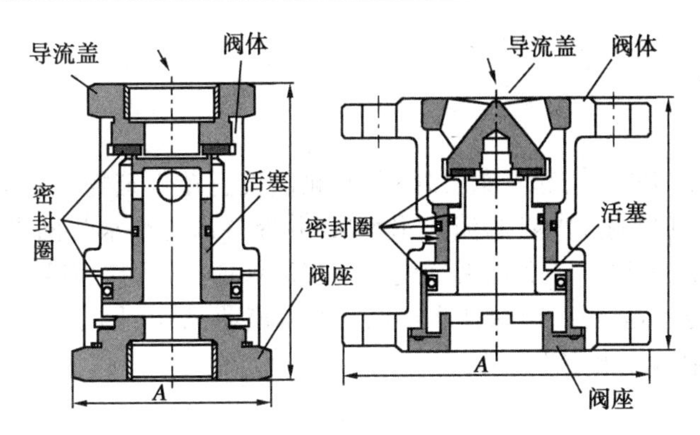

图 3.4 比例式减压阀构造

②可调式减压阀:由阀体、上盖、弹簧、隔膜、先导阀、针阀等组成。其主要特点是阀后压力可以调节,出口压力变化较小,比较稳定。使用中若压力值有所偏移,通过调节可以继续使用。但此阀构造复杂、体积大、价格较高,弹簧和隔膜使用较长时间后会出现疲劳和老化,需经常调整和更换。

(2)减压阀组

从进水口至出口,由阀门、过滤器、减压阀、可曲挠橡胶接头、阀门,以及进出口的压力表组成减压阀组。

(3)减压阀

消防给水系统一般在给水分区处采用减压阀,宜采用比例式减压阀。设置时有如下要求:

①消火栓给水系统和与自动喷水灭火系统多组报警阀配套的减压阀应为 2 组,一用一备,平时两组全开。

②减压阀应长期处于正常状态,在减压阀后应设泄水阀门、泄水管,以便定期放水,强制检查。

③管道内流速应严格控制,消火栓系统不大于 2.5 m/s,自动喷水灭火系统不大于 5.0 m/s。

6)减压节流孔板

室内消火栓给水系统中立管上消火栓由于高度不同,其立管底部消火栓口压力最大,当上部消火栓口水压满足消防灭火需要时,则下部栓口压力势必过剩。

若开启这类消火栓灭火,其出水流量必然过大,将迅速用完消防储水。另外,随着系统下部消火栓口压力增大,灭火时水枪反作用力随之增大,当水枪反作用力超过 15 kg 时,消防队员就难以掌握水枪对准着火点,影响灭火效果。根据《建筑设计防火规范》(2018 年版)(GB 50016—2014)规定,消火栓栓口动压力不应大于 0.50 MPa,当大于 0.7 MPa 时消火栓处必须设置减压装置。一般在消火栓前设置减压孔板(图 3.5),以消除各消火栓口处剩余水压。

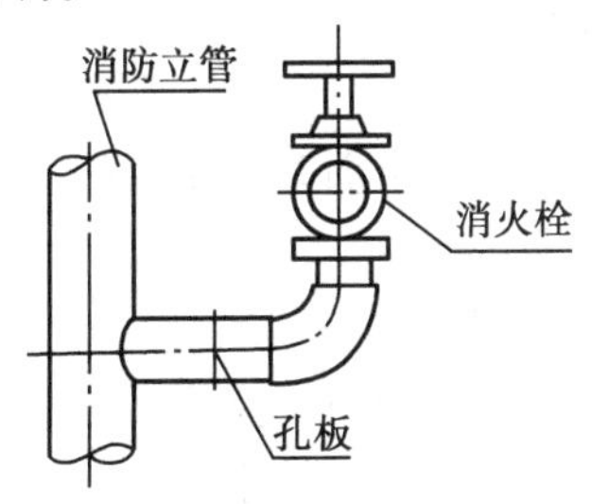

图 3.5 减压节流孔板的安装

消火栓口处剩余水压的计算和孔板的选用,详见 3.4 节。减压孔板一般用不锈钢或铜板加工而成。

7)高位消防水箱

(1)设置原则

消防水箱对扑救初期火灾起着重要作用,水箱应设置在建筑物一定的高度位置,采用重力流向管网供水,提供初期火灾时的消防用水量,并保持消防给水管网中有一定压力。重要建筑宜设置2个水箱(并联),以备检修或清洗时仍能保证火灾初期消防用水。消防水箱宜与其他用途用水的高位水箱合用,以保持水箱储水经常流动,防止水质变坏,这需要采取消防储水量不被动用的技术措施来实现。

(2)消防储水量

临时高压消防给水系统的高位消防水箱的有效容积应满足初期火灾消防用水量的要求。有效容积不应小于现行《消防给水及消火栓系统技术规范》(GB 50974—2014)的有关规定。

(3)高位消防水箱设置高度

高位消防水箱设置高度,应高于消防给水系统的最不利点灭火设施。其最低有效水位应满足以下各类消火栓给水系统的最不利栓口的静水压力:

①一类高层公共建筑、工业建筑,不低于0.10 MPa;建筑高度超过100 m的高层公共建筑,不低于0.15 MPa;高层住宅、二类高层公共建筑、多层公共建筑、建筑体积小于20 000 m^3的工业建筑,不低于0.7 MPa。

②自动喷水灭火系统等自动水灭火系统,最不利处的压力通过计算确定,但水箱最低有效水位所产生的静水压力,不应低于0.10 MPa。

③当高位消防水箱设置高度不能满足上述要求时,应设增压稳压设备。

④常高压消防给水系统,可不设置高位消防水箱。

8)增压稳压设备

当高位消防水箱设置高度不能满足消防给水系统灭火设施最不利点静水压力的要求时,应设置增压稳压设备。

(1)设计流量

消防水泵启动前,设计流量应满足一个消火栓用水量,或自动喷水灭火系统一个喷头的用水量。设计流量的同时还应满足下列两个要求:

①增压稳压设备的设计流量不小于管网的正常泄漏水量,正常泄漏水量应根据管道材料材质、接口方式等因素确定,当没有管网泄漏量数据时,设计流量可按消防给水系统设计流量的1%至3%计,但不宜小于1 L/s。

②如果消防给水系统采用报警阀压力开关等自动启动,则设计流量应大于报警阀压力开关等自动启动流量,自动启动流量根据产品确定。

(2)设计压力

设计压力应满足系统最不利点处灭火设施的静水压大于0.15 MPa,并保持准工作状态;设计压力应保持系统自动启泵装置处的压力高出自动启泵压力值0.07~0.10 MPa,并保持准工作状态。

9)消防水泵

在临时高压给水系统中,灭火时消防水泵保证建筑消防给水系统内所需水压和水量。

消防水泵宜与其他用途的水泵一起布置在同一水泵房内，水泵房一般设置在建筑底层，但不应设置在地下三层及以下，或室内地面与室外出入口地坪高差大于 10 m 的地下楼层。水泵房应有直通安全出口或直通室外的通道，与消防控制室应有直接的通信联络设备。

建筑消防水泵设备用泵，其性能应与工作泵性能一致。每组消防水泵的吸水管不少于两条，并应采用自灌式吸水方式。水泵的出水管应装设试验和检查用的放水阀门。

设有 2 台或多台消防泵的泵站，应有 2 条或 2 条以上的消防泵出水管与室内管网连接，如图 3.6 所示。

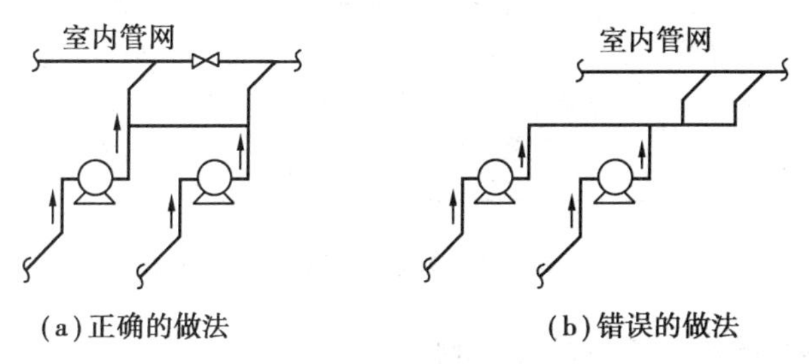

图 3.6　消防泵出水管与室内管网连接方法

消防泵房应有 2 个独立的电源，若不能保证有 2 个独立电源时，应有备用发电设备，如柴油发电机等。

消防水泵应由消防水泵出水干管上设置的压力开关、高位消防水箱出水管的流量开关，或报警阀压力开关等开关信号直接自动启动。压力开关一般可采用电接点压力表、压力传感器等。

消防水泵、增压稳压设备应设置就地强制启、停水泵按钮。

建筑物内的消防控制室，应设置远距离启动或停止消防水泵运转的设备。

3.1.2　室内消火栓给水系统的设置原则

1)高、多层建筑室内消火栓系统的区别

(1)多层建筑室内消火栓给水系统

建筑高度不超过 27 m 的住宅及小于 24 m 的其他建筑物内，设置的室内消火栓给水系统，称为多层建筑室内消火栓给水系统。

多层建筑发生火灾，利用消防车从室外消防水源抽水，接出水带和水枪就能直接有效地扑救建筑物内的任何火灾，因而多层建筑室内消火栓给水系统是供扑救建筑物内的初期火灾使用的。这种系统的特点是消防用水量少，水压低，但不能与生活或生产给水系统合用一个管网系统，应独立设置室内消火栓给水系统。

(2)高层建筑室内消火栓给水系统

建筑高度在 27 m 及其以上的住宅，以及超过 24 m 的其他高层建筑物内，设置的室内消火栓给水系统，称为高层建筑室内消火栓给水系统。

高层建筑发生火灾，由于受到消防车水泵压力和水带的耐压强度等的限制，一般不能直接利用消防车从室外消防水源抽水送到高层部分进行扑救，而主要依靠室内设置的消火栓给水系统来扑救，即高层建筑灭火必须立足于自救。因此，这种系统要求的消防用水量大，水压高。一般情况下，与其他灭火系统分开独立设置，其系统组成如图 3.7 所示。

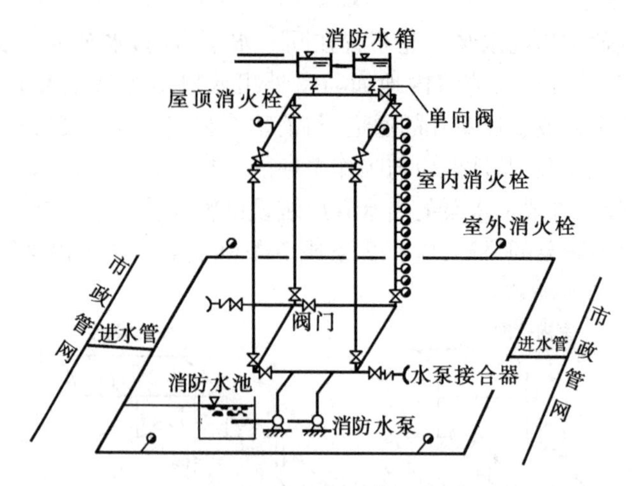

图 3.7　室内消火栓给水系统组成示意图

2）应设置室内消火栓给水系统的建筑物

（1）单、多层建筑

①建筑占地面积大于 300 m^2 的厂房、库房（耐火等级为一、二级且可燃物较少的丁、戊类厂房、库房，耐火等级为三、四级且建筑体积不超过 3 000 m^3 的丁类厂房和建筑体积不超过 5 000 m^3 的戊类厂房除外）和高度不超过 24 m 的科研楼（存有与水接触能引起燃烧爆炸的房间除外）。建筑物的耐火等级产生的火灾危险性见相关防火规范。

②剧院、电影院、俱乐部的座位超过 800 座；礼堂、体育馆的座位超过 1 200 座。

③体积超过 5 000 m^3 的车站、码头、机场建筑物以及展览馆、商店、病房楼、门诊楼、教学楼、图书馆等。

④建筑高度大于 21 m 的住宅。

⑤建筑高度大于 15 m 或体积超过 10 000 m^3 的办公楼、教学楼和其他单、多层民用建筑物。

⑥国家级文物保护的重点砖木或木结构的古建筑。

（2）高层公共建筑和高度大于 27 m 的住宅建筑

（3）人防建筑工程

①作为商场、医院、旅馆、展览厅、旱冰场、体育场、舞厅、电子游艺场等使用，其面积超过 300 m^2 时。

②作为餐厅、丙类和丁类生产车间、丙类和丁类物品库房使用，其面积超过 450 m^2 时。

③作为电影院、礼堂使用时。

④作为消防电梯间的前室。

（4）停车库、修车库

3）设置消防水喉的建筑物

下列建筑物除设置室内消火栓外，宜增设消防软管卷盘或自救式消火栓。

①低层和多层建筑中，设有空气调节系统的旅馆、办公楼和超过 1 500 座的剧院（会堂），其闷顶内安装有面灯部位的马道处，宜增设消防卷盘；建筑面积大于 200 m^2 的商业服务网点

应设置消防卷盘。

②高层民用建筑中的高级旅馆，重要的办公楼；一类建筑中的商业楼、展览楼、综合楼应增设消防卷盘或自救式消火栓。

③建筑高度超过 100 m 的高层建筑应增设消防卷盘或自救式消水栓。

④建筑面积大于 200 m^2 的商业服务网点应设置消防软管卷盘或轻便消防水龙。

3.1.3 消火栓给水系统的给水方式

室内消火栓给水系统的给水方式或系统类型有下列几种：

1) 由室外给水管网直接供水的给水系统

当室外给水管网所供给的水量和水压，在任何时候均能满足室内消火栓给水系统灭火需要时，优先选用由室外给水管网直接供水的消防给水系统。这种给水系统称为高压消防给水系统，也称为常高压消防给水系统。高压消防给水系统可不设高位消防水箱。采用这种给水方式时，给水系统的进水管上应设置管道倒流防止器，以防回流污染生活饮用水。

2) 设水泵和高位水箱的消火栓给水系统

室外给水管网的水压不能满足灭火设施所需的工作压力，发生火灾时须自动启动消防水泵，以满足灭火设施所需的工作压力和流量，这种给水系统称为临时高压消防给水系统。

如果室外给水管网仅仅只是水压不能满足灭火系统所需的压力，而可以供给灭火系统足够的消防流量，此时，可征得当地供水部门的同意，允许消防水泵直接在室外给水管网上吸水，方可选择消防水泵直接在室外给水管网上吸水的给水方式。如果采用直接在室外给水管网上吸水的给水方式，则水泵扬程计算应考虑室外给水管网的最低水压，并以室外给水管网的最高水压校核水泵的工作情况。如果不具备上述条件，则应设置消防水池，储存灭火过程中的消防流量，供消防水泵吸水灭火，如图 3.7 所示。

临时高压消防给水系统应设高位消防水箱。水箱高度须满足现行《消防给水及消火栓系统技术规范》(GB 50974—2014)和《消防设施通用规范》(GB 55036—2022)的要求，以保证消防给水系统初期火灾的消防流量和水压。

3) 高层建筑分区给水消火栓给水系统

消防给水系统的最高压力超过现行《消防给水及消火栓系统技术规范》(GB 50974—2014)的要求时，应采用分区给水系统。分区消火栓给水系统可分为并联给水方式[图 3.8(a)]、串联给水方式[图 3.8(b)]和分区减压给水方式(图 3.9)。

在分区给水系统中，低区水箱的高度应保证低区最不利消火栓灭火时水枪的充实水柱长度。在分区串联给水系统中，高区水泵在低区高位水箱中吸水，此时，低区水泵出水进入该水箱；高区水泵也可以直接从低区管网上吸水。当分区串联给水系统的高区发生火灾，必须同时开启高、低区消防水泵灭火。分区减压给水系统的减压设施可以用减压阀(2 组)，也可以用中间水箱减压。如果采用中间水箱减压，则消防水泵出水应进入中间水箱，并采取相应的控制措施。

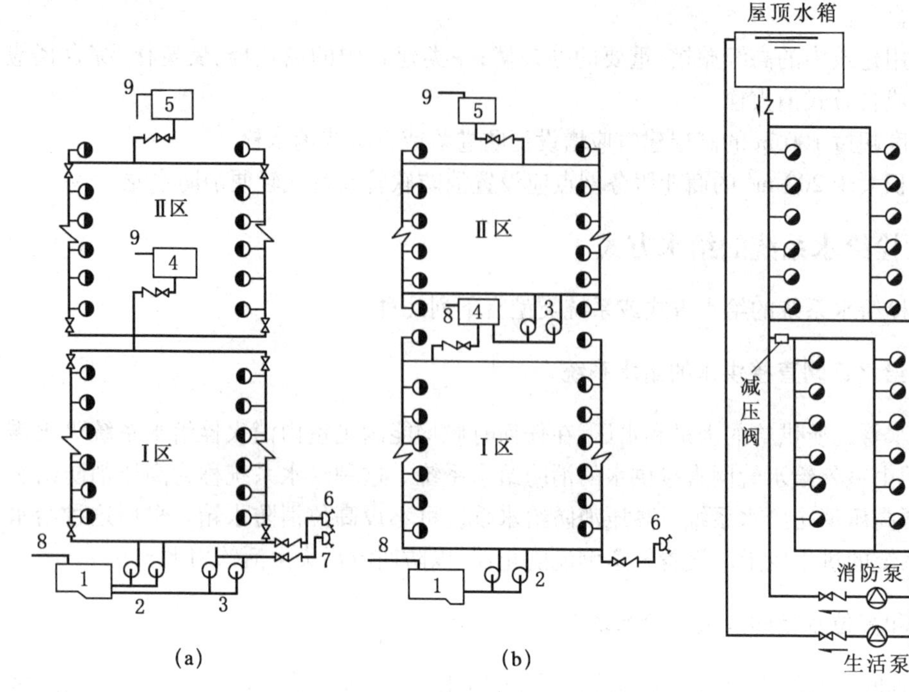

图 3.8　分区给水室内消火栓给水系统

1—水池;2—Ⅰ区消防水泵;3—Ⅱ区消防水泵;4—Ⅰ区水箱;
5—Ⅱ区水箱;6—Ⅰ区水泵接合器;7—Ⅱ区水泵接合器;
8—水池进水管;9—水箱进水管

图 3.9　分区减压给水系统

4)区域集中消防给水系统

建筑小区或由多幢建筑组成的建筑群共同设置 1 套室内消防给水系统,其系统消防供水量按最大一幢建筑计算,系统压力按标高最高(或距离最远)的一幢建筑设计,高位消防水箱设置在最高的一幢建筑的屋顶最高处,区域内任何一幢发生火灾都能得到有效控制。这类消防给水系统的设备少、占地少、投资省、设备集中,而且便于管理。

3.2　消防用水量和水压

3.2.1　消防用水量

各类建筑的消防用水量是根据火场用水量统计资料,建筑物的重要性,消防装备的供水能力,保证建筑物的基本安全和我国当前经济发展现状等因素,经综合考虑分析后提出的。

建筑物消防用水量按室内、外消防用水量之和计算。建筑物内设有消火栓、自动喷水灭火系统等系统时,其室内消防用水量按需要同时开启的上述系统用水量之和计算。室内消火栓用水量应根据同时使用水枪数量和充实水柱长度计算确定,但不应小于表 3.5 的规定。自动喷水灭火系统的用水量按《自动喷水灭火系统设计规范》(GB 50084—2017)计算确定。

表 3.5　建筑物室内消火栓设计流量

<table>
<tr><th colspan="3">建筑物名称</th><th colspan="3">高度 h/m、
体积 V/m^3、
座位数 n/个、
火灾危险性</th><th>消火栓
设计流量
/(L·s^{-1})</th><th>同时使用
消防
水枪数
/支</th><th>每根竖管
最小流量
/(L·s^{-1})</th></tr>
<tr><td rowspan="12">工业建筑</td><td colspan="2" rowspan="7">厂房</td><td rowspan="3">$h\le24$</td><td colspan="2">甲、乙、丁、戊</td><td>10</td><td>2</td><td>10</td></tr>
<tr><td rowspan="2">丙</td><td>$V\le5\ 000$</td><td>10</td><td>2</td><td>10</td></tr>
<tr><td>$V>5\ 000$</td><td>20</td><td>4</td><td>15</td></tr>
<tr><td rowspan="2">$24<h\le50$</td><td colspan="2">乙、丁、戊</td><td>25</td><td>5</td><td>15</td></tr>
<tr><td colspan="2">丙</td><td>30</td><td>6</td><td>15</td></tr>
<tr><td rowspan="2">$h>50$</td><td colspan="2">乙、丁、戊</td><td>30</td><td>6</td><td>15</td></tr>
<tr><td colspan="2">丙</td><td>40</td><td>8</td><td>15</td></tr>
<tr><td colspan="2" rowspan="5">仓库</td><td rowspan="3">$h\le24$</td><td colspan="2">甲、乙、丁、戊</td><td>10</td><td>2</td><td>10</td></tr>
<tr><td rowspan="2">丙</td><td>$V\le5\ 000$</td><td>15</td><td>3</td><td>15</td></tr>
<tr><td>$V>5\ 000$</td><td>25</td><td>5</td><td>15</td></tr>
<tr><td rowspan="2">$h>24$</td><td colspan="2">丁、戊</td><td>30</td><td>6</td><td>15</td></tr>
<tr><td colspan="2">丙</td><td>40</td><td>8</td><td>15</td></tr>
<tr><td rowspan="17">民用建筑</td><td rowspan="17">单层
及多层</td><td rowspan="3">车站、码头、机场的候车(船、机)楼和展览建筑(包括博物馆)等</td><td colspan="3">$5\ 000<V\le25\ 000$</td><td>10</td><td>2</td><td>10</td></tr>
<tr><td colspan="3">$25\ 000<V\le50\ 000$</td><td>15</td><td>3</td><td>10</td></tr>
<tr><td colspan="3">$V>50\ 000$</td><td>20</td><td>4</td><td>15</td></tr>
<tr><td rowspan="4">剧场、电影院、会堂、礼堂、体育馆等</td><td colspan="3">$800<n\le1\ 200$</td><td>10</td><td>2</td><td>10</td></tr>
<tr><td colspan="3">$1\ 200<n\le5\ 000$</td><td>15</td><td>3</td><td>10</td></tr>
<tr><td colspan="3">$5\ 000<n\le10\ 000$</td><td>20</td><td>4</td><td>15</td></tr>
<tr><td colspan="3">$n>10\ 000$</td><td>30</td><td>6</td><td>15</td></tr>
<tr><td rowspan="3">旅馆</td><td colspan="3">$5\ 000<V\le10\ 000$</td><td>10</td><td>2</td><td>10</td></tr>
<tr><td colspan="3">$10\ 000<V\le25\ 000$</td><td>15</td><td>3</td><td>10</td></tr>
<tr><td colspan="3">$V>25\ 000$</td><td>20</td><td>4</td><td>15</td></tr>
<tr><td rowspan="3">商店、图书馆、档案馆等</td><td colspan="3">$5\ 000<V\le10\ 000$</td><td>15</td><td>3</td><td>10</td></tr>
<tr><td colspan="3">$10\ 000<V\le25\ 000$</td><td>25</td><td>5</td><td>15</td></tr>
<tr><td colspan="3">$V>25\ 000$</td><td>40</td><td>8</td><td>15</td></tr>
<tr><td rowspan="2">病房楼、门诊楼等</td><td colspan="3">$5\ 000<V\le25\ 000$</td><td>10</td><td>2</td><td>10</td></tr>
<tr><td colspan="3">$V>25\ 000$</td><td>15</td><td>3</td><td>10</td></tr>
<tr><td>办公楼、教学楼、公寓、宿舍等其他建筑</td><td colspan="3">$h>15$ m 或
$V>10\ 000$</td><td>15</td><td>3</td><td>10</td></tr>
<tr><td>住宅</td><td colspan="3">$21<h\le27$</td><td>5</td><td>2</td><td>5</td></tr>
</table>

续表

建筑物名称			高度 h/m、体积 V/m³、座位数 n/个、火灾危险性	消火栓设计流量/(L·s⁻¹)	同时使用消防水枪数/支	每根竖管最小流量/(L·s⁻¹)
民用建筑	高层	住宅	$27<h\leqslant54$	10	2	10
			$h>54$	20	4	10
		二类公共建筑	$h\leqslant50$	20	4	10
		一类公共建筑	$h\leqslant50$	30	6	15
			$h>50$	40	8	15
国家级文物保护单位的重点砖木或木结构的古建筑			$V\leqslant10\ 000$	20	4	10
			$V>10\ 000$	25	5	15
地下建筑			$V\leqslant5\ 000$	10	2	10
			$5\ 000<V\leqslant10\ 000$	20	4	15
			$10\ 000<V\leqslant25\ 000$	30	6	15
			$V>25\ 000$	40	8	20
人防工程	展览厅、影院、剧场、礼堂、健身体育场所等		$V\leqslant1\ 000$	5	1	5
			$1\ 000<V\leqslant2\ 500$	10	2	10
			$V>2\ 500$	15	3	10
	商场、餐厅、旅馆、医院等		$V\leqslant5\ 000$	5	1	5
			$5\ 000<V\leqslant10\ 000$	10	2	10
			$10\ 000<V\leqslant25\ 000$	15	3	10
			$V>25\ 000$	20	4	10
	丙、丁、戊类生产车间，自行车车库		$V\leqslant2\ 500$	5	1	5
			$V>2\ 500$	10	2	10
	丙、丁、戊类物品库房，图书资料档案库		$V\leqslant3\ 000$	5	1	5
			$V>3\ 000$	10	2	10

注：①丁、戊类高层厂房（仓库）室内消火栓的设计流量可按本表减少 10 L/s，同时使用消防水枪数量可按本表减少 2 支。

②消防软管卷盘、轻便消防水龙及多层住宅楼梯间中的干式消防竖管，其消火栓设计流量可不计入室内消防给水设计流量。

③当一座多层建筑有多种使用功能时，室内消火栓设计流量应分别按本表中不同功能计算，且应取最大值。

3.2.2 室内消防给水系统水压

1）水枪充实水柱长度

室内消火栓给水系统所具备的水压，应保证系统最不利消火栓水枪充实水柱长度。

消火栓设备的水枪射流灭火,需要有一定强度的密实水流才能有效地扑灭火灾。如图3.10所示,水枪射流中在26~38 cm直径圆断面内,包含全部水量75%~90%的密实水柱长度称为充实水柱长度。根据实验数据统计,当水枪充实水柱长度小于7 m时,火场的辐射热使消防人员无法接近着火点,达不到有效灭火的目的;当水枪的充实水柱长度大于15 m时,因射流的反作用力而使消防人员无法把握水枪灭火。

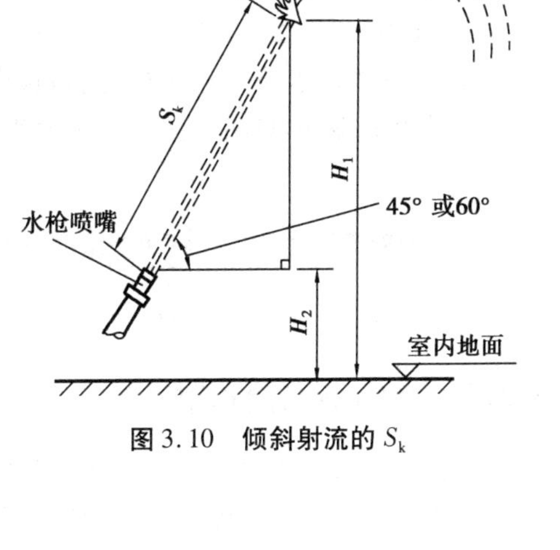

图3.10 倾斜射流的 S_k

水枪充实水柱长度可按式(3.1)计算:

$$S_k = \frac{H_1 - H_2}{\sin \alpha} \tag{3.1}$$

式中 S_k——水枪射出的充实水柱长度,m;

H_1——被保护建筑物的层高,m;

H_2——水枪喷嘴离地面的高度,m,一般取1 m;

α——水枪射流的上倾角,一般取 $\alpha=45°$,但 $\alpha \leq 60°$。

高层建筑、厂房、库房和室内净空高度超过8 m的民用建筑等场所,消防水枪充实水柱按13 m计算;其他场所的消防水枪充实水柱按10 m计算。

2)室内高压和临时高压消防给水系统

室内消防给水系统对水压的基本要求是当室内消防水量达到最大时,其水压应满足室内最不利点灭火设施的要求。为实现这一目标,室内消防给水系统可采用常高压给水系统或临时高压给水系统。

(1)常高压(或称高压)消防给水系统

常高压消防给水系统指管网内经常保持满足灭火时所需的工作压力和流量,扑救火灾时不需启动消防水泵加压而直接使用灭火设备进行灭火。

这种系统不设置加压提升设备(如水泵)和高位消防水箱,能直接供给足够的消防水量和压力。

(2)临时高压消防给水系统

临时高压消防给水系统指管网内最不利点周围平时水压和流量不满足灭火的需要,在水泵房(站)内设有消防水泵,火灾时启动消防水泵,使管网内的压力和流量达到灭火时的要求。

另外,管网内经常保持相关规范所要求的压力,由高位消防水箱、稳压泵或气压给水设备等设施来保证扑救火灾初期的压力和流量。火灾时启动消防水泵,使管网的压力满足消防工作水压和流量的要求,这种系统称为临时高压消防给水系统。

在建筑室内消防给水系统设计中,大多采用临时高压消防给水系统。

3)建筑消防给水系统防超压措施

高层建筑消防用水量较大,但在火灾初期消火栓的实际使用数和自动喷水灭火系统的喷头实际开放数要比规范规定的数量少,其实际消防用水量远小于水泵选定的流量值,而消防水泵在试验和检查时,水泵出水量也较少,此时,管网压力升高,有时超过管网允许压力而造成事故。这需在工程设计时引起注意并采取相应措施。具体办法有:选用流量—扬程曲线平的消防水泵;多台水泵并联运行;提高管道和附件承压能力;设置安全阀或其他泄压装置;设置回流管泄压;减小竖向分区给水压力值;合理布置消防给水系统。

3.3 建筑室内消火栓给水系统的布置

3.3.1 室内消火栓布置

要求设置消火栓给水系统的多层建筑和高层建筑,除无可燃物的设备层外,其余各层均应设置消火栓。一般应保证同层相邻2个消火栓射出的充实水柱能同时到达室内任何部位。但对于建筑高度 $H \leqslant 24$ m,且体积 $V \leqslant 5\ 000\ m^3$ 库房可采用一支水枪的充实水柱射到室内任何部位。布置间距由图3.11的方法确定。

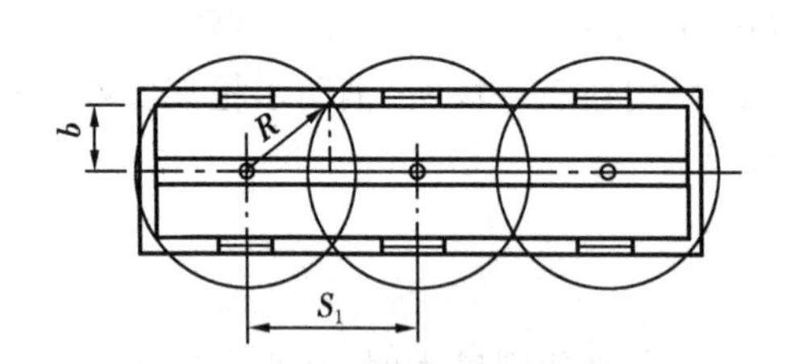

(a)单排1股水柱到达室内任何部位

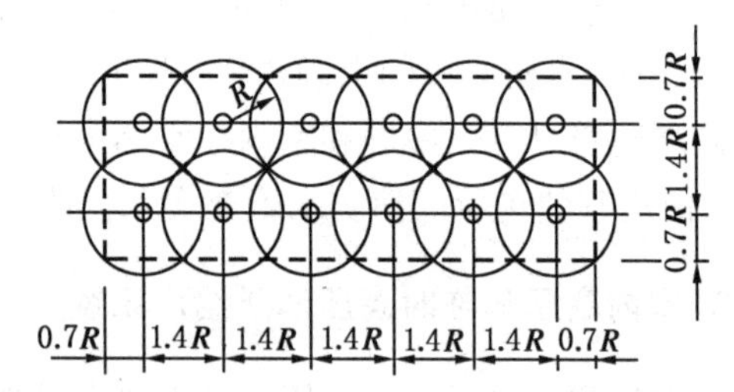

(c)多排1股水柱到达室内任何部位

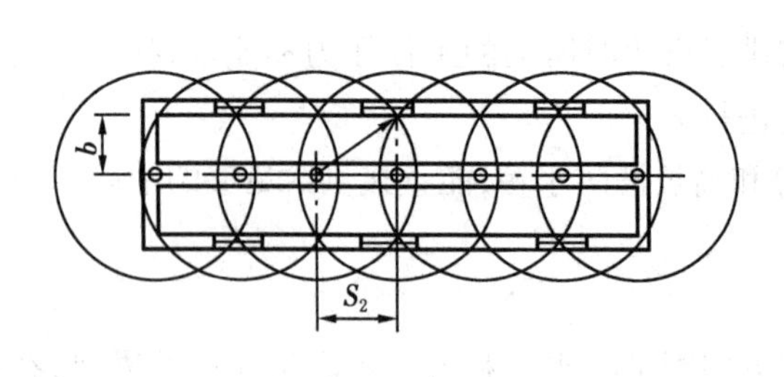

(b)单排2股水柱到达室内任何部位

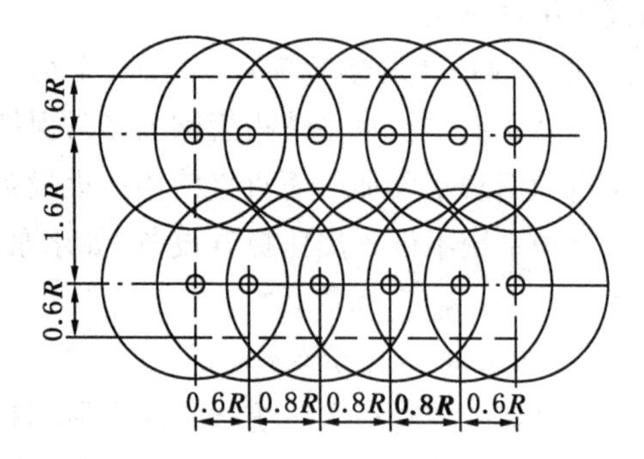

(d)多排2股水柱到达室内任何部位

图3.11 消火栓布置间距

1)消火栓间距

其布置间距计算分别为:

①单排消火栓一股水柱到达室内任何部位的间距[见图3.11(a)]:

$$S_1 = 2\sqrt{R^2 - b^2} \tag{3.2}$$

式中　S_1——消火栓间距,m;

R——消火栓保护半径,m;

b——消火栓最大保护宽度,m。

②单排消火栓两股水柱到达室内任何部位的间距[见图3.11(b)]:

$$S_2 = \sqrt{R^2 - b^2} \tag{3.3}$$

式中　S_2——单排消火栓2股水柱到达时的间距,m。

③多排消火栓一股水柱到达室内任何部位时的消火栓间距[见图3.11(c)]:

$$S_n = \sqrt{2}R = 1.41R \tag{3.4}$$

式中　S_n——多排消火栓1股水柱的消火栓间距,m。

④多排消火栓2股水柱到达室内任何部位时,消火栓间距可按图3.11(d)布置。

消火栓保护半径R计算式:

$$R = cL_d + h \tag{3.5}$$

式中　c——水带展开时的弯曲折减系数,一般取0.8~0.9;

L_d——水带长度,m;

h——水枪充实水柱倾斜45°时的水平投影长度,对一般建筑(层高3~3.5 m),由于净高的限制,一般按h=3 m计;对于层高大于3.5 m的建筑,$h=H_m\sin 45°$,其中,H_m为水枪充实水柱长度(m)。

消火栓应设在走道、楼梯附近等明显易于取用的地点,其间距按式(3.2)—式(3.5)计算。但高层建筑应不大于30 m,高层建筑裙房和多层建筑应不大于50 m。

2)消火栓安装要求

①室内消火栓口距地面安装高度为1.1 m。栓口出口方向宜向下或与墙面垂直以便于操作,而且水头损失较小,屋顶应设检查用消火栓。

②建筑物设有消防电梯时,则在其前室应设室内消火栓。

③同一建筑内应采用同一规格的消火栓、水带和水枪。消火栓口出水压力超过5.0×10^5 Pa时,应设减压孔板或减压阀减压。为保证灭火用水,临时高压消火栓给水系统的每个消火栓处应设置直接启动水泵的按钮。

④消防水喉用于扑灭在普通消火栓使用前的初期火灾,只要求有一股水射流能到达室内地面任何部位,安装高度应便于取用。

3.3.2　室内消防给水管道的布置

1)单、多层建筑室内消火栓给水管道布置应满足下列要求

①为保证安全供水,当室外消防用水量超过20 L/s且室内消火栓多于10个,室内消防给水管道应布置成环状,其进水管至少应布置2根,以保证一根不能供水时,其余进水管仍能供应全部消防用水量。消火栓立管直径经计算确定,但不应小于100 mm。

②检修管道时,关闭停用的立管不超过1根,当立管超过4根时,可关闭不相邻的2根。

③阀门设置位置应按便于管网检修而又不影响供水的原则考虑。每根竖管与供水横干管相接处应设阀门。

④室内设有消火栓给水管网和自动喷水灭火管网,两种管网宜分开设置。若有困难时,则可共用室内给水干管,但消火栓立管一定在自动喷水灭火系统的报警阀前分开设置。

2)高层建筑室内消火栓给水管道布置应满足下列要求

①高层建筑消火栓给水系统应为独立系统,不得与生产、生活给水系统合用,但水池、水箱可以合用。若水池、水箱合用时应采取消防用水不被生活、生产用水占用的技术措施。

②室内消防管道布置。为了保证供水安全,应布置成环网,其间消防立管的布置应保证同层相邻的两个消火栓水枪所射出的充实水柱,能同时到达室内任何部位。消防管网的进水管不应少于2根,其中1根不能使用时,其余进水管仍应保证供应需要的水量和水压。

每根消防立管的直径按通过消防流量经计算确定,但不应小于100 mm。

③室内管网阀门布置以便于检修而又不过多影响室内供水为原则。在高层主体建筑检修管道时关闭阀门而停用的立管不应多于1根。当管网中立管不少于4根时,关闭阀门使立管检修数量为不相邻的两根。高层建筑消火栓给水管网阀门的设置要求与单、多层建筑室内管网阀门布置要求相同。

④高层建筑室内消火栓给水系统应与自动喷水灭火系统分别独立设置。但经计算合理时,可以合用消防泵,这时水泵出水管应分别接至消火栓给水干管和自动喷水灭火系统干管。切忌把消火栓干管接到自动喷水灭火系统的报警阀后,这是避免因消火栓使用或故障漏水而使自动喷水灭火系统误报警造成损失。

3)水泵接合器的设置

超过4层的厂房和库房、设有消防管网的住宅、超过5层的其他多层民用建筑以及高层民用建筑和工业建筑,其室内消防给水管网应设消防水泵接合器。

水泵接合器应设在室外便于消防车接管供水地点,同时考虑在其周围15~40 m内有供消防车取水的室外消火栓或储水池。水泵接合器间距不宜小于20 m,以便供水。水泵接合器数量应按室内消防用水量和每个水泵接合器的流量经计算确定。每个水泵接合器流量为10~15 L/s。

消防给水管网为竖向分区供水时,在消防车供水压力范围内的分区,应分别设置水泵接合器。

3.3.3 消防水池和水泵房

1)消防水池

消防水池可与其他用途用水水池合用,但一般宜独立设置。

(1)应设消防水池的条件

①市政给水管道和进水管或天然水源不能满足消防用水量。

②不允许消防水泵从室外给水管网直接抽水。

③市政给水管网为枝状或只有1根进水管,且消防用水量之和超过25 L/s(二类高层居住建筑除外)。

(2)有效容积的计算原则

当室外给水管网能保证室外消防用水量时,消防水池的有效容积为火灾延续时间内室内消防用水量;当室外给水管网不能保证室外消防用水量时,消防水池的有效容积为火灾延续时间内室内消防用水量与室外消防用水量不足部分之和;在火灾延续时间内若室外给水管网有向消防水池连续补水的能力,则消防水池的有效容积应减去火灾延续时间内的补水量。

消防水池的补水时间不宜超过 48 h。

消防水池的总容量超过 500 m^3 时,宜设 2 个独立的消防水池,当大于 1 000 m^3 时,应分成 2 个独立的消防水池,以便清洗和检修时,仍能供应消防用水。2 个水池之间设连通管,连通管上设置控制阀门;消防水泵应分别从两水池设吸水管或设共用吸水井,消防水泵从共用吸水井中取水。

火灾延续时间:高层民用建筑商业楼、展览楼、综合楼、一类建筑的财贸金融楼、图书馆、书库、重要的档案楼、科研楼和高级旅馆等为 3 h;其他公共建筑和住宅建筑为 2 h;自动喷水灭火系统为 1 h。

(3)设置位置

消防水池可设在室外地下、地上、半地下、半地上,也可设在建筑内地下室、首层。消防水池如果要设在楼层上和屋面上时,要注意荷载对结构的影响和地震影响。

(4)取水口和取水井

如果消防水池中储存了室外消防用水量,则消防水池应设消防车取水口或取水井。取水口和取水井中水深应保证水泵的吸水高度,不超过 6 m。为了不受建筑物火灾的威胁,取水口和取水井距建筑不宜小于 15 m;为便于扑救火灾,取水口和取水井距建筑物最好不大于 40 m,最大距离不宜大于 100 m。

取水井与消防水池之间用连通管连接,其连通管管径应能保证消防流量,消防车取水井有效容积不小于最大 1 台消防车水泵 3 min 的出水量。

(5)管道及辅助设施

消防水池进水管,其管径应按补水时间内补水流量确定,计算时管内流速可取 1 m/s。进水管上应设检修闸阀和水位控制阀。

消防水池出水管,一般是消防水泵吸水管。最好在水池底部设集水坑,水泵从集水坑中取水,以减少水池无效容积。与其他用途用水共用的消防水池,应有确保消防用水不被其他用水占用的技术措施,如图 3.12 和图 3.13 所示。

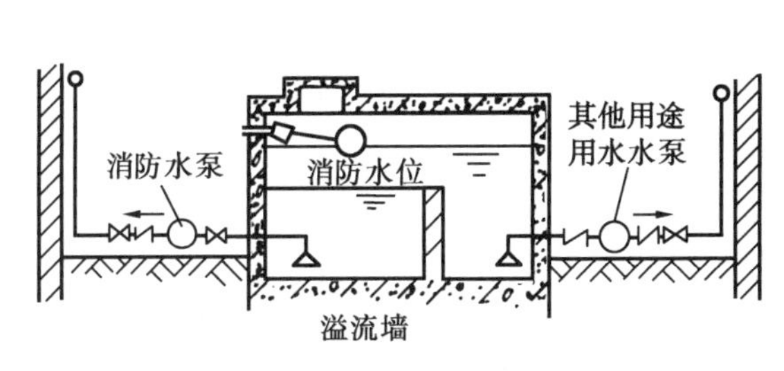

图 3.12 在储水池中设溢流墙

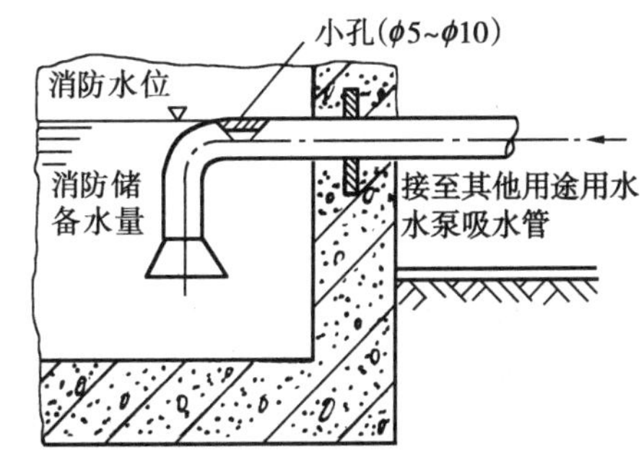

图 3.13 在生活或生产水泵吸水管上开孔

水池溢流管将高于水池最高水位的水排出池外,其管径一般比进水管大一级。溢流管上不得设置闸阀。溢流采用间接排水方式,防止回流污染,并应采取防止蚊蝇、虫、鼠从溢流管进入水池的措施。

水池放空管,在消防水池清洗或检修时放空储水用。设在水池集水坑底部,用阀门控制。

消防水泵回流管,消防水泵应定期检验,检验运行的消防水泵出水可回到水池。回流管由水泵出水管接至消防水池。

水池通风管,水池顶板一般比水池最高水面高出 300 mm 左右,常在水池顶板上设高低两通风竖管与大气相通,使水池内外空气流通。通风管顶设管帽或弯管,既能保持通风,又能防止异物进入水池。

池顶检修孔(又称人孔),便于进入水池清洗、检修。检修孔有圆形和方形 2 种,最小尺寸为 ϕ600 或 600 mm×600 mm。检修孔应有密闭盖板,防止雨水、污水和异物进入水池。

为观察水池内水位变化,可设置电传水位计。

2)消防水泵及水泵房

目前,消防水泵广泛采用离心水泵,根据水泵轴线方向,离心水泵可分为卧式泵和立式泵 2 种。卧式泵机组平面尺寸大、占地大,但水泵和电机各在一端,检修较方便,且重心较低,运行较平稳;立式泵机组平面尺寸小、占地小,但电机在水泵顶端,检修较麻烦,且重心较高。

选择水泵时,水泵出水量不应小于所计算的消防用水量;水泵扬程在满足消防用水量的情况下,保证系统最不利点消防设备(如消火栓)所需水压。每组消防水泵一般采用一用一备或两用一备,多台水泵一般采用并联组合,如图 3.14—图 3.16 所示。备用水泵工作能力应不小于最大一台消防工作水泵。

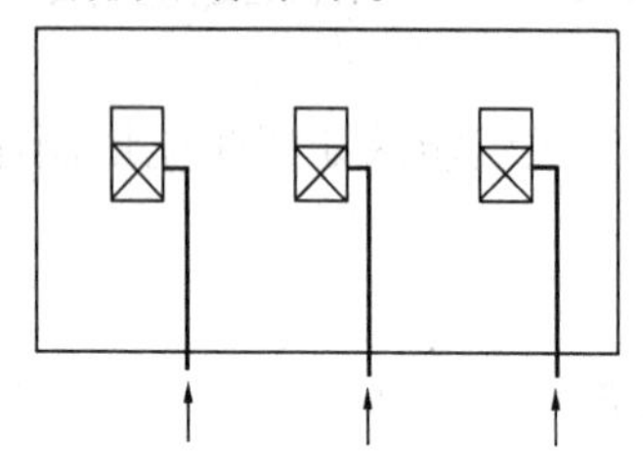

图 3.14　消防泵吸水管布置(1)

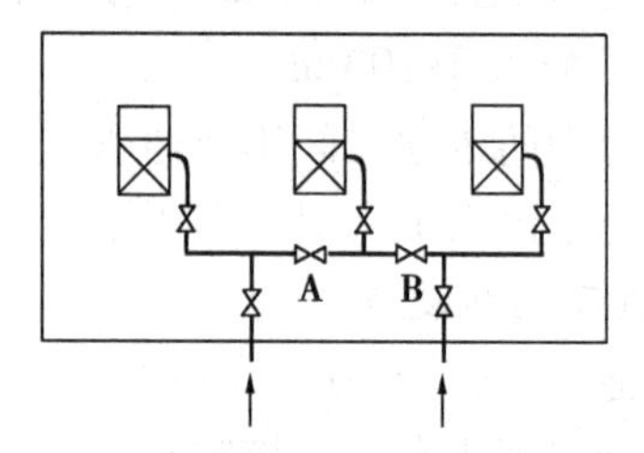

图 3.15　消防泵吸水管布置(2)

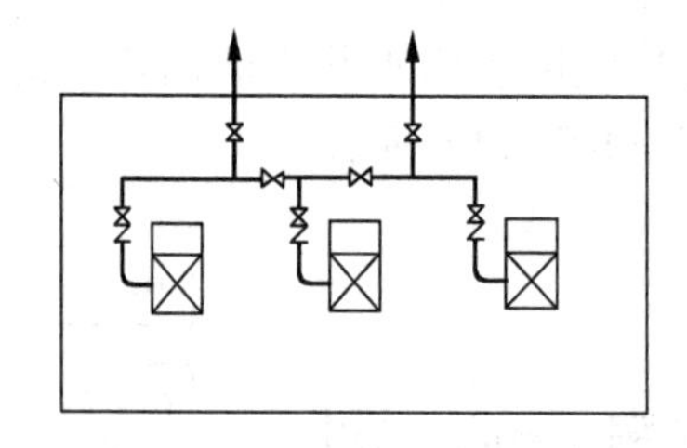

图 3.16　消防泵出水管布置

在下列情况下,多层建筑可不设备用泵:

①建筑室内消防用水量≤10 L/s 的建筑物。

②建筑高度小于 54 m 的住宅和室外消防用水量≤25 L/s 的建筑。

消防水泵一般与生活、生产等合用泵房,泵房位置可在室外的地面、地下,也可在建筑物的地下层、首层,一般与消防水池毗邻。在串联给水系统中,高(中)区消防水泵也可以布置在楼层和屋面,并采取隔振减噪措施。附设在建筑内的消防水泵房,不应设置在地下三层及以下,或室内地面与室外出入口地坪高差大于10 m的地下楼层。

水泵基础平面尺寸应大于水泵机座尺寸,每边比水泵机座宽出100~150 mm,水泵基础顶面高出地面100~300 mm。水泵机组的基础端之间和基础端至墙面的距离一般不小于1.0 m,卧式水泵的电机端至墙面的距离应保证能抽出电机转子。电机容量为20~55 kW时,水泵基础之间的净距离不小于0.8 m;电机容量大于55 kW时不小于1.2 m。泵房内主要人行通道不小于1.2 m;配电盘前的宽度,低压不小于1.5 m,高压不小于2 m。

室外给水管网有足够的供水能力,并经供水行政主管部门同意,消防水泵可直接在室外给水管网上接管吸水,此时可不设消防水池。水泵直接在室外管网吸水的室内消防给水系统,应按室外给水管的最低水压计算水泵扬程,而按室外给水管网的最高水压校核系统超压状况。一般情况下,消防水泵是从消防水池中吸水,并采用自灌式充水方式,此时吸水管上应设置阀门。吸水管应有向水泵上升的坡度,一般坡度不小于0.005,其大小头应为偏心大小头,其目的是不让吸水管积气,以免形成气囊而影响过水能力。每台水泵宜设置独立的吸水管,每组水泵至少设2根吸水管,如图3.14和图3.15所示。配管时,吸水管流速可按1~1.2 m/s计算。

消防水泵组应设不少于2根的出水管与消防给水环网相连接,如图3.16所示。出水管上应装设止回阀和闸阀或蝶阀,出水管上还应装设试验和检查用的放水阀门(回水管)压力表,为防止超压可在出水管上设安全阀、泄压阀等。配管时管内流速可采用1.5~2.0 m/s。

安装、检修时设备最大件超过0.5 t时,宜采用固定轨道手动小车、手动(电动)葫芦、桥式吊车等起重设备。泵房内的集水、排水设施及检修场地,在泵房设计时也应一起考虑。

3.4 建筑室内消火栓给水系统计算

3.4.1 消火栓口所需水压

消火栓口所需水压 H_{xh} 为(见图3.13):

$$H_{xh} = H_q + h_d \tag{3.6}$$

式中 H_{xh}——消火栓口水压,kPa(mH_2O);

h_d——水流通过水龙带的承头损失,kPa(mH_2O);

H_q——水枪喷口压力。

1)消火栓水枪喷口所需水压

假设射流离开喷嘴时没有阻力,也不考虑空气对射流的阻力,则水枪口喷压力:

$$H_q = \frac{v^2}{2g} \tag{3.7}$$

式中 v——水流离开喷嘴时的速度,m/s;

g——重力加速度,m/s^2。

实际上喷嘴和空气对射流都有阻力,即垂直射流高度 H_f:

$$H_f = H_q - \Delta H$$
$$\Delta H = H_q - H_f \tag{3.8}$$

计算管道沿程水头损失时,按公式

$$\Delta H = \frac{\lambda v^2}{2d_f g}L$$

现考虑是空气对射流的阻力,阻力系数不是 λ,而是 K_1 代替。L 也应用 H_f 代替。

$$\Delta H = \frac{K_1 v^2}{2d_f g}H_f = \frac{K_1}{d_f}H_q H_f \tag{3.9}$$

式中 K_1——系数,由实验确定;

d_f——水枪喷口直径,mm。

根据式(3.8)和式(3.9),得:

$$H_q - H_f = \frac{K_1}{d_f}H_q H_f$$

整理得:

$$H_f = \frac{H_q}{1 + \frac{K_1}{d_f}H_q}$$

$$H_q = \frac{H_f}{1 - \frac{K_1}{d_f}H_f}$$

设$\frac{K_1}{d_f}=\varphi$,得:

$$\left.\begin{aligned} H_f &= \frac{H_q}{1 + \varphi H_q} \\ H_q &= \frac{H_f}{1 - \varphi H_f} \end{aligned}\right\} \tag{3.10}$$

式中 φ——与水枪喷口直径 d_f 有关的系数,按实验得 $\varphi=\frac{0.25}{d_f+(0.1d_f)^3}$,其值列入表 3.6。

水枪充实水柱高度 H_m 与垂直射流高度 H_f 关系由下式表示:

$$H_f = \alpha_f H_m \tag{3.11}$$

式中 H_m——充实水柱高度,kPa(mH_2O)①;

H_f——垂直射流高度,kPa(mH_2O);

α_f——实验系数,$\alpha_f=1.19+80(0.01H_m)^4$,见表 3.7。

表 3.6 系数 φ 值

d_f/mm	13	16	19
φ	0.016 5	0.012 4	0.009 7

① 为了计算方便,水压单位常采用 mH_2O,$1mH_2O=9.8\times10^3$ Pa=0.009 8 MPa,下同。

表 3.7　系数 α_f 值

H_m/mH_2O	6	8	10	12	16
α_f	1.19	1.19	1.20	1.21	1.24

将式(3.11)代入式(3.10),得到水枪喷口压力与充实水柱高度的关系为:

$$H_q = \frac{\alpha_f H_m}{1 - \varphi \alpha_f H_m} \tag{3.12}$$

按式(3.12),在已知确定的充实水柱 H_m 值后,便可求出产生 H_m 的水枪喷口压力值 H_q。

上述的消防射流是垂直的,实际上灭火时水枪常和水平线呈 45°~60°,试验得知充实水柱长度与倾斜角几乎无关,所以计算时充实水柱长度可取等于充实水柱垂直高度。

2)水枪喷口射流量

水枪喷口射出的流量与喷口压力之间的关系:

$$q_{xh} = \mu \frac{\pi d_f^2}{4} \sqrt{2gH_q} = 0.003\ 477 \mu d_f^2 \sqrt{H_q}$$

或

$$q_{xh}^2 = 0.000\ 012\ 1 \mu^2 d_f^4 H_q$$

设

$$K_f = 0.000\ 012\ 1 d_f^4$$

$$B = k_f \mu^2$$

则

$$q_{xh}^2 = K_f \mu^2 H_q = BH_q$$

于是

$$q_{xh} = \sqrt{BH_q} \tag{3.13}$$

式中　q_{xh}——水枪喷口的射流量,L/s;

H_q——水枪喷口造成某充实水柱所需的压力,mH_2O,见表 3.9;

d_f——水枪喷口直径,mm;

μ——流量系数,采用 $\mu = 1.0$;

B——水流特性系数,与水枪喷口直径有关,见表 3.8。

表 3.8　特性系数 B

水枪喷口直径/mm	13	16	19	22
B	0.346	0.793	1.577	2.836

为简化计算,根据式(3.12)和式(3.13)制成表 3.9,可查得 d_f=13,16,19 mm 时的充实水柱长度,水枪喷口处的压力值及实际流量值。

表 3.9　H_m,H_q,q_{xh} 技术数据

充实水柱长度/m	水枪喷口直径/mm					
	13		16		19	
	H_q/mH_2O	$q_{xh}/(L \cdot s^{-1})$	H_q/mH_2O	$q_{xh}/(L \cdot s^{-1})$	$H_q/(mH_2O)$	$q_{xh}/(L \cdot s^{-1})$
6	8.1	1.7	7.8	2.5	7.7	3.5

续表

充实水柱长度/m	水枪喷口直径/mm					
	13		16		19	
	H_q/mH$_2$O	q_{xh}/(L·s^{-1})	H_q/mH$_2$O	q_{xh}/(L·s^{-1})	H_q/(mH$_2$O)	q_{xh}/(L·s^{-1})
8	11.2	2.0	10.7	2.9	10.4	4.1
10	14.9	2.3	14.1	3.3	13.6	4.5
12	19.1	2.6	17.7	3.8	16.9	5.2
14	23.9	2.9	21.8	4.2	20.6	5.7
16	29.5	3.2	26.5	4.6	24.7	6.2

3)消火栓水龙带水头损失

水带水头损失按下式计算：

$$h_d = A_z L_d q_{xh}^2 \tag{3.14}$$

式中 h_d——水带沿程水头损失,mH$_2$O;

L_d——水带长度,m;

A_z——水带阻力系数,见表3.10。

表3.10 水带阻力系数 A_z 值

水带材料	水带直径/mm		
	50	65	80
麻织	0.015 01	0.004 30	0.001 50
衬胶	0.006 77	0.001 72	0.000 75

【例3.1】 某高层住宅楼平面面积为24 m×24 m,高度小于54 m,试确定其消火栓给水系统最不利消火栓口处水压。

【解】 根据高层建筑消火栓给水系统的消防用水量不小于10 L/s,需2股射流,每股射流量 $q_{xh} \geqslant 5$ L/s,水枪射出的充实水柱长度 $S_k(H_m) \geqslant 13$ m,采用直径65 mm,$L=20$ m麻织水带,水枪喷口直径初步选为16 mm,则按式(3.6)得到消火栓口的水压为:

$$H = H_q + h_d$$

先计算水枪喷口处所需水压,由式(3.11)和式(3.12)可知,充实水柱初选为 $H_m=13$ m,则内查表3.7得 $\alpha_f=1.22$。水枪喷口直径16 mm,查表3.6得 $\varphi=0.012\ 4$。

$$H_q = \frac{\alpha_f H_m}{1-\varphi\alpha_f H_m} = \left(\frac{1.22\times 13}{1-0.012\ 4\times 1.2\times 10}\right)\text{mH}_2\text{O} = 19.74\text{mH}_2\text{O}$$

其次,计算水带的沿程水头损失(局部水头损失不计),按式(3.14),查得水带直径65 mm,则由表3.10得 $A_z=0.004\ 30$,取 $q_{xh}=5$ L/s,有:

$$h_d = A_z L_d q_{xh}^2 = 0.004\ 30\times 20\times 5^2\text{mH}_2\text{O} = 2.15\text{mH}_2\text{O}$$

此时消火栓口水压为:

$$H = H_q + h_d = (19.74 + 2.15)\,\mathrm{mH_2O} = 21.89\,\mathrm{mH_2O}$$

校核水枪的射流量。查表3.8得B=0.793,代入式(3.13)得:

$$q_{xh} = \sqrt{0.793 \times 19.74}\,\mathrm{L/s} = 3.96\,\mathrm{L/s} < 5\,\mathrm{L/s}$$

故上述计算无效,水枪喷口选为19 mm,则内查表3.9得:H_q=18.75 m,q_{xh}=5.45>5 L/s,计算有效。此时,$h_d = A_z L_d q_{xh}^2 = 0.004\,3 \times 20 \times 5.45^2$ m=2.55 m。

故消火栓口水压确定为:

$$H = H_q + h_d = (18.75 + 2.55)\,\mathrm{mH_2O} = 21.30\,\mathrm{mH_2O}$$

3.4.2 消火栓给水管网水力计算

1)给水管网管径和水头损失计算

(1)管径的确定

根据给水管道中设计流量,按下列公式,即可确定管径:

$$Q = \frac{\pi D^2}{4} v \tag{3.15}$$

$$D = \sqrt{\frac{4Q}{\pi v}} \tag{3.16}$$

式中 Q——管道设计流量,$\mathrm{m^3/s}$;

D——管道管径,m;

v——管道中水流的流速,m/s。

已知管段的流量后,只要确定了流速,方可求得管径。消火栓给水管道中的流速宜采用1.4~1.8 m/s。

(2)沿程水头损失

$$h_y = il \tag{3.17}$$

式中 h_y——管段的沿程水头损失,kPa($\mathrm{mH_2O}$);

l——计算管段长度,m;

i——管道单位长度水头损失,kPa/m。

当v<1.2 m/s时

$$i = 0.009\,12 \frac{v^2}{d_j^{1.3}} \left(1 + \frac{0.867}{v}\right)^{0.3}$$

当$v \geqslant 1.2$ m/s时

$$i = 0.010\,7 \frac{v^2}{d_j^{1.3}}$$

式中 v——管道内的平均水流速度,m/s;

d_j——管道计算内径,m。

(3)局部水头损失

$$h_j = \sum \xi \frac{v^2}{2g} \tag{3.18}$$

式中 h_j——管段局部水头损失总和,kPa($\mathrm{mH_2O}$);

$\sum \xi$——管段局部阻力系数之和,按各种管件及附件构造情况有不同的数值;

v—— 沿水流方向局部零件下游的流速,m/s。

一般情况下,室内给水管道中局部阻力损失不进行详细计算,宜按下列给水管网沿程水头损失的百分数估算:

①生产给水管网,生活、消防共用给水管网,生活、生产、消防共用给水管网为20%。

②消火栓系统消防给水管网为10%。

③生产、消防共用给水管网为15%。

④自动喷水灭火系统管网为20%。

2)消火栓给水管道水力计算

消防管网水力计算的主要目的在于确定消防给水管网的管径,计算或校核消防水箱的设置高度,选择消防水泵。

由于建筑物发生火灾地点的随机性,以及水枪充实水柱数量的限定(即水量限定),在进行消防管网水力计算时,对于枝状管网应首先选择最不利立管和最不利消火栓,以此确定计算管路,并按照消防规范规定的室内消防用水量进行流量分配,在最不利点水枪射流量按式(3.13)确定后,以下各层水枪的实际射流量应根据消火栓口处的实际压力计算。在确定了消防管网中各管段的流量后,便可按流量公式$\left(Q=\frac{1}{4}\pi D^2 v\right)$计算出各管段管径,通常可从钢管水力计算表中直接查得管径及单位管长沿程水头损失i值。

消火栓给水管道中的流速一般以1.4~1.8 m/s为宜,不宜大于2.5 m/s。消防管道沿程水头损失的计算方法与给水管网计算相同,其局部水头损失按管道沿程水头损失的10%采用。

当有消防水箱时,应以水箱的最低水位作为起点选择计算管路,计算管径和水头损失,确定水箱的设置高度或补压设备。当设有消防水泵时,应以消防水池最低水位作为起点选择计算管路,计算管径和水头损失,确定消防水泵的扬程。

对于环状管网,由于着火点不确定,可假定某管段发生故障,仍按枝状管网进行计算。管网最不利消防竖管和消火栓的流量分配应符合表3.11要求,假设着火层和消火栓出流股数分布见表3.12。表中每根竖管最小流量值,是指发生火灾时,每根竖管应保证相邻的上、下2层或上、中、下3层水枪同时使用,以满足扑救工作的需要。

为保证供水灭火的需要,建筑消火栓给水管网管径不得小于DN100。

表3.11 最不利点计算流量分配

室内消防计算流量/($L\cdot s^{-1}$)	最不利点消防竖管出水枪数/支	相邻竖管出水枪数/支	次相邻竖管出水枪数/支
10	2	—	—
20	2	2	—
25	3	2	—
30	3	3	—
40	3	3	2

注:①出2支水枪的竖管,如设置双阀门双出口消火栓时,最上一层按双出口消火栓进行计算。

②出3支水枪的竖管,如设置双阀门双出口消火栓时,最上一层按双出口消火栓加相邻下一层一支水枪进行计算。

表 3.12 消火栓出流股数分布

类型	室内消防用水量/(L·s^{-1})	每根竖管最小流量/(L·s^{-1})	消防出水股数	出水股数分布示意图	备注
Ⅰ	10	10	2	○ △ ○	2 根竖管发挥作用
Ⅱ	20	10	4	○ △ ○ ○ 　 ○	2 根竖管发挥作用时下层消火栓主要起降温作用
Ⅲ	30	15	6	○ 　 ○ ○ △ ○ ○ 　 ○	2 根竖管发挥作用时，上下层消火栓同时发挥作用
Ⅳ	40	15	8	○ ○ 　 ○ ○ ○ △ ○ 　 ○ 　 ○	每层不少于 3 根竖管发挥作用

注:○—消火栓;△—着火层。

3)水箱设置高度

如果由高位水箱重力流保证建筑物最不利消火栓灭火所需充实水柱长度，则高位水箱高度为:

$$H = H_q + h_d + h \tag{3.19}$$

式中 H——水箱与最不利点消火栓之间的几何高差，mH_2O;

h——水箱至最不利点消火栓之间管网的水头损失，mH_2O。

$$h_d = A_z L_d q_{xh}^2 \tag{3.20}$$

式中 A_z——水龙带阻力系数，室内消火栓配 d=65 mm 麻质水龙带，其 A_z=0.004 3;

L_d——水龙带长度，m，一般采用 20 m;

q_{xh}——实际通过的消防射流量，L/s，查表 3.11。

在临时高压给水系统中，如果高位水箱仅作为火灾初期使用，则水箱设置高度要求见 3.1.1 节。水箱高度如果不能满足上述要求，则须采取增压措施。

4)消防水泵扬程的计算

消防水泵扬程可按下式计算:

$$H_b = H_q + h_d + h + H_z \tag{3.21}$$

式中　H_b——消防水泵的扬程,mH_2O;

H_z——消防水池最低水面与最不利消火栓之间的几何高差,m。

3.4.3　消火栓处的剩余压力和减压孔板

1)消火栓处的剩余压力

前已述及,当消防泵工作时,消火栓处的水压超过 50 mH_2O 时应设置减压装置,一般在需要减压的各层设置不同孔径的孔板,以消耗过剩的压力。

各层消火栓处的剩余水头值可按下式计算:

$$H_o = H_b - \left(Z + \sum h + h_d + H_q\right) \tag{3.22}$$

式中　H_o—— 计算层消火栓处的剩余水头值,mH_2O;

Z—— 该层消火栓与消防泵轴之间的几何高差,m;

$\sum h$—— 自消防泵至该层消火栓处的消防管道沿程水头损失与局部水头损失之和,mH_2O。

2)减压孔板

计算出的剩余水头需由节流孔板所形成的水流阻力所消耗,即应使剩余水头与孔板局部水头损失相等。

水流通过孔板的水头损失可按式(3.23)计算:

$$h = \xi \frac{v^2}{2g} \tag{3.23}$$

式中　h——水流通过孔板的水头损失值,mH_2O;

ξ——孔板的局部阻力系数;

v——水流通过孔板后的流速,m/s。

ξ 值可从下式求得:

$$\xi = \left[1.75 \frac{D^2(1.1 - d^2/D^2)}{d^2(1.175 - d^2/D^2)} - 1\right]^2 \tag{3.24}$$

式中　D——给水管直径,mm;

d——孔板的孔径,mm。

为简化计算,将各种不同管径及孔板孔径代入式(3.23)及式(3.24),求得相应的 H 值。所得计算结果列于表 3.13。使用时,只要已知剩余水头 H 及给水管直径 D,就可从表中查得所需孔板孔径 d。

表 3.13 数据是假定水流通过孔板后的流速为 1 m/s 时计算得出的。如实际流速与此不符,则应按下式进行修正,并按修正后的剩余水头查表。

$$H' = \frac{H}{v^2} \times 1 \tag{3.25}$$

式中　H'——修正后的剩余水头,mH_2O;

v——水流通过孔板后的实际流速,m/s(如孔板前后管径无变化,则 v 值等于管内流速);

H——设计剩余水头，mH_2O。

【例 3.2】 已知消防给水管管径 $D=100$ mm，通过流量 $Q=80\ m^3/h$ 时，设计剩余水头 $H=13.3$ m，如欲采用调压孔板消除此剩余水头，计算调压孔板之孔径 d。

【解】 由题意，已知 $D=100$ mm，$H=13.3$ m，有：

$$v=\frac{Q}{\frac{1}{4}\pi D^2}=\frac{80}{\frac{1}{4}\times 3.14\times(0.1)^2\times 3\,600}\ m/s=2.83\ m/s$$

由式(3.25)得：

$$H'=\frac{13.3}{2.83^2}\times 1\ m=1.66\ m$$

表 3.13 调压孔板的水头损失 单位：mH_2O

D/mm	d/mm									
	13	14	15	16	17	18	19	20	21	22
40	10.58	7.68	5.67	4.25	3.28	2.48	1.92	1.51	1.18	0.94
50	27.30	19.98	14.91	11.31	8.71	6.79	5.34	4.25	3.41	2.75
70		81.03	60.98	46.69	36.30	28.59	22.78	18.35	14.91	12.22
80		140.82	105.59	81.03	63.13	49.84	39.83	32.16	26.22	21.56
100				201.77	157.61	124.80	100.02	81.03	66.28	54.70

D/mm	d/mm								
	23	24	25	26	27	28	29	30	31
50	2.24	1.83	1.51	1.24	1.03	0.85	0.71	0.59	0.50
70	10.10	8.40	7.03	5.91	5.00	4.25	3.63	3.11	2.67
80	17.87	14.91	12.53	10.58	8.99	7.60	6.58	5.67	4.90
100	45.59	38.13	32.16	27.30	23.29	19.98	17.23	14.91	12.97
125			81.04	68.99	59.07	50.74	43.89	38.14	33.28
150			170.85	145.00	124.80	107.54	93.13	81.03	70.80

D/mm	d/mm								
	32	33	34	35	36	37	38	39	40
40	0.09	0.07	0.05	0.04	0.03	0.02	0.01		
50	0.42	0.35	0.29	0.24	0.20	0.17	0.14	0.11	0.09
70	2.31	1.89	1.73	1.51	1.31	1.15	1.00	0.88	0.77
80	4.25	3.70	3.23	2.83	2.48	2.18	1.92	1.70	1.51
100	11.31	9.91	8.71	7.68	6.79	6.01	5.34	4.76	4.25
125	29.10	35.59	22.29	20.00	17.72	15.79	14.1	12.60	11.31
150	62.11	54.70	48.34	42.87	38.13	34.02	30.43	27.30	24.54

续表

D/mm	d/mm								
	41	42	43	44	45	46	47	48	49
50	0.08	0.06	0.05	0.04	0.03	0.02	0.01	0.01	
70	0.68	0.59	0.52	0.46	0.40	0.36	0.31	0.28	0.24
80	1.33	1.18	1.05	0.94	0.84	0.75	0.67	0.58	0.53
100	3.80	3.40	3.06	2.75	2.48	2.24	2.02	1.83	1.66
125	10.18	9.16	8.28	7.49	6.78	6.15	5.59	5.10	4.66
150	22.12	19.90	18.09	16.41	14.91	13.58	12.38	11.31	10.35

注:表中给水管计算管径均采用公称直径。

例如,按 $D=100$ mm,$H'=1.66$ m,查表3.13,得 $d=49$ mm。

3.4.4 消防给水系统的水池、水箱容量

1)消防水池的消防用水容量

可按式(3.26)确定:

$$V_f = 3.6(Q_f - Q_L)T_x \tag{3.26}$$

式中 V_f——消防用水容量,m^3;

Q_f——室内、外消防用水总量,L/s;

Q_L——水池连续补充水量,L/s;

T_x——火灾延续时间,是指消防水泵开始从水池抽水到火灾基本被扑灭为止的一段时间,根据我国有关消防规范规定选用,详见3.3.3节。

2)消防水箱的消防储水量

临时高压消防给水系统的高位消防水箱的有效容积应满足初期火灾消防用水量的要求。有效容积不应小于现行《消防给水及消火栓系统技术规范》(GB 50974—2014)的有关规定。

思考题

3.1 临时高压消防给水系统的组成包括哪几部分?

3.2 如何计算消防水池的有效容积?

3.3 消防水喉和室内消火栓有何区别,它在哪些场所设置?

3.4 建筑屋顶和消防电梯前室为什么应该设置消火栓?

3.5 水泵接合器的作用是什么?它在什么场所设置?其数量如何计算?

3.6 请用具体参数说明水枪的充实水柱长度,不大于100 m的高层民用建筑充实水柱应不小于多少?

3.7 高层建筑和多层建筑室内消火栓在布置中其最大间距是多少?

4 自动喷水灭火系统

4.1 概　述

自动喷水灭火系统是一种在发生火灾时,能自动喷水灭火并同时发出火警信号的灭火系统。据资料统计证实,这种灭火系统具有很高的灵敏度和灭火成功率,是扑灭建筑初期火灾非常有效的一种灭火设备。在发达国家的消防规范中,几乎要求所有应该设置灭火设备的建筑都采用自动喷水灭火系统,以保证生命财产安全。在我国,自动喷水灭火系统仅在人员密集、不易疏散、外部增援灭火与救生较困难的或火灾危险性较大的公共场所中设置。

自动喷水灭火系统按喷头开闭形式,分为闭式喷水灭火系统和开式喷水灭火系统。闭式喷水灭火系统可分为湿式自动喷水灭火系统、干式自动喷水灭火系统、干湿式自动喷水灭火系统、预作用自动喷水灭火系统、重复启闭预作用灭火系统、闭式自动喷水-泡沫联用系统等;开式自动喷水灭火系统可分为雨淋灭火系统、水幕系统、水喷雾灭火系统、雨淋自动喷水-泡沫联用系统等。

4.1.1　系统设置场所火灾危险等级

1) 火灾危险等级划分的主要依据

根据火灾荷载(由可燃物的性质、数量及分布状况决定)、室内空间条件(面积、高度)、人员密集程度、采用自动喷水灭火系统扑救初期火灾的难易程度,以及疏散及外部增援条件等因素,划分设置场所的火灾危险等级。

建筑物内存在物品的性质、数量,以及其结构的疏密、包装和分布状况,将决定火灾荷载及发生火灾时的燃烧速度与放热量,是划分自动喷水灭火系统设置场所火灾危险等级的重要依据。

2) 火灾危险等级与举例

将设置自动喷水灭火系统的场所划分为 4 个等级,即轻危险级、中危险级、严重危险级及仓库火灾危险级,其中,中危险级和严重危险级又分为Ⅰ,Ⅱ级;仓库火灾危险级分为Ⅰ,Ⅱ,Ⅲ级。

(1)轻危险级

轻危险级一般是指下述情况的设置场所,即可燃物品较少、可燃性低和火灾发热量较低,外部增援和疏散人员较容易的场所。

(2)中危险级

中危险级一般是指下述情况的设置场所,即内部可燃物数量为中等,可燃性也为中等,火灾初期不会引起剧烈燃烧的场所。大部分民用建筑和工业厂房划归中危险级。根据此类场所种类多、范围广的特点,划分中Ⅰ级和中Ⅱ级,并在表4.1中举例予以说明。商场内物品密集、人员密集,发生火灾的频率较高,容易酿成大火,造成群死群伤和高额财产损失的严重后果,因此将大型商场列入中Ⅱ级。

(3)严重危险级

严重危险级一般是指火灾危险性大,且可燃物品数量多,火灾时容易引起猛烈燃烧并可能迅速蔓延的场所。除摄影棚、舞台"葡萄架"下部外,包括存在较多数量易燃固体、液体物品工厂的备料和生产车间。

(4)仓库火灾危险级

按仓库货品的性质和仓储条件,将仓库火灾危险等级分为Ⅰ,Ⅱ,Ⅲ级。

系统设置场所火灾危险等级分类,见表4.1。

表4.1 设置场所火灾危险等级分类

火灾危险等级		设置场所举例
轻危险级		住宅建筑、幼儿园、老年人建筑、建筑高度为24 m及以下的旅馆、办公楼;仅在走道设置闭式系统的建筑等
中危险级	Ⅰ级	①高层民用建筑:旅馆、办公楼、综合楼、邮政楼、金融电信楼、指挥调度楼、广播电视楼(塔)等; ②公共建筑(含单、多高层):医院、疗养院;图书馆(书库除外)、档案馆、展览馆(厅);影剧院、音乐厅和礼堂(舞台除外)及其他娱乐场所;火车站和飞机场及码头的建筑;总建筑面积小于5 000 m^2 的商场、总建筑面积小于1 000 m^2 的地下商场等; ③文化遗产建筑:木结构古建筑、国家文物保护单位等; ④工业建筑:食品、家用电器、玻璃制品等工厂的备料与生产车间等;冷藏库、钢屋架等建筑构件
	Ⅱ级	①民用建筑:书库、舞台(葡萄架除外)、汽车停车场、总建筑面积5 000 m^2 及以上的商场、总建筑面积1 000 m^2 及以上的地下商场、净空高度不超过8 m及物品高度不超过3.5 m的自选商场等; ②工业建筑:棉毛麻丝及化纤的纺织、织物及制品、木材木器及胶合板、谷物加工、烟草及制品、饮用酒(啤酒除外)、皮革及制品、造纸及纸制品、制药等工厂的备料与生产车间

续表

火灾危险等级		设置场所举例
严重危险级	Ⅰ级	印刷厂、酒精品及可燃液体制品等工厂的备料与生产车间、净空高度不超过 8 m、物品高度超过 3.5 m 的自选商场等
	Ⅱ级	易燃液体喷雾操作区域,固体易燃物品、可燃的气溶胶制品、溶剂清洗、喷涂油漆、沥青制品等工厂的备料及生产车间,摄影棚,舞台“葡萄架”下部
仓库危险级	Ⅰ级	食品、烟酒,木箱、纸箱包装的不燃难燃物品等
	Ⅱ级	木材、纸、皮革、谷物及制品、棉毛麻丝化纤及制品、家用电器、电缆、B 组塑料与橡胶及其制品、钢塑混合材料制品、各种塑料瓶盒包装的不燃物品及各类物品混杂储存的库仓等
	Ⅲ级	A 组塑料与橡胶及其制品、沥青制品等

注:表中的 A,B 组塑料橡胶的举例见《自动喷水灭火系统设计规范》(GB 50084—2017)。

4.1.2　自动喷水灭火系统基本设计参数

民用建筑和工业厂房的系统设计基本参数应不低于表 4.2 的规定。

仅在走道设置单排喷头的闭式系统,其作用面积应按最大疏散距离所对应的走道面积确定。

表 4.2　民用建筑和工业厂房的系统设计基本参数

火灾危险等级		净空高度/m	喷水强度/($L \cdot min^{-1} \cdot m^{-2}$)	作用面积/m^2
轻危险级		≤8	4	160
中危险级	Ⅰ级		6	
	Ⅱ级		8	
严重危险级	Ⅰ级		12	260
	Ⅱ级		16	

注:系统最不利点处喷头工作压力不应低于 0.05 MPa。

装设网格、栅板类通透性吊顶的场所,系统的喷水强度应按表 4.2 规定值的 1.3 倍确定。干式系统的作用面积应按表 4.2 规定值的 1.3 倍确定。雨淋系统中每个雨淋阀控制的喷水面积不宜大于表 4.2 中的作用面积。

民用建筑物和厂房高大净空场所设置自动喷水灭火系统时,湿式系统的设计参数不应低于表 4.3 的规定。

表 4.3　民用建筑和厂房高大空间场所采用湿式系统的设计基本参数

适用场所		最大净空高度 h/m	喷水强度 /(L·min^{-1}·m^{-2})	作用面积 /m^2	喷头间距 S/m
民用建筑	中庭、体育馆、航站楼等	$8<h\leqslant 12$	12	160	$1.8\leqslant S\leqslant 3.0$
		$12<h\leqslant 18$	15		
	影剧院、音乐厅、会展中心等	$8<h\leqslant 12$	15		
		$12<h\leqslant 18$	20		
厂房	制衣制鞋、玩具、木器、电子生产车间等	$8<h\leqslant 12$	15		
	棉纺厂、麻纺厂、泡沫塑料生产车间等		20		

注：①表中未列入的场所，应根据本表规定场所的火灾危险性类比确定。

②当民用建筑高大空间场所的最大净空高度为 $12\ m<h\leqslant 18\ m$ 时，应采用非仓库型特殊应用喷头。

设置自动喷水灭火系统的各类仓库，系统设计基本参数应符合《自动喷水灭火系统设计规范》(GB 50084—2017)的相关规定。

仓库及类似场所采用早期抑制快速响应喷头的系统，设计基本参数不应低于表 4.4 的规定。

表 4.4　采用早期抑制快速响应喷头的系统设计基本参数

储物类别	最大净空高度 /m	最大储物高度 /m	喷头流量系数 K	喷头设置方式	喷头最低工作压力 /MPa	喷头最大间距/m	喷头最小间距/m	作用面积内开放的喷头数
Ⅰ级、Ⅱ级、沥青制品、箱装不发泡塑料	9.0	7.5	202	直立型	0.35	3.7	2.4	12
				下垂型				
			242	直立型	0.25			
				下垂型				
			320	下垂型	0.20			
			363	下垂型	0.15			
	10.5	9.0	202	直立型	0.50	3.0		
				下垂型				
			242	直立型	0.35			
				下垂型				
			320	下垂型	0.25			
			363	下垂型	0.20			
	12.0	10.5	202	下垂型	0.50			
			242	下垂型	0.35			
			363	下垂型	0.30			
	13.5	12.0	363	下垂型	0.35			

续表

储物类别	最大净空高度/m	最大储物高度/m	喷头流量系数 K	喷头设置方式	喷头最低工作压力/MPa	喷头最大间距/m	喷头最小间距/m	作用面积内开放的喷头数
袋装不发泡塑料	9.0	7.5	202	下垂型	0.50	3.7	2.4	12
			242	下垂型	0.35			
			363	下垂型	0.25			
	10.5	9.0	363	下垂型	0.35	3.0		
	12.0	10.5	363	下垂型	0.40			
箱装发泡塑料	9.0	7.5	202	直立型	0.35	3.7		
				下垂型				
			242	直立型	0.25			
				下垂型				
			320	下垂型	0.25			
			363	下垂型	0.15			
	12.0	10.5	363	下垂型	0.40	3.0		
袋装发泡塑料	7.5	6.0	202	下垂型	0.50	3.7		
			242	下垂型	0.35			
			363	下垂型	0.20			
	9.0	7.5	202	下垂型	0.70			
			242	下垂型	0.50			
			363	下垂型	0.30			
	12.0	10.5	363	下垂型	0.50	3.0		20

水幕系统的设计基本参数应符合表4.5的规定。

表4.5 水幕系统的设计基本参数

水幕类别	喷水点高度/m	喷水强度/(L·s^{-1}·m^{-1})	喷头工作压力/MPa
防火分隔水幕	≤12	2	0.1
防护冷却水幕	≤4	0.5	

注:防护冷却水幕的喷水点高度每增加1 m,喷水强度应增加0.1 L/(s·m),但超过9 m时喷水强度仍采用1.0 L/(s·m)。

自动喷水灭火系统的持续喷水时间,按火灾延续时间不小于1 h确定。

4.1.3 自动喷水灭火系统设置原则

自动喷水灭火系统的适用范围很广,凡可以用水灭火的建筑物、构筑物,均可设自动喷水灭火系统。鉴于我国国民经济发展水平,自动喷水灭火系统仅仅要求在重点建筑和重点部位设置。

1)应设置闭式喷水灭火系统的场所

闭式喷水灭火系统常用的有湿式喷水灭火系统、干式喷水灭火系统、预作用喷水灭火系统。

①大于或等于50 000纱锭的棉纺厂的开包、清花车间;大于或等于5 000锭的麻纺厂的分级、梳麻车间;服装、针织高层厂房;面积超过1 500 m^2 的木器厂房;火柴厂的烤梗、筛选部位;泡沫塑料厂的预发、成型、切片、压花部位。

②每座占地面积超过1 000 m^2 的棉、毛、丝、麻、化纤、毛皮及其制品库房;每座占地面积超过600 m^2 的香烟、火柴库房;建筑面积超过500 m^2 的可燃物品的地下库房;可燃、难燃物品的高架库房和高层库房(冷库除外);省级以上或藏书量超过100万册图书馆的书库。

③超过1 500座的剧院观众厅、舞台上部(屋顶采用金属构件时)、化妆室、道具室、储藏室、贵宾室;超过2 000座的会堂或礼堂的观众厅、舞台上部、储藏室、贵宾室;超过3 000座的体育馆、观众厅的吊顶上部、贵宾室、器材间、运动员休息室。

④省级邮政楼的信函和包裹分拣间,邮袋库。

⑤每层面积超过3 000 m^2 或建筑面积超过9 000 m^2 的百货楼、展览楼。

⑥设有空气调节系统的旅馆、综合办公楼内的走道、办公室、餐厅、商店、库房和无楼层服务台的客房。

⑦飞机发动机实验台的准备部位。

⑧国家级文物保护单位的重点砖木或木结构建筑。

⑨建筑高度不超过100 m的一类高层民用建筑及裙房(普通住宅、设集中空调的住宅户内用房,面积小于5 m^2 的卫生间及建筑中不宜用水扑救的部位除外)。

⑩二类高层公共建筑中的公共活动用房;走道、办公室、旅馆的客房;自动扶梯底部;可燃物品库房。

⑪建筑高度超过100 m的高层建筑及裙房(溜冰场、游泳池、面积小于5 m^2 的卫生间,不设集中空调且户门为甲级防火门的住宅户内用房和不宜用水扑救的部位除外)。

⑫高层建筑中的歌舞娱乐放映游艺场所、公共餐厅、公共厨房以及经常有人停留或可燃物较多的地下室、半地下室等。

⑬Ⅰ,Ⅱ,Ⅲ类地下停车库、多层停车库和底层停车库。

⑭人防工程的下列部位:使用面积超过1 000 m^2 的商场、医院、旅馆、餐厅、展览厅、旱冰场、体育场、舞厅、电子游艺场、丙类生产车间、丙类和丁类物品库房等;超过800座的电影院、礼堂的观众厅,且吊顶下表面至观众席地面高度不超过8 m,舞台面积超过200 m^2。

2)应设置水幕系统的建筑物

①超过1 500座的剧院和超过2 000座的会堂,礼堂的舞台口,以及与舞台相连的侧口、后台的门窗洞口。

②应设防火墙等防火分隔物而无法设置的开口部位。

③防火卷帘或防火幕的上部。

④高层民用建筑物内超过 800 座的剧院、礼堂的舞台口和设有防火卷帘、防火幕的部位。

⑤人防工程内代替防火墙的防火卷帘的上部。

3)应设雨淋喷水灭火系统的建筑物和构筑物

①火柴厂的氯酸钾压碾厂房,建筑面积超过 100 m^2 的生产及使用硝化棉、喷漆棉、火胶棉、赛璐珞胶片、硝化纤维的厂房。

②建筑面积超过 60 m^2 或储存量超过 2 t 的硝化棉、喷漆棉、火胶棉、赛璐珞胶片、硝化纤维的库房。

③日装瓶数量超过 3 000 瓶的液化石油储配站的灌瓶间、实瓶库。

④超过 1 500 座的剧院和超过 2 000 座的会堂舞台的"葡萄架"下部。

⑤建筑面积超过 400 m^2 的演播室;建筑面积超过 500 m^2 的电影摄影棚。

⑥乒乓球厂的轧坯、切片、磨球、分球检验部位。

⑦火药、炸药、弹药及火工品工厂的有关工房或工序。

4)应设水喷雾灭火系统的建筑物和构筑物

①单台储油量超过 5 t 的电力变压器。

②飞机发动机试验台的试车部位。

③一类高层民用主体建筑内的可燃油油浸电力变压器室,充有可燃油的高压电容器和多油开关室等。

④高层建筑中的燃油、燃气锅炉房和自备发电机房。

4.2 闭式自动喷水灭火系统

4.2.1 各类系统的组成和特点

1)湿式自动喷水灭火系统

湿式自动喷水灭火系统是世界上使用最早、应用最广泛、灭火速度快、控火率较高,系统比较简单的一种自动喷水灭火系统。

(1)系统组成和工作原理

湿式喷水灭火系统是由闭式喷头、管道系统、湿式报警阀、报警装置和供水设施等组成,如图 4.1 所示。由于该系统在报警阀的前后管道内始终充满着压力水,故称湿式喷水灭火系统或湿管系统。

火灾发生时,高温火焰或高温气流使闭式喷头的热敏感元件炸裂或熔化脱落,喷水灭火。此时,管网中的水由静止变为流动,则水流指示器被感应送出电信号。报警控制器上指示某一区域已在喷水,持续喷水造成湿式报警阀的上部水压低于下部水压,原来处于关闭状态的阀片自动开启。此时,压力水通过湿式报警阀,流向干管和配水管,同时水进入延迟器,继而压力开关动作、水力警铃发出火警声号。此外,压力开关直接联锁自动启动消防水泵或根据水流指示器和压力开关的信号,控制器自动启动消防水泵向管网加压供水,达到持续自动喷水灭火的目的。

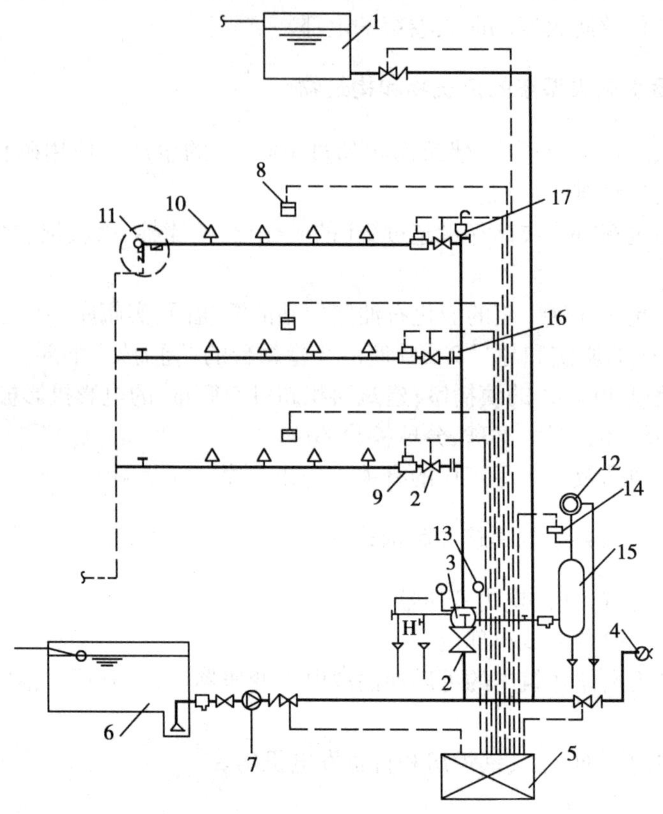

图 4.1　湿式自动喷水灭火系统

1—高位水箱;2—消防安全信号阀;3—湿式报警阀;4—水泵接合器;5—控制箱;6—储水池;
7—消防水泵;8—感烟探测器;9—水流指示器;10—闭式喷头;11—末端试水装置;
12—水力警铃;13—压力表;14—压力开关;15—延迟器;16—节流孔板;17—自动排气阀

(2)应用范围

由于始终充满水的系统管网会受到环境温度的限制,该系统适用于室内温度为 4 ~ 70 ℃ 的建筑物、构筑物。

2)干式自动喷水灭火系统

(1)系统组成

干式喷水灭火系统与湿式喷水灭火系统相似,只是报警阀的结构和作用原理不同。系统一般由闭式喷头、管道系统、充气设备、干式报警阀、报警装置和供水设备等组成,如图 4.2 所示。其喷头应采用直立型喷头向上安装,或者采用干式下垂喷头。

(2)系统工作原理

平时干式报警阀前与水源相连并充满水,干式报警后的管路充以压缩空气,报警阀处于关闭状态。发生火灾时,闭式喷头热敏感元件动作,喷头首先喷出压缩空气,管网内的气压逐渐下降,当降到某一气压值时干式报警阀的下部水压力大于上部气压力,干式报警阀打开,压力水进入供水管网,将剩余压缩空气从已打开的喷头处推赶出去,然后再喷水灭火;干式报警阀处的另一路压力水进入信号管,推动水力警铃和压力开关报警,并启动水泵加压供水。干式系统的主要工作过程与湿式喷水灭火系统无本质区别,只是在喷头动作后有一个排气过程,这将降低灭火的速度和效果。对较大的干式喷水灭火系统常在干式报警阀出口管道上,附加一个“排气加速器”装置,以加快报警阀的启动过程,使压力水迅速进入充气管网,缩短排气时间,及早喷水灭火。

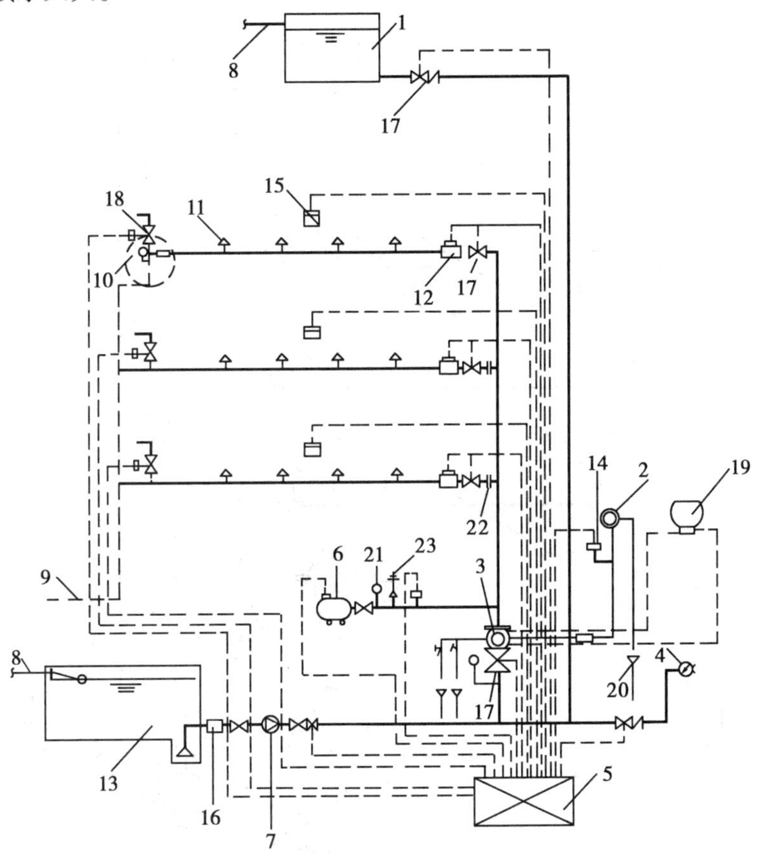

图 4.2 干式自动喷水灭火系统

1—高位水箱;2—水力警铃;3—干式报警阀;4—消防水泵接合器;5—控制箱;6—空压机;7—消防水泵;8—水箱、水池进水管;9—排水管;10—末端试水装置;11—闭式喷头;12—水流指示器;13—水池;14—压力开关;15—火灾探测器;16—过滤器;17—消防安全信号阀;18—排气阀;19—加速器;20—排水漏斗;21—压力表;22—节流孔板;23—安全阀

(3)应用范围

干式喷水灭火系统适用于室内温度低于 4 ℃或高于 70 ℃的建(构)筑物。管网的容积不宜超过 1 500 L,当设有排气装置时,不宜超过 3 000 L。

3)干湿式自动喷水灭火系统

干湿式喷水灭火系统(图 4.2),一般由闭式喷头、管道系统、充气双重作用阀(又称干湿式报警阀)、报警装置、供水设备等组成,这种系统具有湿式和干式喷水灭火系统的性能,安装在冬季采暖期不长的建筑物内,寒冷季节为干式系统,温暖季节为湿式系统,系统形式基本与干式系统相同,主要区别是报警阀采用的是干湿式报警阀。

4)预作用自动喷水灭火系统

(1)系统组成

预作用喷水灭火系统一般由闭式喷头、管道系统、预作用阀、报警装置、供水设备、探测器和控制系统等组成,如图4.3所示。

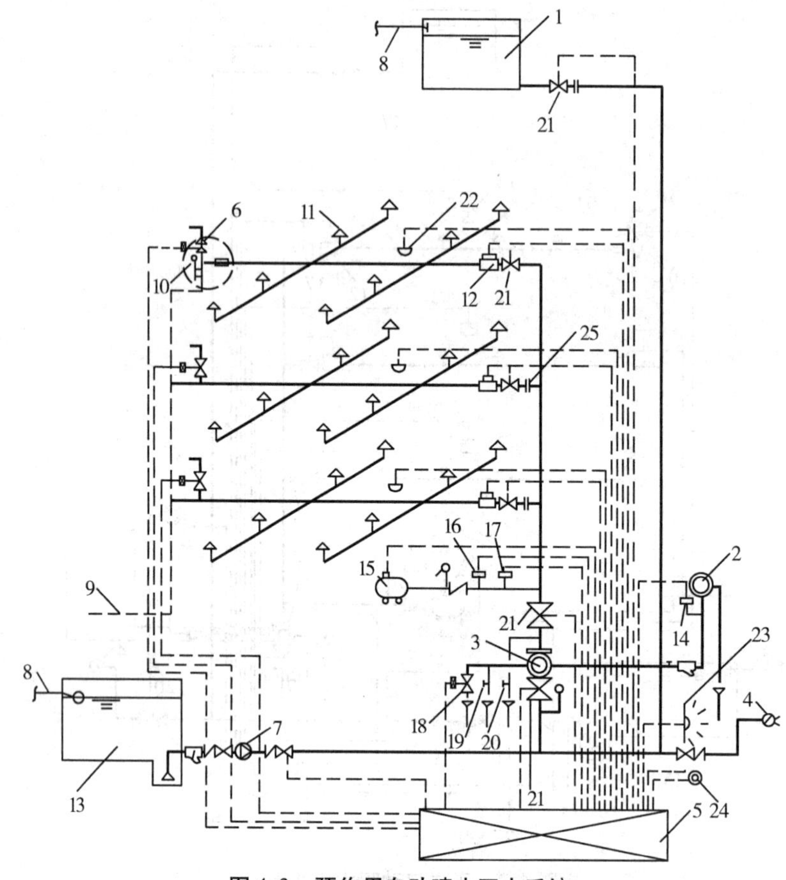

图4.3 预作用自动喷水灭火系统

1—高位水箱;2—水力警铃;3—预作用阀;4—消防水泵接合器;5—控制箱;6—排气阀;
7—消防水泵;8—水箱、水池进水管;9—排水管;10—末端试水装置;11—闭式喷头;
12—水流指示器;13—水池;14—压力开关;15—空压机;16—低压报警压力开关;
17—控制空压机压力开关;18—电磁阀;19—手动启动阀;20—泄放阀;21—消防安全信号阀;
22—探测器;23—电警铃;24—应急按钮;25—节流孔板

(2)系统工作原理

预作用系统在预作用阀后的管道中,平时不充水而充以压缩空气或氮气,或为空管,闭式喷头和火灾探测器同时布置在保护区域内,发生火灾时探测器动作,并发出火警信号,报警器核实信号无误后,发出动作指令,打开预作用阀,并开启排气阀使管网充水待命,管网充水时间不应超过3 min。随着火势的继续扩大,闭式喷头上的热敏元件熔化或炸裂,喷头自动喷水灭火,系统中的控制装置根据管道内水压的降低自动开启消防泵进行灭火。

(3)应用范围

该系统既有早期发现火灾并报警,又有自动喷水灭火的性能。因此,安全可靠性高,为了能向管道内迅速充水，应在管道末端设排气阀门；灭火后为了能及时排除管道内积水，应设排水阀门，它适用于在平时不允许有水渍损害的高级重要的建筑物内或干式喷水灭火系统的场所。

利用有压气体作为系统启动介质的干式系统、预作用系统，其配水管道内的气压值，应根据报警阀的技术性能确定；利用有压气体检测管道是否严密的预作用系统，配水管道内的气压值不宜小于 0.03 MPa，且不宜大于 0.05 MPa。

5）重复启闭预作用灭火系统

（1）系统组成和工作原理

重复启闭预作用灭火系统是由预作用自动喷水灭火系统发展而形成的，这种系统不但像预作用系统一样自动喷水灭火，而且在火被扑灭后能自动关闭，火复燃后还能再次开启灭火。重复启闭预作用灭火系统的组成如图 4.4 所示。

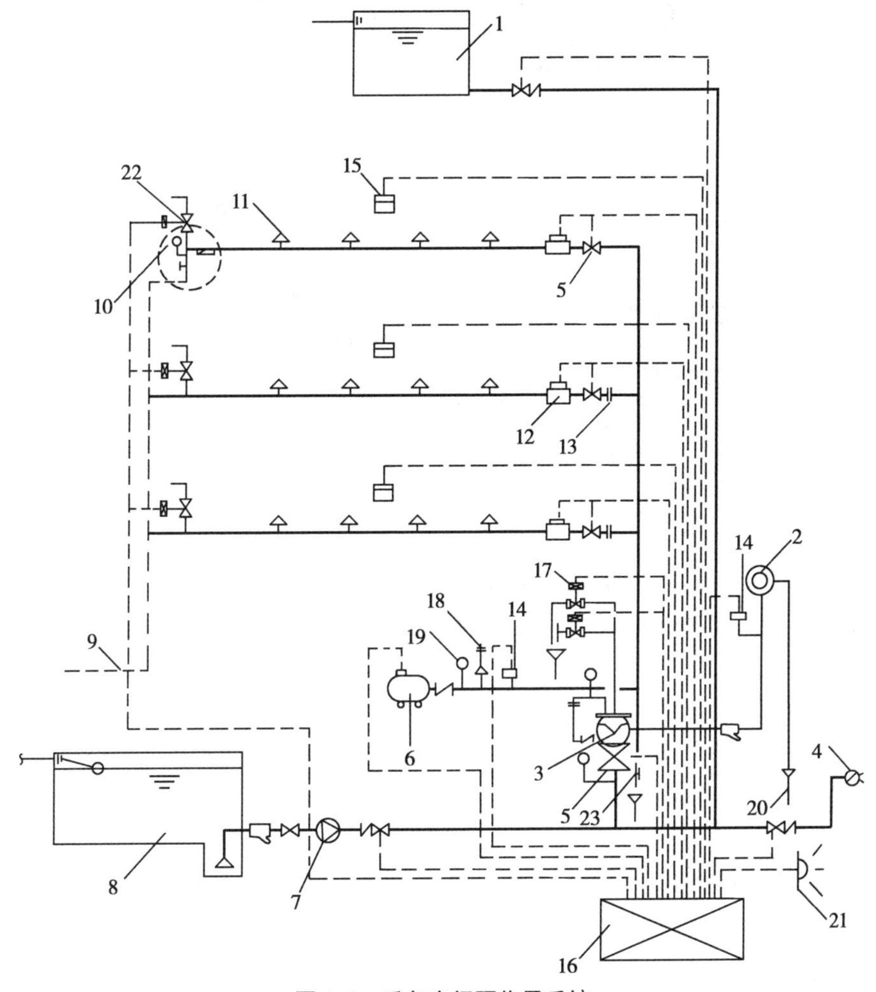

图 4.4　重复启闭预作用系统

1—高位水箱；2—水力警铃；3—水流控制阀；4—消防水泵接合器；5—消防安全信号阀；6—空压机；7—消防水泵；8—水池；9—排水管；10—末端试水装置；11—闭式喷头；12—水流指示器；13—节流孔板；14—压力开关；15—探测器；16—控制箱；17—电磁阀；18—安全阀；19—压力表；20—排水斗；21—电警铃；22—排气阀；23—排水阀

该系统能重复启闭,其核心是一个水流控制阀和定温补偿型感温探测系统。水流控制阀(也称液动雨淋阀)如图4.5所示。阀板是一个与橡皮隔膜圈相连的圆形阀板,可以垂直升降,阀板将A,C室隔开。A室与水源相连,A,C室由一压力平衡管相连,A,C室水压相等。由于阀板上部面积大于下部面积,加上阀板上的小弹簧和阀板自重,使阀板关闭。只有当C室上方排水管上的电磁阀开启排水,C室压力降至A室1/3时,阀板上升,供水通过B室进入管网,若喷头开启便能出水灭火。排水管上的2个电磁阀,由火灾防护区上部的定温补偿型感温探测器控制。

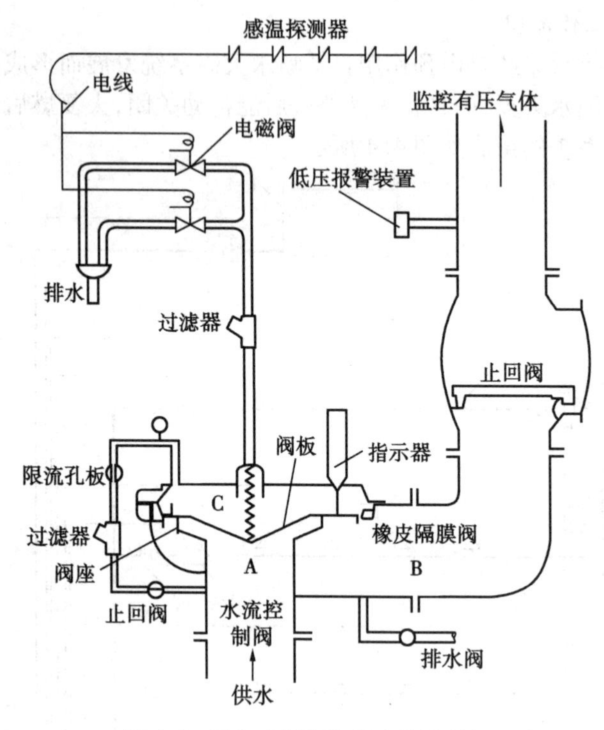

图4.5 重复启闭预作用水流控制阀

防护区发生火灾,系统开启喷水灭火的过程同预作用灭火系统。当火灾被扑灭,环境温度下降到57~60 ℃时,感温探测器复原,电磁阀缓慢关闭,由于平衡管不断水,最终使C,A室水压达到平衡,阀板落下(关闭)。从电磁阀开始关闭到水流控制阀板关闭的时间由定时器控制,一般为5 min。如果火灾复燃,定温型感温探测器再次发出信号,并开启电磁阀排水,喷头重新喷水灭火。

(2)应用范围

该系统适用于平时不允许有水渍损害的高等级重要建筑物;必须在灭火后及时停止喷水的场所。

6)闭式自动喷水-泡沫联用系统

(1)系统组成

在闭式自动喷水灭火系统中配置泡沫液供给设备,便可组成闭式自动喷水-泡沫联用系统。图4.6是湿式自动喷水灭火系统配置泡沫罐、泡沫罐控制阀、比例混合器后组成的湿式自动喷水-泡沫联用灭火系统。

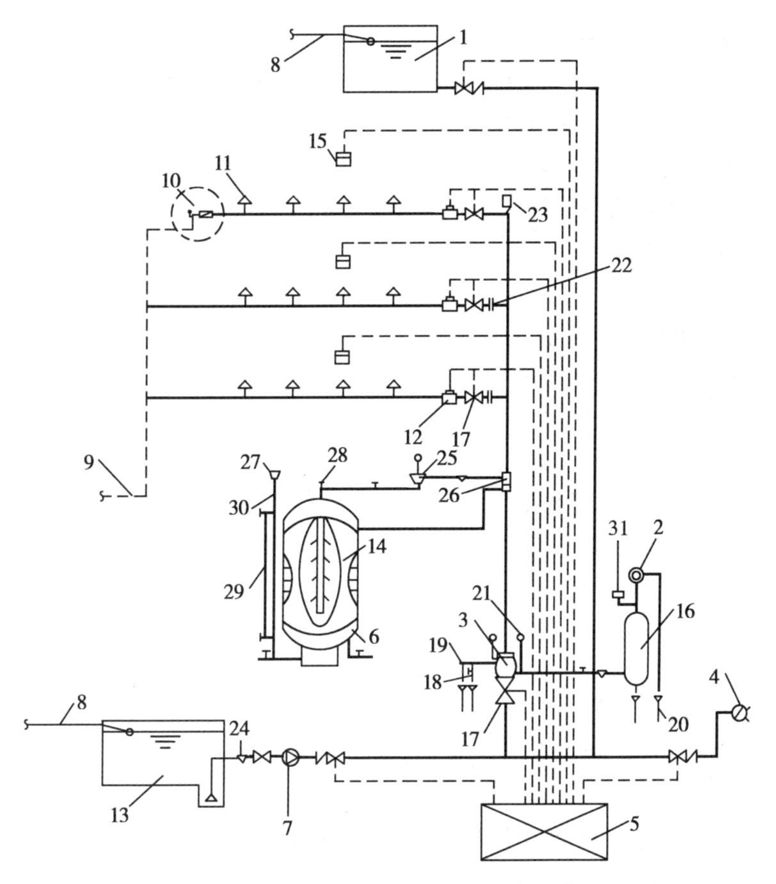

图 4.6 自动喷水-泡沫联用灭火系统

1—高位水箱;2—水力警铃;3—湿式报警阀;4—消防水泵接合器;5—控制箱;6—泡沫缸;7—消防水泵;8—进水管;9—排水管;10—末端试水装置;11—闭式喷头;12—水流指示器;13—水池;14—胶囊;15—感烟探测器;16—延迟器;17—消防安全指示阀;18—试警铃阀;19—放水阀;20—排水漏斗(或管);21—压力表;22—节流孔板;23—自动排气阀;24—过滤器;25—泡沫缸调和阀;26—比例混合器;27—注入口;28—排气阀;29—观测计;30—注液管;31—压力开关

(2)系统工作原理

系统保护区内任意处发生火情,火源上方闭式喷头周围的温度达到喷头的动作温度时,喷头开启喷水,报警阀打开,水力警铃报警,同时压力开关和喷水区水流指示器动作,消防水泵启动。压力水进入泡沫罐挤压泡沫胶囊,被挤压出的泡沫液经泡沫控制阀进入比例混合器,按比例(3%或6%)与压力水混合进入管网,泡沫溶液从喷头喷出灭火。

(3)应用范围

①停车库、柴油机房、发电机房、锅炉房等有可燃液体存在的场合。

②炼油厂、油罐区、加油站、油变压器室等。

③A,B 类混合火灾,如橡胶、塑料或其他合成纤维材料。

④A 类火灾,尤其是固体可燃物的阴燃火灾特别有效。

(4)系统设计计算

①湿式自动喷水-泡沫联用系统从喷水至喷泡沫的时间,按 4 L/s 流量计算,不大于 3 min。

②持续喷泡沫时间不小于10 min。

③泡沫比例混合器应在流量不小于4 L/s时,泡沫灭火剂与水的混合比例:对非水溶性液体火灾为3%;对水溶性液体火灾为6%。

④泡沫灭火剂的选择:对非水溶性液体火灾宜采用水成膜泡沫灭火剂(AFFF);对水溶性液体火灾宜采用抗溶性水成膜泡沫灭火剂(ATC/AFFF)。

⑤泡沫灭火剂用量按下式计算:

$$E = WF\tau a \tag{4.1}$$

式中 E——泡沫灭火剂用量,L;

W——喷洒强度,L/(min·m²);

F——保护面积,m²;

τ——持续喷泡沫时间,min(一般取10 min);

a——泡沫灭火剂与水的混合比例,%。

式(4.1)中W,F的取值应符合表4.1—表4.3;a取值为3%或6%。

⑥泡沫罐容积按下式计算:

$$V = KE \tag{4.2}$$

式中 V——泡沫罐容积,L;

K——安全系数,一般为1.5。

⑦根据产品样本,按照泡沫罐选择泡沫设备型号;按照泡沫灭火剂与水的混合比选择泡沫比例混合器型号。

⑧系统水力计算同湿式自动喷水灭火系统水力计算的步骤和方法。

4.2.2 系统主要设备和控配件

1)闭式喷头

闭式喷头是闭式自动喷水灭火系统的关键设备,它通过热敏感释放机构的动作而喷水,喷头由喷水口、温感释放器和溅水盘组成。喷头可根据感温元件、温度等级、安装方式等进行分类。

(1)按感温元件分类

闭式喷头按感温元件的不同,分为玻璃球喷头和易熔合金元件喷头2种。

①玻璃球喷头:这种喷头是由喷水口、玻璃球、框架、溅水盘、密封垫等组成,如图4.7所示。

这种喷头释放机构中的热敏感元件是一个内装一定量的彩色膨胀液体的玻璃球,球内有一个小的气泡,用它顶住喷水口的密封垫。当室内发生火灾时,球内的液体因受热而膨胀,瓶内压力升高,当达到规定温度时,液体就完全充满了瓶内全部空间,当压力达到规定值时,玻璃球炸裂,这样使喷水口的密封垫失去支撑,压力水喷出灭火。

这种喷头外形美观、体积小、质量轻、耐腐蚀,适用于美观要求较高(如宾馆)、具有腐蚀性的(如碱厂)场所。

②易熔合金元件喷头:这种喷头的热敏感元件为易熔金属或其他易熔材料制成的元件,如图4.8所示。当室内起火温度达到易熔元件本身的设计温度时,易熔元件熔化,释放机构脱落,压力水喷出灭火。

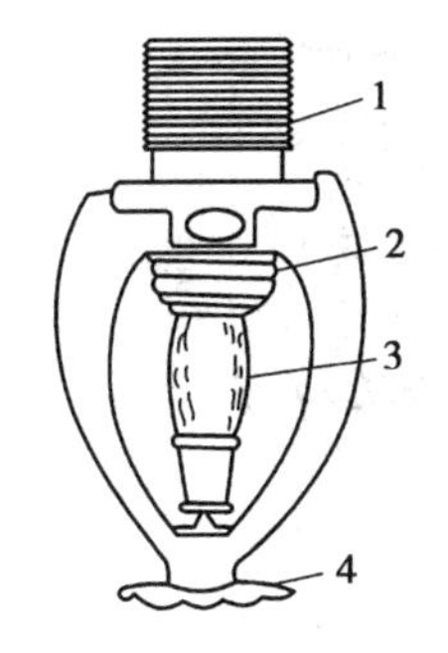

图4.7 玻璃球喷头

1—喷水口;2—密封垫;

3—玻璃球;4—溅水盘

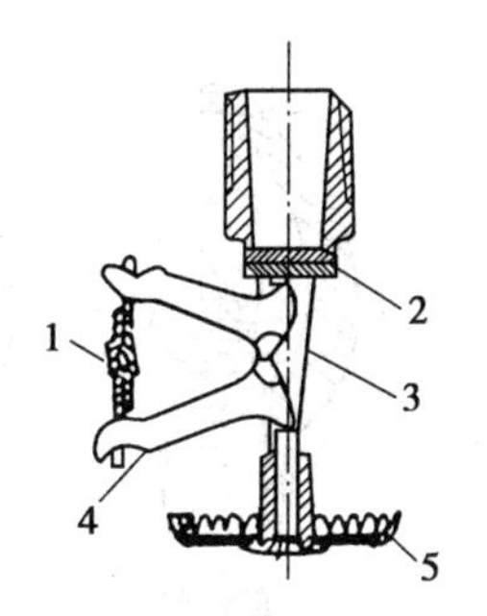

图4.8 易熔合金元件喷头

1—易熔金属;2—密封垫;3—轭臂;

4—悬臂撑杆;5—溅水盘

(2)按温度等级分类

在不同环境温度场所内设置喷头公称动作温度应比环境最高温度高30 ℃左右,喷头的公称动作温度和色标,见表4.6。

表4.6 闭式喷头公称动作温度和色标

名 称	公称动作温度/℃	色 标	名 称	公称动作温度/℃	色 标
易熔合金元件喷头	57 ~ 77	本色	玻璃球喷头	57	橙
				68	红
	79 ~ 107	白		79	黄
	121 ~ 149	蓝		93	绿
	163 ~ 191	红		141	蓝
	204 ~ 246	绿		227	黑

(3)按安装方式分类

闭式玻璃球喷头按安装方式分,可分为直立型、下垂型、边墙型、吊顶型等。

①直立型喷头:向上直立安装在配水支管上,溅水盘呈弧线形,溅水盘位于喷头上方,使喷出水流呈抛物线形,将水量的60% ~80%向下喷洒,还有一部分水量喷向顶棚。水量分布比较均匀,灭火效果较好。

②下垂型喷头:向下安装在配水支管上,溅水盘位于喷头下方,溅水盘呈平板形,喷水形状为抛物线形,水量的80% ~100%喷向下方。喷水量分布均匀,灭火性能较好。

③边墙型喷头:喷头靠墙安装分为水平型和垂直型2种,喷头喷水形状为半抛物线形,把单面水流喷向被保护区,小部分水喷向喷头后面的墙面。顶板为水平的轻危险级和中(Ⅰ)危险级的居室和办公室可采用边墙型喷头。

上述几种玻璃球喷头,如图4.9所示。

④吊顶型喷头:如图4.10所示,吊顶型喷头带有标准型溅水盘,喷头安装于隐蔽在吊顶内的供水支管上,感温元件位于天花板下。按安装形式有平齐型、半隐蔽型和隐蔽型3种类型。吊顶型喷头适用于美观要求较高的部位,如门厅、休息室、会议室、舞厅、餐厅及零售商店等处。

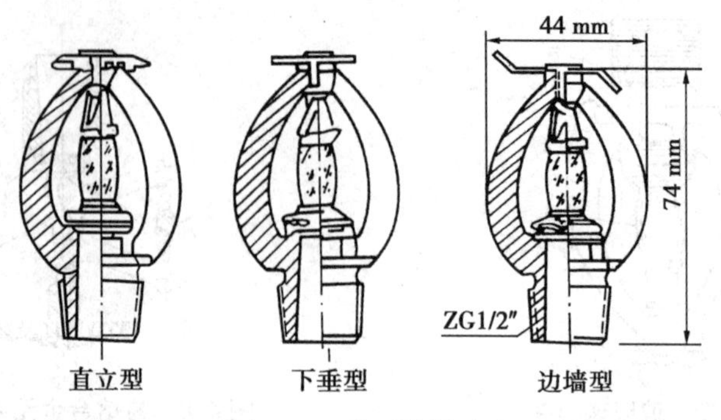

图 4.9　三种形式的喷头

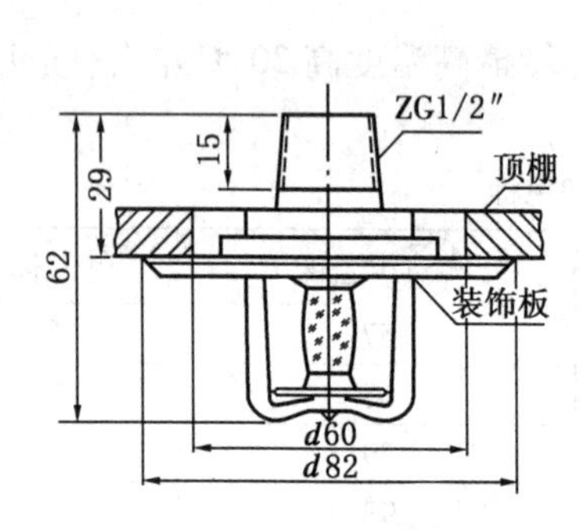

图 4.10　吊顶型喷头

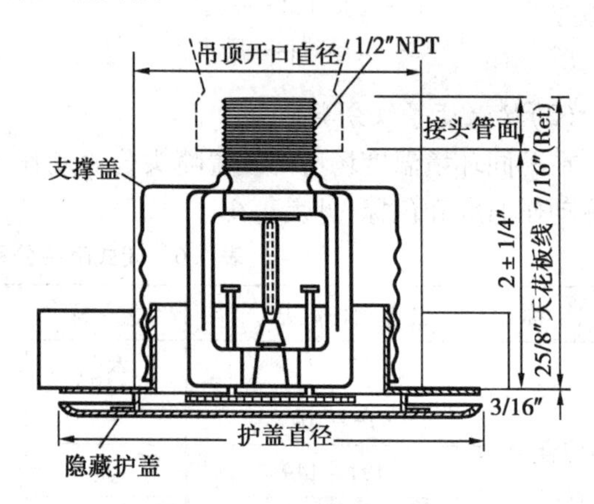

图 4.11　可调隐蔽型喷头

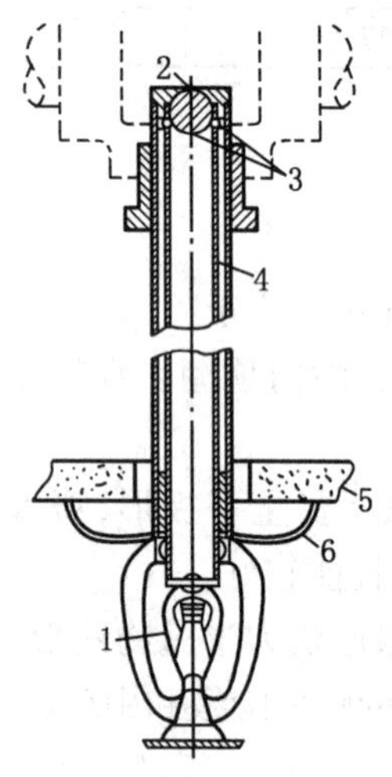

图 4.12　干式下垂型喷头

1—热敏感元件;2—钢球;3—钢球密封圈;4—套筒;5—吊顶;6—装饰罩

隐蔽型喷头为整体安装在吊顶内的喷头,其护盖外观精美,适用于豪华场所。这种喷头利用焊接护盖的易熔合金吸收热量,当喷头下发生燃烧护盖周围温度达到预定温度时,易熔合金熔化,护盖脱落,喷头下溅水板自动下降,让感温玻璃球暴露于热气流中。当温度达到喷头动作温度时,玻璃球破裂,喷水灭火。

图 4.11 为 GB4 和 GB4-FR 可调式隐蔽型喷头。GB4 使用 5 mm 玻璃球,属标准反应型;GB4-FR 使用 3 mm 玻璃球,属快速动作型。这 2 种喷头用于中轻级火灾危险场所。

⑤干式下垂型喷头:这种喷头专用于干式喷水灭火系统或其他充气系统的下垂型喷头。它与以上几种喷头相同,只是增加了一段辅助管,管内有活塞套筒和钢球,如图 4.12 所示。喷头未动作时钢球将辅助管封闭,水不能进入辅助管和喷头体内,这样可以避免干式系统喷水后,未动作的喷头体内积水排不出去而造成冻结。

(4)快速响应喷头

快速响应喷头的优势在于热敏性能明显高于标准响应喷头,可在火场中提前动作,在初期小火阶段开始喷水,使灭火难度降低,灭火迅速、用水量少,可最大限度地减少人员伤亡和财产损失。国际标准 ISO 6182 规定响应时间指数 RTI≤50$(m·s)^{0.5}$的喷头为快速响应喷头。

RTI 在热气流闭路循环的风洞装置中,按“插入实验”规定的方法进行测试。天津消防科学研究所测试的自动洒水喷头响应时间指数,见表 4.7。

表 4.7 自动洒水喷头响应时间指数实验数据

喷头类别	开放时间/s	RTI/(m·s)$^{0.5}$
8 mm 玻璃球(68 ℃)喷头	36.70 ~ 43.00	185.6 ~ 217.5
5 mm 玻璃球(68 ℃)喷头	21.80 ~ 23.10	110.4 ~ 116.8
3 mm 玻璃球(68 ℃)快速喷头	5.83 ~ 6.27	29.5 ~ 31.7

在相同的火场条件下,RTI 小的喷头应提前开放喷水,能较早地控制火的发展,减少火灾损失。

(5)喷头的设置条件

①设置闭式系统的场所,喷头类型和场所的最大净空高度应符合表 4.8 的规定,仅用于保护室内钢屋架等建筑构件和设置货架内喷头的闭式系统,不受此表规定的限制。

表 4.8 洒水喷头类型和场所净空高度

设置场所		喷头类型			场所净空高度 h/m
		一只喷头的保护面积	响应时间性能	流量系统 K	
民用建筑	普通场所	标准覆盖面积洒水喷头	快速响应喷头 特殊响应喷头 标准响应喷头	$K \geq 80$	$h \leq 8$
		扩大覆盖面积洒水喷头	快速响应喷头	$K \geq 80$	
	高大空间场所	非仓库型特殊应用喷头			$8 < h \leq 18$
厂房		标准覆盖面积洒水喷头	特殊响应喷头 标准响应喷头	$K \geq 80$	$h \leq 8$
仓库		标准覆盖面积洒水喷头	特殊响应喷头 标准响应喷头	$K \geq 80$	$h \leq 9$
		仓库型特殊应用喷头			$h \leq 12$
		早期抑制快速响应喷头			$h \leq 13.5$

②闭式系统的喷头,其公称动作温度宜高于环境最高温度 30 ℃。

③湿式系统的喷头选型应符合下列规定:

a. 不做吊顶的场所,当配水支管布置在梁下时,应采用直立型喷头;

b. 吊顶下布置的喷头,应采用下垂型喷头或吊顶型喷头;

c. 顶板为水平面的轻危险级、中危险级 I 级居室和办公室,可采用边墙型喷头;

d. 自动喷头—泡沫联用系统应采用洒水喷头;

e. 易受碰撞的部位，应采用带保护罩的喷头或吊顶型喷头。

④干式系统、预作用系统应采用直立型喷头或干式下垂型喷头。

⑤下列场所宜采用快速响应喷头：

a. 公共娱乐场所、中庭环廊；

b. 医院、疗养院的病房及治疗区域，老年、少儿、残疾人的集体活动场所；

c. 超出水泵接合器供水高度的楼层；

d. 地下的商业及仓储用房。

⑥同一隔间内应采用相同热敏性能的喷头。

⑦自动喷水灭火系统应有备用喷头，其数量不应少于总数的1%，且每种型号均不得少于10只。

2）报警阀

报警阀又称检查信号阀或控制信号阀，是自动喷水灭火系统的重要部件之一，平时用于检查火警信号，发生火灾后发出火警信号。不同类型的自动喷水灭火系统，应安装不同结构的报警阀，报警阀分为湿式、干式、干湿式、预作用4种。

（1）湿式报警阀

湿式报警阀（又称充水式报警阀）安装在湿式自动喷水灭火系统的立管上，目前国产的有导阀型和隔板座圈型2种形式。它是一种直立式的单向阀，如图4.13所示。圆形铸铁阀体外壳的内部，装配圆形阀片，阀片中央有导杆，致使阀片能上下移动，在外壳阀座内，开有环形槽，由细管与声号涡轮连接，借水力冲击，敲击火警声号铃，发出火警声号。

为了检查阀片的作用，装配有2个压力表，一个压力表检查总干管内的压力，另一个压力表检查配水干管内的压力。

当自动喷水管网压力不变，管网中水处于静止状态时，阀片由于本身的重力作用，降落在阀座上，关闭了通向火警声号铃的管孔。这时，2个压力表上指示的压力相同，在发生火灾时，其中任一个喷水头开启喷水灭火，阀片上部管网压力降低，阀片开始上升，这时干管中的水通过报警阀流入管网供喷头喷水，同时水沿着报警阀的环形槽进入延迟器、压力继电器及水力警铃等设施，发出火警信号并启动消防水泵。

（2）干式报警阀

干式报警阀（又称充气式报警阀）安装在干式自动喷水灭火系统的主管上，如图4.14所示。

阀体内装有差动双盘阀板，以其下圆盘闭水，阻止从干管进入喷水管网，以上圆盘承受压缩空气，保持干式阀处于关闭状态，上圆盘的面积为下圆盘面积的8倍，因此，为了使上下差动阀板上的作用力平衡并使阀保持关闭状态，喷水管网内的空气压力应大于供水主管道内水压的1/8，并应使空气压力保持恒定。

当闭式喷头开启时，空气管网内的压力骤降，作用在差动阀板圆盘上的压力降低，因此，阀板被举起，水通过报警阀进入喷水管网，并经喷头喷出，同时水还通过报警阀座上的环形槽进入信号设施进行报警。

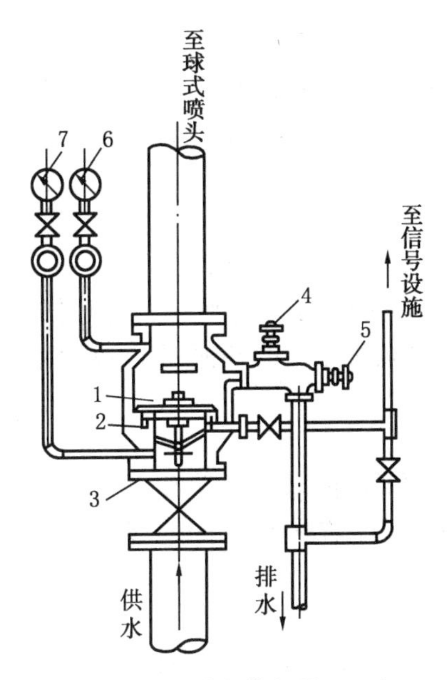

图 4.13 湿式报警阀原理示意

1—报警阀及阀芯;2—阀体凹槽;3—总闸阀;
4—试铃阀;5—排水阀;6—阀后压力表;
7—阀前压力表

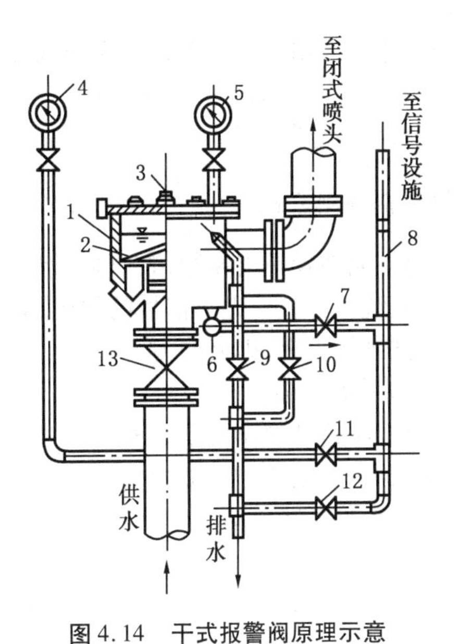

图 4.14 干式报警阀原理示意

1—阀体;2—差动双盘关阀板;3—充气塞;
4—阀前压力表;5—阀后压力表;6—角阀;7—止回阀;
8—信号管;9,10,11—截止阀;12—小孔阀;13—总闸阀

(3)干湿式报警阀

干湿报警阀又称充气充水式报警阀,适用于在干湿式喷水系统的立管上安装,如图 4.15 所示。

充气充水式报警阀,由充水式报警阀与充气式报警阀依次连接而成,在温暖季节用充水式装置,在寒冷季节则用充气式装置。

当装置转为充气系统时,充气式报警阀的上室和闭式喷水管网充满压缩空气,充水式报警阀和充气式报警阀的下室充满水,当闭式喷头开启时,压缩空气从喷水管网中喷出,使管网中的压力下降,当气压降到供水压力的 1/8 以下时,作用在阀板上的力平衡受到破坏,阀板被举起,水进入喷水管网,并通过截止阀 9 和信号管 14 进入信号设施。

当装置转为充水系统时,差动阀板 2 从充气式报警阀中取出,这时喷水管网及充气和充水式报警阀中均充满水。当闭式喷头开启时,喷水管网中的压力下降,充水式报警阀的盘形阀板升起,水经喷水管网由喷头喷出,同时水流经过环形槽,截止阀 10 和信号管 14 进入信号设施。

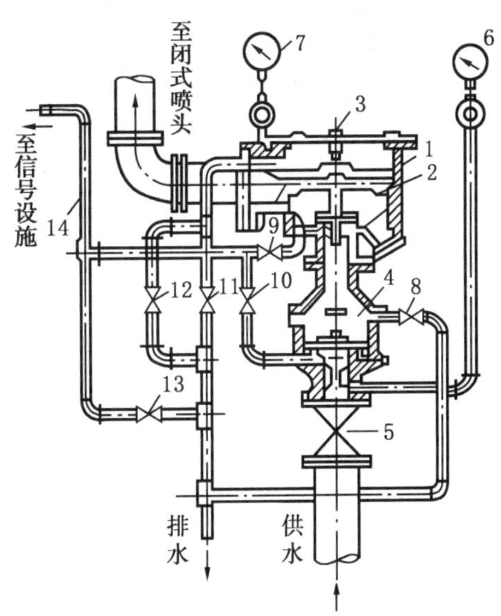

图 4.15 干湿式报警阀原理示意

1—干式报警阀;2—差动阀板;3—充气塞;
4—湿式报警阀;5—总闸阀;6—阀前压力表;
7—阀后压力表;8,9,10,11,12—截止阀;
13—小孔阀;14—信号管

(4)预作用阀

预作用阀适用于闭式自动喷水管网在平时为空管,失火时才充水的空管预作用系统中。这种预作用阀门,目前国内尚无专用产品,但可以用开式自动喷水灭火系统中的成组作用阀(又称雨淋阀)代替,如图4.42所示。

3)报警控制装置

报警控制装置是由控制箱、监测器和报警器3种产品组成,它在系统中,不但起着探测火警,启动系统,发出声、光等信号的作用,同时还能监测和监视系统的各种故障,减少系统的失效率,增强系统控火、灭火能力。

(1)报警控制箱

报警控制箱是预作用系统和雨淋系统中不可缺少的设备,该箱的作用是失火时发出指令,启动雨淋阀,使整个系统能及时投入工作状态,同时还能监测整个系统,发出火灾及各种故障报警,另外还能启动消防泵等。

(2)监测器

监测器是用来监测系统所处的工作状态,减少失败率,提高系统灭火性能。常用的监测器有阀门限位器、压力监测器、水流指示器、气压保持器。

①阀门限位器:用于监测系统主控制阀即水源控制阀门。当阀门被关闭时立即发出信号报警,解决了系统动作时水源被阀门截断的事故。

②压力监测器和水位监测器:用于监测系统中的供水设备如压力水箱、高位水箱等是否处于正常工作状态。

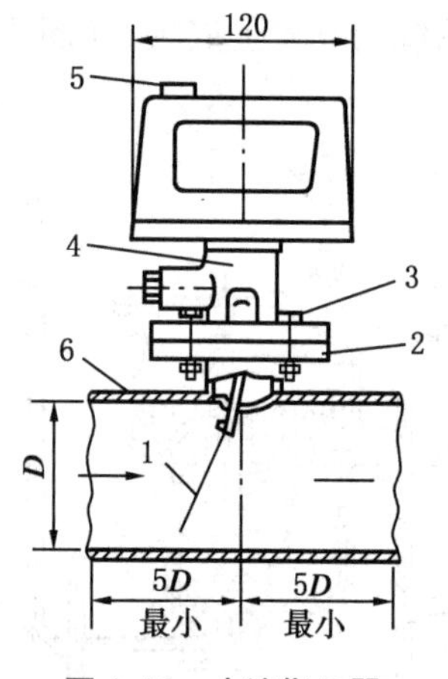

图4.16 水流指示器

1—桨片;2—法兰底座;3—螺栓;4—本体;5—接线孔;6—喷水管道

③水流指示器:当喷头喷水时,管道中的水产生流动,引起桨片随水流而动作,接通延时电路20~30 s后,继电器触点吸合,发出电信号,或自动开泵。水流指示器安装在喷水管网的每层水平配水干管上或某一区域的配水干管上,可以直接报知建筑物闭式喷头已开启喷水的具体情况,适用于管径d=50~150 mm的管道上,它是建筑实现分区报警不可缺少的设备,如图4.16所示。

④气压保持器:主要用于干式系统,尤其是适用于干式阀口径小于70 mm的干式系统,由于系统容积小,管道内平时压力较低,哪怕管道内有微小的空气泄漏都会引起系统的误动作,气压保持器能补偿这微小的泄漏,使系统保持安全压力。

(3)报警器

除预作用和雨淋系统中用探测器的热敏感元件启动报警外,其他系统均采用水力报警器,靠水力启动的报警器有水力警铃和压力开关。

①水力警铃:它是一个机械装置,当自动喷水系统动作时,流经信号管的水,通过叶轮驱动铃锤击铃报警。

②压力开关(又称压力继电器):一般安装在延迟器与水力警铃之间的信号管道上。当水力警铃报警时,由于信号管水压升高接通电路而报警,并启动消防泵,电动报警在系统中可作为辅助报警装置,不能代替水力报警装置。

4)延迟器

延迟器是一个容器罐,其容积为6~10 L,用于干湿式、湿式喷水灭火系统中,安装在报警阀与水警铃之间的信号管道上。当供水水压波动较大时,水流冲动报警阀的阀片,从其报警阀孔口流入延迟器,然后从延迟器下部的排水口排出;为避免干湿式报警阀、湿式报警阀误动作,发生误报警,只有当失火时,报警阀启动,水流才源源不断流入延迟器,其罐内有一个阀芯,在水的重力作用下,阀芯下降堵死排水口,25~30 s水充满延迟器,并从其顶部的出水管流向警铃管,发出报警信号。

5)末端试水装置

末端试水装置由试水阀、压力表及试水接头组成,如图4.17所示。

为了检验系统的可靠性,测试系统能否在开放一只喷头的最不利条件下可靠报警并正常启动,要求在每个报警阀的供水最不利点处设置末端试水装置。末端试水装置测试的内容,包括水流指示器、报警阀、压力开关、水力警铃的动作是否正常,配水管道是否畅通,以及最不利点处的喷头工作压力等。其他的防火分区与楼层,则要求在供水最不利点处装设直径25 mm的试水阀,以便在必要时连接末端试水装置。

6)自动排气阀

自动喷水灭火系统的最高处应设自动排气阀,排除系统内积存的气体,保证系统正常工作。图4.18为P724W-4T立式自动排气阀的结构图。当管网中的气体进入自动排气阀腔体时,汇集于腔体上部的气体将迫使阀内水位逐渐下降,水位下降到一定高度后,浮球阀通过杠杆作用,打开排气阀进行排气。随着积聚气体的排除,管网中的有压水不断进入阀腔,使腔内水位逐渐上升,直至浮球的浮力通过杠杆作用再次将排气阀关闭为止。自动排气阀前应设检修阀门以便维护检修。连接管朝阀体应保持向上坡度。

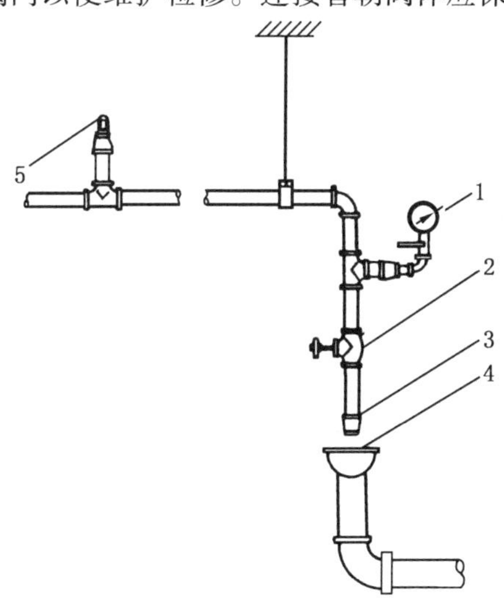

图4.17 末端试水装置示意图

1—压力表;2—截止阀;3—试水接头;
4—排水漏斗;5—最不利点处喷头

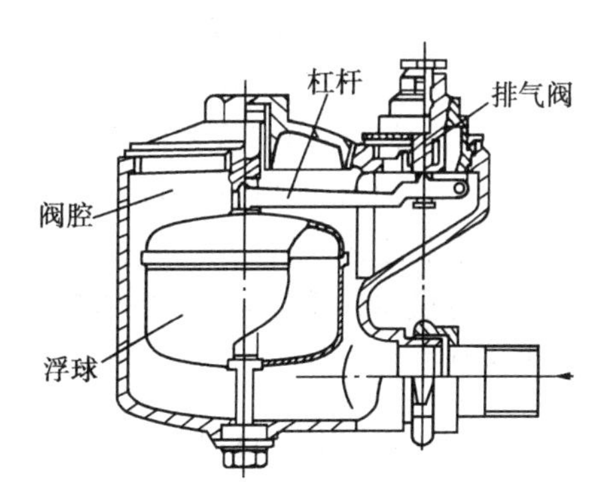

图4.18 自动排气阀

被保护区内的火灾探测器和探测系统详见第9章。

4.3 闭式自动喷水灭火系统的设计计算

4.3.1 系统的供水

1)供水方式

①自动喷水灭火系统应保证系统中最不利喷头的工作压力,为达到这一基本要求,可采用常高压给水系统或临时高压给水系统。其叙述见第3章相关内容。

②系统分区后,其供水方式有并联、串联、分区减压等供水方式,详见3.1.3节。

③区域供水方式,详见3.1.3节。

2)高位水箱和增压方式

①采用临时高压给水系统的自动喷水灭火系统,应设高位消防水箱,其水箱高度应满足系统最不利喷头的最低工作压力和喷水强度。如果水箱高度不能满足上述要求时,必须采取增压措施,其增压方式有稳压泵增压、气压给水设备增压。见第3章相关内容。

②不设高位消防水箱的建筑,系统应设气压供水设备。气压供水设备的有效容积,应按最不利处4只喷头在最低工作压力下的10 min用水量确定。干式系统、预作用系统设置的气压供水设备,应同时满足配水管道的充水要求。

③高位消防水箱出水管的管径,若为轻危险级、中危险级场所的系统,直径不小于*DN*80;严重危险级和仓库危险级,直径不小于*DN*100。

3)消防水泵和水泵接合器

①临时高压消防给水系统采用水泵为系统加压。系统应设独立的供水泵,一组消防水泵至少设一台备用水泵,备用泵的工作能力不小于最大一台工作泵的工作能力。

②消防水泵采用自灌式吸水方式,每组泵的吸水管不少于2根。

③报警前设置环状管道的系统,每组水泵的出水管不少于2根。水泵吸水管和出水管上除按规定设置阀件外,出水管上还应设置直径不小于65 mm的试水阀。扬程较高的水泵出水管上应采取控制出口压力的措施。

消防水泵和水泵房的叙述,见3.1.1节。

④系统应设水泵接合器,其数量应按系统的设计流量确定,每个水泵接合器的流量按10~15 L/s计算。

4.3.2 系统布置及设计要求

1)喷头布置

(1)喷头布置基本要求

①直立型、下垂型喷头的布置,包括同一根配水支管上喷头的间距及相邻配水支管的间

距，应根据系统的喷水强度、喷头的流量系数和工作压力确定，并应不大于表 4.9 的规定，且不宜小于 2.4 m。

表 4.9　同一根配水支管上喷头的间距及相邻配水支管的间距

火灾危险等级	正方形布置的边长 /m	矩形或平行四边形布置的长边边长 /m	1 只喷头的最大保护面积 /m^2	喷头与端墙的距离	
				最大 /m	最小 /m
轻危险级	4.4	4.5	20.0	2.2	0.1
中危险级Ⅰ级	3.6	4.0	12.5	1.8	
中危险级Ⅱ级	3.4	3.6	11.5	1.7	
严重危险级、仓库危险级	3.0	3.6	9.0	1.5	

注：①仅在走道设置单排喷头的闭式系统，其喷头间距应按走道地面不留漏喷空白点确定。
②货架内喷头的间距应不小于 2 m，并应不大于 3 m。

②除吊顶型喷头及吊顶下安装的喷头外，直立型、下垂型标准喷头，其溅水盘与顶板的距离，应不小于 75 mm，且应不大于 150 mm。

③快速响应早期抑制喷头的溅水盘与顶板的距离应符合表 4.10 的规定。

表 4.10　快速响应早期抑制喷头的溅水盘与顶板的距离

喷头安装方式	直立型		下垂型	
溅水盘与顶板的距离/mm	≥100	≤150	≥150	≤360

④图书馆、档案馆、商场、仓库中的通道上方宜设有喷头。喷头与被保护对象的水平距离，应不小于 0.3 m；喷头溅水盘与保护对象的最小垂直距离应不小于表 4.11 的规定。

表 4.11　喷头溅水盘与保护对象的最小垂直距离

喷头类型	最小垂直距离/m	喷头类型	最小垂直距离/m
标准喷头	0.45	其他喷头	0.90

⑤货架内喷头宜与顶板下喷头交错布置，其溅水盘与上方层板的距离应符合第②条的规定，与其下方货品顶面的垂直距离不应小于 150 mm。

⑥货架内喷头上方的货架层楼，应为封闭层楼。货架内喷头上方如有孔洞、缝隙，应在喷头的上方设置集热挡水板。集热挡水板应为正方形或圆形金属板，其平面面积不宜小于 0.12 m^2，周围弯边的下沿，宜与喷头的溅水盘平齐。

⑦净空高度大于 800 mm 的闷顶和技术夹层内有可燃物时，应设置喷头。

⑧当局部场所设置自动喷水灭火系统时，与相邻不设自动喷水灭火系统场所连通的走道或连通开口的外侧，应设喷头。

⑨装设通透性吊顶的场所，喷头应布置在顶板下。

⑩顶板或吊顶为斜面时，喷头应垂直于斜面，并应按斜面距离确定喷头间距。

尖屋顶的屋脊处应设一排喷头。喷头溅水盘至屋脊的垂直距离 h,屋顶坡度大于 1/3 时,不应大于 0.8 m;屋顶坡度小于 1/3 时,不应大于 0.6 m,如图 4.19 所示。

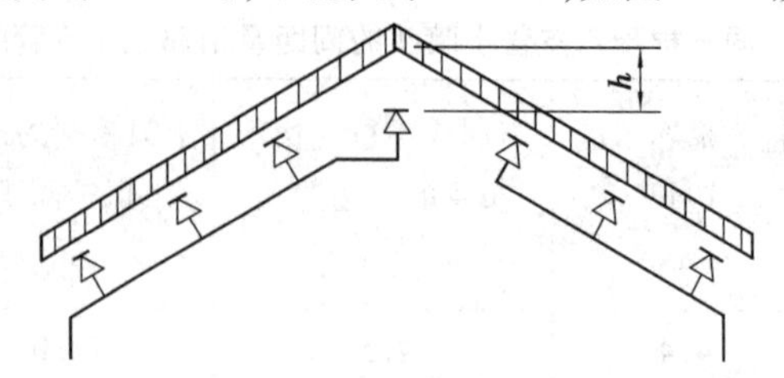

图 4.19　屋脊处设置喷头示意图

⑪边墙型标准喷头的最大保护跨度与间距应符合表 4.12 的规定。

⑫边墙型扩展覆盖喷头的最大保护跨度、配水支管上的喷头间距、喷头与两侧端墙的距离,应按喷头工作压力下能够喷湿对面墙和邻近端墙距溅水盘 1.2 m 高度以下的墙面确定,且保护面积内的喷水强度应符合表 4.12 的规定。

表 4.12　边墙型标准覆盖面积喷头的最大保护跨度与间距

设置场所火灾危险等级	轻危险级	中危险级Ⅰ级
配水支管上喷头的最大间距/m	3.6	3.0
单排喷头的最大保护跨度/m	3.6	3.0
两排相对喷头的最大保护跨度/m	7.2	6.0

注:①2 排相对喷头应交错布置。

②室内跨度大于 2 排相对喷头的最大保护跨度时,应在两排相对喷头中间增设 1 排喷头。

⑬直立式边墙型喷头,其溅水盘与顶板的距离不应小于 100 mm,且不宜大于 150 mm;与背墙的距离应不小于 50 mm,且应不大于 100 mm。

水平式边墙型喷头溅水盘与顶板的距离应不小于 150 mm,且应不大于 300 mm。

(2)喷头与障碍物的距离

直立型喷头、下垂型喷头和边墙型喷头与梁、通风管、排管、桥架等障碍物之间的水平距离和竖向距离,应符合现行《自动喷水灭火系统设计规范》(GB 50084—2017)的相关要求。

(3)喷头布置形式

喷头之间的水平距离、喷头与墙面的最大距离及每只喷头的最大保护面积,见表 4.9。喷头布置形式一般有正方形、长方形和菱形 3 种。

①采用正方形布置时,如图 4.20 所示,其间距按下式计算:

$$S = 2R\cos 45° \tag{4.3}$$

式中　S——喷头之间的间距,m;

R——喷头计算喷水半径,m。

②采用长方形布置时,每个长方形对角线不应超过 $2R$,喷头与边墙的距离不应超过喷头间距的一半并不应大于表 4.9 的规定,如图 4.21 所示。

③采用菱形布置时,如图 4.22 所示。

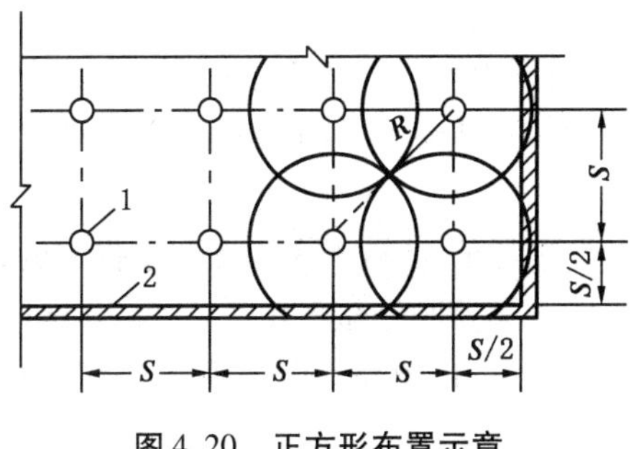

图4.20　正方形布置示意

1—喷头;2—墙壁

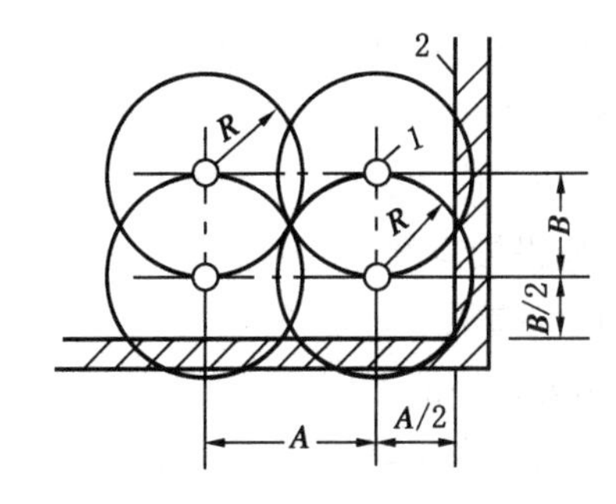

图4.21　长方形布置示意

1—喷头;2—墙壁

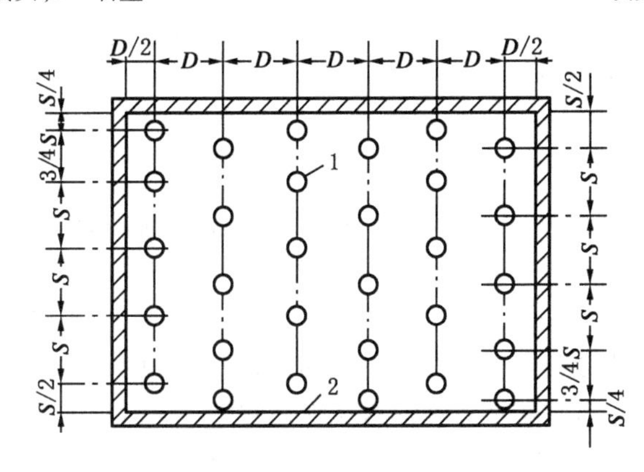

图4.22　菱形布置示意

1—喷头;2—墙壁

(4)喷头的安装部位

装有闭式自动喷水灭火系统的建筑物内,有下列情况的部位应安装喷头:

①当吊顶、闷顶至楼板或屋面板的净距超过 80 cm,且其内有可燃物,甲、乙、丙类液体管道、电缆、可燃气体管道时,应在吊顶、闷顶内设置喷头。

②在自动扶梯、螺旋梯穿楼板的部位应设置喷头或水幕分隔,在电梯、升降机等机房中应设置喷头。

③宽度超过 80 cm 的挑廊的下面应设置喷头。

④宽度超过 80 cm 的矩形风道或直径超过 1 m 的圆形风道的下面应设置喷头。

2)报警阀组

自动喷水灭火系统应设报警阀组,报警阀组一般包括报警阀、控制阀、试警铃阀、放水阀、水力警铃、压力开关、报警阀前后的压力表等(湿式系统还有延迟器)。保护室内钢屋架等建筑构件的闭式系统,应设独立的报警阀组。

1 个报警阀组控制的喷头数应符合下列规定:

①湿式系统、预作用系统不宜超过 800 只;干式系统不宜超过 500 只。

②当配水支管同时安装保护吊顶下方和上方空间的喷头时,只将数量较多一侧的喷头计入报警阀组控制的喷头总数。

③串联接入湿式系统配水干管的其他自动喷水灭火系统,应分别设置独立的报警阀组,

其控制的喷头数计入湿式阀组控制的喷头总数。

每个报警阀组所控制的最高与最低位置喷头,其高程差不宜大于50 m。

系统上所安装的控制阀,宜采用安全信号阀。安装在明显场所的控制阀,可不采用信号阀,但应设锁定阀位的锁具。

报警阀距地面的高度宜为1.2 m。报警阀组应设置在安全、易于操作和便于排水的地点。

水力警铃的工作压力不小于0.05 MPa,水力警铃与报警阀连接管的管径为20 mm,连接管总长度不大于20 mm。水力警铃应设在建筑物主要走道、值班室等经常有人停留的场所附近,或消防水泵房。

压力开关垂直安装在报警阀与水力警铃的连接管或延迟器与水力警铃的连接管上。连接管中水压升高,且在水力警铃报警的同时,电触点接通直接启动水泵或向消防控制中心报警,并通过消防控制中心启动水泵。

3)管道系统

自动喷水灭火系统应与消火栓给水系统分开设置,有困难时,可以合用消防水泵,但在报警阀前必须分开设置。报警阀后的管道上不应设置其他用水设施。配水管道的工作压力不大于1.2 MPa。

自动喷水灭火系统的管网是以1个报警阀所控制的管道系统为1个单元管网。报警阀后的管道分为立管、配水干管、配水管和配水支管,如图4.23所示。

自动喷水灭火系统中,设有2个及其以上报警阀组时,报警阀组前的供水管宜成环状管网。

(1)配水管网上的主要控制配件

一般在每个防火分区、每个楼层的配水干管起端均应设置水流指示器;水流指示器入口前应设置安全信号阀;需要设置减压孔板的楼层,减压孔板设在信号阀前,此处压力(轻、中危险级)不宜大于0.4 MPa。

每个报警阀组控制的最不利防火分区或最高楼层的配水支管末端(最不利处),设置末端试水装置,如图4.17所示。其他防火分区、楼层的最不利点喷头处,仅安装*DN*25试水阀。

立管最高处设自动排气阀。充气系统的最高层配水支管的最高处(末端试水装置处)设自动排气阀。

(2)配水管网的布置形式

以立管为基准,立管与配水管网之间的连接方式,即配水管网的布置形式有4种。

①端-中布置形式,如图4.23所示。

②端-侧布置形式,如图4.24所示。配水管两侧每根配水支管控制的标准喷头数,轻危险级、中危险级场所不超过8只;同时在吊顶上下安装喷头的配水支管,其上下侧喷头数均不超过8只;严重危险级及仓库危险级场所,喷头数均不超过6只。

水平安装的管道应有坡度,坡向立管。充水管道的坡度不小于0.002,准工作状态不充水管道的坡度不小于0.004。

(3)管道管径的估算和最小管径

①轻危险级、中危险级场所中配水支管、配水管控制的标准喷头数,应不超过表4.13的规定。

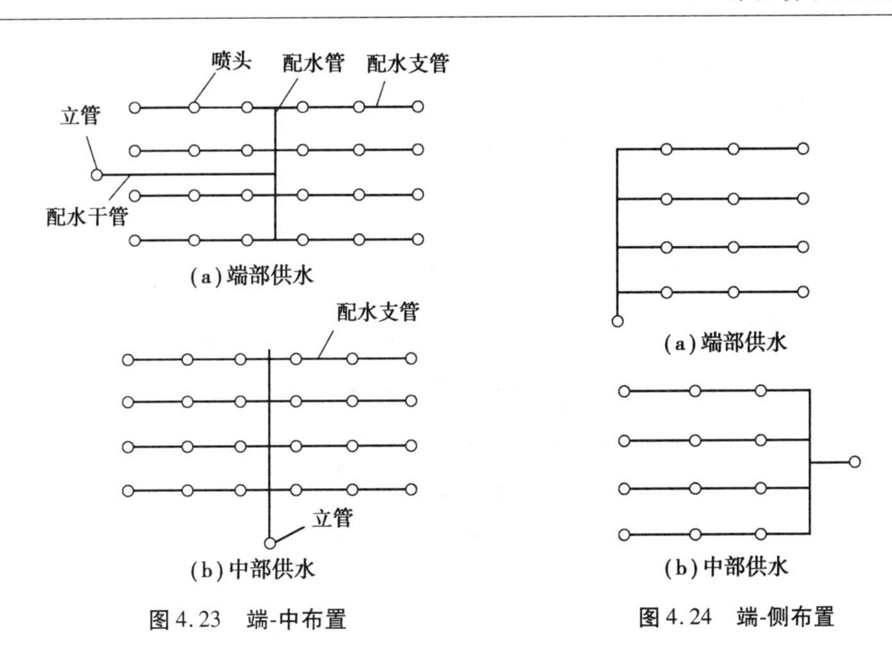

图 4.23 端-中布置

图 4.24 端-侧布置

②短立管及末端试水装置的连接管,其管径应不小于 25 mm。

③干式系统的配水管道充水时间,不宜大于 1 min;预作用系统与雨淋系统的配水管道充水时间,不宜大于 2 min。

表 4.13 轻、中危险级场所中配水支管、配水管控制的标准喷头数

公称管径/mm	控制的标准喷头数/只	
	轻危险级	中危险级
25	1	1
32	3	3
40	5	4
50	10	8
65	18	12
80	48	32
100	—	64

④干式系统、预作用系统的供气管道,采用钢管时,管径不宜小于 15 mm;采用铜管时,管径不宜小于 10 mm。

(4)管材和安装

①配水管道应采用内外壁热镀锌钢管。当报警阀入口前管道采用内壁不防腐的钢管时,应在该段管道的末端设过滤器。

②系统管道的连接,应采用沟槽式连接件(卡箍),或丝扣、法兰连接。报警阀前采用内壁不防腐钢管时,可焊接连接。

③系统中直径不小于 100 mm 的管道,应分段采用法兰或沟槽式连接件(卡箍)连接。水平管道上法兰间的管道长度不宜大于 20 m;立管上法兰间的距离,不应跨越 3 个及其以上楼

层。净空高度大于 8 m 的场所内,立管上应有法兰。

④管道固定:喷水时,管道会引起晃动,而且管网充水后具有一定重量,因此,应设置管道吊架、支架和防晃支架,如图 4.25 和图 4.26 所示。管道支架或吊架之间的距离不应大于表 4.14 的规定。

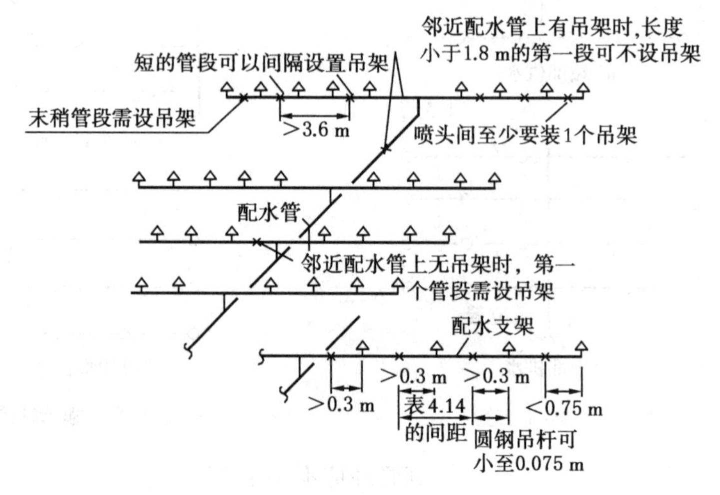

图 4.25 配水支管管段上吊架布置

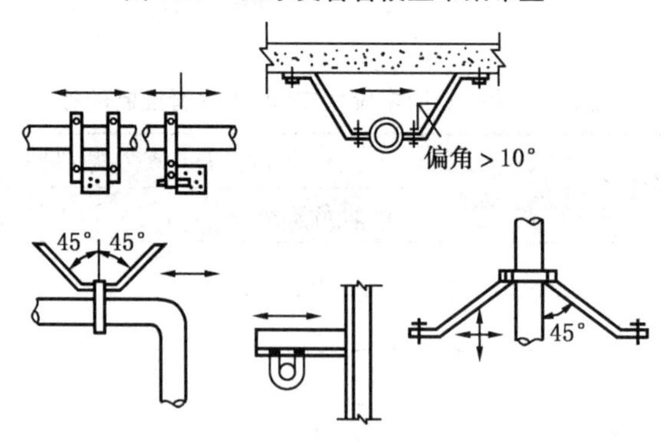

图 4.26 管道防晃支架

表 4.14 管道支架或吊架之间的距离

公称直径/mm	25	32	40	50	70	80	100	125	150	200	250	300
距离/m	3.5	4.0	4.5	5.0	6.0	6.0	6.5	7.0	8.0	9.5	11.0	12.0

4.3.3 水力计算公式和基本要求

1)管道水力计算公式

自动喷水灭火系统管道分支较多,同时分支上安装了许多喷头,且每个喷头出口压力不同,喷水量也不一样。因此,国内外对自动喷水灭火系统管道水力计算和摩阻系数公式的类型归纳为下列几种:

①根据《建筑给水排水设计标准》(GB 50015—2019),有:

$$i = 0.001\ 07 \frac{v^2}{d_j^{1.3}} \tag{4.4}$$

或

$$i = 0.001\ 736 \frac{Q^2}{d_j^{5.3}} = AQ^2 \tag{4.5}$$

式中 i——管道单位长度水头损失,mH_2O/m;

v——管道内平均水流速度,m/s;

d_j——管道计算内径,m;

Q——管道中通过的流量,L/s;

A——比阻,s^2/L^2,见表4.28。

②按我国原兵器工业部五院采用的公式,有:

$$i = 10.293n^2 \frac{Q^2}{d_j^{5.33}} \tag{4.6}$$

式中 n——粗糙系数,取 $n=0.010\ 6$。

故上式换算成

$$i = \frac{0.001\ 157}{d_j^{5.33}} Q^2 \tag{4.7}$$

③按苏联自动消防设计规范公式:

$$i = \frac{0.001\ 029}{d_j^{5.33}} Q^2 \tag{4.8}$$

④按英、美、日等国自动喷水系统规范公式:

$$\Delta_i = \frac{6.05Q^{1.85}}{C^{1.85} d^{4.37}} \tag{4.9}$$

式中 Δ_i——管道单位长度的水头损失,MPa/m;

Q——管道中通过的流量,L/min;

C——管道材质常数,$C=120$。

将式(4.9)简化:

$$\Delta_i = KQ^{1.85} \tag{4.10}$$

式中 K——系数,见表4.15。

表4.15 系数 K

公称直径/mm	K	公称直径/mm	K
25	8.8×10^{-3}	70	9.79×10^{-5}
32	2.29×10^{-3}	80	4.47×10^{-5}
40	1.09×10^{-3}	100	1.23×10^{-5}
50	3.46×10^{-4}	150	1.88×10^{-6}

综上所述,计算通过相同流量时,管道单位长度的水头损失,见表4.16。

表4.16 采用不同计算公式时水头损失

喷头数/个数	$Q/(L\cdot min^{-1})$	d/mm	$i/(mH_2O\cdot m^{-1})$			
			式(4.4)	式(4.7)	式(4.8)	式(4.10)
1	80	25	7 604.8	5 654.6	5 027.4	2 861.6
2	160	32	6 536.6	4 821.6	4 292.4	2 685.2
5	400	50	4 821.6	3 518.2	3 126.2	2 205.0
10	800	70	5 037.2	3 645.6	3 243.8	2 254.0
15	1 200	80	4 576.6	3 292.8	2 244.2	2 175.6
20	1 600	100	1 862.0	1 332.8	1 185.8	1 019.2
30	2 400	150	529.2	372.4	333.2	323.4

注:假设各个喷头的工作压力均为0.1 MPa。

由表4.16可见,由于各公式本身的局限性以及采用的系数(如 n,C,λ 等)的差别,其计算结果相差较大,尤其是我国《建筑给水排水设计标准》(GB 50015—2019)采用的公式计算水头损失值最高。

鉴于考虑下列因素:

①自动喷水灭火系统管道计算与室内给水系统管道计算一致性。

②根据《美国工业防火手册》介绍:经过实测,自动喷水系统管道在使用20~25年后,其阻力损失达到式(4.10)的设计值,而我国于20世纪30年代安装的工业、民用建筑的喷水系统管道至今已有70年以上的历史,有的因锈蚀而堵塞,更多的仍在继续使用,所以管道水头损失的计算公式宜偏于安全。

因此,在目前国内对自动喷水管道尚无水头损失的实测资料之前,《自动喷水灭火设计规范》(GB 50084—2017)以式(4.4)或式(4.5)为水头损失计算公式。

2)管道局部水头损失的计算

①局部水头损失计算公式

$$h_j=\sum\zeta\frac{v^2}{2g} \tag{4.11}$$

式中 h_j——局部损失,mH_2O;

$\sum\zeta$——局部阻力系数之和;

v——管道中的平均水流速度,m/s。

②局部水头损失宜按当量长度法计算:英、美、日等国家对局部水头损失按当量长度法计算。我国现行规范推荐宜采用此法计算局部水头损失,其当量长度见表4.17。

③按沿程水头的百分数估算:自动喷水灭火系统管道的局部水头损失也可按沿程水头损失的20%取值。

表 4.17 当量长度表

管件名称 \ 公称直径/mm 当量长度/m	25	32	40	50	70	80	100	125	150
45°弯头	0.3	0.3	0.6	0.6	0.9	0.9	1.2	1.5	2.1
90°弯头	0.6	0.9	1.2	1.5	1.8	2.1	3.1	3.7	4.3
三通或四通	1.5	1.8	2.4	3.1	3.7	4.6	6.1	7.6	9.2
蝶　阀				1.8	2.1	3.1	3.7	2.7	3.1
闸　阀				0.3	0.3	0.3	0.6	0.6	0.9
止回阀	1.5	2.1	2.7	3.4	4.3	4.9	6.7	8.3	9.8
异径接头	32 25	40 32	50 40	70 50	80 70	100 80	125 100	150 125	200 150
	0.2	0.3	0.3	0.5	0.6	0.8	1.1	1.3	1.6

注:过滤器当量长度的取值,由生产厂提供。当异径接头的出口直径不变而入口直径提高 1 级时,其当量长度应增大 0.5 倍,提高 2 级或 2 级以上时,其当量长度应增 1.0 倍。

3)报警阀的局部水头损失

报警阀的局部水头损失可按式(4.12)计算:

$$H_{KP} = SQ^2 \tag{4.12}$$

式中 H_{KP}——报警阀的局部水头损失,mH_2O;

Q——通过报警阀的流量,L/s;

S——报警阀的阻耗,$mH_2O \cdot s^2/L^2$,其值由生产厂家提供,在无生产厂家资料时也可参见表 4.18。

《自动喷水灭火系统设计规范》(GB 50084—2017)规定湿式报警阀的局部水头损失值取 0.04 MPa,水流指示器取 0.02 MPa,雨淋阀取 0.07 MPa。

表 4.18 报警阀的阻耗 S 值　　单位:$mH_2O \cdot s^2/L^2$

名　称	公称直径/mm	S	名　称	公称直径/mm	S
温式报警阀	100	0.003 02	成组作用阀	100	0.006 34
湿式报警阀	150	0.000 869	成组作用阀	150	0.001 4
干湿式两用报警阀	100	0.007 26	隔膜式雨淋阀	65	0.003 71
干湿式两用报警阀	150	0.002 06	隔膜式雨淋阀	100	0.006 64
干式报警阀	150	0.001 60	隔膜式雨淋阀	150	0.001 221
成组作用阀	65	0.004 80			

根据式(4.12)可知,局部水头损失与流量的平方成正比,比阻值又与报警阀直径有关。即报警阀直径不同或通过的流量不同,其局部损失值也不同,上述规范规定的取值是在作用面积内全部喷头同时喷水所产生的流量,通过报警阀、水流指示器时的局部水头损失值。当流量差别比较大时,报警阀局部水头损失宜按式(4.12)计算。

4)管道系统中的减压措施

(1)减压孔板

自动喷水灭火系统中,分支管路较多,其上安装了许多喷头,每个喷头位置不同,喷头出口压力亦不同,为了使各分支管段水压均衡,可采用减压孔板或节流管装置,消除多余水压。

减压孔板的计算与前述消火栓处减压孔板的计算相同,设置相同,设置减压孔板时,应符合下列要求:

①应设在直径不小于50 mm的水平直管段上,前后管段的长度均不宜小于该管段直径的5倍。

②孔口直径不应小于设置管段直径的30%,且不应小于20 mm。

③应采用不锈钢板制作。

(2)节流管

①节流管的水头损失计算公式:

$$H_g = \zeta \frac{v_g^2}{2g} + 0.001\,07L\frac{v_g^2}{d_g^{1.3}} \tag{4.13}$$

式中 H_g——节流管的水头损失,10^{-2} MPa;

ζ——节流管中渐缩管与渐扩管的局部阻力系数之和,取值0.7;

v_g——节流管内水的平均流速,m/s;

d_g——节流管的计算内径,m,取值应按节流管内径减1 mm确定;

L——节流管的长度,m。

②节流管应符合下列规定:

a.直径宜按上游管段直径的1/2确定;

b.长度不宜小于1 m;

c.节流管内水的平均流速不应大于20 m/s。

(3)减压阀

①应设在报警阀组入口前。

②入口前应设过滤器。

③当连接2个及以上报警阀组时,应设置备用减压阀。

④垂直安装的减压阀,水流方向宜向下。

5)水压和流速

(1)水压

最不利点喷头的工作压力分别见表4.2和表4.3。配水管道的工作压力不大于1.2 MPa。

(2)流速

管道内的流速宜采用经济流速,必要时可大于 5 m/s,但不应大于 10 m/s。

6)消防水泵扬程或系统入口处的供水压力

水泵扬程或系统入口处的供水压力按下式计算:

$$H_b = H_0 + \sum h + Z \tag{4.14}$$

式中 H_b—— 水泵扬程或系统入口处的供水压力,mH_2O;

H_0—— 最不利点喷头的工作压力,mH_2O;

$\sum h$—— 管道沿程水头损失和局部水头损失的总和,mH_2O;

Z—— 最不利点喷头与消防水池最低水位或系统入口处之间的高程差,m;当消防水池最低水位或系统入口高于最不利喷头时,Z 应取负值。

4.3.4 系统流量和水力计算

1)喷头的流量计算公式

$$q = K\sqrt{10p} \tag{4.15}$$

式中 q——喷头流量,L/min;

K——喷头流量特性系数,标准喷头 $K=80$;

p——喷头工作压力,MPa。

当喷头工作压力 p 采用 Pa 时,喷头流量的计算公式如下:

$$q = K\sqrt{\frac{p}{9.8 \times 10^4}} \tag{4.16}$$

当喷头流量 q 采用 L/s 时,其流量计算公式如下:

$$q = K\sqrt{p} \tag{4.17}$$

式中 p——喷头工作压力,kPa,mH_2O,kg/cm^2;

K——喷头流量特性系数,标准喷头流量特性系数 K 的取值随喷头工作压力 p 的计量单位不同而不同,见表 4.19。

表 4.19 喷头流量特性系数值

p 的计量单位	kPa	mH_2O	kgf/cm^2
K 值	0.133	0.420	1.330

2)流量特性系数计算法

系统的设计流量,应按最不利点处作用面积内喷头同时喷水的总流量确定:

$$Q_s = \frac{1}{60}\sum_{i=1}^{n} q_i \tag{4.18}$$

式中 Q_s——系统设计流量，L/s；

q_i——最不利点处作用面积内各喷头节点的流量，L/min；

n——最不利点处作用面积内的喷头数。

按被保护区火灾危险等级确定作用面积值，在系统最不利点处划定作用面积。计算作用面积宜为矩形，其长边平行于配水支管，其长度不宜小于作用面积平方根的 1.2 倍。

流量特性系数计算法，是从作用面内最不利点喷头开始，沿程计算各喷头的压力、管段的累计流量和水头损失，逐点计算直到将作用面积内全部喷头计算完毕为止，在此以后的管段中流量不再增加，仅计算沿程和局部水头损失。这种计算方法的特点是：在系统中除最不利点喷头外的任一个喷头，或任意 4 个相邻喷头组成的保护面积的平均喷水强度均超过设计要求，系统计算偏于安全，是现行设计规范推荐的计算方法。

水力计算方法如下：

(1)喷头流量特性系数 K

K 值取决于喷口直径及其构造，当 K 值确定后，便可由喷头处管网的水压值求得喷头的出水量。

现以图 4.27 为例作喷水管网水力计算分析。

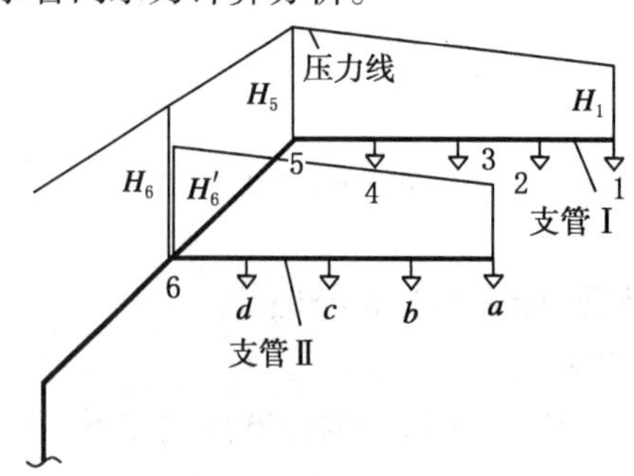

图 4.27 喷水管网计算原理图

设喷头系统 1—5—6 为管系 I，喷头 a—b—6 系统为管系 II，管系 I 管段的水力计算列于表 4.20。

计算节点 5 处无出流，因此通过该点的流量，即支管 I 的管系流量为：

$$Q_{5-4}=q_1+q_2+q_3+q_4$$

计算节点 6 处的水压，$H_6=H_5+\Delta H_{6-5}$，通过管段 6-5 的流量，因计算节点 5 无出流，故

$$Q_{6-5}=Q_{5-4}$$

与管系 I 计算方法相同，对管系 II 可得 H_6 及 Q_{6-d} 之值。

表 4.20 管段流量及水头损失计算

节点喷头	管段	喷头特性系数	喷头或节点工作压力 /mH_2O	喷头或节点处的流量 /$(L\cdot s^{-1})$	Q /$(L\cdot s^{-1})$	Q^2	d /mm	管道比阻 A /$(s^2\cdot L^{-2})$	L /m	管段水头损失 h /mH_2O
1		K	H_1	$q_1=KH_1$						
	2—1				$Q_{2-1}=q_1$	Q_{2-1}^2	d_{2-1}	A_{2-1}	L_{2-1}	$\Delta H_{2-1}=A_{2-1}l_{2-1}Q_{2-1}^2$

续表

节点喷头	管段	喷头特性系数	喷头或节点工作压力 /mH_2O	喷头或节点处的流量 /$(L \cdot s^{-1})$	Q /$(L \cdot s^{-1})$	Q^2	d /mm	管道比阻 A /$(s^2 \cdot L^{-2})$	L /m	管段水头损失 h /mH_2O
2		K	$H_2 = H_1 + \Delta H_{2-1}$	$q_2 = \sqrt{K(H_1 + \Delta H_{2-1})}$						
	3—2				$Q_{3-2} = q_1 + q_2$	Q_{3-1}^2	d_{3-2}	A_{3-2}	L_{3-2}	$\Delta H_{3-2} = A_{3-2} l_{3-2} Q_{3-2}^2$
3		K	$H_3 = H_2 + \Delta H_{3-2}$	$q_3 = \sqrt{K(H_2 + \Delta H_{3-2})}$						
	4—3				$Q_{4-3} = q_1 + q_2 + q_3$	Q_{4-3}^2	d_{4-3}	A_{4-3}	L_{4-3}	$\Delta H_{4-3} = A_{4-3} l_{4-3} Q_{4-3}^2$
4		K	$H_4 = H_3 + \Delta H_{4-3}$	$q_4 = \sqrt{K(H_3 + \Delta H_{4-3})}$						
	5—4				$Q_{5-4} = q_1 + q_2 + q_3 + q_4$	Q_{5-4}^2	d_{5-4}	A_{5-4}	L_{5-4}	$\Delta H_{5-4} = A_{5-4} l_{5-4} Q_{5-4}^2$

(2)管系流量调整系数计算

由于计算节点 6 接出支管Ⅱ,故在水压 H_6 作用下,通过该点应输出流量为:

$$q_6 = Q_{6-5} + BQ_{6-d} \tag{4.19}$$

式(4.19)说明在计算节点 6 所供给的 2 股流量时,由于此时实际水压非 H'_6,而是 H_6,故由其供给的管系Ⅱ流量必须进行调整,该调整系数即:$B = \sqrt{\dfrac{H_6}{H'_6}}$,由于管系Ⅰ,Ⅱ的水力工况完全相同(喷头口径、管材、管段长度、管径、标高等),因此,$Q_{6-d} = Q_{5-4} = Q_{6-5}$,$H'_6 = H_5$,则:

$$q_6 = Q_{6-5} + Q_{6-5}\sqrt{\frac{H_6}{H_5}} = Q_{6-5}\left(1 + \sqrt{\frac{H_6}{H_5}}\right) \tag{4.20}$$

如果喷水管网左部尚有对称布置喷头,而且包括在作用面内,则左部不必重新计算,否则仍按上述方法继续进行计算,这样便可求出管网所需的流量以及所需起点压力。

(3)喷水强度验算

系统设计流量的计算,应保证任意作用面积内的平均喷水强度不低于表 4.2 和表 4.3 的规定值。最不利点处作用面积内任意 4 只喷头围合范围内的平均喷水强度,轻危险级、中危险级不应低于表4.2 规定值的 85%;严重危险级和仓库危险级不应低于表4.2 和表4.3 的规定值。

(4)水箱高度和水泵扬程、流量

①火灾初期,水泵未启动之前,高位水箱高度最好能满足最不利点喷头的最低工作压力。据有关调查资料显示,国内外闭式自动喷水灭火系统的灭火实例中,大部分火灾都是开启 5 个以内的喷头被扑灭的。在确定水箱高度时,根据具体情况,可以按计算作用面积内最不利处 4 个喷头开启计算。消防水箱的供水,应满足系统最不利点处喷头的最低工作压力和喷水强度。经计算,如果水箱高度不足,则必须设置增压系统满足初期火灾的扑救能力。

②消防水泵扬程和流量计算。按计算作用面积内全部喷头开启计算消防水泵扬程和流量,此时,最不利点喷头的工作压力应按 10×9 800 Pa 计算。水泵扬程和流量不小于式(4.14)和式(4.18)的计算值。

3)作用面积计算法

与流量特性系数法一样,作用面积法也是根据火灾危险等级确定作用面积值,在系统最不利点处划定作用面积。在作用面积内全部喷头开启的情况下,逐段计算各管段的流量、水头损失和系统流量、压力等。与流量特性系数法不同的是,假设作用面积内每个喷头的工作压力和流量相等。作用面积计算法简单、快捷,可作为简化计算方法使用。

①系统设计流量计算:

$$Q_s = nq \tag{4.21}$$

式中 Q_s——系统设计流量,L/s;

n——作用面积内的喷头数。

②系统理论计算流量:

$$Q_L = \frac{WF}{60} \tag{4.22}$$

式中 Q_L——系统理论计算流量,L/s;

W——设计喷水强度,L/(min·m^2);

F——作用面积,m^2。

③系统设计流量简化计算:

$$Q_s = (1.15 \sim 1.30)Q_L \tag{4.23}$$

式中 1.15~1.30——经验系数。

系统喷水强度验算、水箱高度计算、水泵扬程计算及水泵流量确定的基本方法同流量特性系数法。计算过程中,遵循作用面积内各喷头的工作压力相等和各喷头流量相等的原则。

4.3.5 计算举例

某百货商场为4层楼房,楼中设有集中空气调节系统,建筑高度18 m,总建筑面积4 800 m^2。根据设计规范规定,自动喷水灭火系统应按火灾危险等级中的中危险级Ⅰ级设计。

1)设计基本参数

①设计喷水强度:W=6 L/(min·m^2)。

②计算作用面积:F=160 m^2。

③最不利喷头工作压力:p=98 000 Pa;仅用水箱供水时,最不利喷头工作压力 p_{min}=5×9 800 Pa。

④自动喷水灭火系统持续喷水时间1 h。

2)喷头和配水管网布置

根据楼层平面图,喷头按矩形布置,其长边间距 L_1=3.4 m,短边间距 L_2=3.2 m。配水管网布置将 L_1=3.4 m 作为配水支管间距,最边缘支管距墙1.7 m。支管中喷头间距为3.2 m,

末端喷头距墙 1.6 m,配水管两侧喷头距配水管均为 1.6 m。

喷头和配水管网布置如图 4.28 和图 4.29 所示。

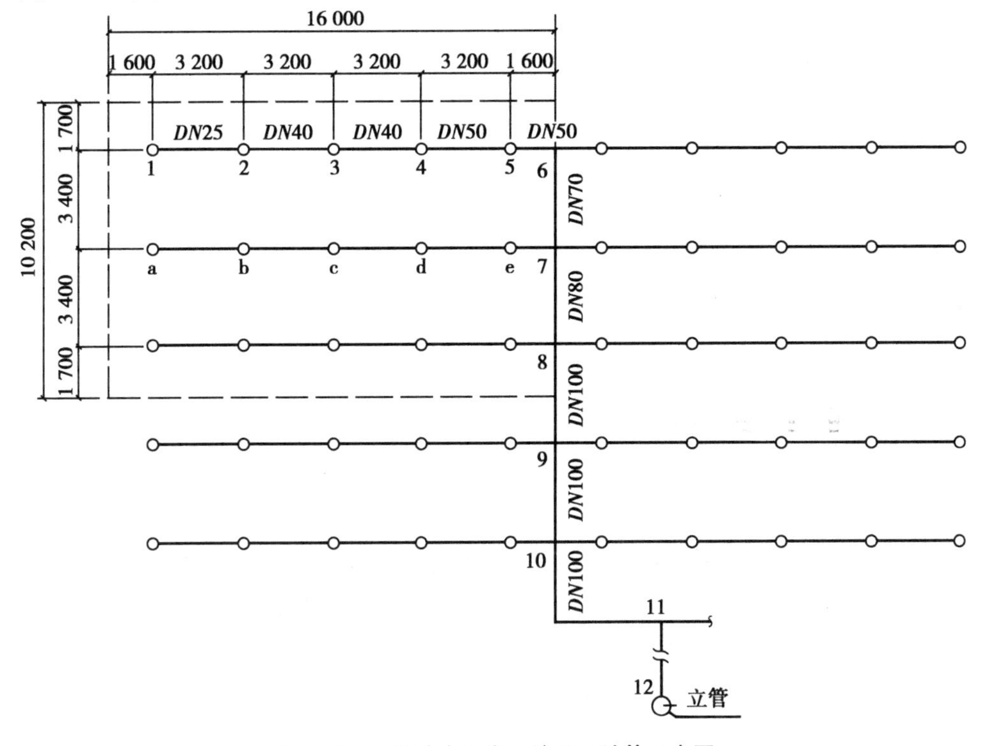

图 4.28　自动喷水灭火系统平面计算示意图

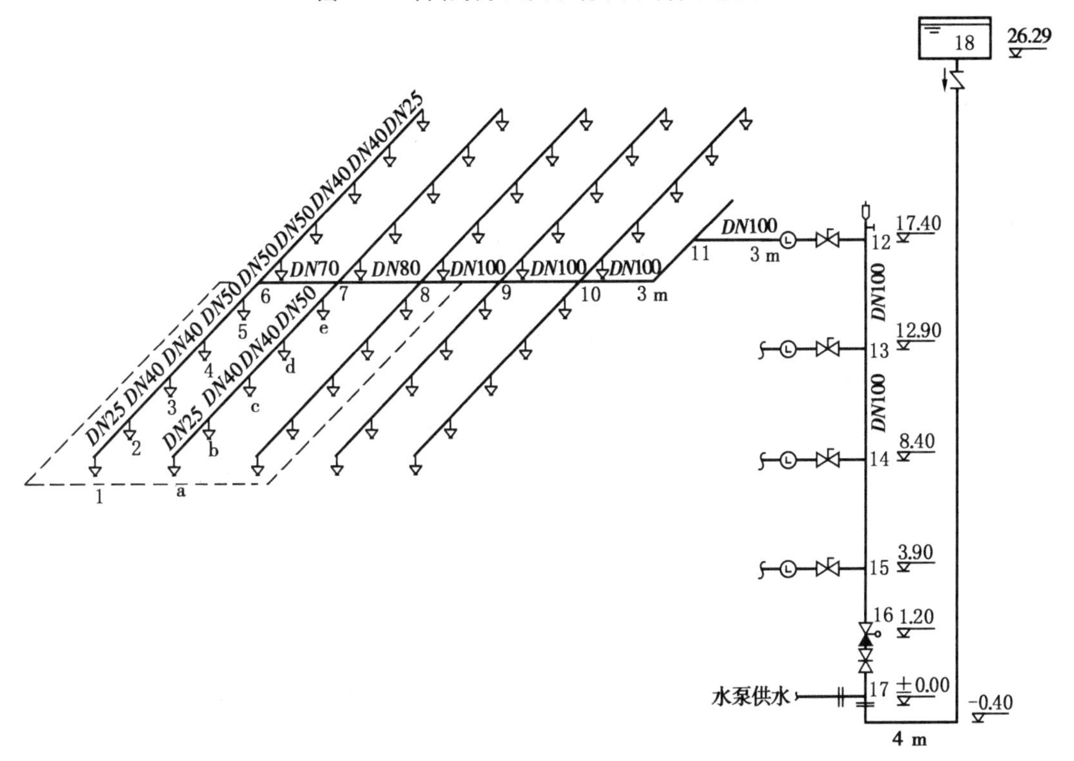

图 4.29　自动喷水灭火系统计算草图

3)流量特性系数法做系统计算

(1)作用面积尺寸的确定

在商场第4层楼最不利点处划定作用面积,作用面积为矩形,其长边为:

$$L = 1.2\sqrt{F} \tag{4.24}$$

式中 L——矩形作用面积的长边,m;

F——面积,本工程 $F = 160\ m^2$。

代入式(4.23),得:$L = 15.18$ m。

矩形作用面积短边按下式计算:

$$B = \frac{F}{L} \tag{4.25}$$

式中 B——矩形作用面积短边,m。

将 $F = 160\ m^2$ 和 $L = 15.18$ m 代入式(4.25),得:$B = 10.54$ m。

(2)最不利点处作用面积范围

作用面积在最高层、最不利点处,长边平行于配水支管,短边垂直于配水支管。图4.28中虚线范围内为作用面积,作用面积内有3根配水支管,每根配水支管上有5个喷头,作用面积内共有喷头15个。

实际作用面积长边L从墙面起至配水管,其长度:

$$L = 5 \times 3.2\ m = 16.0\ m$$

实际作用面积的一条长边与墙面重合,另一条长边位于第3根与第4根配水支管的中线上,其短边长度:

$$B = 3 \times 3.4\ m = 10.2\ m$$

实际作用面积:

$$F = LB \tag{4.26}$$

将 $L = 16.0$ m 和 $B = 10.2$ m 代入式(4.26),得实际作用面积 $F = 163.20\ m^2$。

(3)喷头流量公式和系统设计流量公式

喷头流量采用式(4.17);系统设计流量采用式(4.18)。

(4)系统水力计算

从最不利点喷头1开始,逐段计算流量、水头损失,逐点计算工作压力,作用面积以后的管段流量不再增加。最不利点喷头1的工作压力为10 mH_2O。计算过程见表4.21。

系统设计流量: $Q_s = 25.95$ L/s;

节点16处压力: $H_{16} = 58.05\ mH_2O$。

水泵扬程可以根据 H_{16} 水压推算。

(5)任意4个喷头平均喷水强度校核

在作用面积内取最不利4个喷头围合范围内的平均喷水强度与规范规定的喷水强度做比较,看能否满足规范要求。

表 4.21 流量特性系数法水力计算表

节点号	管段号	K/B	节点压力 p_i /mH$_2$O	流量/(L·s^{-1}) 节点 q_i	流量/(L·s^{-1}) 管段 Q	Q^2 /(L^2·s^{-2})	公称直径/mm	管道比阻 A /(s^2·L^{-2})	节点间距/m	管件当量长度/m	计算管长 L/m	水头损失 h /mH$_2$O	标高差/m
1		K=0.42	10.00	1.33									
	1—2				1.33	1.77	25	0.436 7	3.20	0.6	3.80	2.94	
2		K=0.42	12.94	1.51									
	2—3				2.84	8.07	40	0.044 5	3.20	2.9	6.10	2.19	
3		K=0.42	15.13	1.63									
	3—4				4.47	19.98	40	0.044 5	3.20	2.4	5.60	4.98	
4		K=0.42	20.11	1.88									
	4—5				6.35	40.32	50	0.011 1	3.20	3.4	6.60	2.95	
5		K=0.42	23.06	2.02									
	5—6				8.37	70.06	50	0.011 1	1.60	3.1	4.70	3.66	
6		—	26.72	—									
	6—7				8.37	70.06	70	0.002 9	3.40	3.6	7.00	1.42	
7		B=1.026	28.14	8.59									
	7—8				16.96	287.64	80	0.001 2	3.40	4.3	7.70	2.66	
8		B=1.074	30.80	8.99									
	8—9				25.95	673.40	100	0.000 3	3.40	6.9	10.30	2.08	
9		—	32.88	—									
	9—12				25.95	673.40	100	0.000 3	9.40	6.8	16.20	3.27	(A)
12		—	36.15	—									
	12—16				25.95	673.40	100	0.000 3	16.20	3.1	19.30	3.90	16.00
												$\sum h$ = 30.05	

注：H_{16}=(10+30.05+2+16) mH$_2$O=58.05 mH$_2$O。

本工程取 1,2,a,b,共 4 个喷头作平均喷水强度核算。经计算,上述 4 个喷头的流量分别为:q_1=1.33 L/s,q_2=1.51 L/s,q_a=1.37 L/s,q_b=1.55 L/s。平均喷水强度 W_p 计算如下:

$$W_p = 60 \times \frac{q_1 + q_2 + q_a + q_b}{4 \times (3.20 \times 3.40)}$$

$$= 60\frac{1.33 + 1.51 + 1.37 + 1.55}{4 \times (3.20 \times 3.40)} L/(\min \cdot m^2)$$

$$= 7.94\ L/(\min \cdot m^2)$$

本系统按中危险级Ⅰ级设计,设计喷水强度为6 L/(min · m²)。平均喷水强度 W_p=7.94 L/(min · m²)与设计喷水强度6 L/(min · m²)比较:7.94>6.00,比较结果合格。

(6)水箱高度计算

火灾初期,消防水泵未启动以前由屋顶高位水箱供水。此时,采用作用面积内最不利4个喷头1,2,a,b同时喷水计算流量和水压,最不利点喷头1的工作压力为5 mH_2O。计算过程见表4.22。

水箱高度计算如下:

$$H = H_0 + \sum h' + Z \tag{4.27}$$

式中 H——水箱高度,m;

H_0——最不利点喷头工作压力,mH_2O,H_0 = 5 mH_2O;

Z——最不利点喷头标高,m,此喷头标高为17.40 m;

$\sum h'$——从最不利点喷头至水箱的总水头损失,包括报警阀和水流指示器局部水头损失,mH_2O。

报警阀局部水头损失 H_{kp} 按式(4.12)计算:

$$H_{kp} = SQ^2$$

式中,阻耗 S 按表4.18取值,S=0.003 02$mH_2O \cdot s^2/L^2$;通过报警阀的流量 Q,见表4.22,Q=4.02 L/s。将 S 和 Q 值代入式(4.12),得:

$$H_{kp} = (0.003\ 02 \times 4.02^2)mH_2O = 0.049\ mH_2O$$

水流指示器局部水头损失按报警阀取值,H_{kp}=0.049 mH_2O。

表4.22 特性系数法水箱高度水力计算表

节点号	管段号	流量系数 K 流量特性系数 B	节点压力 P_i /mH_2O	流量/(L·s⁻¹) 节点 q_i	流量/(L·s⁻¹) 管段 Q	Q^2 /($L^2 \cdot s^{-2}$)	公称管径/mm	管道比阻 A /($s^2 \cdot L^{-2}$)	节点间距/m	管件当量长度/m	计算管长 L/m	水头损失 h /mH_2O	标高差/m
1		K=0.42	5.00	0.94									
	1—2				0.94	0.88	25	0.436 7	3.20	0.6	3.80	1.46	
2		K=0.42	6.46	1.07									
	2—3				2.01	4.04	40	0.044 53	3.20	2.9	6.10	1.10	
3		—	7.56	—									
	3—4				2.01	4.04	40	0.044 53	3.20		3.20	0.58	
4		—	8.14	—									
	4—6				2.01	4.04	50	0.011 08	4.80	0.3	5.10	0.23	
6		—	8.37	—									

续表

节点号	管段号	流量系数 K / 流量特性系数 B	节点压力 P_i /mH_2O	流量 /$(L\cdot s^{-1})$ 节点 q_i	流量 /$(L\cdot s^{-1})$ 管段 Q	Q^2 /$(L^2\cdot s^{-2})$	公称管径 /mm	管道比阻 A /$(s^2\cdot L^{-2})$	节点间距 /m	管件当量长度 /m	计算管长 L/m	水头损失 h /mH_2O	标高差 /m
	6—7				2.01	4.04	70	0.002 9	3.40	2.30	5.70	0.07	
7		B=1.004	8.44	—									
	7—8				4.02	16.16	80	0.001 17	3.40	0.60	4.00	0.08	
8		—	8.52	—									
	8—16				4.02	16.16	100	0.000 27	29.00	7.6	36.60	0.16	16.00
16		—	24.68	—									
	16—18				4.02	16.16	100	0.000 27	27.00	14.1	41.10	0.18	
												$\sum h$ = 3.79	

注：$\sum h$ = 3.79 mH_2O，不包括报警阀和水流指标器的局部水头损失。

从表4.22中得知，管道沿程损失和局部损失之和$\sum h$=3.79 mH_2O。则$\sum h'$计算如下：

$$\sum h' = (3.79 + 0.05 + 0.05)mH_2O = 3.89mH_2O$$

将有关参数值代入式(4.14)，得H：

$$H = H_0 + \sum h' + Z = (5.00 + 3.89 + 17.40)mH_2O = 26.29mH_2O$$

消防水箱的供水，除了满足系统最不利点处喷头的最低工作压力外，还必须校核喷水强度能否满足规范要求。取1，2，a，b四个喷头作平均喷水强度核算。以系统最不利点喷头1的工作压力5 mH_2O计算，上述4个喷头的流量分别为：q_1=0.94 L/s，q_2=1.07 L/s，q_a=0.94 L/s，q_b=1.07 L/s。平均喷水强度W_p计算如下：

$$W_p = \frac{60 \times (q_1 + q_2 + q_a + q_b)}{4 \times (3.20 \times 3.40)}$$
$$= \frac{60 \times (0.94 + 1.07 + 0.94 + 1.07)}{4 \times (3.20 \times 3.40)} L/(min \cdot m^2)$$
$$= 5.54\ L/(min \cdot m^2)$$

按《自动喷水灭火系统设计规范》(GB 50084—2017)规定，轻、中危险级的平均喷水强度不低于设计喷水强度的85%。本系统按中危险级I级设计，设计喷水强度为6 $L/(min\cdot m^2)$。

平均喷水强度W_p=5.54 $L/(min\cdot m^2)$与设计喷水强度的85%比较：

$$5.54\ L/(min \cdot m^2) > 6\ L/(min \cdot m^2) \times 0.85 = 5.10\ L/(min \cdot m^2)$$

比较结果合格。因此，屋顶水箱底标高26.29 m能满足规范要求。

屋顶水箱如果置于26.29 m标高位置，则能满足要求，如果放置高度低于26.29 m，则必须设置消防增压设备。

4.4 开式自动喷淋系统

4.4.1 系统的分类、组成及其特点

1)雨淋喷水灭火系统

雨淋喷水灭火系统一般由火灾探测传动控制系统,雨淋阀自动启动及报警系统,装有开式喷头的自动喷水灭火系统3部分组成。主要设备和部件有:开式喷头、雨淋阀、控制阀、供水设备、管网、探测报警设备等。

系统工作原理:被保护的区域内一旦发生火灾,急速上升的热气流使感温探测器探测到火灾区有燃烧的粒子,立即向电控箱发出报警信号,经电控箱分析确认后发出声、光报警信号,同时启动雨淋阀的电磁阀开启,使高压腔的压力水快速排出。由于经单向阀补充流入高压腔的水流缓慢,因而高压腔水压快速下降,供水作用在阀瓣上的压力将迅速打开雨淋阀门,水流立即充满整个雨淋管网,使该雨淋阀控制的管道上所有开式喷头同时喷水,可以在瞬间像下暴雨般喷出大量的水覆盖火区达到灭火目的,雨淋阀打开后,水同时流向报警管网,使水力警铃发出声响报警,在水压作用下,接通压力开关,并通过电控箱切换,给值班室发出电信号或直接启动水泵,在消防水泵启动前,火灾初期所需的消防水由高位水箱或气压罐供给,如图4.30(a)所示。

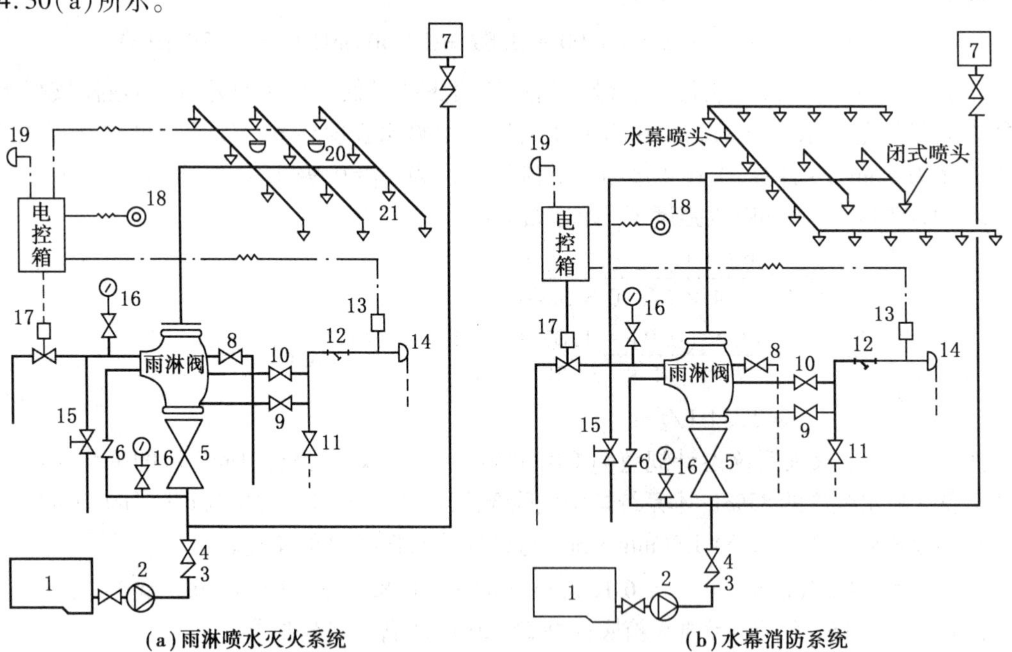

(a)雨淋喷水灭火系统　　(b)水幕消防系统

图4.30　开式自动喷淋系统图

1—水池;2—水泵;3—止回阀;4—闸门;5—供水闸阀;6—止回阀;7—水箱,8,11—放水阀;9—试警铃阀;10—警铃管阀;12—滤网;13—压力开关;14—水力警铃;15—手动快开阀;16—压力表;17—电磁阀;18—紧急按钮;19—电铃;20—感温或感烟报警器;21—开式喷头

雨淋喷水灭火系统主要适用于下列条件之一的建(构)筑物场所:

①火灾的水平蔓延速度快,闭式喷头的开放不能及时使喷水有效覆盖着火区域。

②室内净空高度超过表4.8的规定,且必须迅速扑灭初期火灾。

③严重危险级Ⅱ级。

2)水幕系统

消防水幕系统不以灭火为主要目的。该系统是将水喷洒成水帘幕状,用以冷却防火分隔物,提高分隔物的耐火性能;或利用防火水帘阻止火焰和热辐射穿过开口部位,防止火势扩大和火灾蔓延。

水幕系统由水幕喷头、管网、雨淋阀(或者手动快开阀)、供水设备和探测报警装置等组成,如图4.30(b)所示。

应设置水幕系统的场所,详见4.1.3节。

3)水喷雾灭火系统

水喷雾灭火系统,在系统组成上与雨淋系统基本相似,所不同的是该系统使用的是一种喷雾喷头。这种喷头有螺旋状叶片,当有一定压力的水通过喷头时,叶片旋转,在离心力作用下,同时产生机械撞击作用和机械强化作用,使水形成雾状喷向被保护部位。

水喷雾系统的灭火原理如下:

①冷却:由于水喷雾灭火系统喷出的雾状水,水滴粒径小,遇热迅速汽化,同时带走大量的汽化热,使燃烧表面的温度迅速降至燃点以下,冷却效果好。

②窒息:喷雾水喷射到燃烧区后遇热汽化,便生成比原体积大1 700倍的水蒸气包围和覆盖在火焰周围,导致燃烧区氧气浓度不断下降、火焰因窒息而熄灭。

③冲击乳化:对于不溶于水的可燃液体,喷雾水冲击到液体的表层与其混合,形成不燃性的乳浊状液体层,使火熄灭。

④稀释:由于喷雾水与水溶性液体能很好融合,因而使水溶性液体质量浓度减少,达到灭火目的。

应设置水喷雾灭火系统的场所,见4.1.3节。

4.4.2 系统控制方式

1)利用闭式喷头的充水或充气传动管控制

在开式系统保护区上方均匀布置闭式喷头,闭式喷头的配水管系作为雨淋阀系统的传动控制管,如图4.30(b)所示。一旦发生火灾,任意一个闭式喷头开启喷水,传动管中水压降低就会立即打开雨淋阀,开式系统便喷水或喷雾灭火、阻火。传动管内也可以充压缩空气代替充水,启动雨淋阀。

2)电动控制阀控制

这种控制方式是依靠保护区内火灾探测器的电信号,通过继电器开启传动管上的电磁阀,使传动管泄压打开雨淋阀向系统供水,如图4.31所示。为了探测系统的信号可靠,不产生误报误动,电磁阀应由 2 个独立设置的火灾探测器同时控制。

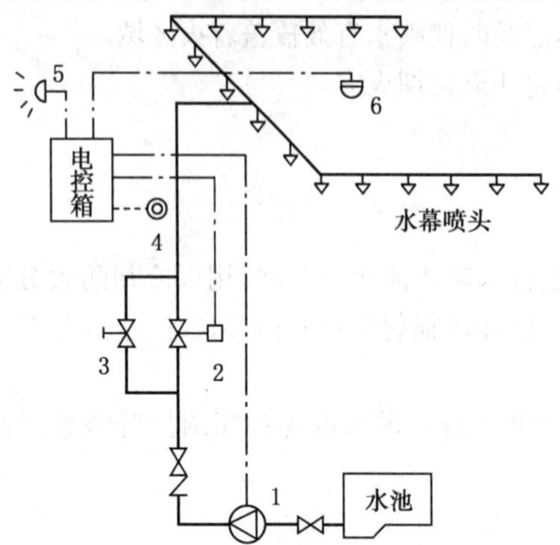

图 4.31　电动控制水幕系统

1—水泵;2—电动阀;3—手动阀;4—电按钮;5—电铃;6—火灾探测器

规模较小的开式系统中,用电动阀或电磁阀直接控制,不设雨淋阀系统,如图 4.31 所示。火灾探测信号通过电控装置启动水泵,打开电动阀,同时电警铃报警。发生火灾时,若系统未启动,可按应急按钮或开启手动快开阀,应急供水喷淋。

3)带易熔锁封钢索绳装置控制

该装置包括易熔锁封、拉紧弹簧、拉紧连接器、钢索绳、传动阀门等,如图 4.32 所示。

由于易熔锁封需要用拉紧弹簧、拉紧连接器、钢绳和传动阀门等与墙体牢牢拉紧,拉力很大,在安装、维修、建筑装修等方面比较困难。时间一长容易松脱、锈蚀,现已较少采用这种控制方式。

4)手动控制

在开式喷淋系统中,只设手动控制阀门,适用于工艺和所在场所危险性小,管道系统小,24 h 有人值班的场所,如图 4.33 所示。

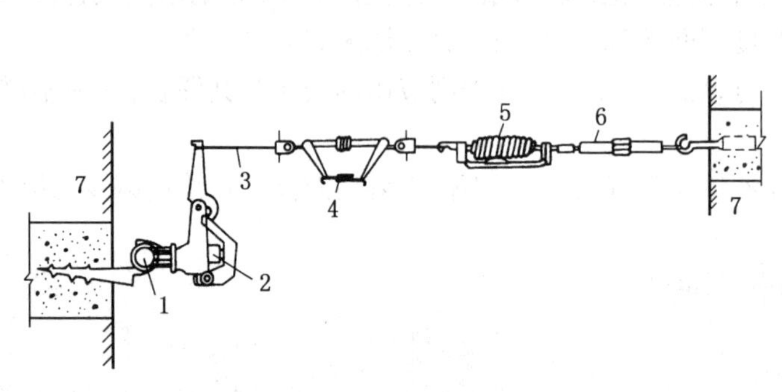

图 4.32　带易熔锁封的钢索绳装置

1—传动管网;2—传动阀门;3—钢索绳;4—易熔锁封;5—拉紧弹簧;6—拉紧连接器;7—墙壁

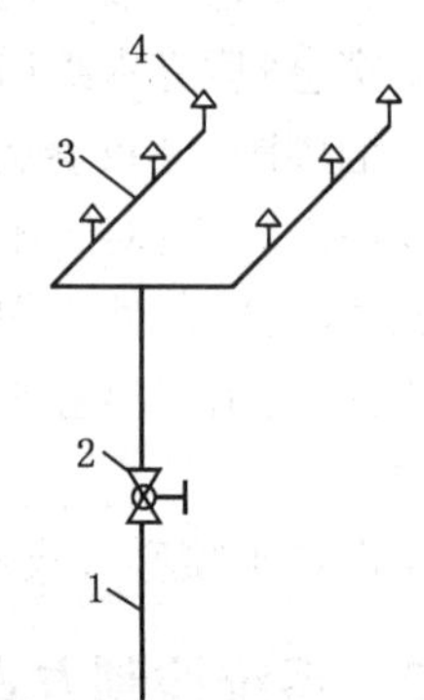

图 4.33　手动旋塞控制方法

1—供水管;2—手动旋塞;3—配水管网;4—开式喷头

5)应急操作控制

在开式系统采用自动控制的系统中,应设应急操作控制设施。应急操作设施有 2 种:一种是在火灾防护区进出口处(门外)设启动按钮,若发生火灾,系统未启动喷洒,可按按钮开启电磁阀、电动阀,启动系统喷洒灭火、控火;另一种就是直接开启雨淋阀传动管上的手动快开阀,启动雨淋阀向管网供水。

4.4.3 系统组件

1)喷头

(1)开式喷头

雨淋系统中所用的开式喷头在构造上与湿式自动喷水灭火系统中所用的闭式喷头基本相同,所不同的是开式喷头没有玻璃球或易熔合金那样的释放元件,如图4.34所示。

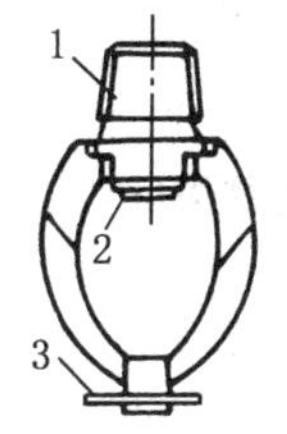

(a)双臂下垂型

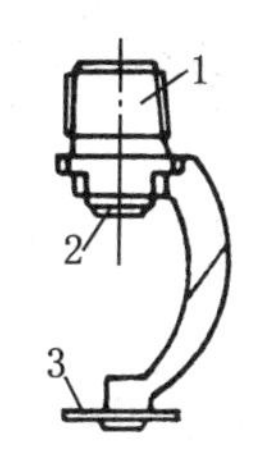

(b)单臂下垂型

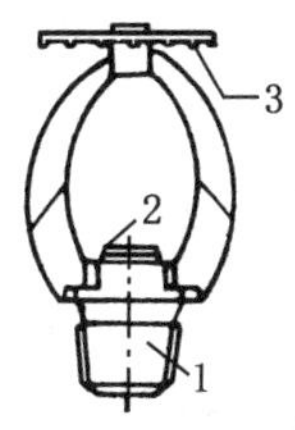

(c)双臂直立型

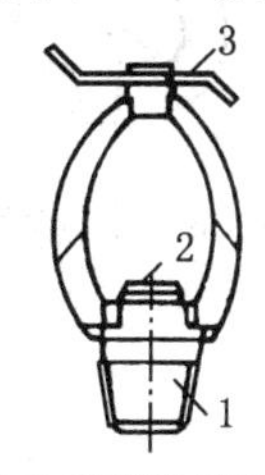

(d)双臂边墙型

图4.34 开式洒水喷头

1—本体;2—喷水口;3—溅水盘

(2)水幕喷头

水幕喷头有窗口水幕喷头和檐口水幕喷头2类。

窗口水幕喷头用于保护立面或斜面(墙、窗、门、防火卷帘等),水幕喷头洒出的水流形成一道水幕,可以起到隔断以防止火势扩大的作用,或增强墙面、窗扇、门板、防火卷帘等的耐火性能。

窗口水幕喷头的构造,如图4.35所示。常用口径规格为6,8,10,12.7,16 mm。

檐口水幕喷头用于保护上方平面(屋檐、吊顶等)。这种喷头洒水角度较大,可在几个方面形成水幕。

檐口水幕喷头的构造,如图4.36所示。常用口径规格为12.7,16,19 mm。

(3)喷雾喷头

喷雾喷头喷出的水形状为锥形的水雾,喷雾喷头适用于喷雾灭火系统,用于保护石油化工生产装置、电力设备等。目前,我国生产的喷雾喷头有2种:一是高速喷雾喷头,它属离心雾化喷头,具有体积小、雾化均匀、喷出速度高和贯穿力强的特点,可用于扑救闪点在60 ℃以上的可燃液体火灾,也可用于可燃液体贮罐的冷却保护以及电力设备的保护,如图4.37所示;二是中速喷雾喷头,它属撞击雾化喷头,结构简单,如图4.38所示。其主要用于对需要保护的设备提供整体冷却保护。

图4.35 窗口水幕喷头

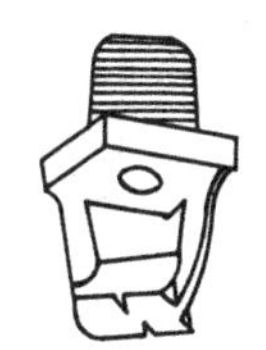
图4.36 檐口水幕喷头

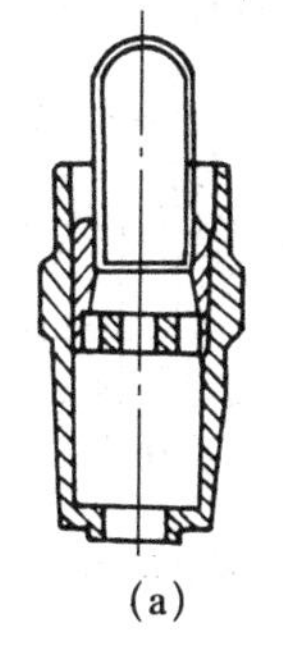
(a) (b)

图4.37 高速喷雾喷头

喷雾喷头喷出的水雾形成围绕喷头轴心线的圆锥体,其锥顶角为喷雾喷头的雾化角。雾化角有 6 挡:30°,60°,90°,120°,140°,180°,如图 4.39 所示。

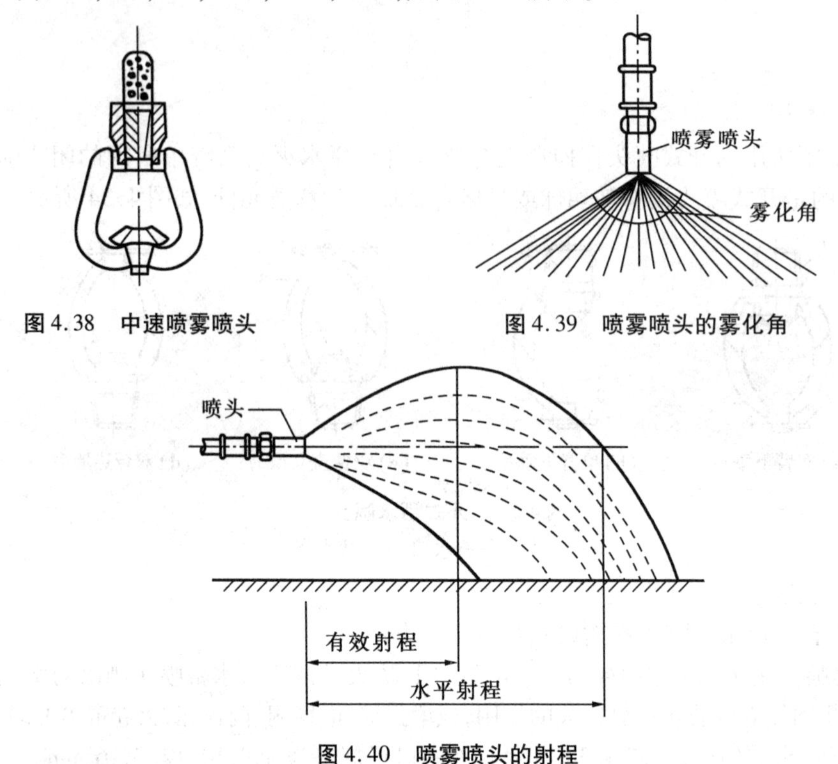

图 4.38　中速喷雾喷头

图 4.39　喷雾喷头的雾化角

图 4.40　喷雾喷头的射程

喷雾喷头的雾化角与射程之间有直接的关系。对同一种喷雾喷头,雾化角小、射程远,反之则近,如图 4.40 所示。由于喷雾喷头的使用条件和安装方式与前面的各种喷头不同,喷雾喷头的安装方式可以是任意方位的。尤其是用于保护电力设备时,为了保证喷头与带电设备之间的最小安全间距,必须要求喷头达到一定的射程,一般要求为 2 ~6 m。

2)雨淋阀

雨淋阀是开式自动喷水灭火系统中的关键设备,分为隔膜式和双圆盘式 2 种类型,如图 4.41 所示。

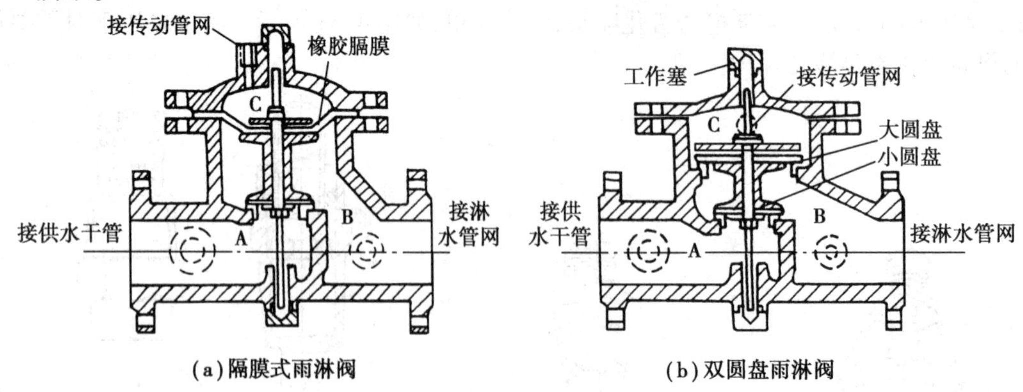

(a)隔膜式雨淋阀　(b)双圆盘雨淋阀

图 4.41　雨淋阀的构造图

雨淋阀在构造上具有A,B,C 3个室。其中,A室通供水干管,B室通配水管网,C室通传动管网。火灾未发生时,A,B,C 3室中都充满了水,由于C室通过一直径为3 mm的小孔阀与供水管相通,因而A,C两室的充水具有相同压力,而在B室内所受静水压力仅取决于管网水平管道与雨淋阀之间的高差。

雨淋阀大圆盘(或隔膜)的面积一般为小圆盘面积的2倍以上。因此,在相同水压作用下,阀门总是处于关闭状态的。

当火灾发生时,通过探测到的火灾信号,利用传动阀门(或闭式喷头、电磁阀等)自动(或手动)地将传动管网中的水压释放,对于雨淋阀的C室,由于通过小孔为3 mm的阀来不及补水,致使水压下降,于是雨淋阀在进水管水压作用下开启,并使系统投入灭火工作。

目前,主要产品有:*DN*65 ~ *DN*150雨淋阀;WT51-6改进型雨淋隔膜阀及ZSFM系列隔膜式雨淋阀。

3)火灾探测器及火灾报警控制器

火灾常常在人们不知道的情况下发生,设置的火灾探测器和火灾报警控制器不仅能及时地探测到火灾发生并向人们报警,而且能自动启动雨淋系统迅速把火扑灭。因此,火灾探测器和火灾报警控制器是开式系统中不可缺少的设备。

4.4.4　系统设计

1)雨淋阀组的设置

雨淋阀组应设置在环境温度不低于4 ℃,且有排水设施的室内,其安装位置宜靠近保护区且便于操作的地点。

雨淋阀组的电磁阀入口处应设置过滤器。并联设置雨淋阀组的雨淋系统,其雨淋阀控制腔的入口应设置止回阀,防止因水流波动使不该动作的雨淋阀产生误动作。

水喷雾系统雨淋阀前或雨淋阀后应设置过滤器,其滤网应采用耐腐蚀金属材料。

平时开式系统报警阀后管内是没有水的;当系统启动时,管内流速较快,容易损坏水流指示器,因而水流报警装置宜采用压力式开关。

雨淋阀组的传动管上安装闭式喷头,当用闭式喷头启动雨淋阀时,每个闭式喷头探测火灾的服务面积规定:无爆炸危险的房间采用9 m^2;有爆炸危险房间采用6 m^2。闭式喷头的传动管直径:当传动管充气时采用d=15 mm,充水时采用d=25 mm,传动管应有不小于0.005的坡度坡向雨淋阀,传动管长度不宜大于300 m。

2)雨淋灭火系统设计要求

①雨淋管网可分为开式充水管网和开式空管管网。开式充水管网用于易燃易爆的严重危险场所,要求快速动作,高速灭火,开式空管网用于一般的火灾场所。

在空管式的雨淋管网中,喷头可朝上或朝下安装,但充水式雨淋管网中喷头必须朝上安装,喷头布置基本与闭式自动喷水灭火系统相同。

②每一个雨淋系统最大保护面积不超过260 m^2。在建筑物的同一层内,当雨淋系统保护面积超过260 m^2,应根据面积大小设置2个或2个以上的雨淋系统,不同层应有各自独立的

系统，即应有各自单独控制的雨淋阀门。

为了防止火灾的延伸和扩散，雨淋系统在同一层内有 2 个或 2 个以上的喷水区域时，应能有效地扑灭相连分界区域的火灾，如图 4.42 所示。

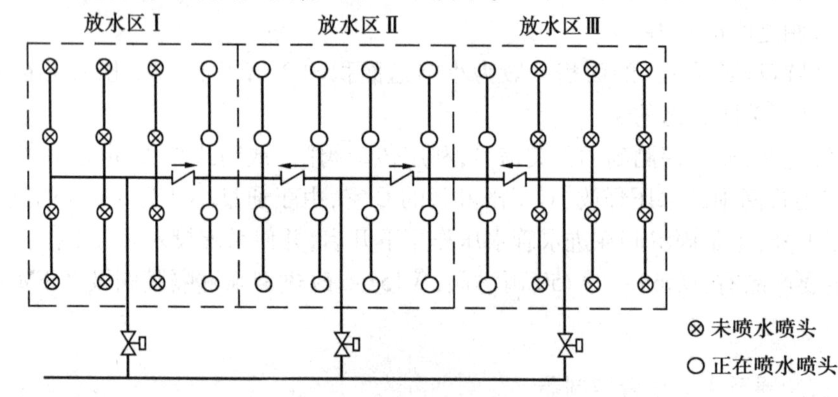

图 4.42　相邻喷水区域喷头布置

③每根配水支管上装设的喷头不宜超过 6 个，每根配水干管的一端所负担分布支管的数量应不超过 6 根，其布置方式如图 4.43 所示。

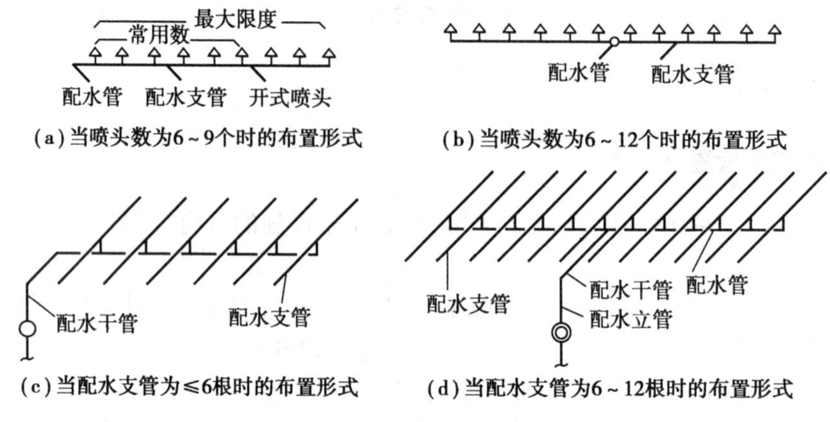

图 4.43　喷头与干、支管的布置

喷头布置可按正方形、长方形、菱形几种方式布置，喷头间距和 1 只喷头的保护面积要求，见表 4.9。

3)水幕系统的设计要求

水幕喷头应均匀布置，不应出现空白点，喷头的间距应不大于 2.5 m，并应符合下列要求：

①水幕作为保护使用时，喷头成单排布置，并喷向被保护对象。

②舞台口和孔洞面积超过 3 m^2 的开口部位的水幕喷头，应在洞口内外成双排布置，两排之间的距离应不小于 1 m，如图 4.44 所示。

如果要形成水幕防火带，以代替防火分隔物，其喷头布置不应少于 3 排，保护宽度不应小于 6 m，如图 4.45 所示。

③每组水幕系统的安装喷头数不应超过 72 个。

④在同一配水支管上应布置相同口径的水幕喷头。

⑤水幕系统管道最大负荷的水幕喷头数可按表 4.23 采用。

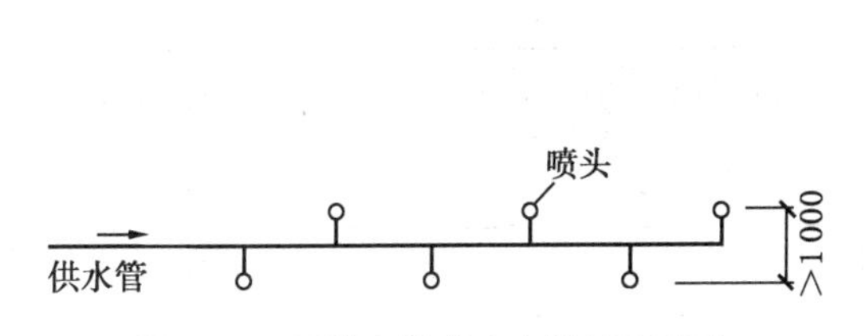

图4.44 双排水幕喷头布置(平面图)

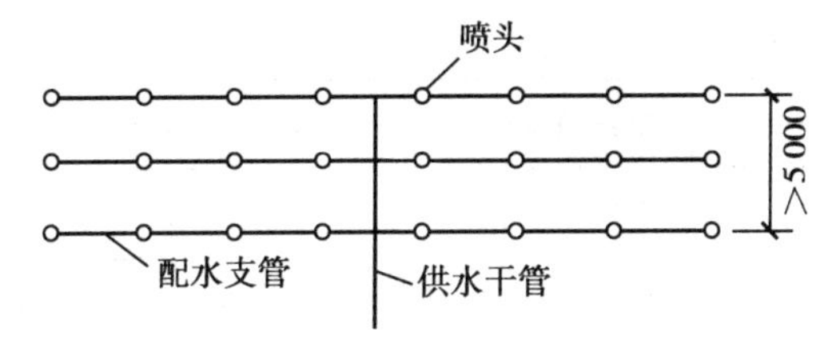

图4.45 水幕防火带布置(平面图)

表4.23 管道最大负荷的水幕喷头数

单位:个

管道公称直径/mm 喷头口径/mm	20	25	32	40	50	70	80	100	125	150
6	1	3	5	6						
8	1	2	4	5						
10	1	2	3	4						
12.7	1	2	2	3	8(10)	14(20)	21(36)	36(72)		
16			1	2	4	7	12	22(36)	34(45)	50(72)
19				1	3	6	9	16(18)	24(32)	35(52)

注:①本表是按喷头压力为5 mH_2O时,流速不大于5 m/s的条件下计算的。

②括号中的数字是按管道流速不大于10 m/s计算的。

4)水喷雾灭火系统设计要求

①保护对象的水雾喷头数量应根据设计喷雾强度、保护面积和水雾喷头特性按式(4.34)和式(4.35)计算确定,其布置应使水雾直接喷射和覆盖保护对象,当不能满足要求时应增加水雾喷头的数量。

②水雾喷头、管道与电气设备带电(裸露)部分的安全净距应符合表4.24的规定。

③水雾喷头与保护对象之间的距离不得大于水雾喷头的有效射程。

④水雾喷头的平面布置方式可为矩形或菱形。当按矩形布置时,水雾喷头之间的距离不应大于1.4倍水雾喷头的水雾锥底圆半径;当按菱形布置时,水雾喷头之间的距离不应大于1.7倍水雾喷头的水雾锥底圆半径。水雾锥底圆半径应按下式计算:

$$R = B\tan\frac{\theta}{2} \tag{4.28}$$

式中 R——水雾锥底圆半径,m;

B——水雾喷头的喷口与保护对象之间的距离,m;

θ——水雾喷头的雾化角,(°),θ的取值范围为30°,45°,60°,90°,120°。

表4.24 最小安全距离

额定电压/kV	最高电压/kV	设计基本绝缘水平/kV	最小间距/mm
13.8及其以下	14.5	110	178

续表

额定电压/kV	最高电压/kV	设计基本绝缘水平/kV	最小间距/mm
23	24.3	150	254
34.5	36.5	200	330
46	48.3	250	432
69	72.5	350	635
115	121	550	1 067
138	145	650	1 270
161	169	750	1 473
230	242	900 1 050	1 930 2 134
345	362	1 050 1 300	2 134 2 642
500	550	1 500 1 800	3 150 3 658
765	800	2 050	4 242

⑤对保护油浸式电力变压器，水雾喷头的布置是要达到足够的喷雾强度和完全覆盖。变压器水雾喷头布置，如图4.46所示。水雾喷头应布置在变压器的周围，保护变压器顶部的水雾喷头不应直接喷向高压套管；水雾喷头之间的水平距离与垂直距离应满足水雾锥相应的要求；油枕、冷却器、集油坑应设水雾喷头保护。

⑥对保护可燃气体和甲、乙、丙类液体储罐，水雾喷头与储罐外壁之间的距离应不大于0.7 m。

⑦保护电缆时，水雾喷头应完全包围电缆。

⑧保护输送机皮带时，喷头的喷雾应完全包围输送机的机头、机尾和上、下行皮带。

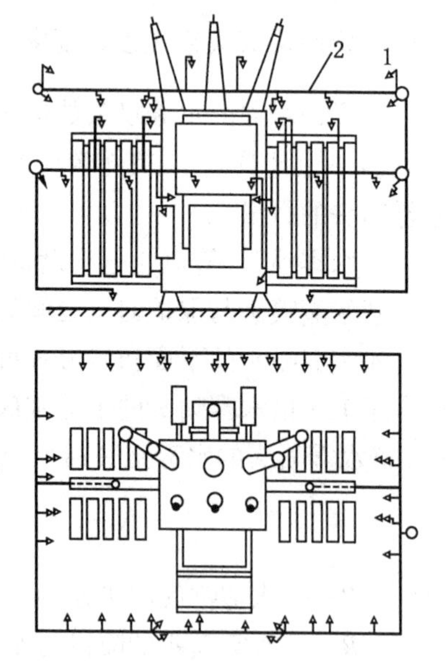

图4.46 变压器喷头布置示意图

1—水喷雾喷头；2—管路

4.4.5 系统计算

临时高压消防给水系统，火灾初期水泵未启动前由高位水箱或增压设备供水；消防水泵启动后，由消防水泵供水。雨淋系统和水幕系统工作时间为1 h，水喷雾系统的持续喷雾时间见表4.25。

表 4.25 设计喷雾强度与持续喷雾时间

<table>
<tr><th>防护目的</th><th colspan="2">保护对象</th><th>设计喷雾强度 /(L·min^{-1}·m^{-2})</th><th>持续喷雾时间 /h</th></tr>
<tr><td rowspan="6">灭火</td><td colspan="2">固体火灾</td><td>15</td><td>1</td></tr>
<tr><td rowspan="2">液体火灾</td><td>闪点 60～120 ℃的液体</td><td>20</td><td rowspan="2">0.5</td></tr>
<tr><td>闪点高于 120 ℃的液体</td><td>13</td></tr>
<tr><td rowspan="3">电气火灾</td><td>油浸式电力变压器、油开头</td><td>20</td><td rowspan="3">0.4</td></tr>
<tr><td>油浸式电力变压器的集油坑</td><td>6</td></tr>
<tr><td>电缆</td><td>13</td></tr>
<tr><td rowspan="4">防护冷却</td><td colspan="2">甲乙丙类液体生产、储存、装卸设施</td><td>6</td><td>4</td></tr>
<tr><td rowspan="2">甲乙丙类液体储罐</td><td>直径 20 m 以下</td><td rowspan="2">6</td><td>4</td></tr>
<tr><td>直径 20 m 及其以上</td><td>6</td></tr>
<tr><td colspan="2">可燃气体生产、输送、装卸、储存设施和灌瓶间、瓶库</td><td>9</td><td>6</td></tr>
</table>

1)雨淋灭火系统开式喷头出流量计算

各种不同直径的开式喷头在不同压力下具有不同出水量,喷头流量按式(4.29)计算:

$$Q = \mu F\sqrt{2gH} \tag{4.29}$$

式中 Q——开式喷头出流量,L/s;

μ——喷头流量系数,采用 0.7;

F——喷口截面积,m^2;

H——喷口处水压,mH_2O。

2)水幕喷头出流量计算

水幕喷头的出流量按下式计算:

$$q = \sqrt{\beta H} \tag{4.30}$$

式中 q——水幕喷头出流量,L/s;

β——喷头特性系数,$\sqrt{\beta} = \mu \frac{\pi}{4} d^2 \sqrt{2g} \times \frac{1}{100}$,见表 4.26;

d——喷头出口直径,mm。

最不利点水幕喷头的压力应不小于 5 mH_2O。

表 4.26 水幕喷头的特性系数

名 称	d/mm	μ	β/($L^2 \cdot s^{-2} \cdot m^{-1}$)	$\sqrt{\beta}$/($L \cdot s^{-1} \cdot m^{-\frac{1}{2}}$)
水幕喷头	6	0.95	0.014 2	0.119
水幕喷头	8	0.95	0.044	0.210

续表

名　称	d/mm	μ	$\beta/(L^2 \cdot s^{-2} \cdot m^{-1})$	$\sqrt{\beta}/(L \cdot s^{-1} \cdot m^{-\frac{1}{2}})$
水幕喷头	10	0.95	0.108 2	0.329
水幕喷头	12.7	0.95	0.286	0.535
水幕喷头	16	0.95	0.717	0.847
水幕喷头	19	0.95	1.418	1.190

3)雨淋管网直径估算

雨淋管网直径按喷头数量估算查表4.27。

表4.27　根据开式喷头的数量估算淋水管直径

管道公称直径/mm 喷头数/个　喷头直径/mm	25	32	40	50	70	80	100	150
12.7	2	3	5	10	20	26	40	>40
10	3	4	9	18	30	46	80	>80

4)雨淋管网水力计算

①计算管段沿程水头损失:

$$h = ALQ_j^2 \tag{4.31}$$

式中　h——计算管段的沿程水头损失,mH_2O;

L——计算管段长度,m;

Q_j^2——计算管段流量,L/s。

②管道的局部水头损失,按沿程水头损失的20%采用。管道比阻值见表4.28。

③雨淋阀门的局部水头损失,采用式(4.12)进行计算。

表4.28　管道比阻值

管　材	管径/mm			A (Q以m^3/s计)	A (Q以L/s计)
	公称管径	实际内径 d	计算内径 d_1		
镀锌钢管	25	27.00	26.00	436 700	0.436 7
	32	35.75	34.75	93 860	0.093 86
	40	41.00	40.00	44 530	0.044 53
	50	53.00	52.00	11 080	0.011 08
	70	68.00	67.00	2 893	0.002 893
	80	80.50	79.50	1 168	0.001 168
	100	106.00	105.00	267.4	0.000 267 4
	125	131.00	130.00	86.23	0.000 086 23
	150	156.00	155.00	33.95	0.000 033 95

续表

管材	管径/mm			A (Q以 m^3/s 计)	A (Q以L/s计)
	公称管径	实际内径 d	计算内径 d_1		
无缝钢管	114×5.0	104.00	103.00	296.2	0.000 296 2
	140×5.5	129.00	128.00	93.61	0.000 093 61
	159×5.5	148.00	147.00	44.95	0.000 044 95
	219×6.0	207.00	206.00	7.517	0.000 007 517

5)雨淋管网水力计算步骤

水力计算按严重危险级的自动喷水灭火系统进行计算,应保证其作用面积内任意4个喷头的实际保护面积内的平均喷水强度不小于表4.2的规定值。在具体计算时,应按配水支管上每个喷头实际压力下的喷头量从最不利点起逐点计算。

6)雨淋阀处所需水压计算

开式自动喷水灭火系统成组作用阀处所需水压按下式计算:

$$H = H_p + H_{pj} + \sum h + H_{kp} \tag{4.32}$$

式中 H—— 雨淋阀处的计算压力,mH_2O;

H_p—— 最高最远喷头的工作压力,mH_2O;

H_{pj}—— 最高最远喷头与成组作用阀之间的几何高差,m;

$\sum h$—— 最高最远喷头至雨淋阀的沿程损失和局部损失之和,mH_2O;

H_{kp}—— 雨淋阀的压力损失,mH_2O。

7)水喷雾灭火系统设计基本参数

(1)设计喷雾强度和持续喷雾时间

设计喷雾强度和持续喷雾时间不应小于表4.26的规定。

(2)水雾喷头工作压力

水雾喷头的工作压力,当用于灭火时应不小于0.35 MPa;用于防护冷却时应不小于0.2 MPa。

(3)水喷雾灭火系统的响应时间

水喷雾灭火系统的响应时间,当用于灭火时不应大于45 s;当用于液化气生产、储存装置或装卸设施防护冷却时不应大于60 s;用于其他设施防护冷却时不应大于300 s。

(4)保护对象的保护面积

各种保护对象的保护面积应按其外表面积确定。

①当保护对象外形不规则时,应按包容保护对象的最小规则形体的外表面积确定。

②变压器的保护面积除应按扣除底面面积以外的变压器外表面积确定外,尚应包括油枕、冷却器的外表面面积和集油坑的投影面积。

③分层敷设的电缆的保护面积应按整体包容的最小规则形体的外表面积确定。

④可燃气体和甲、乙、丙类液体的灌装间、装卸台、泵房、压缩机房等的保护面积应按使用面积确定。

⑤输送机皮带的保护面积应按上行皮带的上表面面积确定。

⑥开口容器的保护面积应按液面面积确定。

(5)水喷雾灭火系统流量计算

①水雾喷头的流量：

$$q = K\sqrt{10p} \tag{4.33}$$

式中　p——水雾喷头的工作压力，MPa；

K——水雾喷头的流量系数，取值由生产厂提供。

②保护对象的水雾喷头的计算数量：

$$N = \frac{FW}{q} \tag{4.34}$$

式中　N——保护对象的水雾喷头的计算数量；

F——保护对象的保护面积，m^2；

W——保护对象的设计喷雾强度，L/(min·m^2)。

③系统的计算流量应按下式计算：

$$Q_j = \frac{1}{60}\sum_{i=1}^{n} q_i \tag{4.35}$$

式中　n——系统启动后同时喷雾的水雾喷头的数量；

q_i——水雾喷头的实际流量，L/min，应按水雾喷头的实际工作压力 p_i 值计算。

当采用雨淋阀控制同时喷雾的水雾喷头数量时，水喷雾灭火系统的计算流量应按系统中同时喷雾的水雾喷头的最大用水量确定。

④系统的设计流量：

$$Q_s = kQ_j \tag{4.36}$$

式中　Q_s——系统的设计流量，L/s；

k——安全系数，$k=1.05\sim1.10$。

(6)管道水力计算

①钢管管道的沿程水头损失应按下式计算：

$$i = 1.07 \times 10^{-5}\,\frac{v^2}{D_j^{1.3}} \tag{4.37}$$

式中　i——管道的沿程水头损失，MPa/m；

v——管道内水的流速，m/s，$v \leqslant 5$ m/s；

D_j——管道的计算内径，m。

②管道的局部水头损失宜采用当量长度法计算，或按管道沿程水头损失的20%～30%计算。

③雨淋阀的局部水头损失：

$$h_r = S_1 Q^2 \tag{4.38}$$

式中　h_r——雨淋阀的局部水头损失，MPa；

S_1——雨淋阀的阻耗，取值由生产厂提供；

Q——雨淋阀的流量，L/s。

④系统管道入口或消防水泵的计算压力应按下式计算：

$$H = \sum h + h_0 + \frac{Z}{100} \tag{4.39}$$

式中 H——系统管道入口或消防水泵的计算压力，MPa；

h_0——最不利点水雾喷头的实际工作压力，MPa。

思考题

4.1 闭式和开式自动喷水灭火系统各分为哪几种类型？

4.2 简述湿式自动喷水灭火系统的适用范围。该系统由哪几部分组成？说明其工作原理。

4.3 系统中的压力开关、延迟器、水流指示器、信号阀门各有何作用？

4.4 湿式自动喷水灭火系统末端试水装置由哪几部分组成？对试水接头有什么要求？

4.5 预作用自动喷水灭火系统适用于哪些场所？说明其工作原理。

4.6 闭式自动喷水-泡沫联用系统由哪几部分组成？简述其工作原理。

4.7 湿式自动喷水灭火系统的设计流量如何计算？

5

气体灭火系统

在建筑物中，有些场所的火灾是不能使用水扑救的，因为有的物质（如电石、碱金属等）与水接触会引起燃烧爆炸或助长火势蔓延；有些场所有易燃、可燃液体，很难用水扑灭火灾；而有些场所（如电子计算机房、通信机房、文物资料、图书、档案馆等）用水扑救会造成严重的水渍损失。因此，在建筑物内除设置消防给水系统外，还应根据其内部不同房间或部位的性质和要求采用气体灭火装置，用以控制或扑灭其初期火灾，减少火灾损失。

5.1 二氧化碳灭火系统

5.1.1 概述

1）二氧化碳灭火系统分类

（1）按防护区特征和灭火方式分类

①全淹没灭火系统。全淹没灭火系统是指在规定的时间内向防护区喷射一定浓度的灭火剂，并使其均匀地充满整个防护区的灭火系统。全淹没灭火系统由固定的二氧化碳供给源、管道、喷嘴及控制设备组成。图5.1是二氧化碳灭火系统原理图。当防护区发生火灾，燃烧产生烟雾、热量及光辐射使感烟、感温和感光火灾探测器动作，发回火灾信号到消防控制中心，消防监控设备的控制联动装置动作，如关闭开口、停止机械通风及影响灭火效果的生产设备。同时实施火灾报警，延时30 s以后，发出指令启动灭火剂储存容器。储存的二氧化碳灭火剂通过管道输送至防护区，经喷嘴释放灭火。如果采用手动控制启动，按下启动按钮，按上述程序释放灭火剂灭火。

全淹没系统可以用一套装置保护一个防护区，也可以由一套装置保护多个不会同时失火的防护区,前者叫单元独立系统,后者称组合分配系统。采用组合分配系统较为经济合理,但前提是同一组合中各个防护区不能够同时着火,并且在火灾初期不能够形成蔓延趋势。

②局部应用系统:它是指在灭火过程中不能封闭,或是虽然能封闭但不符合全淹没系统的表面火灾所采用的灭火系统。局部应用系统是直接向燃烧着的物体表面喷射灭火剂,使被保护物体完全被淹没,并维持灭火所需的最短时间。它也是由固定的二氧化碳供给源、管道、喷嘴及控制设备组成。

③半固定系统:它是由固定的二氧化碳供给源、管道和软管组成,软管平时卷在转盘上,火灾时由人操作实施灭火,类似于灭火器,但具有明确的保护对象,且移动范围有限。半固定系统一般用于增援固定灭火系统,个别情况设固定灭火系统有困难时,也可设半固定系统,但在应该设固定灭火系统的场合,它不能取代固定灭火系统。

(2)按管网结构特点分

①单元独立系统。

②组合分配系统,如图5.1所示。

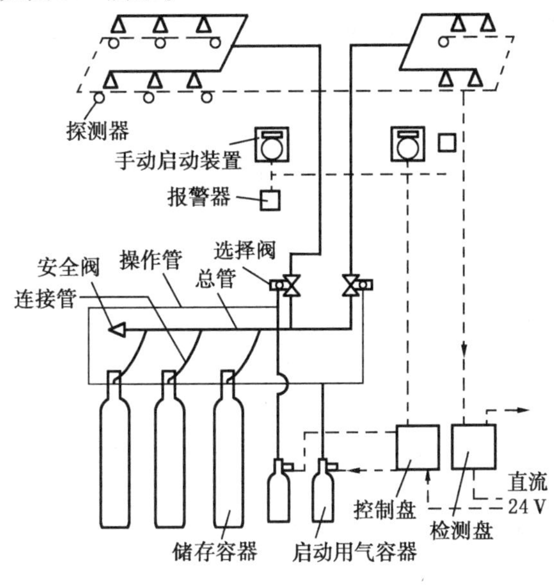

图5.1　组合分配灭火系统

(3)按储存压力分类

①高压储存系统:它是采用加压的方式将二氧化碳灭火剂以液态形式储存在容器内的,其储存压力在21 ℃时为5.17 MPa。为保证安全并维持系统正常工作,储存环境温度必须符合要求,对于局部应用系统,最高温度不得超过49 ℃,最低温度不得低于0 ℃;对于全淹没系统,最高温度不得超过54 ℃,最低温度不得低于-18 ℃。高压储存系统的充装密度为0.6~0.68 kg/L。

②低压储存系统:它是采用冷却与加压相结合的方式将二氧化碳灭火剂以液态形式储存在容器中的,储存压力为2.07 MPa。储存环境温度保持在-18 ℃,充装密度为0.90~0.95 kg/L。典型的低压储存装置是在压力容器外包一个密封内金属壳,壳内有绝缘体,在一端安装一个标准的空气制冷机装置,把它的冷却蛇管装入容器内。该装置电动操作,用压力开关自动控制。

2)系统的基本要求

(1)对防护区的要求

①设置全淹没系统的防护区,应是一个固定的封闭空间,以保证二氧化碳灭火浓度的确立。防护区的面积一般不宜大于500 m^2,总容积不宜大于2 000 m^3。

②防护区四周围护结构的耐火极限不应小于0.5 h,吊顶的耐火极限不应小于0.25 h。

③防护区开口应能自动关闭。对气体、液体、电气火灾和固体表面火灾,在释放二氧化碳前不能自动关闭的开口,其面积不应大于防护区总内表面积的3%,且开口不应设在底面。

④防护区设置的通风机和通风管道的防火阀,在释放二氧化碳前应自动关闭。

⑤启动释放二氧化碳之前或者同时,必须切断可燃、助燃气体的气源。

⑥防护区应设置泄压口,防止灭火剂的释放造成防护区内压力升高,应根据围护结构的允许压强设置泄压口。允许压强的选取:标准建筑p=2.4 kPa;高层建筑和轻型建筑p=1.2 kPa;地下建筑p=2.4 kPa。泄压口宜设在外墙上,其高度应大于防护区净高的2/3。有门窗的防护区一般都有缝隙存在,通过门窗四周缝隙所泄漏的二氧化碳,可防止空间压力过量升高,这种防护区一般不需要再开泄压口。此外,已设有防爆泄压口的防护区,也不需要再设泄压口。泄压口的面积可按式(5.1)计算:

$$A_x = 0.45 \frac{q}{\sqrt{p}} \tag{5.1}$$

式中 A_x——泄压口面积,m^2;

q——二氧化碳喷射强度,kg/s;

p——围护结构的允许压强,Pa。

⑦二氧化碳灭火剂属于气体灭火剂,易受风的影响,为保证灭火效果,保护对象周围的空气流动速度不宜大于3 m/s。

⑧对于扑救易燃液体火灾的局部应用系统,流速很高的液态二氧化碳具有很大的动能,当二氧化碳射流喷到可燃液体表面时,可能引起可燃液体的飞溅,造成流淌火或更大的火灾危险。为了避免这种飞溅的出现,除射流速度加以限制外,要求盛放燃料容器缘口到液面距离不得小于150 mm。

(2)对储存容器的要求

①储存容器应符合现行国家标准《气瓶安全监察规程》和《压力容器安全监察规程》。

②高压储存装置应设泄压爆破膜片,其动作压力应为(19±0.95)MPa;低压储存装置应设泄压装置和超压报警器,泄压动作压力应为(2.4±0.012)MPa。

③低压储存系统应设置专用调温装置,二氧化碳温度应保持在-20 ~ -18 ℃。

④储存装置宜设置在靠近防护区的专用储瓶间内。储瓶间出口应直接通向室外或疏散通道,房间的耐火等级不低于二级,室内应经常保持干燥和通风。储存容器应避免阳光直接照射。环境温度为0 ~ 49 ℃。

储瓶间里的储存容器可以单排布置,也可双排布置,但要留有充足的操作空间。

(3)系统设计的要求

①全淹没系统二氧化碳灭火剂喷射时间,对于表面火灾不应大于1 min;对于深位火灾不应大于7 min,并应在前2 min内达到30%的浓度。

②二氧化碳灭火系统充装的灭火剂,应符合《二氧化碳灭火剂》(GB 4396—2005)的要求。

③高压储存系统储存环境温度与充装密度应符合表5.1的规定。

表5.1 储存环境温度与充装密度关系

最高环境温度/℃	充装密度(kg·L^{-1})	最高环境温度/℃	充装密度(kg·L^{-1})
40	≤0.74	49	≤0.68

④喷嘴最小工作压力,高压储存系统为$1.4×10^6$ Pa,低压储存系统为$1.0×10^6$ Pa。

⑤局部应用系统喷射时间一般不小于0.5 min。对于燃点温度低于沸点温度的可燃液体火灾,不小于1.5 min。

⑥局部应用系统的灭火剂覆盖面积应考虑临界部分或可能蔓延的部位。

(4)灭火剂备用量的要求

二氧化碳灭火系统应考虑灭火剂备用量。对于比较重要的防护区,短期内不能重新灌装灭火剂恢复使用的二氧化碳灭火系统,以及1套装置保护5个及以上防护区的二氧化碳灭火系统都应考虑设置备用量。灭火剂备用量不能小于系统设计储量,且备用量储存容器应与管道直接相连,以保证能切换使用。

(5)对系统控制启动的要求

①全淹没系统宜设自动控制和手动控制2种启动方式,经常有人的局部应用系统保护场所可设手动控制启动方式。

②自动控制应采用复合探测,即接收到2个或2个以上独立火灾信号后才能启动灭火剂储存容器。

③手动控制的操作装置应设在防护区外便于操作的地方,并能在一处完成系统启动的全部操作。

④启动系统的释放机构当采用电动和气动时,必须保证有可靠的动力源。机械释放机构应传动灵活,操作省力。

⑤灭火系统启动释放之前或者同时,应保证完成必需的联动与操作。

(6)对安全措施的要求

①防护区内应设火灾声报警器,若环境噪声在80 dB以上应增设光报警器。光报警器应设在防护区入口处,报警时间不宜小于灭火过程所需的时间,并应能手动切除报警信号。

②防护区应有能在30 s内使该区人员疏散完毕的走道与出口。在疏散走道与出口处,应设火灾事故照明和疏散指示标志。

③防护区入口处应设置二氧化碳喷射指示灯。

④地下防护区和无窗或固定窗扇的地上防护区,应设机械排风装置。

⑤防护区的门应向疏散方向开启,并能自行关闭,且在任何情况下均应能从防护区内打开。

⑥设置灭火系统的场所应配专用的空气呼吸器或氧气呼吸器。

3)系统组件

(1)储存装置

储存装置是由储存容器、容器阀、单向阀和集流管组成的。

①储存容器:储存容器的作用是储存二氧化碳灭火剂,并且靠容器内二氧化碳蒸气压力来驱动二氧化碳灭火剂喷出,是二氧化碳灭火剂的供给源。储存容器有高压储存容器和低压储存容器 2 种,前者用于高压储存系统,后者用于低压储存系统。其规格性能见表 5.2 和表 5.3。为了检查储存容器内灭火剂泄漏情况,避免因泄漏过多在火灾发生时影响灭火效果,储存容器应设置称重装置,当储存容器中充装的二氧化碳泄漏量达到 10% 时,应及时补充或更换。二氧化碳在密封储存容器内储存,处在气液两相平衡状态,单纯设压力计是无法确定二氧化碳泄漏的,一般用称重法来检查泄漏。图 5.2 所示是一种携带式的定期进行秤查的称重装置;图 5.3 是另一种固定式的由杠杆秤通过游砣来调整预定失重量(即容许泄漏量——充装量的 10%)进行报警的称重装置。

表 5.2 高压储存钢瓶规格性能

型 号	容积/L	直径/mm	高度/mm	质量/kg	承压能力/MPa	瓶口尺寸	配用瓶头阀型号
ER40	40	219	约 1 350	约 5 525	15	Z_W19.2	EP-Q12/150
ER68	68	268	约 1 515	约 80 425	15	Z_W19.2	EP-Q12/150

表 5.3 低压储存钢瓶规格性能

型 号	ERD5	ERD7	ERD10	ERD15	ERD20	ERD30
容量/kg	5 000	7 000	10 000	15 000	20 000	30 000
长度/cm	500	550	700	720	870	1 020
宽度/cm	220	240	240	290	290	300
高度/cm	240	260	260	305	305	320

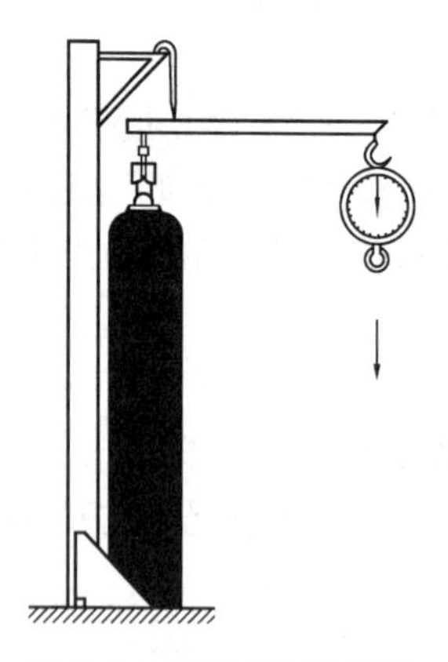

图 5.2 携带式称重装置

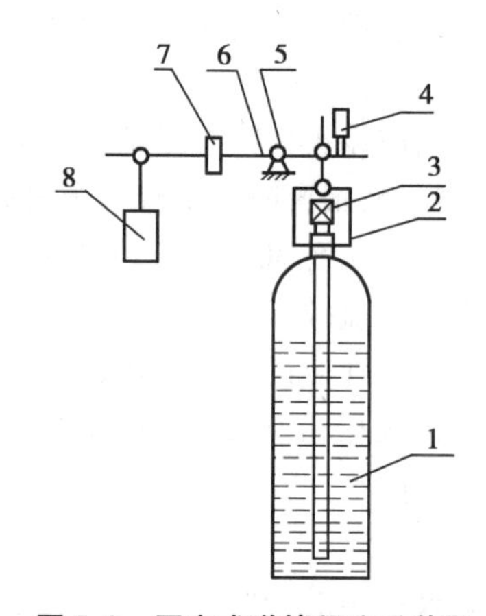

图 5.3 固定式弹簧秤称重装置

1—储瓶;2—吊架;3—瓶阀;4—微动开关;5—支点;6—杠杆;7—游砣;8—平衡砣

②容器阀(又称瓶头阀):容器阀是用以控制灭火剂的施放,安装在灭火剂储瓶口上,具有封存、释放、加注、超压排放等功能。瓶头阀的规格性能,见表5.4。

表5.4　瓶头阀规格性能

型　号	公称通径/mm	工作压力/MPa	试验压力/MPa	进口尺寸	出口尺寸	当量长度/m
EP-Q12/150	12	15	22.5	Z_W19.2	M22×1.5	6.5
EP-L12/150	12	15	22.5	Z_W19.2	M22×1.5	6.5
EP-T12/150	12	15	22.5	Z_W19.2	M22×1.5	5.5
EP-Q12/150A	12	15	22.5	Z_W19.2	M22×1.5	7.8

③单向阀及集流管(集流管又称为汇流管):单向阀起防止灭火剂回流的作用。集流管是汇集从各储存器放出的灭火剂再送入管网。每个容器阀与集流管之间应设单向阀,组合分配系统不同防护区之间的管道上也应设单向阀。单向阀规格性能见表5.5。

表5.5　单向阀规格性能

型　号	公称直径/mm	工作压力/MPa	动作压力/MPa	当量长度/m	按口尺寸
ZEPD12/100	15	22.5	0.02	2.5	M22×1.5(阳)

集流管分单排瓶组和双排瓶组2种,单排瓶组集流管尺寸见表5.6。

表5.6　单排(E-R40)瓶组集流管尺寸

瓶　数	2	3	4	5	6	7	8	9	10	11	12	13	14	15	16
D/in	$\frac{3}{4}$	$\frac{3}{4}$	1	1	1	$1\frac{1}{2}$	$1\frac{1}{2}$	$1\frac{1}{2}$	$1\frac{1}{2}$	$1\frac{1}{2}$	$1\frac{1}{2}$	$1\frac{1}{2}$	$1\frac{1}{2}$	2	2
D_1(ZG)/in	$\frac{3}{4}$	$\frac{3}{4}$	1	1	1	$1\frac{1}{2}$	$1\frac{1}{2}$	$1\frac{1}{2}$	$1\frac{1}{2}$	$1\frac{1}{2}$	$1\frac{1}{2}$	$1\frac{1}{2}$	$1\frac{1}{2}$	2	2
L/cm	75	100	125	150	175	200	225	250	275	300	325	350	375	400	425

注:1 in=25.4 mm,下同。

双排瓶组集流管尺寸见表5.7。

表5.7　双排(E-R40)瓶组集流管尺寸

瓶　数	6	8	10	12	14	16	18	20	22	24	26	28	30	32
D/in	1	$1\frac{1}{2}$	$1\frac{1}{2}$	$1\frac{1}{2}$	$1\frac{1}{2}$	2	2	2	2	$2\frac{1}{2}$	$2\frac{1}{2}$	$2\frac{1}{2}$	$2\frac{1}{2}$	$2\frac{1}{2}$
D_1(ZG)/in	1	$1\frac{1}{2}$	$1\frac{1}{2}$	$1\frac{1}{2}$	$1\frac{1}{2}$	2	2	2	2	$2\frac{1}{2}$	$2\frac{1}{2}$	$2\frac{1}{2}$	$2\frac{1}{2}$	$2\frac{1}{2}$
L/cm	100	125	125	150	175	225	250	275	300	325	350	375	400	425

(2)选择阀(又称释放阀)

在组合分配系统中,每个防护区或保护对象的管道上应设一个选择阀。在火灾发生时,可以有选择地打开出现火情的防护区或保护对象管道上的选择阀,喷射灭火剂灭火。另外,选择阀上应设有标明防护区的铭牌,防止操作时出现差错。选择阀规格性能见表5.8。

表5.8 选择阀规格性能

型号	公称直径/mm	工作压力/MPa	试验压力/MPa	当量长度/m	进出口尺寸/in	外形尺寸/mm			
						L	B	H	h
ES40	40	6.4	9.6	5	ZG1$\frac{1}{2}$	151	111	137	58
ES50	50	6.4	9.6	6	ZG2	153	120	149	63
ES65	65	6.4	9.6	7.5	ZG2$\frac{1}{2}$	173	146	180	78

选择阀可采用电动、气动或机械操作方式。阀的工作压力应不小于12 MPa。系统启动时,选择阀应在容器阀动作之前或同时打开,可以防止超压。选择阀设置应靠近储存容器,应便于手动操作,方便检查维护。

(3)喷头

喷头构造应使二氧化碳灭火剂在规定压力下雾化良好。喷头出口尺寸应使喷头喷射时不会被冻结。全淹没系统喷头布置应使二氧化碳均匀分布,局部应用系统喷头布置应使二氧化碳喷向被保护对象。

①全淹没系统常用的喷头有无喷管喷头和喷管喷头2种,其规格性能,见表5.9和表5.10。

表5.9 全淹没无喷管喷头规格性能

型号	接管尺寸	当量标准号	喷口计算面积/cm^2	保护半径/m	应用高度/m
EQT(W)-5	ZG3/8(阳)	7	0.4	5.5	~3
EQT(W)-6	ZG3/8(阳)	7^+(7.5)	0.45	5.5	~3
EQT(W)-7	ZG3/8(阳)	8	0.53	6	~3.5
EQT(W)-8	ZG1/2(阳)	8^+(8.5)	0.6	6	~3.5
EQT(W)-9	ZG1/2(阳)	9	0.67	6.5	~4
EQT(W)-10	ZG1/2(阳)	9^+(9.5)	0.75	6.5	~4
EQT(W)-12	ZG3/4(阳)	11	1.0	6	~3.5
EQT(W)-13	ZG3/4(阳)	12	1.2	6	~3.5
EQT(W)-14	ZG3/4(阳)	13	1.39	6.5	~4

表 5.10　全淹没喷管喷头规格性能

型　号	接管尺寸	当量标准号	喷口计算面积 /cm^2	保护半径 /m	应用高度 /m
EQT-5	ZG3/8(阳)	5	0.12	1.7	~4
EQT-6	ZG3/8(阳)	6	0.18	1.7	~4
EQT-7	ZG3/8(阳)	7	0.24	1.7	~4
EQT-8	ZG1/2(阳)	8	0.32	1.7	~4
EQT-9	ZG1/2(阳)	9	0.4	2.2	~5
EQT-10	ZG1/2(阳)	10	0.49	2.2	~5
EQT-11	ZG3/4(阳)	11	0.6	2.2	~5
EQT-12	ZG3/4(阳)	12	0.71	2.2	~5
EQT-13	ZG3/4(阳)	13	0.84	2.5	~6
EQT-14	ZG3/4(阳)	14	0.97	2.5	~6
EQT-15	ZG3/4(阳)	15	1.11	2.5	~6
EQT-16	ZG3/4(阳)	16	1.27	3	~7
EQT-18	ZG1(阳)	18	1.6	3	~7
EQT-20	ZG1(阳)	20	1.98	3	~8

②局部应用系统采用的喷头为架空型喷头和槽边型喷头2种。

③架空型喷头规格性能，见表5.11。喷头的安装高度下的保护面积，分别见表5.12和表5.13。

表 5.11　局部应用架空型喷头规格

型　号	接管尺寸	当量标准号	喷口计算面积 /cm^2	安装高度 /m
EQT-5	ZG3/8(阴)	5	0.12	0.5~1.5
EJT-6	ZG3/8(阴)	6	0.18	0.5~1.5
EJT-7	ZG3/8(阴)	7	0.24	0.5~1.5
EJT-8	ZG1/2(阴)	8	0.32	1~3
EJT-9	ZG1/2(阴)	9	0.4	1~3
EJT-10	ZG3/4(阴)	10	0.49	1~3
EJT-11	ZG3/4(阴)	11	0.6	1~3
EJT-12	ZG3/4(阴)	12	0.71	1~3
EJT-13	ZG3/4(阴)	13	0.84	1~3
EJT-14	ZG3/4(阴)	14	0.97	1~3

表5.12　EJT-5～EJT-7喷头各安装高度下的保护面积

安装高度/m	0.5	0.7	0.9	1.1	1.3	1.5
保护面积/(m×m)	0.9×0.9	1×1	1.05×1.05	1.1×1.1	1.2×1.2	1.2×1.2

表5.13　EJT-8～EJT-14喷头各安装高度下的保护面积

安装高度/m	1	1.2	1.4	1.8	2.2	2.6
保护面积/(m×m)	1.1×1.1	1.2×1.2	1.3×1.3	1.5×1.5	1.7×1.7	1.85×1.85

④槽边型喷头规格性能，见表5.14。

表5.14　局部应用槽边型喷头规格

型　号	接管尺寸	当量标准号	喷口计算面积/cm^2	流量范围/($kg \cdot s^{-1}$)	保护面积/(m×m)
ECT-5	ZG3/8(阴)	5	0.12	0.2～0.4	(0.5×0.5)～(1×1)
ECT-6	ZG3/8(阴)	6	0.18	0.2～0.4	(0.5×0.5)～(1×1)
ECT-7	ZG3/8(阴)	7	0.24	0.2～0.4	(0.5×0.5)～(1×1)

(4)管道及其附件

管道及附件应能承受最高环境温度下二氧化碳的储存压力，并应符合下列规定：

①管道应采用符合现行《冷拔或冷轧精密无缝钢管》中的规定，要求管道内外镀锌。

②对镀锌层有腐蚀的环境，管道可采用不锈钢管、铜管或其他抗腐蚀的材料。

③连接软管(储存容器与集流管之间连接管)必须能承受系统工作压力，最好采用不锈钢软管、特制C型扣压胶管。

④管道的连接方式。公称直径不大于80 mm的管道宜采用螺纹连接；公称直径超过80 mm的管道宜采用法兰连接。

⑤集流管的工作压力不应小于12 MPa，并应设置泄压装置，其泄压动作压力应为(15±0.75)MPa。

4)控制与操作

二氧化碳灭火系统应设有自动控制、手动控制和机械应急操作3种启动方式。在经常有人的局部应用系统场所，可不设置自动控制。控制设备的作用是保证二氧化碳灭火系统能够实现自动灭火，一般由火灾自动探测报警系统来实现。为了避免探测器误报引起系统的误动作，通常设置2种类型或2组同一类型的探测器进行复合探测。自动控制应接收2个以上独立火灾信号后并延时30 s才启动。2个独立的火灾信号可以是烟感、温感信号，也可以是2个烟感报警信号。

手动控制操作一般设在防护区门外便于操作的地方，紧急启动按钮用玻璃防护罩保护。火灾报警后，可击碎玻璃启动按钮。

瓶头阀、选择阀为系统的释放机构，可以用电动、气动、机械3种形式。当采用电动和气动形式时，必须保证可靠的动力源。

系统的动作控制程序方框图如图5.4所示。

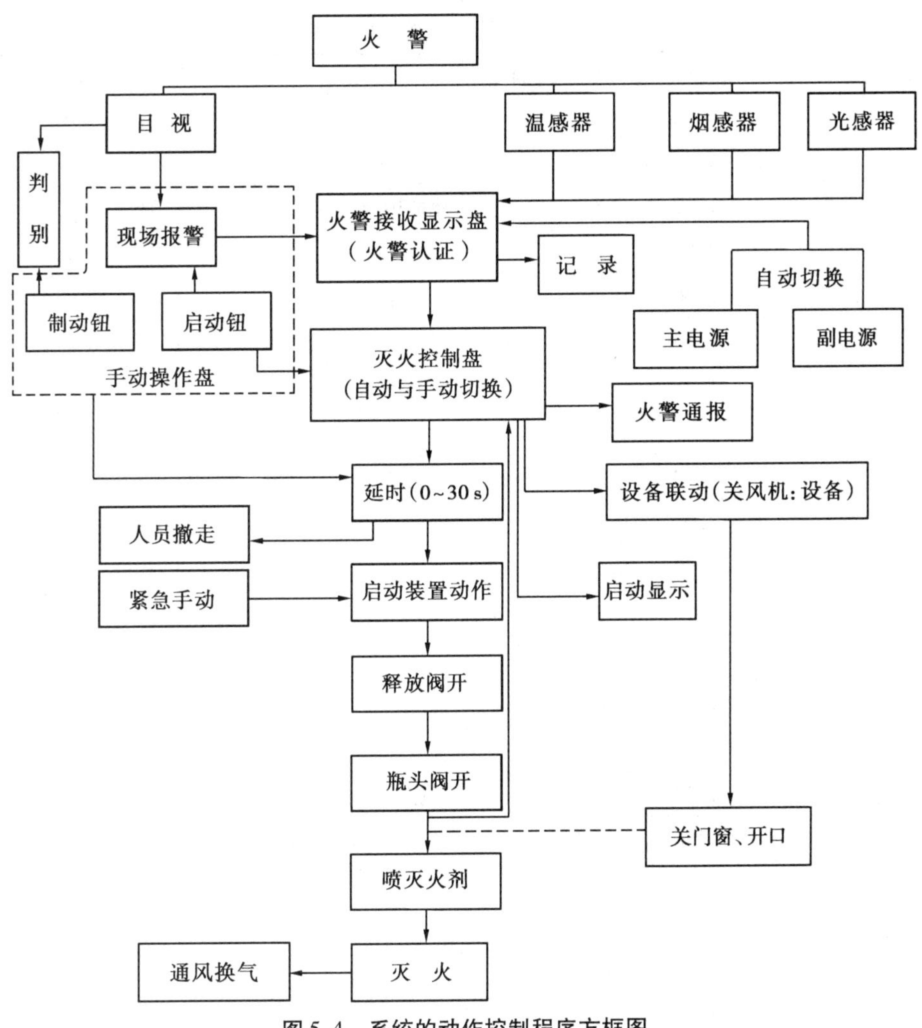

图5.4 系统的动作控制程序方框图

5.1.2 二氧化碳全淹没灭火系统设计计算

二氧化碳全淹没系统的设计计算包括灭火剂用量及系统管网2大部分。

1)灭火剂用量计算

(1)灭火剂设计浓度

为了灭火的可靠性,二氧化碳灭火设计浓度应取测定灭火浓度(临界值)的1.7倍,并且不得低于34%。对可燃物的二氧化碳设计浓度可按表5.15采用。有些物质还可能伴有无焰燃烧,表5.22同时列出了熄灭阴燃火的最小抑制时间。

为了灭火系统设计计算方便,取最小灭火设计浓度34%作为基数,令其等于1,制定出反映各物质间不同灭火设计浓度倍数关系的系数称物质系数,物质系数可按式(5.2)计算:

$$K_b = \frac{\ln[1 - \varphi(CO_2)]}{\ln(1 - 0.34)} \tag{5.2}$$

式中 K_b——物质系数;

$\varphi(CO_2)$——二氧化碳灭火设计浓度。

表 5.15　二氧化碳设计浓度和抑制时间

可燃物质	物质系数 K_b	$\varphi(CO_2)$ /%	抑制时间/min	可燃物质	物质系数 K_b	$\varphi(CO_2)$ /%	抑制时间/min
一、气体和液体火灾				甲烷	1.00	34	—
丙酮	1.00	0.34	—	醋酸甲酯	1.03	35	—
乙炔	2.57	0.66	—	甲醇	1.22	40	—
航空燃料 115#/145#	1.06	0.36	—	甲基丁烯-1	1.06	36	—
粗苯(安息油、偏苯油)、苯	1.10	0.37	—	甲基乙基酮(丁酮)	1.22	40	—
丁二烯	1.26	0.41	—	甲醇甲酯	1.18	39	—
丁烷	1.00	0.34	—	戊烷	1.03	35	—
丁烯-1	1.10	0.37	—	石脑油	1.00	34	—
二硫化碳	3.03	0.72	—	丙烷	1.06	36	—
一氧化碳	2.43	0.64	—	丙烯	1.06	36	—
煤气或天然气	1.10	0.37	—	淬火油(灭弧油)、润滑油	1.00	34	—
环丙烷	1.10	37	—	三、固体火灾			
柴油	1.00	34	—	纤维材料	2.25	62	20
二乙基醚	1.22	40	—	棉花	2.0	58	20
二甲醚	1.22	40	—	纸张	2.25	62	20
二、苯及其氧化物的混合物				塑料(颗粒)	2.0	58	20
乙烷	1.22	40	—	聚苯乙烯	1.0	34	—
乙醇(酒精)	1.34	43	—	聚氨基甲酸酯(硬的)	1.0	34	—
乙醚	1.47	46	—	四、其他火灾			
乙烯	1.60	49	—	电缆间和电缆沟	1.5	47	10
二氯乙烯	1.00	34	—	数据储存间	2.25	62	20
环氧乙烯	1.80	53	—	电子计算机设备	1.5	47	10
汽油	1.00	34	—	电气开关和配电室	1.2	40	10
己烷	1.03	35	—	带冷却系统的发电机	2.0	58	到停转
正庚烷	1.03	35	—	油浸变压器	2.0	58	—
正辛烷	1.03	35	—	数据打印设备(间)	2.25	62	20
氢	3.30	75	—	油漆间和干燥设备	1.2	40	—
硫化氢	1.06	36	—	纺织机	2.0	58	—
异丁烷	1.06	36	—	干燥的电线	1.47	50	10
异丁烯	1.00	34	—	电气绝缘设备	1.47	50	10
甲酸异丁酯	1.00	34	—	皮毛储存库	3.30	75	20
航空煤油 JP-4	1.06	36	—	吸尘装置	3.30	75	20
煤油	1.00	34	—				

(2)灭火剂用量计算

对于全淹没系统,二氧化碳总用量为设计灭火用量和剩余量之和。

①设计灭火用量:决定全淹没系统设计用量的主要因素与灭火设计浓度、开口流失量、防护区的容积及表面积有关。二氧化碳的设计用量计算:

$$M = K_b(K_1A + K_2V) \tag{5.3}$$

$$A = A_V + 30A_0 \tag{5.4}$$

$$V = V_V - V_C \tag{5.5}$$

式中 M——二氧化碳设计用量,kg;

K_1——面积系数,kg/m²,取 0.2 kg/m²;

K_2——体积系数,kg/m³,取 0.7 kg/m³;

A——折算面积,m²;

A_V——防护区的内侧、顶面(包括其中开口)的总面积,m²;

A_0——开口总面积,m²;

V——防护区的净容积,m³;

V_V——防护区容积,m³;

V_C——防护区内非燃烧体和难燃烧体的总体积,m³;

30——常数,为开口补偿系数。

防护区的净容积是指防护区空间体积扣除固定不变的实体部分的体积,如果有不能停止的空调系统,则应考虑空调系统的附加体积。

②管网和储存容器内灭火剂剩余量:系统中灭火剂的剩余量是系统泄压时存在管网和储存容器内的灭火剂量。均衡系统管网内的剩余量可忽略不计。储存容器内二氧化碳灭火剂的剩余量是根据我国现行采用的40 L储存容器测试结果得出的,充装量为25 kg,喷放后的剩余量为1~2 kg,占充装量的5%~8%。所以,储存容器剩余量可按设计用量的8%计算。

2)系统管网计算

管网最好布置成均衡系统。所谓均衡系统,应是选用同一规格尺寸的喷头,给定每只喷嘴的设计流量相等,系统计算结果应满足式(5.6):

$$\frac{h_{max} - h_{min}}{h_{max}} < 0.1 \tag{5.6}$$

式中 h_{max}——喷头装在最不利点的全程阻力损失;

h_{min}——喷头装在最有利点的全程阻力损失。

管网计算的原则:管道直径应满足输送设计流量的要求,同时管道最终压力还应满足喷头入口压力不低于喷头最低工作压力的要求。

管网系统计算步骤如下:

(1)储存容器数量的估算

根据灭火剂总用量和单个储存容器的容积及其在某个压力等级下的充装率,即储存容器个数为:

$$N_p = 1.1\frac{M}{\alpha V_0} \tag{5.7}$$

式中 N_p——储存容器个数,个;

V_0——单个储存容器的容积,L;

α——储数容器中二氧化碳的充装率,kg/L,对于高压储压系统 $\alpha=0.6\sim0.67$ kg/L;

1.1——灭火剂储存量和实用量比值的经验数据。

(2)计算管段长度的确定

根据管路布置,确定计算管段长度,计算管段长度应为管段实长与管道附件当量长度之和,管道附件当量长度,见表5.16。

表5.16 管道附件当量长度

管道公称直径/mm	螺纹连接			焊 接		
	90°弯头/m	三通的直通部分/m	三通的侧通部分/m	90°弯头/m	三通的直通部分/m	三通的侧通部分/m
15	0.52	0.3	1.04	0.24	0.21	0.82
20	0.67	0.43	1.37	0.33	0.27	0.85
25	0.85	0.55	1.74	0.43	0.37	1.07
32	1.13	0.7	2.29	0.55	0.46	1.4
40	1.31	0.82	2.62	0.64	0.52	1.65
50	1.68	1.07	3.42	0.85	0.87	2.1
65	2.01	1.25	4.09	1.01	0.82	2.5
80	2.50	1.56	5.06	1.25	1.01	3.11
100				1.65	1.34	4.09
125				3.04	1.68	5.12
150				2.47	2.01	6.18

(3)初定管径

初定管径可按式(5.8)计算:

$$D=(1.5\sim2.5)\sqrt{Q_s} \tag{5.8}$$

式中 D——管道内径,mm;

Q_s——管道的设计流量,kg/min。

(4)输送干管的平均流量计算

$$Q_s=\frac{M}{t} \tag{5.9}$$

式中 t——二氧化碳喷射时间,min。

(5)管道压力降计算

①公式计算法:

$$Q_s^2=\frac{0.872\,5\times10^{-4}D^{5.25}Y}{L+0.043\,19D^{1.25}Z} \tag{5.10}$$

或

$$Y_2=Y_1+ALQ^2+B(Z_2-Z_1)Q^2 \tag{5.11}$$

式中 Y——压力系数,MPa·kg/m³;

Z——密度系数；

Y_1, Y_2——计算管段的始、终端 Y 值，MPa · kg/m³；

Z_1, Z_2——计算管段的始、终端 Z 值；

L——管段计算长度，m；

A, B——系数。

$$A = \frac{1}{0.8725 \times 10^{-4} D^{5.25}} \tag{5.12}$$

$$B = \frac{4950}{D^4} \tag{5.13}$$

管道的压力系数 Y 及密度系数 Z 由表 5.17 和表 5.18 查得，也可按下式计算：

$$Y = \int_{\rho_1}^{\rho_2} \rho \mathrm{d}\rho \tag{5.14}$$

$$Z = \int_{\rho_1}^{\rho_2} \frac{\mathrm{d}\rho}{\rho} \tag{5.15}$$

式中　ρ_1——压力为 p_1 时二氧化碳的密度，kg/m³；

ρ_2——压力为 p_2 时二氧化碳的密度，kg/m³。

表 5.17　高压储存(5.17 MPa)系统各压力点的 Y,Z 值

压力/MPa	Y/(MPa · kg · m⁻³)	Z	压力/MPa	Y/(MPa · kg · m⁻³)	Z
5.17	0	0	3.50	927.7	0.830 0
5.10	55.4	0.003 5	3.25	1 005.0	0.950 0
5.05	97.2	0.060 0	3.00	1 082.3	1.086 0
5.00	132.5	0.082 5	2.75	1 150.7	1.240 0
4.75	303.7	0.210 0	2.50	1 219.3	1.430 0
4.50	460.6	0.330 0	2.25	1 250.2	1.620 0
4.25	612.0	0.427 0	2.00	1 285.5	1.340 0
4.00	725.6	0.570 0	1.75	1 318.7	2.140 0
3.75	828.3	0.700 0	1.40	1 340.8	2.590 0

表 5.18　低压储存(2.07 MPa)系统各压力点的 Y,Z 值

压力/MPa	Y/(MPa · kg · m⁻³)	Z	压力/MPa	Y/(MPa · kg · m⁻³)	Z
2.07	0	0.000	1.50	369.6	0.994
2.00	66.5	0.120	1.40	404.5	1.169
1.90	150	0.295	1.30	433.8	1.344
1.80	220.1	0.470	1.20	458.4	1.519
1.70	278.0	0.645	1.10	478.9	1.693
1.60	328.5	0.820	1.00	496.2	1.368

②图解法：将式(5.10)变换成下列形式：

$$\frac{L}{D^{1.25}}=\frac{0.8725\times10^{-5}Y}{(Q/D^{2})^{2}}-0.04319Z \tag{5.16}$$

令此管长 $L/D^{1.25}$ 为横坐标，压力 p 为纵坐标，按式(5.16)关系在该坐标系统中取不同的比流量 Q/D^2 值，可得一组曲线簇，如图5.5和图5.6所示。这样便可用图解法求出管道的压力降值。

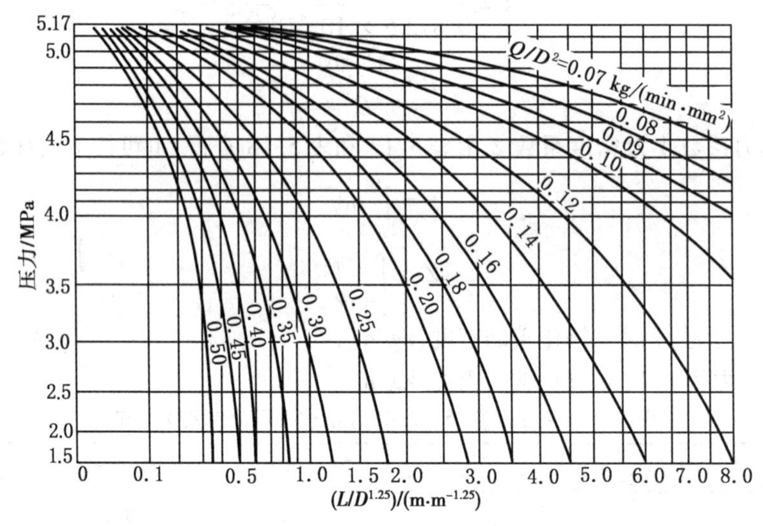

图5.5 5.17 MPa储压下的管路压力降

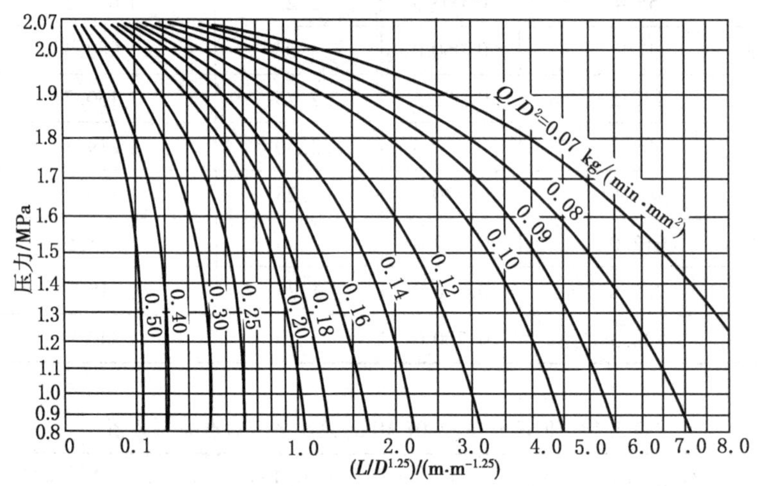

图5.6 2.07 MPa储压下的管路压力降

使用图解法时，先计算出各计算管段的比管长 $L/D^{1.25}$ 和比流量 Q/D^2 值，取管道的起点压力为储源的储存压力，以第二计算管段的始端压力等于第一计算管段的终端压力，就可找出第二计算管段的终端压力……依此类推，直至求得系统末端的压力。

(6)高程压力校正

在二氧化碳管网流体计算中，管道坡度引起的管段两端的水头差可以忽略，但管段两端显著高程差所引起的水头不能忽略，应计入管段终点压力。水头是高度和密度的函数，二氧化碳的密度随压力变化，在计算水头时，应取管段两端压力的平均值。当终点高度低于起点时,取正值;反之,取负值。

流程高度所引起的压力校正值见表5.19。

表5.19 流程高度所引起的压力校正值

管道平均压力/MPa	流程高度所引起的压力校正值/($MPa \cdot m^{-1}$)	管道平均压力/MPa	流程高度所引起的压力校正值/($MPa \cdot m^{-1}$)
5.17	0.008 0	4.14	0.004 9
4.83	0.006 8	3.79	0.004 0
4.48	0.005 8	3.45	0.003 6
3.10	0.002 8	2.07	0.001 6
2.76	0.002 4	1.72	0.001 2
2.41	0.001 9	1.40	0.001 0

(7)喷头压力和等效孔口喷射率

喷头入口压力即是系统最末管段终端压力。对于高压储存系统,最不利喷头入口压力应不小于1.4 MPa;对于低压储存系统,最不利喷头入口压力应不小于1 MPa。

喷头的等效孔口喷射率是以流量系数0.98标准孔口进行测算的,它是储存容器内压的函数。高压和低压储存系统的等效孔口喷射率,见表5.20和表5.21。

表5.20 高压储存(5.17 MPa)系统等效孔口的喷射率

喷头入口压力/MPa	喷射率/($kg \cdot min^{-1} \cdot mm^{-2}$)	喷头入口压力/MPa	喷射率/($kg \cdot min^{-1} \cdot mm^{-2}$)
5.17	3.255	3.28	1.223
5.00	2.703	3.10	1.139
4.83	2.401	2.93	1.062
4.65	2.172	2.76	0.984 3
4.48	1.993	2.59	0.907 0
4.31	1.839	2.41	0.829 6
4.14	1.705	2.24	0.759 3
3.96	1.589	2.07	0.689 0
3.79	1.487	1.72	0.689 0
3.62	1.396	1.40	0.483 3
3.45	1.308		

表 5.21　低压储存(2.07 MPa)系统等效孔口的喷射率

喷头入口压力/MPa	喷射率/($kg \cdot min^{-1} \cdot mm^{-2}$)	喷头入口压力/MPa	喷射率/($kg \cdot min^{-1} \cdot mm^{-2}$)
2.07	2.967	1.52	0.917 5
2.00	2.039	1.45	0.850 7
1.93	1.670	1.38	0.791 0
1.86	1.441	1.31	0.736 8
1.79	1.283	1.24	0.686 9
1.72	1.164	1.17	0.641 2
1.65	1.072	1.10	0.599 0
1.59	0.991 3	1.00	0.540

(8)喷头孔口尺寸计算

喷头等效孔口面积可按式(5.17)计算：

$$F = \frac{Q_i}{q_0} \tag{5.17}$$

式中　F——喷头等效孔口面积，mm^2；

q_0——等效孔口单位面积的喷射率，$kg/(min \cdot mm^2)$，按表 5.22 选用；

Q_i——单个喷头的设计流量，kg/min。

喷头规格应根据等效孔口面积按表 5.23 选用。

表 5.22　喷头入口压力单位面积喷射率

喷头入口压力/MPa	喷射率/($kg \cdot min^{-1} \cdot mm^{-2}$)	喷头入口压力/MPa	喷射率/($kg \cdot min^{-1} \cdot mm^{-2}$)
5.17	3.255	3.28	1.223
5.00	2.703	3.10	1.139
4.83	2.401	2.93	1.062
4.65	1.172	2.76	0.984 3
4.48	1.993	2.59	0.907 0
4.31	1.839	2.41	0.829 6
4.14	1.705	2.24	0.779 3
3.96	1.589	2.07	0.689 4
3.79	1.487	1.72	0.548 4
3.62	1.396	1.40	0.433 3
3.45	1.308		

表 5.23 喷头等效孔口尺寸

等效单孔面积/MPa	等效单孔直径/mm	喷头代号	等效单孔面积/MPa	等效单孔直径/mm	喷头代号
1.98	1.59	2	71.29	9.53	12
4.45	2.38	3	83.61	10.30	13
7.94	3.18	4	96.97	11.10	14
12.39	3.97	5	111.30	11.90	15
17.81	4.76	6	126.70	12.70	16
24.68	5.56	7	169.30	14.30	18
31.68	6.35	8	197.90	15.90	20
40.06	7.14	9	239.50	17.50	22
49.48	7.94	10	285.00	19.10	24
59.87	8.73	11			

5.1.3 局部应用系统设计计算

二氧化碳局部应用灭火系统的设计可采用面积法或体积法。当保护对象的着火部位是比较平直的表面时,宜采用面积法;当着火对象为不规则物体时,应采用体积法。

1)面积法设计与计算

采用面积法进行设计时,首先应确定所保护的面积,计算保护面积时应将火灾的临界部分考虑进去,另外还需考虑火灾可能蔓延到的部位。

(1)计算保护面积

保护面积应按整体保护表面垂直投影面积计算。

(2)局部应用系统喷头

设计中选用的喷头应具有以试验为依据的技术参数,这些参数是以物质系数 $K_b=1$ 提出的喷头在不同安装高度(系指喷头与被保护物表面的距离)的额定保护面积和喷射速率。

局部应用系统常用的喷头有架空型和槽边型 2 种。

①架空型喷头。架空型喷头应根据喷头到保护对象表面的距离来确定喷头的设计流量和相应的保护面积。

架空型喷头的布置宜垂直于保护对象的表面,其瞄准点应是喷头保护面积的中心。当确需非垂直布置时,喷头的安装角应不小于 45°,其瞄准点应偏向喷头安装位置的一方,如图 5.7 所示。喷头偏离保护面积中心距离,可按表 5.24 确定。

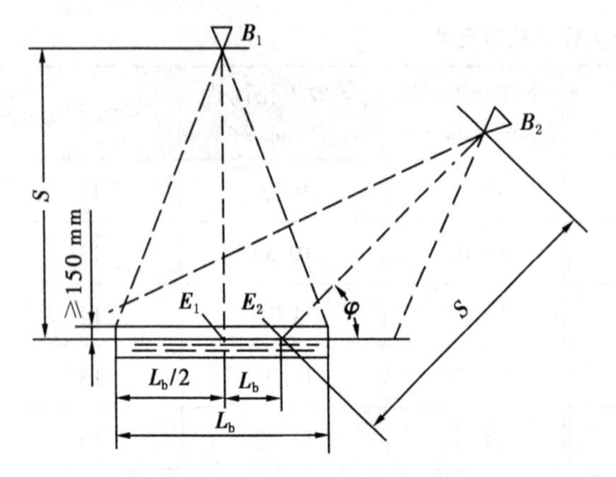

图 5.7　架空型喷头布置方法

B_1,B_2—喷头布置位置;E_1,E_2—喷头瞄准点;S—喷头出口至瞄准点的距离;L_b—瞄准点偏离喷头保护面积中心的距离;

ρ—喷头安装角度

表 5.24　喷头偏离保护面积中心的距离

喷头安装角	喷头偏离保护面积中心的距离/m
45°~60°	$0.25L_b$
60°~75°	$0.25L_b$~$0.125L_b$
75°~90°	$0.125L_b$~0

②槽边型喷头。槽边型喷头应根据喷头的设计喷射速率来确定喷头的保护面积。

(3)喷头数量

喷头的保护面积,对架空型喷头为正方形,对槽边型喷头为矩形(或正方形)面积。为了保证可靠灭火,喷头的布置须使保护面积完全覆盖,采用边界相接的方法进行排列,喷头数量按式(5.18)计算:

$$n_t = K_b \frac{S_L}{S_i} \tag{5.18}$$

式中　n_t——喷头数量,只;

K_b——物质系数,按表 5.22 选用;

S_L——保护面积,m^2;

S_i——单个喷头的保护面积,m^2。

(4)二氧化碳设计用量

①根据喷头的保护面积和相应的设计流量及喷射时间按下式计算灭火剂设计用量:

$$M = NQ_i t \tag{5.19}$$

式中　M——二氧化碳设计用量,kg;

N——喷头数量;

Q_i——单个喷头的设计流量,kg/min;

t—喷射时间,min。

②根据面积及喷射强度按下式计算灭火剂设计用量:

$$M = S_L q_s t \tag{5.20}$$

式中　M——二氧化碳设计用量,kg;

S_L——计算保护面积,m^2;

q_s——单位面积喷射强度,kg/(min·m^2);

t——喷射时间,min。

通过实验,喷头在不同安装高度上其面积喷射强度不相同。安装在 1 m 高度时,面积喷射强度为 13 kg/(min·m²),随着安装高度增加,灭火强度也需增大。为安全可靠,推荐按式(5.20)来计算二氧化碳用量。

2)体积法设计与计算

采用体积法设计时,先要围绕保护对象设定一个假想的封闭罩。假想封闭罩应有实际的底(如地板),其周围和顶部如没有实际的围护结构(如墙等),则假想罩的每个"侧面"和"顶盖"都应离被保护物不小于0.6 m 的距离。这个假想封闭罩的容积即为"体积法"设计计算的体积,封闭罩内保护对象所占的体积不应扣除。

试验得知,体积法中所采用的二氧化碳灭火设计喷射强度与假想封闭罩侧面的实际围封程度有关。

(1)喷射强度

①当被保护对象的物质系数 $K_b=1$,全部侧面有实际围封时,喷射强度可取 4 kg/(min·m²)。

②当被保护对象的物质系数 $K_b=1$,所设定的封闭罩其侧面完全无实际围封结构时,喷射强度可取 16 kg/(min·m²)。

③当设定的封闭罩侧面只有部分实际围封结构,则喷射强度介于上述二者之间时,其喷射强度可通过围封系数来确定。

围封系数系指实际围护结构与假想封闭罩总侧面积的比值。则围封系数可按下式计算:

$$K_w = \frac{A_p}{A_t} \tag{5.21}$$

式中 K_w——围封系数;

A_p——在假定的封闭罩中存在的实体墙等实际围封面的面积,m²;

A_t——假定的封闭罩侧面围封面积,m²。

二氧化碳的单位体积的喷射率应按下式计算:

$$q_V = K_b(16 - 12K_w) = K_b\left(16 - \frac{12A_p}{A_t}\right) \tag{5.22}$$

式中 q_V——单位体积的喷射强度,kg/(min·m³)。

(2)灭火剂设计用量

二氧化碳设计用量可按式(5.23)计算:

$$M = V_L q_V t \tag{5.23}$$

3)二氧化碳储存量

局部应用灭火系统采用局部施放,通过喷头把二氧化碳以液态形式直接喷射到被保护对象表面灭火。为保证基本设计用量全部呈液态形式喷出,必须增加灭火剂储存量以补偿汽化部分。对于高压储存系统的储存量为基本设计用量的1.4倍;对于低压储存系统的储存量为基本设计用量的1.1倍。

组合分配系统的二氧化碳储存量,不应小于所需储存量最大的一个保护对象的储存量。

当管道敷设在环境温度超过45 ℃的场所且无绝热层保护时,应计算二氧化碳在管道中的蒸发量,蒸发量可按式(5.24)计算:

$$M_V = \frac{M_g c_p (T_1 - T_2)}{H} \tag{5.24}$$

式中 M_V——二氧化碳在管道中的蒸发量,kg;

M_g——受热管网的管道质量,kg;

c_p——管道金属材料的比热,kJ/(kg·℃),钢管可取0.46 kJ/(kg·℃);

T_1——二氧化碳喷射前管道的平均温度,℃,可取环境平均温度;

T_2——二氧化碳平均温度,℃,高压储存系统取15.6 ℃,低压储存系统取20.6 ℃;

H——液态二氧化碳蒸发潜热,kJ/kg,高压储存系统取150.7 kJ/kg,低压储存系统取276.3 kJ/kg。

二氧化碳储存量:对于高压储存系统,应为设计用量的1.4倍与管道蒸发量之和;对于低压储存系统,应为设计用量的1.1倍与管道蒸发量之和。

5.1.4 工程举例

有一高压储存系统,两喷头流量相等,总流量为150 kg/min,系统管路如图5.8所示。

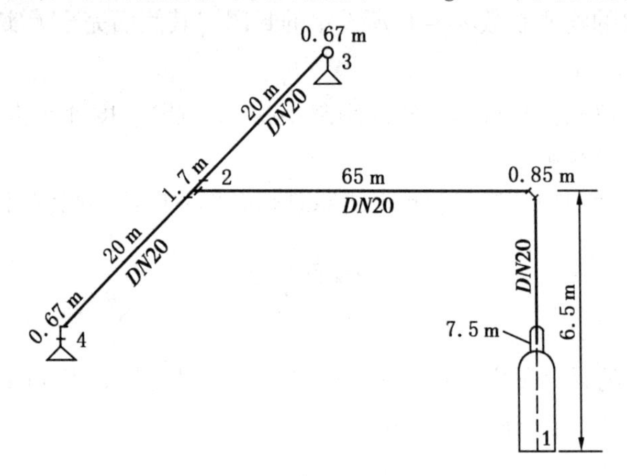

图5.8

【解1】 用计算法

①管段流量分配。

1—2管段:150 kg/min

2—3管段:75 kg/min

2—4管段:75 kg/min

②各管段计算长度。

1—2管段:

沿程长度(L):(6.5+65)m=71.5 m

局部损失当量长度(L):(7.5+0.85)m=8.35 m

计算长度(L):79.85 m

2—3或2—4管段:

沿程长度(L):20 m

局部损失当量长度(L):(1.7+0.67)m=2.37 m

计算长度(L):22.37 m

③静压水头。

在1—2管段上,以平均压力5.13 MPa,查表5.20得:

$$p_H = 5.0\ \text{m} \times 0.007\ 96\ \text{MPa/m} = 0.039\ 8\ \text{MPa}$$

④阻力损失计算。

1—2管段始端1上计算压力 p_1:

$$p_1 = p_0 - = (5.17 - 0.039\ 8)\text{MPa} = 5.13\ \text{MPa}$$

以 p_1 值查表5.17得:

$$Y_1 = 55.4,\quad Z_1 = 0.003\ 5$$

由式(5.12),

$$A = \frac{1}{0.872\ 5 \times 10^{-4} \times 25^{5.25}} = 5.249 \times 10^{-4}$$

由式(5.13),

$$B = \frac{4\ 950}{25^4} = 1.267 \times 10^{-2}$$

将以上各值代入式(5.11):

$$Y_2 = 55.4 + 5.249 \times 10^{-4} \times 70.85 \times 150^2 + 1.267 \times 10^{-2} \times (Z_2 - 0.003\ 5) \times 150^2$$

$$= 892 + \text{未定项(因}\ Z_2\ \text{值未定)}$$

忽略未定项,以 Y_2=892 查表5.17得:

$$Z_2 = 0.79$$

补充计算未定项

$$Y_2 = 892 + 1.267 \times 10^{-2}(0.79 - 0.003\ 5) \times 150^2 = 1\ 116.21$$

以 Y_2=1 116.21 查表5.24,得:

$$p_2 = 2.80\ \text{MPa}$$

2—3管段:

由式(5.12),

$$A = \frac{1}{0.872\ 5 \times 10^{-4} \times 20^{5.25}} = 1.694 \times 10^{-3}$$

由式(5.13),

$$B = \frac{4\ 950}{20^4} = 3.094 \times 10^{-2}$$

代入式(5.11):

$$Y_3 = 1\ 150 + 1.694 \times 10^{-3} \times 22.37 \times 75^2 + \text{未定项}$$

$$= 1\ 336 + \text{未定项}$$

查表5.17:

$$Y_3 = 1\ 336\ \text{时},Z_3 = 2.56$$

补充计算未定项:

$$Y_3 = 1\ 336 + 3.094 \times 10^{-2} \times (2.56 - 0.79) \times 75^2 = 1\ 644$$

以 Y_3=1 644 查表5.17,得:

$$p_3 = 1.4\ \text{MPa}$$

最后,将结果汇总于表5.25。

表5.25 计算结果汇总表

管段	管径 /mm	长度 /m	计算长度 /m	高程变化 /m	质量流量 /(kg·min^{-1})	压力/MPa	
						始端	终端
1—2	25	70	70.85	6.5	150	5.13	2.80
2—3	20	20	22.37	0	75	2.80	1.40
2—4	20	20	22.37	0	75	2.80	1.40

【解2】 用图解法

①1—2管段

已知 $p_1 = p_0 - p_H = 51.7\ \text{MPa} - 0.517\ \text{MPa} = 5.118\ \text{MPa}$

$L/D^{1.25} = 78.35/25^{1.25} = 1.4$

$Q/D^2 = 150/25^2 = 0.24$

从管路压降图(见图5.5)上内插找出始端1的函数坐标值。以 $p_1 = 5.118 \times 10^{-1}$ MPa 与 $Q/D^2 = 0.24$ 曲线的交点,得:

纵坐标:$y_1 = p_1 = 5.118$ MPa

横坐标:$x_1 = 0.07$

终端2的函数坐标为:

横坐标:$x_2 = x_1 + L/D^{1.25} = 0.07 + 1.4 = 1.47$

纵坐标:(x_2 与 $Q/D^2 = 0.24$ 曲线之交点):$y_2 = 34$

故 $p_2 = y_2 = 3.4$ MPa

②2—3管段

已知 $L/D^{1.25} = 22.37/20^{1.25} = 0.529$

$Q/D^2 = 75/20^2 = 0.188$

始端2的函数坐标为:

纵坐标:$y'_2 = y_2 = 34$

横坐标:(y_2 与 $Q/D^2 = 0.188$ 曲线之交点):$x' = 2.3$

终端3的函数坐标为:

横坐标:$x_3 = x'_2 + L/D^{1.25} = 2.3 + 0.529 = 2.829$

纵坐标:(x_3 与 $Q/D^2 = 0.188$ 曲线之交点):$y_3 = 2.7$

故 $p_3 = y_3 = 2.7$ MPa

计算结果与解1的结果比较,喷头压力高出1.3 MPa。

5.2 七氟丙烷灭火系统

七氟丙烷(HFC-227ea)商品名称FM-200,分子式为 CF_3CHFCF_3,属于洁净气体灭火剂。

5.2.1 概述

1)七氟丙烷灭火系统的适用范围

①七氟丙烷灭火系统可用于扑救下列火灾:

a. 电气火灾;

b. 液体火灾或可熔化的固体火灾;

c. 固体表面火灾;

d. 灭火前应能切断气源的气体火灾。

②七氟丙烷灭火系统不得用于扑救含有下列物质的火灾:

a. 含氧化剂的化学制品及混合物,如硝化纤维、硝酸钠等;

b. 活泼金属,如钾、钠、镁、钛、锆、铀等;

c. 金属氢化物,如氢化钾、氢化钠等;

d. 能自行分解的化学物质,如过氧化氢、联胺等;

e. 可燃固体的深位火灾。

2)防护区的基本要求

①防护区的划分,应符合下列规定:

a. 防护区宜以固定的单个封闭空间划分;当同一区间的吊顶层和地板下需同时保护时,可合为一个防护区。

b. 当采用管网灭火系统时,1 个防护区的面积不宜大于 800 m^2;容积不宜大于 3 600 m^3。

c. 当采用预制灭火系统(成品灭火装置)时,1 个防护区的面积不应大于 500 m^2;容积应不大于 1 600 m^3。

②防护区的最低环境温度应不低于-10 ℃。

③防护区围护结构及门窗的耐火极限均不应低于 0.5 h;吊顶的耐火极限应不低于 0.25 h。

④防护区围护结构承受内压的允许压强,不宜低于 1.2 kPa。

⑤防护区灭火时应保持封闭条件,除泄压口以外的开口,在喷放灭火剂前,应能自动关闭。

⑥防护区的泄压口宜设在外墙上,应位于防护区净高的 2/3 以上。

泄压口面积:

$$F_x = 0.15 \frac{Q}{\sqrt{p_f}} \tag{5.25}$$

式中 F_x——泄压口面积,m^2;

Q——七氟丙烷在防护区的平均喷放速率,kg/s;

p_f——围护结构承受内压的允许压强,Pa。

当设有外开门弹性闭门器或弹簧门的防护区,其开口面积不小于泄压口计算面积的,不需另设泄压口。

⑦2 个或 2 个以上邻近的防护区,宜采用组合分配系统,1 个组合分配系统所保护的防护区不应超过 8 个。

3)系统控制方式

从火灾发生、报警到灭火系统启动至灭火完成,整个工作过程如图 5.9 所示。七氟丙烷灭火系统的控制方式有 3 种。

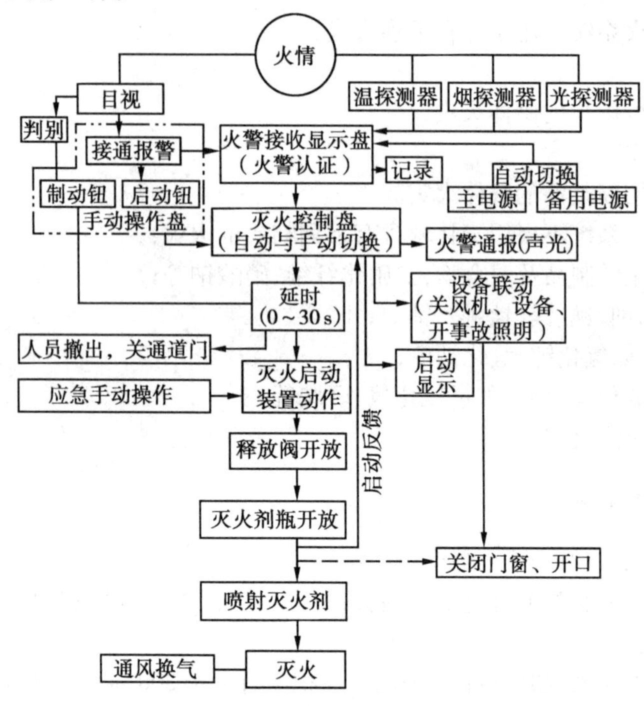

图 5.9　系统工作程序方框图

(1)自动控制

应将灭火控制盘的控制方式选择键拨到“自动”位置。保护区有火灾发生,火灾探测器接收到火情信息并经甄别后,由报警和灭火控制系统发出声、光报警及下达灭火指令。从而按下列程序工作:完成“联动设备”的启动(如停电、停止通风及关闭门窗等),延迟 0~30 s 通电打开电磁启动器;继而打开 N_2 启动瓶瓶头阀→分区释放阀→各七氟丙烷储瓶瓶头阀→释放七氟丙烷实施灭火。

(2)手动控制

将灭火控制盘(或自动/手动转换装置)的控制方式选择键拨到“手动”位置。此时自动控制无从执行。人为发觉火灾或火灾报警系统发出火灾信息,即可操作灭火控制盘上(或另设的)灭火手动按钮,仍将按上述既定程序实施灭火。

一般情况,手动灭火控制大都在保护区现场执行。保护区门外设有手动控制盒。有的手动控制盒内还设紧急停止按钮,用它可停止执行“自动控制”灭火指令(只要是在延迟时间终了前)。

(3)应急操作

火灾报警系统、灭火控制系统发生故障不能投入工作,此时人们发现火情欲启动灭火系统的话,就应通知人员撤离保护区,人为启动“联动设备”,再执行灭火行动:拔下电磁启动器上的保险盖,压下电磁铁芯轴。这样就打开了 N_2 启动瓶瓶头阀,继而像“自动控制”程序一样,会相应地将释放阀、七氟丙烷储瓶瓶头阀打开,释放七氟丙烷实施灭火。

4)灭火设计浓度和惰化设计浓度

(1)一般规定

①采用七氟丙烷灭火系统保护的防护区,其七氟丙烷设计用量,应根据防护区内可燃物相应的灭火设计浓度或惰化设计浓度经计算确定。

②有爆炸危险的气体、液体类火灾的防护区,应采用惰化设计浓度;无爆炸危险的气体、液体类火灾和固体类火灾的防护区,应采用灭火设计浓度。

③当几种可燃物共存或混合时,其灭火设计浓度或惰化设计浓度,应按其中最大的灭火浓度或惰化浓度确定。

④灭火系统的灭火设计浓度不应小于该物灭火浓度的1.3倍,惰化设计浓度不应小于该物惰化浓度的1.1倍。

(2)有关可燃物的灭火浓度和惰化浓度

有关可燃物的灭火浓度见表5.26和表5.27,惰化浓度见表5.28,海拔高度修正系数见表5.29。

(3)有关场所的设计灭火浓度

①图书、档案、票据和文物资料库等防护区,七氟丙烷的灭火设计浓度宜采用10%。

②油浸变压器室、带油开关的配电室和自备发电机房等防护区,七氟丙烷的灭火设计浓度宜采用9%。

③通信机房和电子计算机房等防护区,七氟丙烷的灭火设计浓度宜采用8%。

表5.26 可燃物的七氟丙烷HFC-227ea灭火浓度

可燃物	灭火浓度/%	可燃物	灭火浓度/%
丙酮	6.8	JP-4	6.6
乙腈	3.7	JP-5	6.6
AV汽油	6.7	甲烷	6.2
丁醇	7.1	甲醇	10.2
丁基醋酸酯	6.6	甲乙酮	6.7
环戊酮	6.7	甲基异丁酮	6.6
2号柴油	6.7	吗啉	7.3
乙烷	7.5	硝基甲烷	10.1
乙醇	8.1	丙烷	6.3
乙基醋酸酯	5.6	Pyrollidine	7.0
乙二醇	7.8	四氢呋喃	7.2
汽油(无铅,7.8%乙醇)	6.5	甲苯	5.8
庚烷	5.8	变压器油	6.9
1号水力流体	5.8	涡轮液压油23	5.1
异丙醇	7.3	二甲苯	5.3

表5.27 A类危险物表面火灾的七氟丙烷HFC-227ea灭火浓度

火　灾	灭火浓度/%
A类危险物表面火灾	5.8

表 5.28　可燃物的七氟丙烷 HFC-227ea 惰化浓度

可 燃 物	惰化浓度/%	可 燃 物	惰化浓度/%
1-丁烷	11.3	乙烯氧化物	13.6
1-氯-1.1-二氟乙烷	2.6	甲烷	8.0
1.1-二氟乙烷	8.6	戊烷	11.6
二氯甲烷	3.5	丙烷	11.6

表 5.29　海拔高度修正系数

海拔高度/m	修正系数	海拔高度/m	修正系数
-1 000	1.130	2 500	0.735
0	1.000	3 000	0.690
1 000	0.885	3 500	0.650
1 500	0.830	4 000	0.610
2 000	0.785	4 500	0.565

5.2.2　系统组成和系统部件

1)七氟丙烷自动灭火系统的组成

一般来说,七氟丙烷自动灭火系统由火灾报警系统、灭火控制系统和灭火系统 3 部分组成。而灭火系统又由七氟丙烷储存装置与管网系统 2 部分组成,其构成形式如图 5.10 所示。

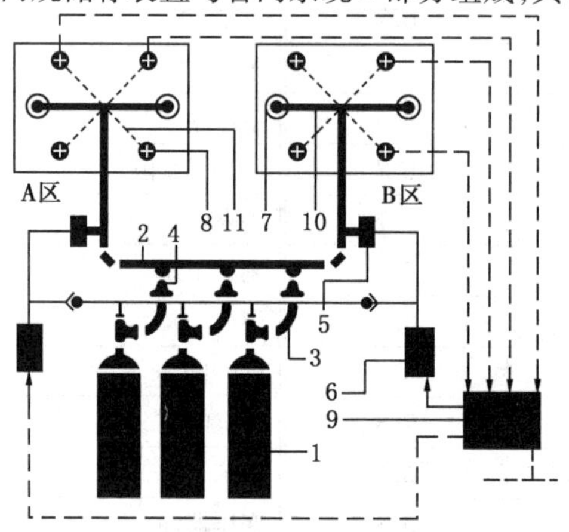

图 5.10　七氟丙烷自动灭火系统的构成

1—七氟丙烷储瓶(含瓶头阀和引升管);2—汇流管(各储瓶出口连接在它上面);
3—高压软管(实现储瓶与汇流管之间的连接);4—单向阀(防止七氟丙烷向储瓶倒流);
5—释放阀(用于组合分配系统,用其分配、释放七氟丙烷);6—启动装置(含电磁方式、
手动方式与机械应急操作);7—七氟丙烷喷头;8—火灾探测器(含感温、感烟等类型);
9—火灾报警及灭火控制设备;10—七氟丙烷输送管道;
11—探测与控制线路(图中虚线表示)

如果每个防护区设置一套储存装置,成为单元独立灭火系统。如果将几个防护区组合起来,共同设立1套储存装置,则成为组合分配灭火系统。

2)系统部件

(1)七氟丙烷储瓶

①用途:瓶口安装瓶头阀,按设计要求充装七氟丙烷和增压 N_2。瓶头阀出口与管网系统相连。平时储瓶用来储存七氟丙烷,火灾发生时将七氟丙烷释放出去实施灭火。

②结构:总体钢瓶为锰钢,焊接钢瓶为16 MnV,瓶内作防锈处理,规格尺寸见表5.30。

表5.30 七氟丙烷储瓶性能及规格尺寸

型 号	容积/L	公称工作压力/MPa	外径/mm	高度/mm	瓶重/kg	瓶口连接尺寸	材 料
JR-70/54	70	5.4	273	1 530	82	M80×3(阳)	锰钢
JR-100/54	100	5.4	366	1 300	100	M80×3(阳)	16 MnV
JR-120/54	120	5.4	350	1 600	130	M80×3(阴)	锰钢

③应用要求:允许最高工作温度为50 ℃,最低工作温度为-10 ℃,使用维修按《压力容器安全监察规程》中的有关规定。

(2)瓶头阀

①用途:瓶头阀安装在七氟丙烷储瓶瓶口上,具有封存、释放、充装、超压排放等功能。

②结构:瓶头阀由瓶头阀本体、开启膜片、启动活塞、安全阀门和充装接嘴、压力表接嘴等部分组成。零部件采用不锈钢与铜合金材料,其规格尺寸见表5.31。

表5.31 瓶头阀性能及规格尺寸

型 号	公称通径/mm	公称工作压力/MPa	进口尺寸	出口尺寸	启动接口尺寸	当量长度/m
JVF-40/54	40	5.4	M80×3(阴)	M60×2(阳)	M10×1(阴)	3.6
JVF-50/54	50	5.4	M80×3(阳)	M72×2(阳)	M10×1(阴)	4.5

③应用要求:瓶头阀装上瓶体前,应按技术要求检查试验合格;按瓶身内部高度(减短10 mm)在阀入口内螺纹ZG 1 1/2(或ZG2)处装上长短合适通径为40 mm(或50 mm)的引升管(用钢管时内外镀锌,管端为45°斜口),拧入时无须用密封带,但必须拧牢。

瓶头阀装上瓶体之后,应根据储瓶设计工作压力,2.5 MPa或4.2 MPa向储瓶充气进行气密试验。进行气密试验时,将瓶倒挂使瓶头阀与瓶的颈部浸入无水酒精槽内,保持10 min应无气泡泄出。

充装七氟丙烷时,将七氟丙烷气源的软管接头拧在充装接嘴上,然后开启充装阀实行充装。按设计充装率充装完毕,在关闭气源之后和卸下软管之前,必须关闭充装阀。另外,将充装接嘴卸下换装压力表接嘴,需装上压力表。

(3)电磁启动器

①用途:安装在启动瓶瓶头阀上,按灭火控制指令给其通电(直流24 V)启动,进而打开

释放阀及瓶头阀，释放七氟丙烷实施灭火。并且，它可实行机械应急操作，实施灭火系统启动。

②结构：电磁启动器由电磁铁、释放机构、作动机构组成；电磁铁顶部有手动启动孔，具有结构简单、作动力大、使用电流小、可靠性高等特点，其规格尺寸见表5.32。

表5.32　电磁启动器性能及规格

型　号	作动力/kg	作动行程/mm	与启动瓶瓶头阀连接尺寸	阀用电磁铁	
				额定电压/V	额定电流/A
EIC4/24	10	8	M14×1.25(阳)	直流24	1

③应用要求：当七氟丙烷储瓶已充装好并就位固定在储瓶间里，才可将电磁启动器装在启动瓶瓶头阀上，连接牢靠。连接时将连接嘴从启动器上卸下，拧到启动瓶瓶头阀的启动接口上。拧紧之后，将接嘴的另一端插入启动器并用锁帽固紧；检查作动机构有无异常，检查正常，盖好盒盖。注意，N_2 启动瓶预先充装(7.0±1.0)MPa 的 N_2。

保证电源要求，接线牢靠。

(4)释放阀

①用途：灭火系统为组合分配时设释放阀。对应各个保护区各设1个，安装在七氟丙烷储瓶出流的汇流管上，由它开放并引导七氟丙烷喷入需要灭火的保护区。

②结构：释放阀由阀本体和驱动汽缸组成，结构简单，动作可靠。零件采用铜合金和不锈钢材料制造，其规格尺寸见表5.33。

表5.33　释放阀性能及规格尺寸

型　号	公称直径/mm	工作压力/MPa	当量长度/m	进出口尺寸	外形尺寸/mm			
					L	B	H	h
EIS-40/12	40	12	5	ZG1 $\frac{1}{2}$	146	110	137	59
EIS-50/12	50	12	6	ZG2	146	124	153	67
EIS-65/12	65	12	7.5	ZG2 $\frac{1}{2}$	176	151	190	81
JS-80/4	80	4	9	ZG3	198	175	220	95
JS-100/4	100	4	10	ZG4	230	210	135	115

③应用要求：安装完毕，检查压臂是否能正常抬起。应将摇臂调整到位，并将压臂用固紧螺钉压紧。释放动作后，应由人工调整复位才可再用。

(5)七氟丙烷单向阀

①用途：七氟丙烷单向阀安装在七氟丙烷储瓶出流的汇流管上，防止七氟丙烷从汇流管向储瓶倒流。

②结构：七氟丙烷单向阀由阀体、阀芯、弹簧等部件组成。密封采用塑料王，零件采用铜合金及不锈钢材料制造，其规格尺寸见表5.34。

表 5.34 七氟丙烷单向阀性能及规格尺寸

型 号	公称直径/mm	工作压力/MPa	动作压力/MPa	当量长度/m	进口尺寸	出口尺寸
JD-40/54	40	5.4	0.15	3.0	M60×2(阳)	M65×2(阳)
JD-50/54	50	5.4	0.15	3.5	M72×2(阳)	M80×3(阳)

③应用要求:定期检查阀芯的灵活性与阀的密封性。

(6)高压软管

①用途:高压软管用于瓶头阀与七氟丙烷单向阀之间的连接,形成柔性结构,适于瓶体称重检漏和安装方便。

②结构:高压软管夹层中缠绕不锈钢螺旋钢丝,内外衬夹布橡胶衬套,按承压强度标准制造。进出口采用 O 形圈密封连接,其规格尺寸见表 5.35。

表 5.35 高压软管性能及规格尺寸

型 号	公称直径/mm	工作压力/MPa	动作压力/MPa	当量长度/m	进口尺寸	出口尺寸
JL-40/54	40	5.4	0.3	0.5	M60×2(阴)	M60×2(阴)
JL-50/54	50	5.4	0.4	0.6	M72×2(阴)	M72×3(阴)

③应用要求:弯曲使用时不宜形成锐角。

(7)气体单向阀

①用途:气体单向阀用于组合分配的系统启动操纵气路上。控制那些七氟丙烷瓶头阀的应打开,另外的不应打开。

②结构:气体单向阀由阀体、阀芯和弹簧等部件组成。密封件采用塑料网,零件采用铜合金及不锈钢材料制造,其规格尺寸见表 5.36。

表 5.36 气体单向阀性能及规格尺寸

型 号	公称直径/mm	工作压力/MPa	动作压力/MPa	长度/mm	进出接口
EID 4/20	4	20	0.2	105	D_{N4} 扩口式接头

③应用要求:定期检查阀芯的灵活性与阀的密封性。

(8)安全阀

①用途:安全阀安装在汇流管上。由于组合分配系统采用了释放阀使汇流管形成封闭管段,一旦有七氟丙烷积存在里面,可能由于温度的关系会形成较高的压力,为此需装设安全阀。它的泄压动作压力为(6.8±0.4)MPa。

②结构:安全阀由阀体及安全膜片组成。零件采用不锈钢与铜合金材料制造,其规格尺寸见表 5.37。

表5.37 安全阀性能及规格尺寸

型号	公称直径/mm	公称工作压力/MPa	泄压动作压力/MPa	连接尺寸
JA-12/4	12	4.0	6.8±0.4	ZG $\frac{3}{4}$

③应用要求:安全膜片应经试验确定。膜片装入时涂润滑脂,并与汇流管一道进行气密性试验。

(9)压力信号器

①用途:压力信号器安装在释放阀的出口部位(对于单元独立系统,则安装在汇流管上)。当释放阀开启释放七氟丙烷时,压力信号器动作送出工作信号给灭火控制系统。

②结构:由阀体、活塞和微动开关等组成。采用不锈钢和铜合金材料制造。规格尺寸见表5.38。

表5.38 压力信号器性能及规格尺寸

型号	公称直径/mm	公称工作压力/MPa	最小动作压力/MPa	接点电压 电流	连接尺寸
EIX4/12	4	12	0.2	DC24 V,≤1 A	ZG $\frac{1}{2}$

③应用要求:安装前进行动作检查,送进0.2 MPa气压时信号器应动作。接线应正确,一般接在常开接点上,动作后应经人工复位。

(10)喷头(规格尺寸见表5.39,JP6-36型喷头流量曲线见图5.11)

表5.39 七氟丙烷喷头性能及规格尺寸

规格 型号	接管尺寸	当量标准号	喷口计算面积/cm^2	保护半径/m	应用高度/m
JP-6	ZG0.75″(阴)	6	0.178	7.5	5.0
JP-7	ZG0.75″(阴)	7	0.243	7.5	5.0
JP-8	ZG0.75″(阴)	8	0.317	7.5	5.0
JP-9	ZG0.75″(阴)	9	0.401	7.5	5.0
JP-10	ZG0.75″(阴)	10	0.495	7.5	5.0
JP-11	ZG0.75″(阴)	11	0.599	7.5	5.0
JP-12	ZG0.1″(阴)	12	0.713	7.5	5.0
JP-13	ZG0.1″(阴)	13	0.836	7.5	5.0
JP-14	ZG0.1″(阴)	14	0.970	7.5	5.0
JP-15	ZG0.1″(阴)	15	1.113	7.5	5.0
JP-16	ZG1″(阴)	16	1.267	7.5	5.0
JP-18	ZG1.25″(阴)	18	1.603	7.5	5.0

续表

规格 型号	接管尺寸	当量标准号	喷口计算面积 /cm^2	保护半径 /m	应用高度 /m
JP-20	ZG1.25″(阴)	20	1.977	7.5	5.0
JP-22	ZG1.25″(阴)	22	2.395	7.5	5.0
JP-24	ZG1.5″(阴)	24	2.850	7.5	5.0
JP-26	ZG1.5″(阴)	26	3.345	7.5	5.0
JP-28	ZG1.5″(阴)	28	3.879	7.5	5.0
JP-30	ZG2″(阴)	30	4.453	7.5	5.0
JP-32	ZG2″(阴)	32	5.067	7.5	5.0
JP-34	ZG2″(阴)	34	5.720	7.5	5.0
JP-36	ZG2″(阴)	36	6.413	7.5	5.0

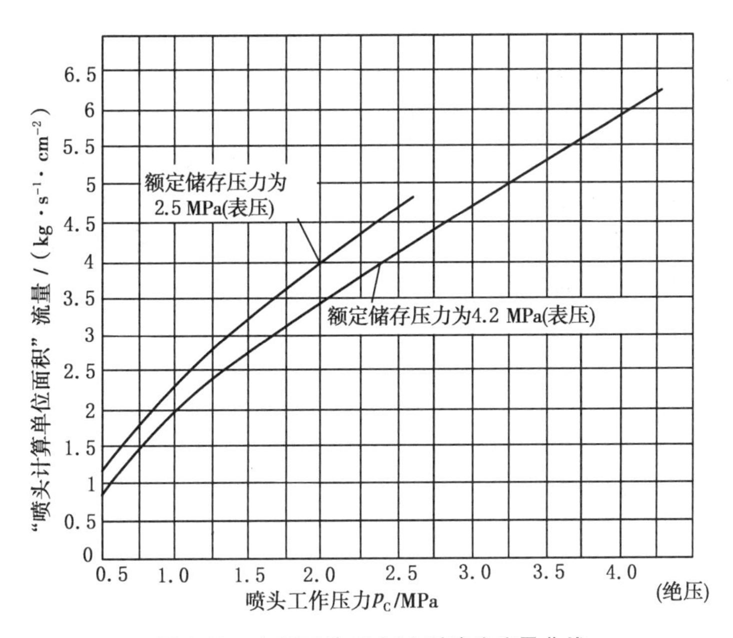

图 5.11　七氟丙烷 JP6-36 型喷头流量曲线

5.2.3　系统设计和计算

1) 灭火剂用量计算

系统的设置用量,应为防护区灭火设计用量(或惰化设计用量)与系统中喷放不尽的剩余量之和。

(1) 防护区灭火设计用量(或惰化设计用量)

$$W = K\frac{V}{S}\frac{c_1}{100 - c_1} \tag{5.26}$$

式中 W——防护区七氟丙烷灭火(或惰化)设计用量,kg;

c_1——七氟丙烷灭火(或惰化)设计浓度,%;

S——七氟丙烷过热蒸气在 101 kPa 和防护区最低环境温度下的比容,m^3/kg;

V——防护区的净容积,m^3;

K——海拔高度修正系数,按表 5.29 的规定采用。

七氟丙烷在不同温度下的过热蒸气比容:

$$S = K_1 + K_2 t \tag{5.27}$$

式中 t——温度,℃;

K_1——0.126 9;

K_2——0.000 513。

(2)灭火剂剩余量

喷放不尽的剩余量,应包含储存容器内的剩余量和管网内的剩余量。

①储存容器内的剩余量,可按储存容器内引升管管口以下的容器容积量计算。

②均衡管网和只含一个封闭空间的防护区的非均衡管网,其管网内的剩余量,均可不计。

防护区中含 2 个或 2 个以上封闭空间的非均衡管网,其管网内的剩余量,可按管网第一分支点后各支管的长度,分别取各长支管与最短支管长度的差值为计算长度,计算出的各长支管末段的内容积量,应为管网内的容积剩余量。

当系统为组合分配系统时,系统设置用量中有关防护区灭火设计用量的部分,应采用该组合中某个防护区设计用量最大者替代。

用于需不间断保护的防护区的灭火系统和超过 8 个防护区组合成的组合分配系统,应设七氟丙烷备用量,备用量应按原设置用量的 100% 确定。

2)系统设计

(1)系统设计基本要求

①系统设计与管网计算的设计额定温度,应采用 20 ℃。

②七氟丙烷灭火系统应采用氮气增压输送。氮气中水的体积分数不应大于 0.006%。

③额定增压压力分为 2 级,应符合下列规定:

a. 一级(2.5±0.125)MPa(表压);

b. 二级(4.2±0.125)MPa(表压)。

④储存容器中七氟丙烷的充装率,应不大于 1 150 kg/m^3。

⑤系统管网的管道内容积,不宜大于该系统七氟丙烷充装容积量的 80%。

⑥管网布置宜设计为均衡系统。均衡系统管网应符合下列规定:

a. 各个喷头,应取相等设计流量;

b. 在管网上,从第 1 分流点至各喷头的管道阻力损失,其相互间的最大差值不应大于 20%。

⑦在管网上,不应采用四通管件进行分流。

(2)七氟丙烷灭火时的浸渍时间

在防护区内维持设计规定的七氟丙烷浓度,使火灾完全熄灭所需的时间,称为浸渍时间。七氟丙烷灭火时的浸渍时间,应符合下列规定:

①扑救木材、纸张、织物类等固体火灾时，不宜小于 20 min。

②扑救通信机房、电子计算机房等防护区火灾时，应不小于 3 min。

③扑救其他固体火灾时，不宜小于 10 min。

④扑救气体和液体火灾时，应不小于 1 min。

(3)七氟丙烷喷放时间

七氟丙烷的喷放时间，在通信机房和电子计算机房等防护区，不宜大于 7 s；在其他防护区，不应大于 10 s。

3)管网计算

进行管网计算时，各管道中的流量宜采用平均设计流量。

①管网中主干管的平均设计流量按式(5.28)计算：

$$Q_w = \frac{W}{t} \tag{5.28}$$

式中 Q_w——主干管平均设计流量，kg/s；

t——七氟丙烷的喷放时间，s。

②管网中支管的平均设计流量，按式(5.29)计算：

$$Q_g = \sum_{1}^{N_g} Q_c \tag{5.29}$$

式中 Q_g——支管平均设计流量，kg/s；

N_g——安装在计算支管流程下游的喷头数量，个；

Q_c——单个喷头的设计流量，kg/s。

宜采用喷放七氟丙烷设计用量 50% 时的“过程中点”容器压力和该点瞬时流量进行管网计算。该瞬时流量宜按平均设计流量计算。

③喷放“过程中点”容器压力，宜按式(5.30)计算：

$$p_m = \frac{p_0 V_0}{V_0 + \frac{W}{2\gamma} + V_p} \tag{5.30}$$

式中 p_m——喷放“过程中点”储存容器内压力，MPa；

p_0——储存容器额定增压压力，MPa；

V_0——喷放前，全部储存容器内的气相总容积，m^3；

W——防护区七氟丙烷灭火(或惰化)设计用量，kg；

γ——七氟丙烷液体密度，kg/m^3，20 ℃时，γ=1 407；

V_p——管网管道的内容积，m^3。

$$V_b = nV_b\left(1 - \frac{\eta}{\gamma}\right) \tag{5.31}$$

式中 n——储存容器的数量，个；

V_b——储存容器的容量，m^3；

η——七氟丙烷充装率，kg/m^3。

④七氟丙烷管流采用镀锌钢管的阻力损失，可按式(5.32)计算(或按图 5.12 确定)：

$$\Delta p=\frac{5.75\times10^{5}Q_{p}^{2}}{\left(1.74+2\log\frac{D}{0.12}\right)^{2}D^{5}}L \tag{5.32}$$

式中　Δp——计算管段阻力损失,MPa;

L——计算管段的计算长度,m;

Q_p——管道流量,kg/s。

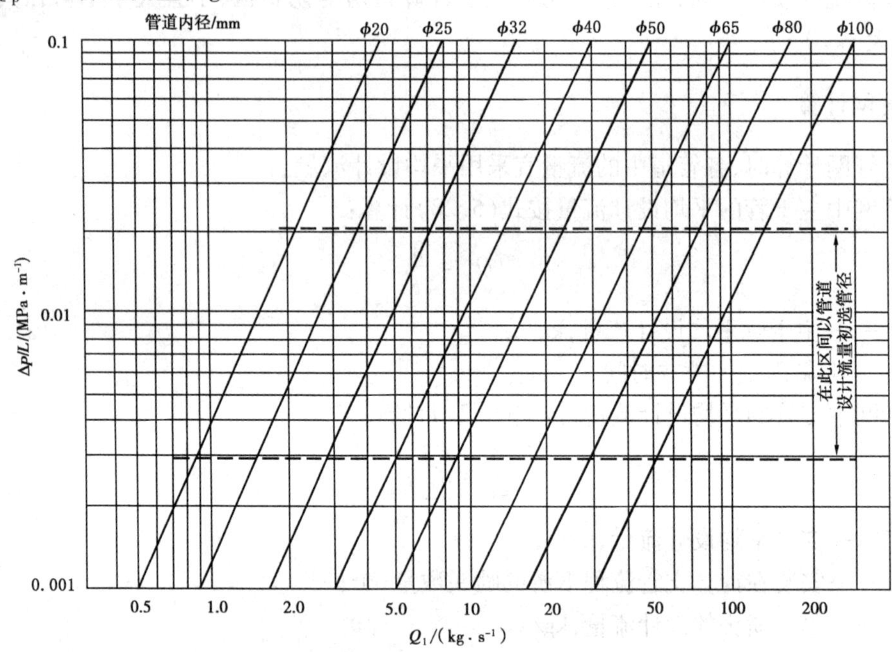

图 5.12　镀锌钢管阻力损失与七氟丙烷流量的关系

初选管径,可按平均设计流量及采用管道阻力损失为 0.003 ~0.02 MPa/m 进行计算(见图 5.12)。

⑤喷头工作压力:

$$p_c=p_m-\sum_{1}^{N_d}\Delta p\pm p_h \tag{5.33}$$

式中　p_c—— 喷头工作压力,MPa;

p_m—— 喷放"过程中点" 储存容器内压力,MPa;

$\sum_{1}^{N_d}\Delta p$—— 系统流程阻力总损失,MPa;

N_d—— 管网计算管段的数量;

p_h—— 高程压头,MPa。

⑥高程压头:

$$p_h=10^{-6}\gamma Hg \tag{5.34}$$

式中　H——喷头高度相对"过程中点"时储存容器液面的位差。

喷头工作压力的计算结果,应符合下列规定:

a. 一般,$p_c\geqslant0.8$ MPa,最小:$p_c\geqslant0.5$ MPa;

b. $p_c \geqslant \frac{p_m}{2}$。

⑦喷头孔口面积：

$$F_c = \frac{10Q_c}{\mu_c\sqrt{2\gamma p_c}} \tag{5.35}$$

式中 F_c——喷头孔口面积，cm^2；

Q_c——喷头设计流量，kg/s；

μ_c——喷头流量系数。

喷头流量系数，由储存容器的充装压力与喷头孔口结构等因素决定，应经试验得出。

5.2.4 工程举例

有一通信机房，房高 3.2 m，长 14 m，宽 7 m，设用七氟丙烷灭火系统保护。分下列步骤进行设计计算：

①确定灭火设计浓度：

依据 5.2.1 节，取 $C_1=8\%$。

②计算保护空间实际容积：

$$V=(3.2\times 14\times 7)\text{m}^3=313.6\ \text{m}^3$$

③计算灭火剂设计用量：

式(5.26)：$W=K\frac{V}{S}\frac{c_1}{100-c_1}$

其中：$K=1$，

$$S=(0.126\,9+0.000\,513\times 20)\text{m}^3/\text{kg}=0.137\,16\ \text{m}^3/\text{kg}$$

所以：$W=\left(\frac{313.6}{0.137\,16}\times\frac{8}{100-8}\right)\text{kg}=198.8\ \text{kg}$

④设定灭火剂喷放时间：

依据 5.2.3 节，取 $t=7$ s。

⑤设定喷头布置与数量：

选用 JP 型喷头，其保护半径 $R=7.5$ m。故设定喷头为 2 只，按保护区平面均匀喷洒布置喷头。

⑥选定灭火剂储瓶规格及数量：

根据 $W=198.8$ kg，选用 JR-100/54 储瓶 3 只。

⑦绘出系统管网计算图(图 5.13)。

⑧计算管道平均设计流量：

主干管：$Q_w=\frac{W}{t}=\left(\frac{198.8}{7}\right)\text{kg/s}=28.4\ \text{kg/s}$

支管：$Q_g=\frac{Q_w}{2}=14.2\ \text{kg/s}$

储瓶出流管：$Q_p=\frac{W/n}{t}=\left(\frac{198.8/3}{7}\right)\text{kg/s}=9.47\ \text{kg/s}$

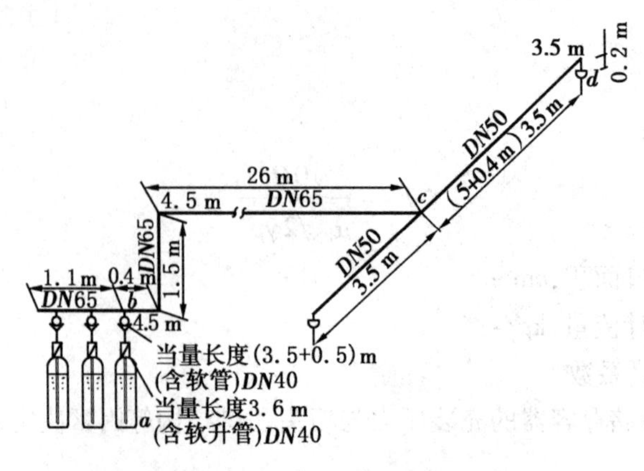

图 5.13 管网计算图

⑨选择管网管道直径：

以管道平均设计流量，依据图 5.12 选取。其结果标在管网计算图上。

⑩计算充装率：

系统设置用量：$W_s = W + \Delta W_1 + \Delta W_2$

管网内剩余量：$\Delta W_2 = 0$

储瓶内剩余量：$\Delta W_1 = n \times 3.5 = 3 \times 3.5\ \text{kg} = 10.5\ \text{kg}$

充装率：$\eta = \dfrac{W_s}{nV_b} = \left(\dfrac{198.8 + 10.5}{3 \times 0.1}\right)\ \text{kg/m}^3 = 697.7\ \text{kg/m}^3$

⑪计算管网管道内容积：

依据管网计算图及选取的管道内径进行计算：

$$V_p = (29 \times 3.42 + 7.4 \times 1.96)\ \text{dm}^3 = 113.7\ \text{dm}^3$$

⑫储瓶增压压力：

选用 $p_0 = 4.3$ MPa。

⑬计算全部储瓶气相总容积：

由式(5.31)得：

$$V_0 = nV_b\left(1 - \frac{\eta}{\gamma}\right) = 3 \times 0.1 \times \left(1 - \frac{697.7}{1\ 407}\right)\ \text{m}^3 = 0.151\ 2\ \text{m}^3$$

⑭计算“过程中点”储瓶内压力：

由式(5.30)得：

$$p_m = \frac{p_0 V_0}{V_0 + \dfrac{W}{2\gamma} + V_p} = \frac{4.3 \times 0.151\ 2}{0.151\ 2 + \dfrac{198.8}{2 \times 1\ 407} + 0.113\ 7}\ \text{MPa} = 1.938\ \text{MPa}$$

⑮计算管路阻力损失：

a. a—b 段：

以 $Q_p = 9.47$ kg/s 及 $DN40$，查图 5.12 得：$(\Delta p/L)_{ab} = 0.010\ 3$ MPa/m

计算长度 $L_{ab} = (3.6 + 3.5 + 0.5)\ \text{m} = 7.6\ \text{m}$

$\Delta p_{ab} = (\Delta p/L)_{ab} \times L_{ab} = (0.010\ 3 \times 7.6)\ \text{MPa} = 0.078\ 3\ \text{MPa}$

b. b—c 段：

以 $Q_w = 28.4$ kg/s 及 $DN65$，查图 5.12 得：$(\Delta p/L)_{bc} = 0.008$ MPa/m

计算长度 $L_{bc}=(0.4+4.5+1.5+4.5+26)\text{ m}=36.9\text{ m}$

$\Delta p_{bc}=(\Delta p/L)_{bc}\times L_{bc}=0.008\text{ MPa/m}\times 36.9\text{ m}=0.2952\text{ MPa}$

c. c—d 段:

以 $Q_g=14.2$ kg/s 及 $DN50$,查图 5.12 得:$(\Delta p/L)_{cd}=0.009$ MPa/m

计算长度 $L_{cd}=(5+0.4+3.5+3.5+0.20)\text{ m}=12.6\text{ m}$

$\Delta p_{cd}=(\Delta p/L)_{cd}\times L_{cd}=(0.009\times 12.6)\text{ MPa}=0.1134\text{ MPa}$

求得管路总损失:$\sum\Delta p=\Delta p_{ab}+\Delta p_{bc}+\Delta p_{cd}=0.4869\text{ MPa}$

⑯计算高程压头:

由式(5.34):

$$p_h=10^{-6}\gamma Hg$$

其中,$H=2.8$ m(喷头高度相对“过程中点”储瓶液面的位差)。因此:

$$p_h=(10^{-6}\times 1407\times 2.8\times 9.81)\text{ MPa}=0.0386\text{ MPa}$$

⑰计算喷头工作压力:

由式(5.33)得:

$$p_c=p_m-(\sum\Delta p\ \pm p_h)=(1.938-0.4869-0.0386)\text{ MPa}=1.412\text{ MPa}$$

⑱验算设计计算结果:

喷头工作压力的计算结果,应满足下列条件:

$$p_c\geqslant 0.5\text{ MPa}$$

$$p_c\geqslant\frac{p_m}{2}=\frac{1.938}{2}\text{ MPa}=0.969\text{ MPa}$$

皆满足,合格。

⑲计算喷头计算面积及确定喷头规格:

以 $p_c=1.412$ MPa,从图 5.11 中查得,喷头计算单位面积流量 $q_c=2.7\text{ kg/(s}\cdot\text{cm}^2)$。

又,喷头平均设计流量:$Q_c=\dfrac{W}{2}=14.2$ kg/s

故求得喷头计算面积:$F_c=\dfrac{Q_c}{q_c}=\dfrac{14.2}{2.7}\text{ cm}^2=5.26\text{ cm}^2$

查表 5.39,可选用 JP-34 喷头。

5.3 IG541 混合气体灭火系统

IG541 混合气体灭火系统是由 52% 氮、40% 氩、8% 二氧化碳三种气体组成,化学分子式为 $N_2/A_r/CO_2$,分子量为 34.1,属于惰性气体灭火剂。其灭火机理是窒息作用灭火。灭火剂释放到火场后,使燃烧区中氧体积分数降低(空气中的含氧量由正常的 21% 降至 15% 以下),由于供氧不足而终止燃烧。

5.3.1 概述

1) IG541 混合气体灭火系统的适用范围

(1) IG541 混合气体灭火系统可用于扑救下列火灾

①电气火灾；

②液体火灾或可熔化的固体火灾；

③固体表面火灾；

④灭火前应能切断气源的气体火灾。

鉴于 IG541 混合气体灭火系统在高压喷放时，可能导致可燃易燃液体飞溅和汽化，有造成火势扩大蔓延的危险，因此，扑灭液体火灾慎用 IG541 混合气体灭火系统。

(2) IG541 混合气体灭火系统不得用于扑救含有下列物质的火灾

①含氧化剂的化学制品及混合物，如硝化纤维、硝酸钠等；

②活泼金属，如钾、钠、镁、钛、锆、铀等；

③金属氢化物，如氢化钾、氢化钠等；

④能自行分解的化学物质，如过氧化氢、联胺等。

2) 防护区的基本要求

①防护区的划分，应符合下列规定：

a. 防护区宜以固定的单个封闭空间划分；当同一区间的吊顶层和地板下需同时保护时，可合为一个防护区。

b. 当采用管网灭火系统时，1 个防护区的面积不宜大于 800 m^2；容积不宜大于 3 600 m^3。

c. 当采用预制灭火系统(成品灭火装置)时，1 个防护区的面积不应大于 500 m^2；容积应不大于 1 600 m^3。

②防护区的最低环境温度应不低于-10 ℃。

③防护区围护结构及门窗的耐火极限均不应低于 0.5 h；吊顶的耐火极限应不低于 0.25 h。

④防护区围护结构承受内压的允许压强，不宜低于 1.2 kPa。

⑤防护区灭火时应保持封闭条件，除泄压口以外的开口，以及用于该防护区的通风机和通风管道中的防火阀，在喷放灭火剂前，应做到关闭。

⑥防护区的泄压口宜设在外墙上。

泄压口面积：

$$F_x = 1.1 \frac{Q}{\sqrt{p_f}} \tag{5.36}$$

式中 F_x——泄压口面积，m^2；

Q——灭火剂在防护区的平均喷放速率，kg/s；

p_f——围护结构承受内压的允许压强，Pa。

设有外开门弹性闭门器或弹簧门的防护区，其开口面积不小于泄压口计算面积的，不需另设泄压口。

⑦2 个或 2 个以上邻近的防护区，宜采用组合分配系统，1 个组合分配系统所保护的防护区不应超过 8 个。

3）系统基本组成和系统控制方式

系统主要由灭火剂储瓶、喷头、驱动瓶组、启动器、选择阀、单向阀、低压泄漏阀、压力开关、集流管、高压软管、安全泄压阀、管路系统、控制系统等组成。

基本组成参见图 5.10。

系统控制方式有自动控制、手动控制和应急操作 3 种，工作程序应见 5.2.1 中的“系统控制方式”。

4）灭火剂设计浓度和惰化浓度

①采用 IG541 混合气体灭火系统保护的防护区，其灭火设计用量或惰化设计用量，应根据防护区内可燃物相应的灭火设计浓度或惰化设计浓度经计算确定。

②有爆炸危险的气体、液体类火灾的防护区，应采用惰化设计浓度，无爆炸危险的可燃物火灾的防护区，应采用灭火设计浓度。

③几种可燃物共存或混合时，灭火设计浓度或惰化设计浓度，应按其中最大的灭火设计浓度或惰化设计浓度确定。

④灭火系统的灭火设计浓度不应小于灭火浓度的 1.3 倍，惰化设计浓度不应小于惰化浓度的 1.1 倍。

⑤固体表面火灾的灭火浓度为 28.1%，其他灭火浓度可按表 5.40(a)的规定取值，惰化浓度可按表 5.40(b)的规定取值。表中未列出的，应经试验确定。

表 5.40(a)　IG541 混合气体灭火浓度

可燃物	灭火浓度/%	可燃物	灭火浓度/%
甲烷	15.4	丙酮	30.3
乙烷	29.5	丁酮	35.8
丙烷	32.3	甲基异丁酮	32.3
戊烷	37.2	环己酮	42.1
庚烷	31.1	甲醇	44.2
正庚烷	31.0	乙醇	35.0
辛烷	35.8	1-丁醇	37.2
乙烯	42.1	异丁醇	28.3
醋酸乙烯酯	34.4	普通汽油	35.8
醋酸乙酯	32.7	航空汽油 100	29.5
二乙醚	34.9	Avtur(Jet A)	36.2
石油醚	35.0	2 号柴油	35.8
甲苯	25.0	真空泵油	32.0
乙腈	26.7		

表 5.40(b) IG541 混合气体惰化浓度

可燃物	惰化浓度/%
甲烷	43.0
丙烷	49.0

5.3.2 系统设计和计算

1)灭火剂用量计算

(1)防护区灭火剂设计用量(或惰化设计用量)计算

$$W = K \cdot \frac{V}{S} \cdot \ln\left(\frac{100}{100 - C_1}\right) \tag{5.37}$$

式中 W——灭火设计用量或惰化设计用量,kg;

C_1——灭火设计浓度或惰化设计浓度,%;

V——防护区净容积,m^3;

S——灭火剂气体在 101 kPa 大气压和防护区最低环境温度下的质量体积,m^3/kg;

K——海拔高度修正系数,可按表 5.29 的规定取值。

灭火剂气体在 101 kPa 大气压和防护区最低环境温度下的质量体积,应按下式计算:

$$S = 0.657\,5 + 0.002\,4 \cdot T \tag{5.38}$$

式中 T——防护区最低环境温度,℃。

(2)系统灭火剂储存量

系统灭火剂储存量应为防护区灭火剂设计用量(或惰化设计用量)及系统灭火剂剩余用量之和。系统灭火剂剩余用量按式(5.39)计算:

$$W_s \geq 2.7V_0 + 2.0V_p \tag{5.39}$$

式中 W_s——系统灭火剂剩余量,kg;

V_0——系统全部储存容器的总容积,m^3;

V_p——管网的管道内容积,m^3。

2)系统设计基本要求

①储存容器充装量,应符合下列规定:

a. 一级充压(15.0 MPa)系统,充装量应为 211.15 kg/m^3;

b. 二级充压(20.0 MPa)系统,充装量应为 281.06 kg/m^3;

②管网计算,管道流量采用平均设计流量。

③灭火浸渍时间,应符合下列要求:

a. 木材、纸张、织物等固体表面火灾,宜采用 20 min;

b. 通信机房、电子计算机房内的电气设备火灾,宜采用 20 min;

c. 其他固体表面火灾,宜采用 10 min。

④当灭火剂喷放到设计用量的 95% 时,其喷放时间不应大于 60 s,且不应小于 48 s。

3)管网计算

①管道流量采用平均设计流量。

主干管、支管的平均设计流量,应按式(5.40)(5.41)计算:

$$Q_w = \frac{0.95W}{t} \tag{5.40}$$

$$Q_g = \sum_{1}^{N_g} Q_c \tag{5.41}$$

式中　Q_w——主干管平均设计流量,kg/s;

t——灭火剂设计喷放时间,s;

Q_g——支管平均设计流量,kg/s;

N_g——安装在计算支管下游的喷头数量,个;

Q_c——单个喷头的设计流量,kg/s。

②管道内径宜按式(5.42)计算:

$$D = (24 \sim 36)\sqrt{Q} \tag{5.42}$$

式中　D——管道内径,mm;

Q——管道设计流量,kg/s。

③灭火剂释放时,管网应进行减压。减压装置宜采用减压孔板。减压孔板宜设在系统的源头或干管入口处。

a.减压孔板前的压力,应按式(5.43)计算:

$$P_1 = P_0\left(\frac{0.525V_0}{V_0 + V_1 + 0.4V_2}\right)^{1.45} \tag{5.43}$$

式中　P_1——减压孔板前的压力,MPa(绝对压力);

P_0——灭火剂储存容器充压压力,MPa(绝对压力);

V_0——系统全部储存容器的总容积,m^3;

V_1——减压孔板前管网管道容积,m^3;

V_2——减压孔板后管网管道容积,m^3。

b.减压孔板后的压力,应按式(5.44)计算:

$$P_2 = \delta \cdot P_1 \tag{5.44}$$

式中　P_2——减压孔板后的压力,MPa(绝对压力);

δ——落压比(临界落压比:$\delta=0.52$)。一级充压(15.0 MPa)的系统,可在$\delta=0.52 \sim 0.60$中选用;二级充压(20.0 MPa)的系统,可在$\delta=0.52 \sim 0.55$中选用。

④减压孔板孔口面积,宜按式(5.45)计算:

$$F_k = \frac{Q_k}{0.95\mu_k P_1\sqrt{\delta^{1.38} - \delta^{1.69}}} \tag{5.45}$$

式中　F_k——减压孔板孔口面积,cm^2;

Q_k——减压孔板设计流量,kg/s;

μ_k——减压孔板流量系数。

⑤系统的阻力损失宜从减压孔板后算起,并按式(5.46)计算,压力系数和密度系数,可依

据计算点压力按表 5.41 确定。

$$Y_2 = Y_1 + \frac{L \cdot Q^2}{0.242 \times 10^{-8} \cdot D^{5.25}} + \frac{1.653 \times 10^7}{D^4} \cdot (Z_2 - Z_1) Q^2 \tag{5.46}$$

式中 Q——管道设计流量,kg/s;

L——管道计算长度,m;

D——管道内径,mm;

Y_1——计算管段始端压力系数,(10^{-1}MPa · kg/m^3);

Y_2——计算管段末端压力系数,(10^{-1}MPa · kg/m^3);

Z_1——计算管段始端密度系数;

Z_2——计算管段末端密度系数。

⑥喷头等效孔口面积,应按式(5.47)计算:

$$F_c = \frac{Q_c}{q_c} \tag{5.47}$$

式中 F_c——喷头等效孔口面积,cm^2;

q_c——等效孔口单位面积喷射率,kg/(s · cm^2),可按表 5.42 采用。

⑦喷头的实际孔口面积,应经试验确定,喷头规格应符合表 5.43 的规定。

表 5.41(a) 一级充压(15.0 MPa)IG541 混合气体灭火系统的管道压力系数和密度系数

压力/MPa(绝对压力)	$Y/(10^{-1}$ MPa · kg · m$^{-3})$	Z
3.7	0	0
3.6	61	0.036 6
3.5	120	0.074 6
3.4	177	0.114
3.3	232	0.153
3.2	284	0.194
3.1	335	0.237
3.0	383	0.277
2.9	429	0.319
2.8	474	0.363
2.7	516	0.409
2.6	557	0.457
2.5	596	0.505
2.4	633	0.552
2.3	668	0.601
2.2	702	0.653
2.1	734	0.708
2.0	764	0.766

表5.41(b) 二级充压(20.0 MPa)IG541 混合气体灭火系统的管道压力系数和密度系数

压力/MPa(绝对压力)	$Y/(10^{-1}\text{MPa}\cdot\text{kg}\cdot\text{m}^{-3})$	Z
4.6	0	0
4.5	75	0.028 4
4.4	148	0.056 1
4.3	219	0.086 2
4.2	288	0.114
4.1	355	0.144
4.0	420	0.174
3.9	483	0.206
3.8	544	0.236
3.7	604	0.269
3.6	661	0.301
3.5	717	0.336
3.4	770	0.370
3.3	822	0.405
3.2	872	0.439
3.08	930	0.483
2.94	995	0.539
2.8	1 056	0.595
2.66	1 114	0.652
2.52	1 169	0.713
2.38	1 221	0.778
2.24	1 269	0.847
2.1	1 314	0.918

表5.42(a) 一级充压(15.0 MPa)IG541 混合气体灭火系统喷头等效孔口单位面积喷射率

喷头入口压力/MPa(绝对压力)	喷射率/$[\text{kg}\cdot(\text{s}\cdot\text{cm}^2)^{-1}]$
3.7	0.97
3.6	0.94
3.5	0.91
3.4	0.88

续表

喷头入口压力/MPa(绝对压力)	喷射率/[kg·(s·cm^2)$^{-1}$]
3.3	0.85
3.2	0.82
3.1	0.79
3.0	0.76
2.9	0.73
2.8	0.70
2.7	0.67
2.6	0.64
2.5	0.62
2.4	0.59
2.3	0.56
2.2	0.53
2.1	0.51
2.0	0.48

注:等效孔口流量系数为0.98。

表5.42(b)　二级充压(20.0 MPa)IG541混合气体灭火系统喷头等效孔口单位面积喷射率

喷头入口压力/MPa(绝对压力)	喷射率/[kg·(s·cm^2)$^{-1}$]
4.6	1.21
4.5	1.18
4.4	1.15
4.3	1.12
4.2	1.09
4.1	1.06
4.0	1.03
3.9	1.00
3.8	0.97
3.7	0.95
3.6	0.92
3.5	0.89
3.4	0.86

续表

喷头入口压力/MPa(绝对压力)	喷射率/[kg·(s·cm²)⁻¹]
3.3	0.83
3.2	0.80
3.08	0.77
2.94	0.73
2.8	0.69
2.66	0.65
2.52	0.62
2.38	0.58
2.24	0.54
2.1	0.50

注:等效孔口流量系数为0.98。

表5.43 喷头规格和等效孔口面积

喷头规格代号	等效孔口面积/cm^2
8	0.316 8
9	0.400 6
10	0.494 8
11	0.598 7
12	0.712 9
14	0.969 7
16	1.267
18	1.603
20	1.979
22	2.395
24	2.850
26	3.345
28	3.879

注:扩充喷头规格,应以等效孔口的单孔直径0.793 75 mm的倍数设置。

5.3.3 工程举例

某机房为20 m×20 m×3.5 m,最低环境温度为20 ℃,将管网均衡布置。

图5.14中:减压孔板前管道(a—b)长15 m,减压孔板后主管道(b—c)长75 m,管道连接件当量长度9 m;一级支管(c—d)长5 m,管道连接件当量长度11.9 m;二级支管(d—e)长5

m,管道连接件当量长度6.3 m;三级支管(e—f)长2.5 m,管道连接件当量长度5.4 m;末端支管(f—g)长2.6 m,管道连接件当量长度7.1 m。

①确定灭火设计浓度:

依据5.3.1,取$C_1=37.5\%$。

②计算保护空间实际容积:

$$V=20\times 20\times 3.5=1\ 400(\mathrm{m}^3)$$

③计算灭火设计用量:

依据公式(5.37):$W=K\cdot\dfrac{V}{S}\cdot\ln\left(\dfrac{100}{100-C_1}\right)$

其中,$K=1$,

$$S=0.657\ 5+0.002\ 4\times 20=0.705\ 5(\mathrm{m}^3/\mathrm{kg})$$

$$W=\frac{1\ 400}{0.705\ 5}\cdot\ln\left(\frac{37.5}{100-37.5}\right)=932.68(\mathrm{kg})$$

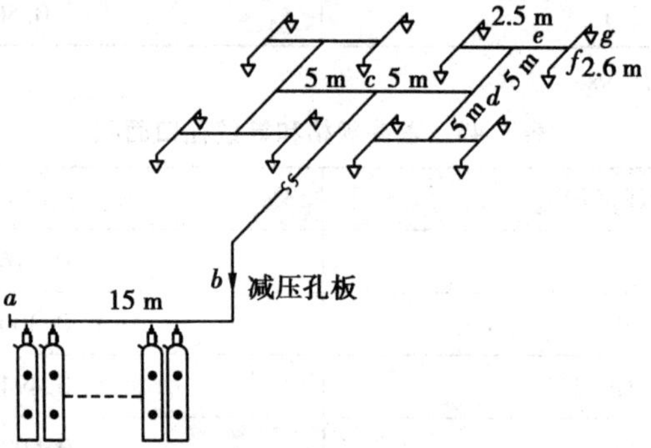

图5.14　系统管网计算图

④设定喷放时间:

依据《气体灭火系统设计规范》(GB 50370—2005),取$t=55$ s。

⑤选定灭火剂储存容器规格及储存压力级别:

选用70 L的15.0 MPa存储容器,根据$W=932.68$ kg,充装系数$\eta=211.15\ \mathrm{kg/m^3}$,储瓶数$n=(932.68/211.15)/0.07=63.1$,取整后,$n=64$只。

⑥计算管道平均设计流量:

主干管:$Q_\mathrm{w}=\dfrac{0.95W}{t}=0.95\times 932.68/55=16.110$ kg/s;

一级支管:$Q_{\mathrm{g}1}=Q_\mathrm{w}/2=8.055$ kg/s;

二级支管:$Q_{\mathrm{g}2}=Q_{\mathrm{g}1}/2=4.028$ kg/s;

三级支管:$Q_{\mathrm{g}3}=Q_{\mathrm{g}2}/2=2.014$ kg/s;

末端支管:$Q_{\mathrm{g}4}=Q_{\mathrm{g}3}/2=1.007$ kg/s,即$Q_\mathrm{c}=1.007$ kg/s。

⑦选择管网管道通径:

以管道平均设计流量,依据公式(5.42)$D=(24\sim 36)\sqrt{Q}$,初选管径为:主干管:125 mm;一级支管:80 mm;二级支管:65 mm;三级支管:50 mm;末端支管:40 mm。

⑧计算系统剩余量及其增加的储瓶数量：

$V_1=0.117\ 8\ m^3$，$V_2=1.128\ 7\ m^3$，$V_p=V_1+V_2=1.246\ 5\ m^3$；$V_0=0.07\times64=4.48\ m^3$；

依据公式(5.39)，$W_s\geqslant2.7V_0+2.0V_p\geqslant14.589$ kg，计入剩余量后的储瓶数：

$$n_1\geqslant[(932.68+14.589)/211.15]/0.07\geqslant64.089$$

取整后，$n_1=65$ 只。

⑨计算减压孔板前压力：

依据公式(5.43)

$$P_1=P_0\left(\frac{0.525V_0}{V_0+V_1+0.4V_2}\right)^{1.45}=4.954\ \text{MPa}$$

⑩计算减压孔板后压力：

依据公式5.44

$$P_2=\delta\cdot P_1=0.52\times4.954=2.576\ \text{MPa}$$

⑪计算减压孔板孔口面积：

依据公式5.45

$$F_k=\frac{Q_k}{0.95\mu_kP_1\sqrt{\delta^{1.38}-\delta^{1.69}}}$$

并初选 $\mu_k=0.61$，得出 $F_k=20.570\ cm^2$，$d=51.177$ mm。$d/D=0.409\ 4$；说明 μ_k 选择正确。

⑫计算流程损失：

根据 $P_2=2.576$ MPa，查表5.42a，得出 b 点 $Y=566.6$，$Z=0.585\ 5$；

依据公式(5.46)

$$Y_2=Y_1+\frac{L\cdot Q^2}{0.242\times10^{-8}\cdot D^{5.25}}+\frac{1.653\times10^7}{D^4}\cdot(Z_2-Z_1)Q^2$$

代入各管段平均流量及计算长度(含沿程长度及管道连接件当量长度)，并结合表5.41(a)，推算出：

c 点 $Y=656.9$，$Z=0.585\ 5$，该点压力值 $P=2.331\ 7$ MPa；

d 点 $Y=705.0$，$Z=0.658\ 3$；

e 点 $Y=728.6$，$Z=0.698\ 7$；

f 点 $Y=744.8$，$Z=0.726\ 6$；

g 点 $Y=760.8$，$Z=0.759\ 8$。

⑬计算喷头等效孔口面积：

因 g 点为喷头入口处，根据其 Y、Z 值，查表5.41(a)，推算出该点压力 $P_c=2.011$ MPa；查表5.42(a)，推算出喷头等效单位面积喷射率 $q_c=0.483\ 2\ kg/(s\cdot cm^2)$；

依据公式(5.47)，$F_c=\dfrac{Q_c}{q_c}=2.084\ cm^2$。

查表5.43，可选用规格代号为22的喷头(16只)。

5.4 热气溶胶预制灭火系统

5.4.1 概述

1)气溶胶灭火剂及其分类

(1)气溶胶

通常所说的气溶胶是指以空气为分散介质,以固态或液态的微粒为分散质的胶体体系。自然界为固态或液态的微粒包括尘土、炭黑、水滴及其凝结核和冻结核等,还包括细菌、微生物、植物花粉、孢子等。人工制造的气溶胶(烟幕)其微粒成分和结构较复杂,可以是无机物质,也可以是有机物质的,还可以是固态或液态,以及固、液态结合物。

分散介质为空气,分散质为液态的气溶胶,称为雾;分散介质为空气,分散质为固态的气溶胶,称为烟。

(2)按气溶胶形成的原理分类

气溶胶产生的方法有多种,从气溶胶形成的原理角度归类,基本上分为两种情况:

①由分散法形成的气溶胶称为分散性气溶胶。它是通过机械、爆炸或自然风化作用使固态或液态的物质粉碎,剥蚀成细小颗粒,再经气流作用扬起而悬浮于大气中所形成的气溶胶。

②由凝集法形成的气溶胶称为凝集性气溶胶。它是由固体或液体的过饱和蒸汽在大气中凝集成固态或液态微粒,并分散于大气中所形成的气溶胶。燃烧形成的烟雾是典型的凝集型气溶胶。

(3)气溶胶灭火剂

当气溶胶中的分散质(固体或液体微粒)具有了灭火性质,可以用来扑灭火灾,这种气溶胶称为气溶胶灭火剂。

气溶胶灭火剂虽然主要依靠其中的固体或液体微粒实现灭火,但它与干粉和水具有本质区别。由于气溶胶灭火剂中的固体或液体微粒非常细小,粒径一般在5 μm以下,因此,气溶胶灭火剂具有以下重要特征:

①由于细小微粒具有非常大的表面积和更稳定的高均匀分散状态,因此灭火效率高。

②气溶胶灭火剂中的微粒非常细小,可以长时间悬浮,不易沉降,不受方向、障碍物限制,实现全淹没灭火。具有了气体的性质,气溶胶灭火剂可以当气体灭火剂使用。

(4)气溶胶灭火剂的分类

按其产生的方式气溶胶灭火剂可分为2类,即以固体组合物燃烧而产生的热气溶胶(凝集型)灭火剂和以机械分散方法产生的冷气溶胶(分散型)灭火剂;按分散质不同,气溶胶灭火剂又可分为固基气溶胶和水基气溶胶2种。

①热气溶胶灭火剂。目前,国内外发展成熟和实际应用的气溶胶灭火剂是由固体组合物燃烧生成的凝集型气溶胶,也叫作热气溶胶。固体组合物一般由氧化剂、还原剂、性能添加剂和黏合剂组成,称为气溶胶灭火剂发生剂。事实上,热气溶胶灭火剂是一种由气溶胶灭火剂发生剂在使用场所现场“制造”的灭火剂。这种现场“制造”的方式可以很好地解决气溶胶的

储存稳定问题，同时又可以确保气溶胶中灭火微粒的细度和活性。

②冷气溶胶灭火剂。冷气溶胶灭火剂是利用机械或高压气流将固体或液体超细灭火微粒分散于气体中而形成的灭火气溶胶。目前，应用于冷气溶胶灭火剂中的灭火微粒均是由物理分散法或化学分散法制成的。固基冷气溶胶主要组分是干粉。普通干粉在加入了助磨剂、分散剂、防潮剂、防静电剂和流变剂等助剂后，经过机械超细粉碎、气流粉碎或喷雾干燥造粒等加工方法之后，粒径可降至 1 ~ 5 μm，成为超细粉体。这些超细粉体，由压缩气体（N_2 或 CO_2）或炸药、发射药等含能材料作为驱动源，以喷射或抛射的方式进入火场形成分散性气溶胶灭火剂，可以以局部保护或以全淹没方式进行灭火。

冷气溶胶灭火剂与热气溶胶灭火剂不同的是，在释放以前，驱动源与分散质（超细粉体或液体）是稳定存在的，释放过程中驱动源分散粉体灭火剂或驱动液体通过特定装置雾化形成气溶胶。与热气溶胶一样，被释放的灭火剂微粒可以绕过障碍物，还可在空间有较长时间的驻留，达到快速高效的灭火效果，其保护方式可以是局部保护方式，也可以是全淹没方式。

热气溶胶灭火剂是目前国内外气溶胶灭火的主流，以下所讲述的气溶胶灭火剂和气溶胶灭火系统均指热气溶胶。

2）热气溶胶灭火剂的基本组成

热气溶胶灭火剂的成分依据气溶胶灭火剂发生剂配方设计中所选原材料的不同而存在一定差异，但基本组成却基本一致，一般由以下两部分组成：

①固体微粒：主要是金属氧化物、碳酸盐及碳酸氢盐。

②气体：主要是 N_2 和少量的 CO_2，以及微量的 CO，NO_x，O_2、水蒸气和极少量的碳氢化合物。大多数气溶胶灭火剂中固体微粒占总质量的40%（体积比约为20%），其余60%为气体（体积比约为98%）。这一比例根据发生剂配方不同而存在一定的差异。

热气溶胶灭火剂发生剂化学配比中主要成分为氧化剂。由于氧化剂对热气溶胶灭火剂的性能有很大影响，根据热气溶胶灭火剂发生剂所采用氧化剂的不同，将热气溶胶灭火剂分为 K 型和 S 型。

K 型热气溶胶灭火剂是指其发生剂中采用 KNO_3 作为主氧化剂，且质量分数达到30%以上；S 型热气溶胶灭火剂是指其发生剂中采用了 $Sr(NO_3)_2$ 作为主氧化剂，同时以 KNO_3 作为辅氧化剂，其中 $Sr(NO_3)_2$ 和 KNO_3 的质量分数在发生剂中分别为35% ~50%，10% ~20%。

气溶胶灭火剂的成分决定了灭火剂的性质，其中固相产物的多少、性质及粒度大小，对灭火剂的灭火效能，对保护物有无损害性等有直接影响。而气相产物则直接影响到灭火剂的毒性和环保性能等。鉴于目前国内外气溶胶灭火剂发生剂的配方不同，下面列举 K 型和 S 型典型的灭火剂发生剂配方，见表5.44。

表5.44 气溶胶发生剂的成分

配方类型	KNO_3	$Sr(NO_3)_2$	可燃剂	黏合剂	其他助剂
K 型	50	0	46	2	20
S 型	15	40	40	2	3

3)热气溶胶灭火剂的灭火机理

可燃物(RH)在燃烧过程中产生活性游离基引起链式反应:

$$RH+O_2 \longrightarrow R\cdot+H\cdot+2O\cdot$$

$$H\cdot+O\cdot \longrightarrow OH\cdot$$

$$2OH\cdot \longrightarrow O\cdot+H_2O$$

在燃烧过程中产生活性游离基 OH·,O·使燃烧不断地进行。

气溶胶灭火剂发生剂通过电启动或热启动后,经过自身的氧化还原反应产生凝集型灭火气溶胶,即气溶胶灭火剂。气溶胶灭火剂中按质量百分比,60%～90%为气体,其成分主要是 N_2,少量的 CO_2 及微量的 CO,NO_x,O_2 和碳氢化合物;其余 40%～10%为固体微粒,主要是金属氧化物、碳酸盐和碳酸氢盐及少量金属碳化物。由上述方法产生的热气溶胶主要是冷却作用和化学抑制作用灭火,化学抑制作用则是气溶胶灭火剂的主导灭火机理。

下面以 K 型气溶胶灭火剂为例讨论热气溶胶灭火剂的灭火机理。

(1)冷却灭火机理

K 型气溶胶产物中的固体微粒主要为 K_2O,K_2CO_3 和 $KHCO_3$,这 3 种物质在火焰上均会发生强烈的吸热反应。

K_2O 在温度大于 350 ℃时就会分解,K_2CO_3 的熔点为 891 ℃,超过这个温度就会分解,$KHCO_3$ 在 100 ℃开始分解,200 ℃时完全分解,这些都是强烈的吸热反应。另外,K_2O 和 C 在高温下还可能进行如下吸热反应:

$$K_2O+C \longrightarrow 2K+CO$$

$$2K_2O+C \longrightarrow 4K+CO_2$$

这些固体微粒在火场中发生上述化学反应之前,还需要从火焰中吸收大量的热发生热熔和汽化物理吸热过程,以达到上述反应所需的温度进行反应,任何火灾在较短的时间内所释放出的热量都是有限的,如果在较短的时间内,气溶胶中的上述固体微粒能够吸收火焰的部分热量,那么火焰的温度就会降低,则辐射到可燃烧物燃烧面用于汽化可燃分子和将已经汽化的可燃烧分子裂解成自由基的热量就会减少,燃烧反应的速度就会得到一定程度的抑制,这种作用在火灾初期尤为明显。

(2)化学抑制作用

①气相化学抑制作用:通过上述的一系列吸热反应以后,气溶胶固体微粒所分解出的 K 可以以蒸汽或失去电子以阳离子的形式存在。它与燃烧中的活性基团 H·,O·,OH·的亲核反应能力要比这些基团,以及这些基团与其他可燃物分子或自由基之间的亲核反应能力大得多,故可以在瞬间与这些基团发生链式反应:

$$K+\cdot OH \longrightarrow KOH$$

$$K+O\cdot \longrightarrow KO\cdot$$

$$KOH+\cdot OH \longrightarrow KO\cdot+H_2O$$

$$KOH+H\cdot \longrightarrow K+H_2O$$

如此反复大量消耗活性基团,并抑制活性基团之间的放热反应,从而将燃烧的链式反应中断,使燃烧得到抑制。

②固相化学抑制:前面已经介绍过气溶胶中的固体微粒是很微小的,具有很大的比表面积和表面能,属典型的热力学不稳定体系,它具有强烈地使自己表面能降低以期达到一种相对稳定状态的趋势。因此,它可以有选择性地吸附一些带电离子,使其表层的不饱和力场得到补偿而达到相对稳定状态。另外,这些微粒虽小,但相对于自由基团和可燃物裂解产物的尺寸来说却要大得多,相比对活性自由基团和可燃物裂解产物具有相当大的吸附能力。这些微粒在火场中被加热以致发生汽化和分解是需要一定时间的,而且也不可能完全被汽化或分解。它们进入火场以后,当受到可燃物裂解产物和自由活性基团的碰撞冲击后,瞬间对这些产物和基团进行物理或化学吸附,达到消耗燃烧活性自由基团的目的;另外,吸附了可燃物裂解产物而未被汽化分解的微粒,可使可燃物裂解的低分子产物不再参与产生活性自由基的反应,这将减少自由基产生的来源,从而抑制燃烧速度。

5.4.2 热气溶胶预制灭火系统设计

按一定的应用条件,将热气溶胶灭火剂储存装置和喷放组件等预先设计、组装成套,并具有联动控制功能的灭火系统,称为热气溶胶预制灭火系统,见图5.15。气溶胶灭火系统由气溶胶灭火装置、灭火控制装置及火灾报警装置3部分构成,见图5.16。

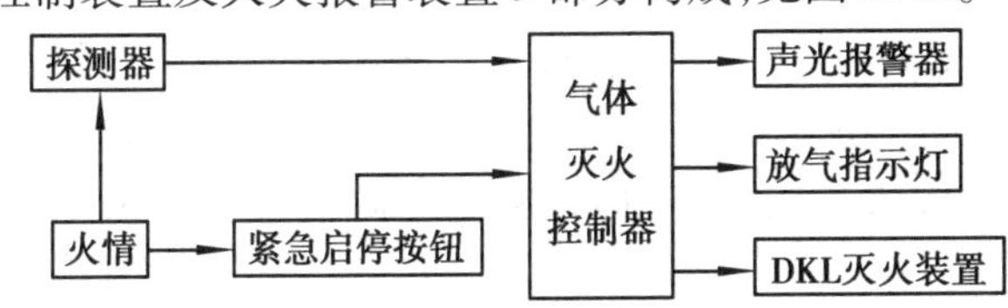

图5.15 气溶胶灭火系统控制系统图

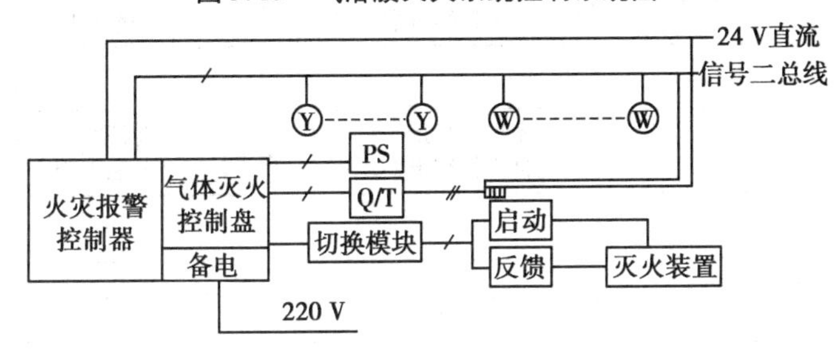

图5.16 气溶胶灭火系统与火灾自动报警控制系统联网图

1)热气溶胶预制灭火系统应用范围

(1)K型和S型气溶胶灭火装置适用于扑救下列初期火灾

①变(配)电间、发电机房、电缆夹层、电缆井(沟)等场所的火灾。

②生产和使用或储存柴油(35#柴油除外)、重油、变压器油、动植物油等丙类可燃液体场所的火灾。

③可燃固体物质的表面火灾。

(2)S型气溶胶灭火装置适用于扑救下列火灾(不可采用K型气溶胶灭火装置)

其适合扑救包括计算机房、通信机房、通信基站、数据传输及存储设备等精密电子仪器场所的火灾。

(3)气溶胶灭火装置不能用于扑救下列物质的火灾

①无空气仍能氧化的物质,如硝酸纤维、火药等。

②活泼金属,如钾、钠、镁、钛等。

③能自行分解的化合物,如某些过氧化物、联氨等。

④金属氢化物,如氟化钾、氢化钠等。

⑤能自燃的物质,如磷等。

⑥强氧化剂,如氧化氮、氟等。

⑦可燃固体物质的深位火。

⑧人员密集场所火灾,如影剧院、礼堂等。

⑨有爆炸危险的场所火灾,如有爆炸粉尘的工房等。

2)系统的控制方式

气溶胶灭火系统控制方式有自动、手动2种。

(1)自动控制

当感烟或感温二项探测器中任何一个探测到火灾信号时,控制器即发出声光预警信号;当二个探测器都感测到火灾信号后,控制器即发出火警声光报警,同时关闭窗并指令风机停运,关闭空调系统。在预定的延迟时间(30 s)内,火灾现场人员撤离。延迟时间结束,灭火系统自动启动,释放出气溶胶进行灭火,并向控制器返回信号。图5.17为一典型的自动控制过程。

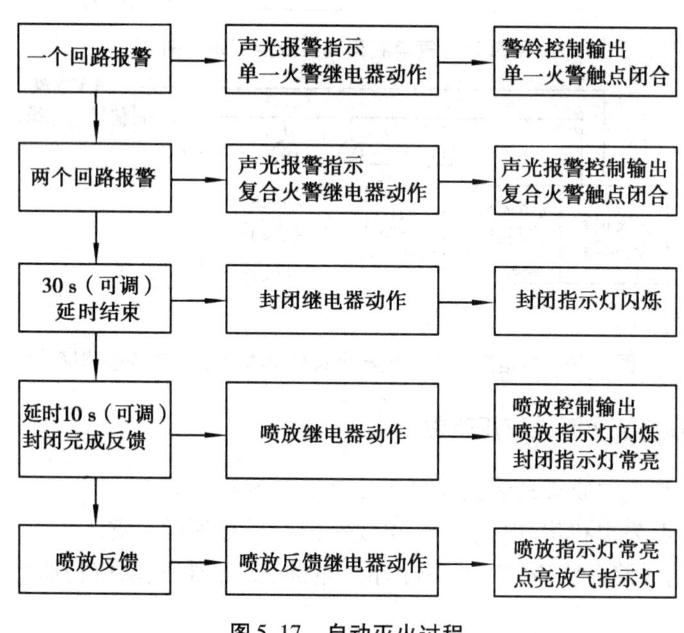

图5.17 自动灭火过程

(2)手动控制

无论有无火警信号,只要确认防护区有火灾,通过按动控制器的紧急启动按钮,即可执行灭火功能。在延迟时间内,只要确认防护区内无火情发生或火灾已被扑灭,亦可通过按动启动控制器或防护区内的紧急停止按钮,即可令灭火系统停止启动。图5.18为一典型手动控制过程。

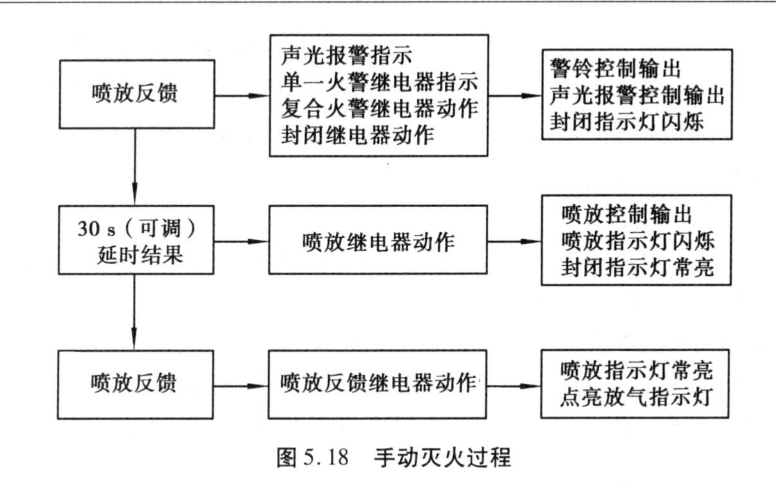

图 5.18　手动灭火过程

3）热气溶胶预制灭火系统设计的基本要求

(1)防护区的要求

①防护区应以固定的单个封闭空间划分。防护区的高度不宜大于 6.0 m,单台预制灭火系统装置的保护容积不应大于 160 m^3。

②同一防区内的预制灭火系统装置多于 1 台时,其 2 台之间间距不得大于 10 m,且必须能同时启动,其动作响应时差不得大于 2 s。

③1 个防护区设置的预制灭火系统,其装置数量不宜超过 10 台。1 台以上灭火装置之间的电启动线路应采用串联连接。每台灭火装置均应具备启动反馈功能。

④防护区的环境温度范围为-20 ~55℃,环境相对湿度不大于 90%。

⑤防护区门、窗及围护结构的耐火极限不应低于 0. 50 h,吊顶的耐火极限不应低于 0.25 h。

⑥防护区不宜开口,尽量保证其封闭。如必须开口时,则开口应为开口面积与防护区内部表面积之比小于或等于 0.3%,且应设置自动关闭装置。当设置自动关闭装置确有困难时,应加大灭火剂设计用量给予流失补偿。流失补偿量计算:开口面积比允许开口标准每增加 0.1%,增加设计用量的 25%。

⑦在灭火系统启动之前,防护区的通风、换气设施应自动关闭,影响灭火效果的生产操作应停止。

⑧气溶胶灭火装置的喷口宜高于防护区的地面 2.0 m。

⑨防护区气溶胶灭火装置应均匀分散布置。

(2)安全要求

①防护区内应有能在延时 30 s 内使该区人员疏散完毕的通道与出口,在疏散走道与出口处,应设火灾事故照明和疏散指示标志。

②防护区的入口处应设火灾声光报警器。报警时间不宜小于灭火时间,并应能手动切除报警信号。

③防护区的入口处应设灭火系统防护标志和气溶胶灭火剂喷放指示灯。

④在经常有人的防护区内的灭火系统应装有切断自动控制系统的手动装置。

⑤地下防护区和无窗或固定窗户的地上防护区,应设机械排风装置。

⑥防护区的门应向疏散方向开启，并能自动关闭，在任何情况下均应能从防护区内打开。

⑦气溶胶灭火装置及其组件与带电设备间的最小间距应大于0.2 m，其外壳应接地。

⑧气溶胶装置与控制器的连接，应在竣工验收后，经检查控制器输出端口无电信号，方可接通气溶胶灭火装置并投入使用。

(3)系统的灭火设计密度

在101 kPa大气压和规定的温度条件下，扑灭单位容积内某种火灾所需固体热气溶胶发生剂的质量，称为灭火密度。

①热气溶胶预制灭火系统的灭火设计密度应不小于灭火密度的1.3倍。

②K型和S型气溶胶灭固体表面火灾的灭火密度为100 g/m^3。

③通信机房和电子计算机房等场所的电气设备火灾，S型气溶胶的灭火设计密度应不小于130 g/m^3。

④电缆隧道(夹层、井)及自备发电机房火灾，S型气溶胶灭火密度应不小于140 g/m^3。

⑤K型和S型气溶胶对其他可燃物的灭火密度应经试验确定。

(4)灭火剂喷放时间、喷口温度和灭火浸渍时间

①在通信机房、电子计算机房等防护区，灭火剂喷放时间不应大于90 s，喷口温度应不大于150 ℃；在其他防护区，喷放时间不应大于120 s，喷口温度应不大于180 ℃。

②灭火浸渍时间。在防护区内维持设计规定的灭火剂浓度，使火灾完全熄灭所需要的时间，称为灭火浸渍时间。灭火浸渍时间应符合以下规定：木材、纸张、织物等固体表面火灾，应采用20 min；通信机房和电子计算机房等防护区火灾及其他固体表面火灾，应采用10 min。

4)热气溶胶灭火剂设计用量计算

灭火剂设计用量按式(5.48)计算：

$$W = C_2 K_V V \tag{5.48}$$

式中 W——灭火剂设计用量，kg；

C_2——灭火设计密度，g/m^3；

V——防护区净容积，m^3；

K_V——容积修正系数，$V<500$ m^3 时 $K_V=1.0$，500 m^3 $\leqslant V<$ 1 000 m^3 时 $K_V=1.1$，$V\geqslant$ 1 000 m^3 时 $K_V=1.2$。

5.4.3 热气溶胶预制灭火系统设计实例

某通信传输站作为一单独防护区，其长、宽、高分别为5.7 m，4.8 m，3.6 m，其中含设备实体体积为23 m^3。

(1)计算防护区净容积

$$V = (5.7 \times 4.8 \times 3.6)\,\text{m}^3 - 23\ \text{m}^3 = 75.50\ \text{m}^3$$

(2)计算灭火剂设计用量

依据5.4.2所述，C_2取0.13 kg/m^3，K_V取1，则：

$$W = 0.13 \times 1 \times 75.50\ \text{kg} = 9.81\ \text{kg}。$$

(3)选用灭火装置

按产品规格，选用S型气溶胶灭火装置10 kg，1台。

(4)热气溶胶预制灭火系统设计图

按要求配置控制器、探测器等设备后的灭火系统设计图,见图5.19。

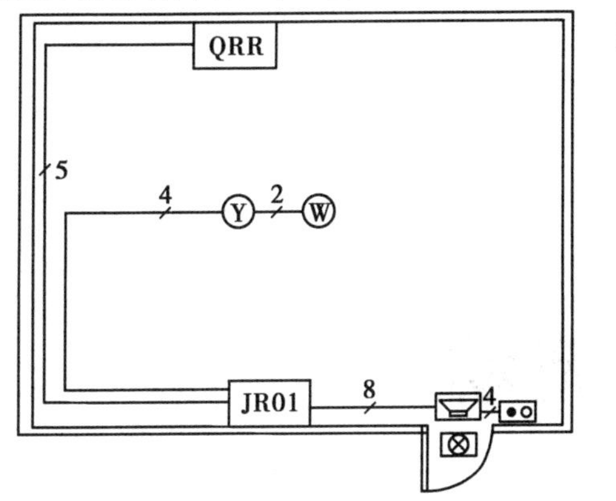

图5.19 热气溶胶灭火系统

思考题

5.1 为什么要淘汰卤代烷1211和1301灭火剂?

5.2 在气体灭火系统中何谓单元独立系统和组合分配系统?

5.3 二氧化碳灭火系统、七氟丙烷灭火系统和IG541混合气体灭火系统可适用于哪些场所?

5.4 如何计算二氧化碳全淹没系统的灭火剂用量和储存容器的数量?

5.5 试述七氟丙烷灭火系统的控制方式。

5.6 试述IG541混合气体灭火系统由哪几种气体混合组成。其灭火机理是什么?

5.7 热气溶胶预制灭火系统可适用于哪些场所?

5.8 如何计算热气溶胶灭火剂的设计用量?

6

建筑火灾烟气流动

6.1 建筑火灾烟流基本性状

6.1.1 火源的火烟流

1)火源上的火焰气流特征

在火源上方形成的上升气流,一般可以分为以下几个区,如图 6.1 所示。

①连续火焰区,火焰持续存在的区段。

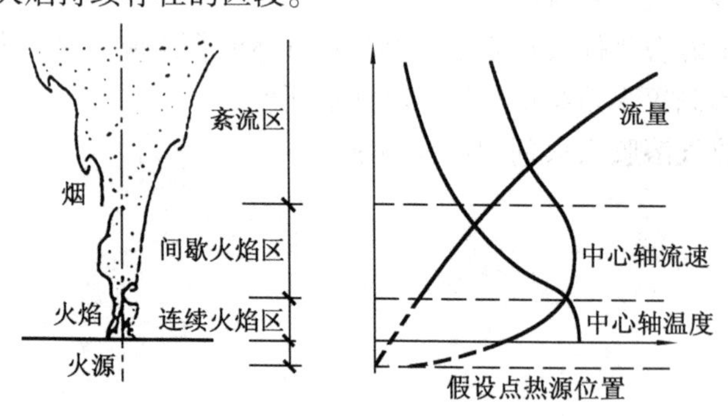

图 6.1 火源上的火焰热气流

②间歇火焰区,火焰间歇性存在的区段。

③紊流区,没有火焰,燃烧气体席卷周围空气而上升的区段。

而每一区段中心轴上的温度和流速大致如下:

①连续火焰区 $0.03<Z'<0.08$ 时:

$$\Delta T_0 = 800\ \mathrm{K}, v_0 = 6.8Q^{\frac{1}{5}}(Z')^{\frac{1}{2}}$$

②间歇火焰区 $0.08<Z'<0.20$ 时:

$$\Delta T_0 = 65(Z')^{-1}, v_0 = 1.9Q^{\frac{1}{5}}$$

③紊流区 $0.20<Z'$：

$$\Delta T_0 = 24(Z')^{-\frac{5}{3}}, v_0 = 1.2Q^{\frac{1}{5}}(Z')^{-\frac{1}{3}}$$

其中，ΔT_0 为上升气流的中心轴与其周围的温度差，K；v_0 为上升气流中心轴处的流速，m/s。

Z'值可以用式(6.1)求得：

$$Z' = ZQ^{-\frac{2}{5}} \tag{6.1}$$

式中 Z——火源之上或假设点热源上方的高度，m；

Q——火源发热量，kW。

在紊流区，温度与流速在水平方向的分布呈正态分布。在室内初期火灾中，顶棚下形成的烟层高度为间歇火焰区或紊流区。所以，预测烟层下降问题时，这些区段的特性是十分重要的。

2）火灾紊流

火灾紊流的上升烟流量，对烟层下降有较大影响的紊流区段，在高度 Z 处紊流质量流量 m 表示为：

$$m = C_m\left(\frac{\rho_a^2 g}{c_p T_a}\right)^{\frac{1}{3}} Q^{\frac{1}{3}} Z^{\frac{5}{3}} \tag{6.2}$$

或

$$m = C_m\left(\frac{\rho_a^2 g}{c_p T_a}\right)^{\frac{1}{3}} Q^{\frac{1}{3}} (Z + Z_0)^{\frac{5}{3}} \tag{6.3}$$

式中 T_a——周围的温度，K；

c_p——空气比定压热容，kJ/(kg·K)；

Z_0——假设点热源位置，m；

C_m——实验常数，在空气未紊乱的空间，可取 $C_m = 0.21$，当周围空气紊乱时，此值会增大。

3）假设点热源

火源都是有一定规模的，应用式(6.2)时，在实际火源位置的下方存在某一假设点，以该点为热源点。火源高度从该点算起，则计算精度会更高，这一假设位置距离实际热源位置为：

$$Z_0' = 1.02D - 0.083Q^{\frac{2}{5}} \tag{6.4}$$

式中 Z_0'——实际火源与假设火源之间的距离，m；

D——火源的直径，m。

6.1.2 火灾烟气的性质

1）烟气的浓度

烟气是指空气中浮游的固态或液态烟粒子，其粒径为 0.01～10 μm。发生火灾时产生的烟气，除烟粒子外，还包括其他气体燃烧产物（如 CO_2，H_2O，CH_4，C_nH_m，H_2 等），以及未参加燃烧反应的气体（如 N_2，CO_2）和未反应的气体（如 O_2 等）。

火灾中烟气的浓度，一般用质量浓度、计数浓度和光学浓度 3 种方式来表示。

(1)烟气的质量浓度

单位容积的烟气中所含烟粒子的质量,称为烟气的质量浓度 μ_s,即:

$$\mu_s = \frac{m_s}{V_s} \tag{6.5}$$

式中 m_s——容积为 V_s 的烟气中所含烟粒子的质量,mg;

V_s——烟气容积,m^3。

(2)烟气的计数浓度

单位容积的烟气中所含烟粒子的数目,称为烟气的计数浓度 n_s。即:

$$n_s = \frac{N_s}{V_s} \tag{6.6}$$

式中 N_s——容积为 V_s 的烟气中所含的烟粒子数,个。

(3)烟气的光学浓度

当可见光通过烟层时,烟粒子使光线的强度减弱。光线减弱的程度与烟气的浓度成函数关系,光学浓度就是由光线通过烟层后的能见距离求出减光系数 C_s 来表示的。

发生火灾时,建筑物内充入烟气和其他燃烧产物,影响火场的能见距离,从而影响人员的安全疏散,阻碍消防人员接近火点救人和灭火。因此,本书主要讨论烟气的光学浓度。

设光源与受光物体之间的距离为 L,无烟气时受光物体处的光线强度为 I_0,有烟气时光线强度为 I_0,则根据朗伯-比尔定律得:

$$I = I_0 e^{-C_s L} \tag{6.7}$$

或者

$$C_s = \frac{1}{L} \ln \frac{I_0}{I} \tag{6.8}$$

式中 I——有烟气时光源处的光线强度,cd;

C_s——烟气的减光系数,m^{-1};

L——光源与受光体之间的距离,m;

I_0——无烟气时光源处的光线强度,cd。

从式(6.7)可以看出,当 C_s 值越大时,也即烟气的浓度越大时,I 值就越小;L 值越大时,也即距离越远时,I 值就越小。这一点与人们的火场体验是一致的。

火灾时产生的烟气的浓度,一般取决于火灾房间的燃烧状况。为了研究各种材料在火灾时的发烟特性,有人在恒温的电炉中燃烧试块,把燃烧所产生的烟集蓄在一定容积的集烟箱里,同时测定试块在燃烧时的质量损失和集烟箱内烟气的浓度,将测量得到的结果列于表6.1中。

表6.1 建筑材料燃烧时产生烟的浓度和表观密度

材料	木材		氯乙烯树脂	苯乙烯泡沫塑料	聚氨酯泡沫塑料	发烟筒(有酒精)
燃烧温度/℃	300~210	580~620	820	500	720	720
空气比	0.41~0.49	2.43~2.65	0.64	0.17	0.97	—
减光系数/m^{-1}	10~35	20~31	>35	30	32	3

续表

材　料	木　材		氯乙烯树脂	苯乙烯泡沫塑料	聚氨酯泡沫塑料	发烟筒（有酒精）
表观密度差/%	0.7～1.1	0.9～1.5	2.7	2.1	0.4	2.5

注：表观密度差是指在同温度下，烟气的表观密度 γ_s 与空气表观密度 γ_a 之差的百分率，即$\frac{\gamma_s-\gamma_a}{\gamma_a}\times100\%$。

2）建筑材料的发烟量与发烟速度

各种建筑材料在不同温度下燃烧时，其单位质量所产生的烟气量是不同的，见表6.2。从表中可以看出：木材类在温度升高时，由于分解出的碳质微粒在高温下又重新燃烧，且温度升高后减少了碳质微粒的分解发烟量有所减少；还可以看出，高分子有机材料能产生大量的烟气。

表6.2　各种材料产生的烟气量（C_s=0.5）　　单位：m^3/g

材料名称 \ 烟气量 \ 燃烧温度	300 ℃	400 ℃	500 ℃
松木	4.0	1.8	0.4
杉木	3.6	2.1	0.4
普通胶合板	4.0	1.0	0.4
难燃胶合板	3.4	2.0	0.6
硬质纤维板	1.4	2.1	0.6
锯木屑板	2.8	2.0	0.4
玻璃纤维增强塑料	—	6.2	4.1
聚氯乙烯	—	4.0	10.4
聚苯乙烯	—	12.6	10.0
氯氨酯（人造橡胶）	—	14.0	4.0

除了发烟量外，火灾中影响生命安全的另一重要因素就是发烟速度，即单位时间内单位质量可燃物燃烧时的发烟量。由实验得到的各种材料的发烟速度，见表6.3。该表说明，木材类在加热温度超过350 ℃时，发烟速度一般随温度的升高而降低，而高分子有机材料则恰好相反。另外，高分子材料的发烟速度比木材要大得多，这是因为高分子材料的发烟系数大，且燃烧速度快。

现代建筑中，高分子材料大量用于家具用品、建筑装修、管道及其保温、电缆绝缘等方面。一旦发生火灾，高分子材料不仅燃烧迅速，而且能够加快火势迅速蔓延，还会产生大量有毒的浓烟，其危害远远超过一般可燃材料。

表 6.3　各种材料的发烟速度　　单位：$m^3/(s\cdot g)$

发烟速度 加热温度/℃ 材料名称	225	230	235	260	280	290	300	350	400	450	500	550
针枞	—	—	—	—	—	—	0.72	0.80	0.71	0.38	0.17	0.17
杉	—	0.17	—	0.25	—	0.28	0.61	0.72	0.71	0.53	0.13	0.13
普通胶合板	0.03	—	—	0.19	0.25	0.26	0.93	1.08	1.10	1.07	0.31	0.24
难燃胶合板	0.01	—	0.09	0.11	0.13	0.20	0.56	0.61	0.58	0.59	0.22	0.20
硬质板	—	—	—	—	—	—	0.76	1.22	1.19	0.19	0.26	0.27
微片板	—	—	—	—	—	—	0.63	0.76	0.85	0.19	0.15	0.12
苯乙烯泡沫板 *A*	—	—	—	—	—	—	—	1.58	2.68	5.92	6.90	8.96
苯乙烯泡沫板 *B*	—	—	—	—	—	—	—	1.24	2.36	3.56	5.34	4.46
聚氨酯	—	—	—	—	—	—	—	—	5.0	11.5	15.0	16.5
玻璃纤维增强塑料	—	—	—	—	—	—	—	—	0.50	1.0	3.0	0.50
聚氯乙烯	—	—	—	—	—	—	—	—	0.10	4.5	7.50	9.70
聚苯乙烯	—	—	—	—	—	—	—	—	1.0	4.95	—	2.97

3) 能见距离

火灾烟气导致人们辨认目标的能力大大降低，即使设置了事故照明和疏散标志，也会使其能见度减弱。因此，疏散时人们往往看不清周围的环境，甚至辨不清疏散方向，找不到安全出口，影响人员疏散安全。各国普遍认为，当能见距离降到 3 m 以内时，逃离火场就十分困难了。

研究表明，烟气的减光系数 C_s 与能见距离 D 之积为常数，用 C 表示，其数值因观察目标的不同而不同。例如，疏散通道上的反光标志、疏散门等，$C=2\sim4$；对发光型标志、指示灯等，$C=5\sim10$。

反光型标志及门的能见距离 D：

$$D \approx \frac{2\sim4}{C_s} \tag{6.9}$$

发光型标志及白天窗的能见距离 D：

$$D \approx \frac{5\sim10}{C_s} \tag{6.10}$$

能见距离 D 与烟气浓度 C_s 的关系，还可以从实验结果予以说明，如图 6.2 和图 6.3 所示。有关室内装饰材料等反光型材料的能见距离和不同功率的电光源的能见距离，见表 6.4 和表 6.5。

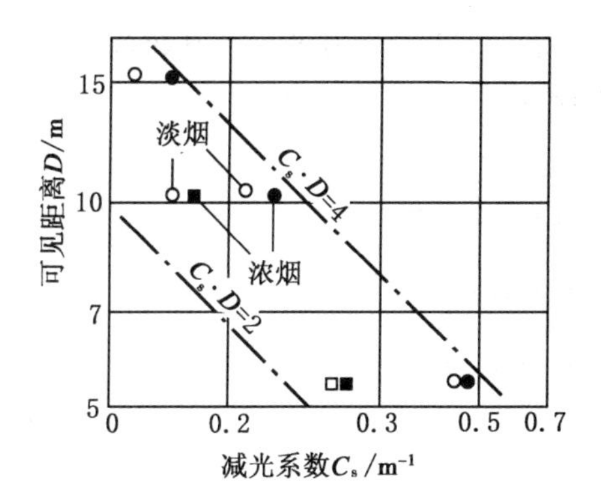

图6.2 反光型标志的能见距离

○●反射系数为0.7;□■反射系数为0.3;

室内平均照度为40 lx

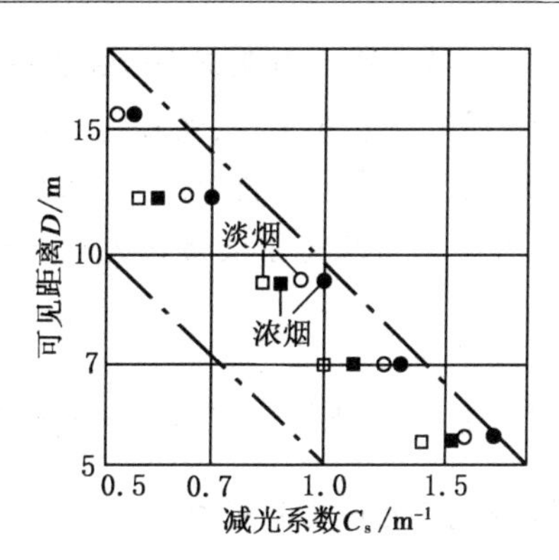

图6.3 发光型标志的能见距离

○●20 cd/m^2;□■500 cd/m^2;

室内平均照度为40 lx

表6.4 反光型饰面材料的能见距离 D 单位:m

室内饰面材料名称	反光系数	烟的减光系数 C_s/m^{-1}					
		0.2	0.3	0.4	0.5	0.6	0.7
红色木地板、黑色大理石	0.1	10.40	6.93	5.20	4.16	3.47	2.97
灰砖、菱苦土地面、铸铁、钢板地面	0.2	13.87	9.24	6.93	5.55	4.62	3.96
红砖、塑料贴面板、混凝土地面、红色大理石	0.3	15.98	10.59	7.95	6.36	5.30	4.54
水泥砂浆抹面	0.4	17.33	11.55	8.67	6.93	5.78	4.95
有窗未挂帘的白墙、木板、胶合板、灰白色大理石	0.5	18.45	12.30	9.22	7.23	6.15	5.27
白色大理石	0.6	19.36	12.90	9.68	7.74	6.45	5.53
白墙、白色水磨石、白色调和漆、白水泥	0.7	20.13	13.42	10.06	8.05	6.93	5.75
浅色瓷砖、白色乳胶漆	0.8	20.80	13.86	10.40	8.32	6.93	5.94

表6.5 发光型标志的能见距离 D 单位:m

电光源类型	I_0/(lm·m^{-2})	功率/W	烟的减光系数 C_s/m^{-1}				
			0.5	0.7	1.0	1.3	1.5
荧光灯	2 400	40	16.95	12.11	8.48	6.52	5.65
白炽灯	2 000	150	16.59	11.85	8.29	6.38	5.53
荧光灯	1 500	30	16.01	11.44	8.01	6.16	5.34
白炽灯	1 250	100	15.65	11.18	7.82	6.02	5.22
白炽灯	1 000	80	15.21	10.86	7.60	5.85	5.07
白炽灯	600	60	14.18	10.13	7.09	5.45	4.73
白炽灯、荧光灯	350	40.8	13.13	9.36	6.55	5.04	4.37
白炽灯	222	25	12.17	8.70	6.09	4.68	4.06

【例6.1】 试求白色调和漆疏散标志牌在烟气的浓度为 $C_s = 0.5\ m^{-1}$ 时的能见距离。

【解1】 查表6.4得,该标志的能见距离为8.05 m。

【解2】 查表6.4得,该标志的反光系数为0.7。

查图6.2,当反光系数为0.7,$C_s=0.5\ m^{-1}$ 时,则 $C=4$。所以

$$D \approx \frac{C}{C_s} = \frac{4}{0.5}\text{m} = 8.0\ \text{m}$$

可以看出,以上2种求解中得到的能见距离值极其相近。

4)烟气的允许极限浓度

为了使火灾中人们能够看清疏散楼梯间的门和疏散标志,保障疏散安全,要确定疏散时人们的能见距离不得小于某一最小值。这个最小的允许能见距离就称为疏散极限视距,一般用 D_{min} 表示。

对于不同用途的建筑物,其内部人员对建筑物的熟悉程度是不同的。例如,住宅楼、教学楼、生产车间等建筑,其内部人员基本上是固定的,因而对建筑物的疏散路线、安全出口等是很熟悉的;但对于各类旅馆、百货大楼等建筑物,其内部大多数人员是非固定的,对建筑物的疏散路线、安全出口等是不太熟悉的。因此,对于非固定人员集中的高层旅馆、百货大厦等建筑物,其疏散极限视距要求较高,一般 $D_{min} = 30$ m;对于内部基本上是固定人员的住宅楼、教学楼、生产车间等的疏散极限视距要求满足 $D_{min} = 5$ m。

所以,要看清疏散通道上的门和反光型标志要求烟气的允许极限浓度 $C_{s,max}$ 规定如下:

对于熟悉建筑物的人:$C_{s,max} = 0.2 \sim 0.4\ m^{-1}$,平均取 $0.3\ m^{-1}$;

对于不熟悉建筑物的人:$C_{s,max} = 0.07 \sim 0.13\ m^{-1}$,平均取 $0.1\ m^{-1}$。

但是,火灾房间烟气的减光系数,根据实验取样检测,一般取 $C_s = 25 \sim 30\ m^{-1}$。当火灾房间有黑烟喷出时,室内烟气的减光系数,即 $C_s = 25 \sim 30\ m^{-1}$。也就是说,为了保障疏散安全,无论是熟悉建筑物的人,还是不熟悉建筑物的人,烟气在走廊里的浓度只允许为起火房间内烟浓度的1/300~1/100或0.1/30~0.3/30。

5)烟气的密度与压力

即使非常浓的烟气,与同温同压的空气的密度相比,差别很小,因而可近似地认为烟气的密度与空气的密度相同。

而且,在建筑物的防烟设计中,烟气流动的动力,是建筑物内的气压差,与大气压相比,气压差是很微小的。因此,假设烟气的密度不随高度而变化,而近似地将烟气密度看作绝对温度 T 的函数:

$$\rho = 353/T \tag{6.11}$$

假设某一基准高度处的绝对压力为 p_0,离开基准高度 Z 上方的一点的压力 p 为:

$$p = p_0 - g\int_0^z \rho(Z)\,\mathrm{d}Z$$

根据上述假定,密度不随高度变化,则有:

$$p = p_0 - \rho g Z \tag{6.12}$$

6.2 烟气流动的基本规律

6.2.1 流体运动方程式与连续方程式

火灾中的烟气与空气流动,可以用通风计算的方法进行计算。

1)流体运动方程式

在分析建筑物内的气体流动时,流体能量守恒,可用伯努利方程表示。在完全流体的稳定流动中,取某一流线或流管来分析,有下式成立:

$$\frac{1}{2}\rho v_1^2 + p_1 + \rho g Z_1 = \frac{1}{2}\rho v_2^2 + p_2 + \rho g Z_2 \tag{6.13}$$

式中 v——气流速度,m/s;

Z——从基准面算起的高度,m;

p——高度 Z 处的绝对压力,从外部垂直作用于流管的断面,Pa。

2)连续方程式

流体流动时,沿流向质量守恒,流动是连续的。在总流中选取 1—1,2—2 断面,则可得出反映两断面间流动空间的质量平衡的连续性方程:

$$\rho_1 Q_1 = \rho_2 Q_2 \tag{6.14}$$

$$\rho_1 v_1 A_1 = \rho_2 v_2 A_2 \tag{6.15}$$

式中 Q——气体体积流量,m^3/s;

A——断面积,m^2。

6.2.2 压力差和中性面

假设相邻的充满静止空气的 2 个房间,如图 6.4 所示。在 2 个房间内高度为 Z 处的室内压力由式(6.12)得:

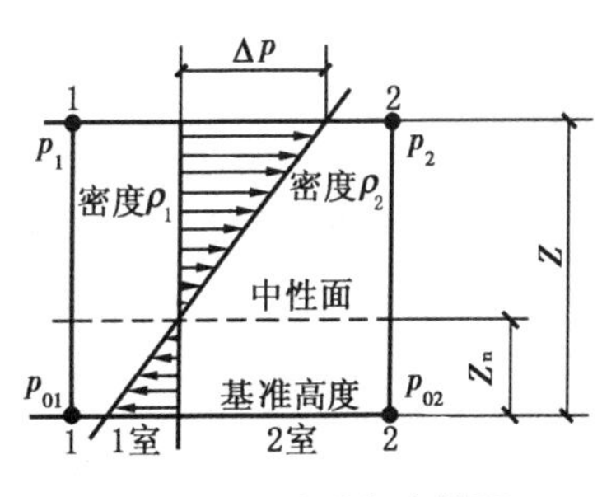

图 6.4 压力差与中性面

$$p_1 + \rho_1 g Z = p_{01}$$

$$p_2 + \rho_2 g Z = p_{02}$$

式中 p_0——基准高度处的压力(Pa),下标分别代表房间编号。

2 个房间的压力差 Δp 为:

$$\Delta p = p_1 - p_2 = (p_{01} - p_{02}) - (\rho_1 - \rho_2) g Z$$

某一基准高度(一般设地平面或一层地面)处的静压力与温度,可用高度来表示。在此,2 个房间的压力相同($\Delta p=0$)之高度所在水平面,称为中性面。在 2 个房间之间有开口的情况下，根据在中性面上下的位置关系，其烟气流动的方向是相反的。中性面的高度 Z_n 为：

$$Z_n = \frac{p_{01} - p_{02}}{(\rho_1 - \rho_2)g} \tag{6.16}$$

6.2.3 开口处的烟气流动

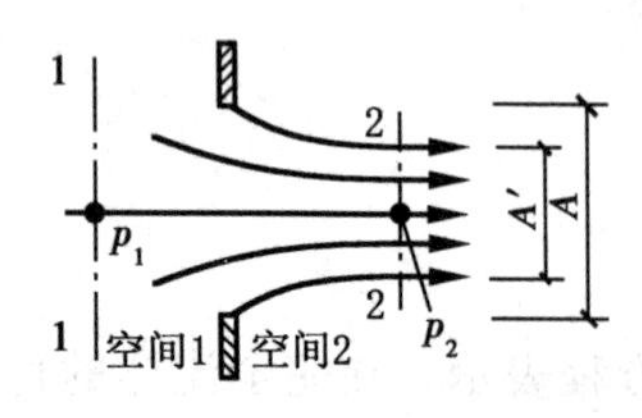

图 6.5 开口处的气流

在开口处的两侧有压力差时，会发生气流流动。与开口壁的厚度相比，开口面积很大的孔洞（如门窗洞口）的气体流动，叫作孔口流动。这一现象的分析模式，如图6.5所示。从开口 A 喷出的气流发生缩流现象，流体截面成为 A'。若设 $A'/A=\alpha$，则质量流量 m 为：

$$m = (\alpha A)\rho v$$

根据伯努利方程：

$$p_1 = p_2 + \frac{1}{2}\rho v^2$$

因为开口内外压力之差：

$$\Delta p = p_1 - p_2$$

则开口处流量：

$$m = \alpha A\sqrt{2\rho\Delta p} \tag{6.17}$$

式中　α——流量系数，αA 称为有效面积；对于门、窗洞口，一般 α 约为0.7。

6.2.4 门口处的烟气流动

在门洞等纵长开口处，当2个房间有温差时，其压力差是不同的，烟气流动随着高度不同而不同。

以中性面为基准面，测定高度 h 处的压力差 Δp_h 为：

$$\Delta p_h = |\rho_1 - \rho_2|gh$$

如图6.6所示，当开口宽为 B，$\rho_1 > \rho_2$ 时，中性面以上的 H 范围内房间2向房间1的质量流量 m，取微小区间 dh 的积分：

$$\begin{aligned} m &= \int_0^H \alpha A_h\sqrt{2\rho_2\Delta p_h}\,dh \\ &= \alpha B\sqrt{2\rho_2(\rho_1 - \rho_2)g}\int_0^H h^{\frac{1}{2}}dh \\ &= \frac{2}{3}\cdot\alpha B\sqrt{2g\rho_2(\rho_1 - \rho_2)}H^{1.5} \end{aligned} \tag{6.18}$$

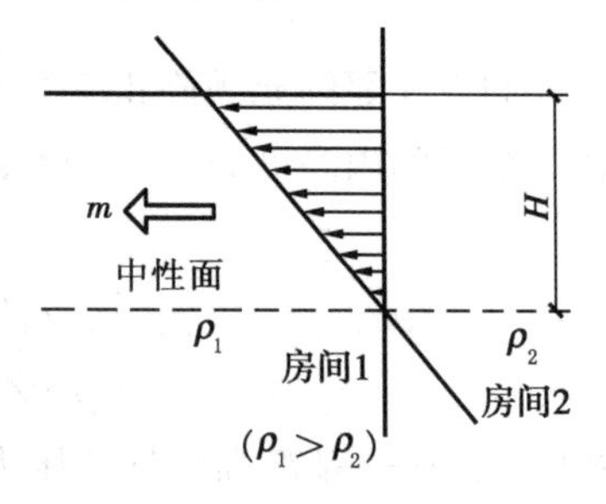

图 6.6 有温差时的烟气流动

推而广之，可将气流量与中性面、开口高度及位置关系分类，从相邻两房间的密度差与压力差，整理出开口处流量的计算结果，见表6.6。

表 6.6 开口两侧有温差时的流量计算

判别条件		模 型	质量流量计算式
$p_j = p_i$	$p_j \leqslant p_i$		$m_{ij} = \alpha B(H_u - H_l)\sqrt{2\rho_i \Delta p}$ $m_{ji} = 0$
	$\rho_j > \rho_i$		$m_{ij} = 0$ $m_{ji} = \alpha B(H_u - H_l)\sqrt{2\rho_j \Delta p}$
$\rho_j > \rho_i$	$Z_n \leqslant H_l$		$m_{ij} = (2/3)\alpha B\sqrt{2g\rho_i \Delta p} \times$ $\{(H_u - Z_n)^{1.5} - (H_l - Z_n)^{1.5}\}$ $m_{ji} = 0$
	$H_l < Z_n < H_u$		$m_{ij} = (2/3)\alpha B\sqrt{2g\rho_i \Delta p}(H_u - Z_n)^{1.5}$ $m_{ji} = (2/3)\alpha B\sqrt{2g\rho_j \Delta p}(Z_n - H_l)^{1.5}$
	$H_u \leqslant Z_n$		$m_{ij} = 0$ $m_{ji} = (2/3)\alpha B\sqrt{2g\rho_j \Delta p} \times$ $\{(Z_n - H_l)^{1.5} - (Z_n - H_u)^{1.5}\}$
$\rho_j < \rho_i$	$Z_n \leqslant H_l$		$m_{ij} = 0$ $m_{ji} = (2/3)\alpha B\sqrt{2g\rho_j \Delta p} \times$ $\{(H_u - Z_n)^{1.5} - (H_l - Z_n)^{1.5})\}$
	$H_l < Z_n < H_u$		$m_{ij} = (2/3)\alpha B\sqrt{2g\rho_i \Delta p}(Z_n - H_l)^{1.5}$ $m_{ji} = (2/3)\alpha B\sqrt{2g\rho_j \Delta p}(H_u - Z_n)^{1.5}$
	$H_u \leqslant Z_n$		$m_{ij} = (2/3)\alpha B\sqrt{2g\rho_i \Delta p} \times$ $\{(Z_n - H_l)^{1.5} - (Z_n - H_u)^{1.5}\}$ $m_{ji} = 0$

注:Z_n:中性面高度,m;且 $Z_n = (P_i - P_j)/\{(\rho_i - \rho_j)g\}$;

α:流量系数,通常取 0.7;H_u,H_l:开口的上端及下端高度,m;

p:压力,Pa;ρ:密度,kg/m^3。

6.3 烟囱效应

6.3.1 竖井内烟囱效应的机理

冬季取暖或发生火灾而产生的烟气充满建筑物,室内温度高于室外温度时,就会引起烟囱效应。这时,建筑物的下部室内压力较低,外部的冷空气流入,与此相应,上部压力较高,高温烟气流向外部。这种烟囱效应,对于电梯竖井或楼梯竖井等竖向高度很大的空间,尤其突出。

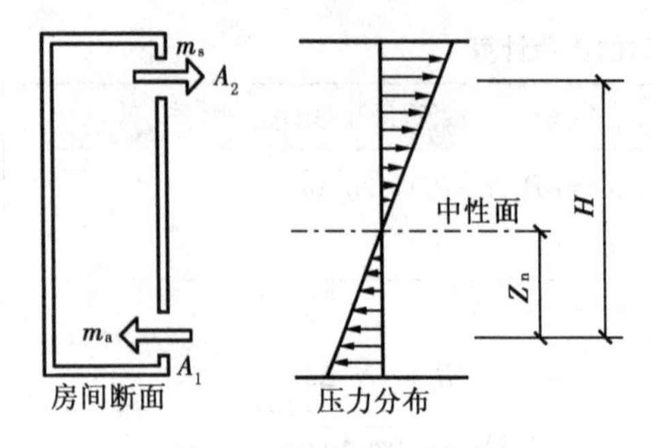

图 6.7 烟囱效应的机理

如图 6.7 所示,只有上下 2 处开口的空间,假设其内部充满了烟气。这时,流入内部的空气量为 m_a,流出的空气量为 m_s,则根据伯努利方程有:

$$m_a = \alpha A_1 \sqrt{2g\rho_a(\rho_a - \rho_s)Z_n} \tag{6.19}$$

$$m_s = \alpha A_2 \sqrt{2g\rho_a(\rho_a - \rho_s)(H - Z_n)} \tag{6.20}$$

式中 H——上下开口之间的垂直距离,m;

Z_n——下部开口与中性面的垂直距离,m。

在稳定状态下,空间内的压力满足质量守恒定律,即:

$$m_a = m_s$$

因此

$$\frac{Z_n}{H - Z_n} = \frac{(\alpha A_2)^2 \rho_s}{(\alpha A_1)^2 \rho_a} \tag{6.21}$$

$$m_a^2 = m_s^2 = 2g(\rho_a - \rho_s)\frac{(\alpha A_1)^2(\alpha A_2)^2 \rho_a \rho_s}{(\alpha A_1)^2 \rho_a + (\alpha A_2)^2 \rho_s} H \tag{6.22}$$

6.3.2 竖井的开口条件与中性面的位置

当竖井的顶部和底部的 2 个开口面积相等,即 $A_1 = A_2$,室内外温度差不太大时,中性面的位置在建筑物的中间,如图 6.7 所示。当中性面上下的门窗洞口均匀分布时,这一结论也是成立的。

此外,$A_1 < A_2$ 时,中性面就会向上移动;若 $A_1 > A_2$ 时,中性面就会向下移动,如图 6.8 所示。因此,当下部开口较大时,即使压差很小,也会出现大量的烟气流。

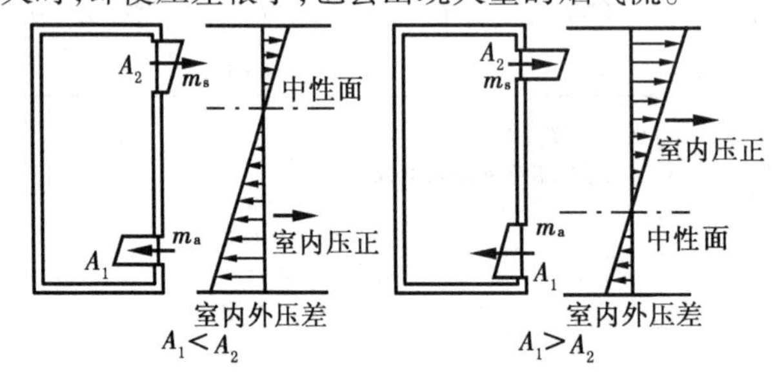

图 6.8 烟囱效应与开口大小

6.3.3 烟气在竖井内的流动

如上所述,建筑物高度越高,烟囱效应就越突出。因此,竖井对火灾时烟气传播产生巨大影响:在取暖季节,竖井内部都会产生上升气流;在建筑物的低层部分,火灾初期产生的烟气,也会乘着上升的气流向顶部升腾。

图 6.9 是通过实验研究高层建筑竖井内烟气的扩散情况。为了研究方便,忽略了外部风的影响,这样,在竖井的下部压力低于室外气压,而上部的压力却高于室外气压,各个房间的压力处于大气压力与竖井压力之间。从整体来看,以建筑高度的中部为界,新鲜空气从下部流入,而烟气则从上部排出。假设火灾房间的窗户受火灾作用而破坏,出现大的通风口后,火

灾房间的压力就与外界大气压相接近,其窗口也有部分烟气排出。而火灾房间与竖井压差变大,涌入竖井的烟气会更加剧烈。

因此,在进行高层建筑的防烟设计时,必须先很好地体会烟囱效应及由此而产生的压力分布,才有可能做好防烟设计,确保人员的生命安全。

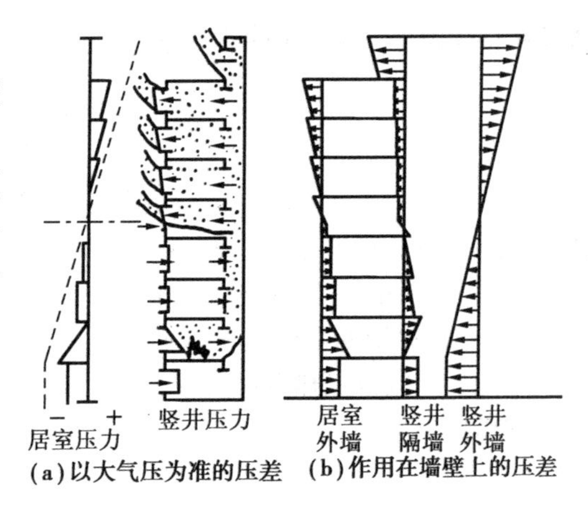

图6.9 高层建筑的烟气蔓延与压力分布

6.4 烟气控制的预测

6.4.1 火灾房间的烟层下降的预测模型

对于剧院、会堂、商业城等大空间,为了增加避难安全时间,有必要进行防止或延迟烟层下降的设计预测。

室内的烟层下降,可用流体的质量守恒和能量守恒方程与层流模型进行预测,通常用计算机进行预测。但是,为了安全起见且简化理论分析,也可以用比较容易的计算方法来预测烟层的下降。

1)烟层非稳定下降的简化预测(无排烟时的等温烟层下降)

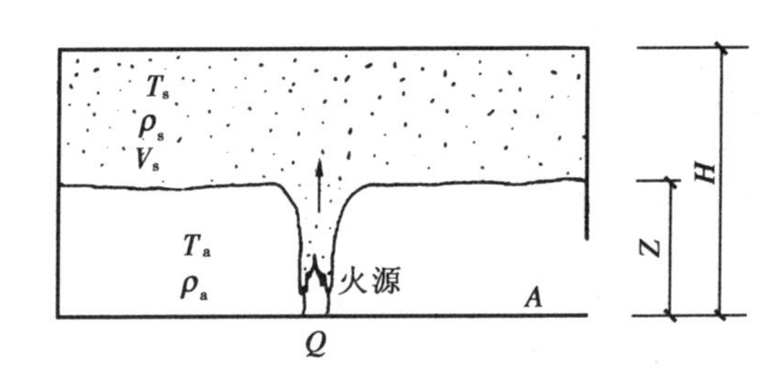

图6.10 烟层下降的非稳定预测模型

由于火灾紊流上升的烟气聚集在顶棚附近,故进行会议厅、观众厅等大空间建筑设计时,预测烟层下降速度是很有用的。简化分析模型,如图6.10所示。

对于高顶棚的大空间,火灾紊流的过程中大量卷入周围的空气,烟气的温度不会上升。因而与疏散设计密切相关的初期火灾,也可以将烟层温度 T_s 确定为近似固定的,并假定火灾空间的水平投影面积 A 不随高度而变化,则烟层的质量守恒公式可以写为:

$$\frac{\mathrm{d}}{\mathrm{d}t}(\rho_s V_s) = m_p$$

因此

$$-\rho_s A \frac{\mathrm{d}Z}{\mathrm{d}t} = m_p \tag{6.23}$$

式中 ρ_s——烟的密度,kg/m^3;

V_s——烟层的体积,m^3;

A——火灾房间的面积,m^2;

Z——烟层的高度,m;

t——时间,s。

在高度 Z 范围内,火灾烟气进入紊流区域;而且,若火灾进入稳定发展阶段,火灾烟气紊

流的质量流量 m_p 可由式(6.3)、式(6.4)求出：

$$m_p = 0.21\left(\frac{\rho_a^2 g}{c_p T_a}\right)^{\frac{1}{3}} Q^{\frac{1}{3}}(Z + Z_0)^{\frac{5}{3}}$$

$$Z_0 = 1.02D - 0.083Q^{\frac{2}{5}}$$

式中 ρ_a——周围空气的密度，kg/m^3；

T_a——周围空气的温度，K；

Q——火源的发热速度，kW；

Z_0——假设点热源位置，m。

并由此可得：

$$\frac{dZ}{(Z + Z_0)^{\frac{5}{3}}} = -kA^{-1}Q^{\frac{1}{3}}dt \tag{6.24}$$

$$k = 0.21\left(\frac{\rho_a^2 g}{c_p T_a}\right)^{\frac{1}{3}} \frac{1}{\rho_s} \tag{6.25}$$

假设 Q 不随时间变化（稳定燃烧），烟层高度为：

$$Z = \frac{1}{\left(\frac{3}{2}\frac{k}{A}Q^{\frac{1}{3}}t + \frac{1}{(H + Z_0)^{2/3}}\right)^{\frac{2}{3}}} - Z_0 \tag{6.26}$$

烟层降至高度 Z 处所需时间为：

$$t = \frac{\left(\frac{1}{Z + Z_0}\right)^{\frac{2}{3}} - \left(\frac{1}{H + Z_0}\right)^{\frac{2}{3}}}{\frac{2}{3}\frac{k}{A}Q^{\frac{1}{3}}} \tag{6.27}$$

实际上，利用式(6.26)或式(6.27)求解时，必须首先由式(6.25)确定 ρ_s；此时，也可按下述步骤进行估算：

将图6.11所示的火灾实验、预测曲线进行比较。实验条件：建筑面积720 m^2，室内高度26.3 m，火源甲醇1 300 kW，火源面积3 m^2；预测条件：$A=720$，$H=26.3$，$Q=1\ 300$，$D=1.95$，$T_n=286$，$T_s=300$。假设烟气充满了建筑空间高度的1/2，即13 m，此时火灾烟气紊流区域的流量为：

$$Z_0 = 1.02 \times (2\sqrt{3/\pi})m - 0.083 \times 1\ 300^{\frac{2}{5}}\ m = 0.53\ m$$

$$m_p = 0.21\left(\frac{(353/286)^2 \times 9.8}{1 \times 286}\right)^{\frac{1}{3}} \times 1\ 300^{\frac{1}{3}}(13 + 0.53)^{\frac{5}{3}}\ kg/s = 65.8\ kg/s$$

所以，此时火灾紊流区烟气的温度为：

$$T_{pm} = T_a + Q/(c_p m_p) = 286\ K + 1\ 300/(1 \times 65.8)K = 306\ K$$

T_{pm} 可以看作此时烟气的平均温度，此前产生的烟气，由于进一步卷入空气而降低了温度；此外，积蓄在顶棚处的烟气，由于顶棚处的导热等，使温度进一步降低。所以，可将 $T_s=300$ K 作为烟气下降时的温度。其预测和实验结果，如图6.11所示。由此可见，预测值与实验值非常吻合。

2）排烟效果预测的简化计算

高层建筑发生火灾，若上部空间容积不大时，如果不进行烟的控制，烟层很快就会在疏散通道下降，对人员的疏散造成威胁。而即使是大的空间且能够蓄烟的建筑物，也会因某些原因导致疏散者延误了时间，有可能暴露在烟气之中。因此，为了使烟气降到不超过某一安全的界限，必须做好防烟设计。

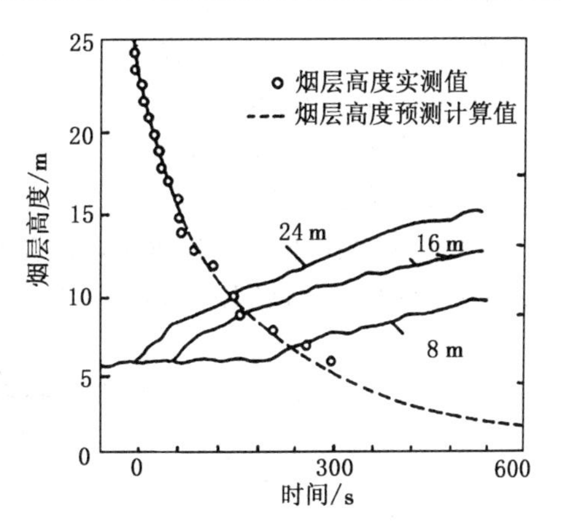

图 6.11 烟层的预测实例

一般情况下，火灾发生后总要经过一定时间的，建立该时间段内烟气稳态预测模型，要比非稳态预测模型简便得多。下面介绍简化的稳态模型的预测方法。

(1)侧墙有开口的排烟效果

火灾房间如果设有面积较大，位置偏高的窗洞口等，烟气可通过高位开口排出室外，烟层就不会降到疏散安全界限以下。为了估算排烟口的面积，首先应研究模型，如图 6.12 所示。

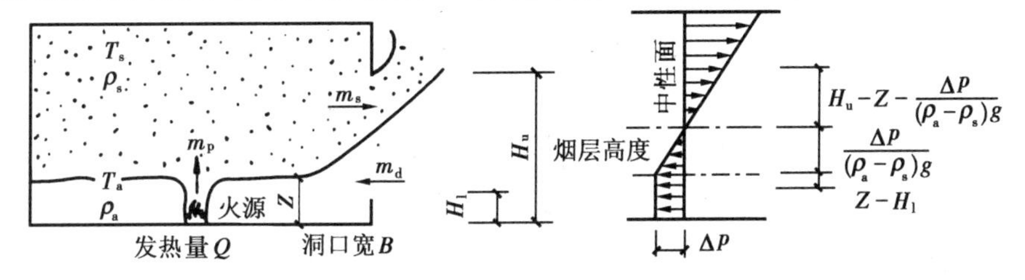

图 6.12 烟层高度的稳态简化预测模型

稳态预测的基本方法是利用质量守恒和能量守恒原理。自然通风的烟气流动会因为温度的不同而变化的，即使对于简化模型，也不能假定烟层的温度不变，必须根据烟层的热平衡，测算烟气的温度。

①开口处的流量：设室内外的压差为 Δp，烟气流出量 m_s 及空气流入量 m_d 可由下式确定：

$$m_s = \frac{2}{3}\alpha B_d\sqrt{2g\rho_s(\rho_a - \rho_s)}\left[H_u - Z - \frac{\Delta p}{(\rho_a - \rho_s)g}\right]^{\frac{3}{2}} \tag{6.28}$$

$$m_d = \alpha B_d(Z - H_l)\sqrt{2\rho_a\Delta p} + \frac{2}{3}\alpha B_d\sqrt{2g\rho_a(\rho_a - \rho_s)}\left[\frac{\Delta p}{(\rho_a - \rho_s)g}\right]^{\frac{3}{2}} \tag{6.29}$$

式中 B_d——开口的宽度，m；

H_u，H_l——开口的上、下端高度，m。

②热平衡：在火灾初期，烟气的温度并不很高，烟层对围壁的传热方式以热对流为主，故仅考虑对流传热；由于只考虑火灾初期，所以忽略了围壁温度上升，设围壁面的温度一定，并设 h_c 为对流换热率，A_w 为烟层接触到的围壁面的面积，则烟层的热平衡由下式给出：

$$Q - c_p m_s(T_s - T_a) - h_c A_w(T_s - T_a) = 0 \tag{6.30}$$

③质量守恒：由于假设为稳态换热，根据室内的流入流出平衡，有下列关系成立：

$$m_d = m_p = m_s \tag{6.31}$$

应该注意，式(6.28)—式(6.31)不适用于低顶棚、火源上方形成紊流区域的情况。

因此，假定适当的烟层高度（如安全高度），则可由式(6.2)求出火灾紊流的烟气流量 m_p，

将 $m_p = m_s$ 代入式(6.28)求出 Δp,并将 Δp 代入式(6.29),求出门洞口的流量 m_d。根据式(6.31),必然 $m_p = m_d$,即 $m_p = m_d$,可进一步确定一个烟层高度 Z,然后将新的 Z 值再进一步反复试算,最后求出一个在允许误差之内的 Z 值。

(2)上部有自然排烟口的情况

这种模型适用于屋顶有通风口或天窗的情况。一般来说,从房间的门洞口流入新鲜空气,而屋顶设有自然排烟口,如图 6.13 所示。

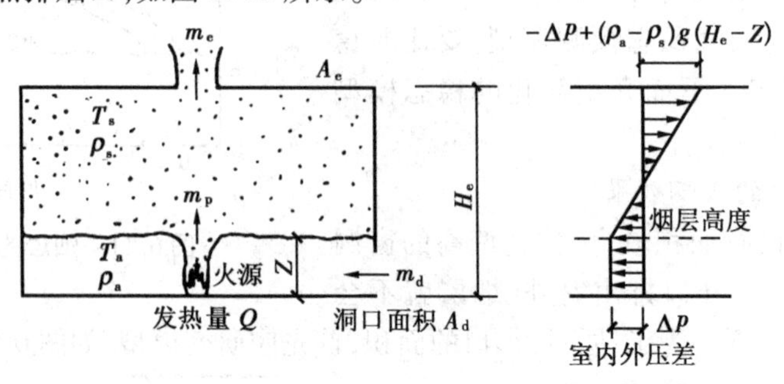

图 6.13 上部有排烟口时的烟层高度预测模型

开口处的流量:

$$m_e = \alpha A_e \sqrt{2\rho_s[-\Delta p + (\rho_a - \rho_s)g(H_e - Z)]} \tag{6.32}$$

$$m_d = \alpha A_d \sqrt{2\rho_a \Delta p} \tag{6.33}$$

式中 m_e——排烟量,m^3/s;

m_d——空气流入量,m^3/s;

A_e——排烟口面积,m^2;

A_d——门的面积,m^2。

(3)设有机械排烟设备的情况

在顶棚上(或附近)设有机械排烟设备,从下部的门洞口流入新鲜空气。其计算模型如图 6.14 所示。

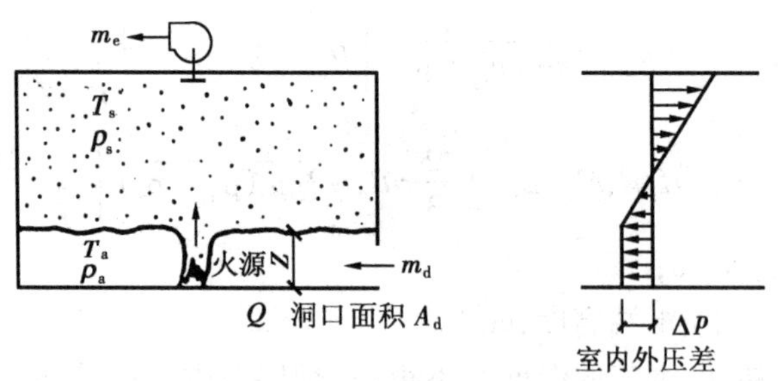

图 6.14 设机械排烟时烟层高度的预测模型

门洞口的空气流量:

$$m_d = \alpha A_d \sqrt{2\rho_a \Delta p}$$

排烟量:

$$m_e = V_e \rho_s \tag{6.34}$$

式中 V_e——排烟设备的排烟量,m^3/s。

6.4.2 烟流的控制

在火灾房间，防止烟层下降是烟气控制的手段之一，控制烟气不流出火灾房间或侵入避难通道的相关空间。这是典型的烟气控制手段。

1)压差与阻烟条件及阻烟方法

防止从火灾房间流出的烟侵入安全分区，用空气力学的阻烟方法最为有效，这里简要说明利用压差阻烟的原理。

例如，研究在火灾房间用机械排烟减压，使烟气不流到安全分区的条件，如图6.15所示。此时，若门洞口处的中性面位置比门洞上端的高度还高，则阻烟是成功的。现在研究当中性面刚好与门洞上端高度相同时，门洞处的空气流入量 m_d 与排烟量 m_e 有如下关系：

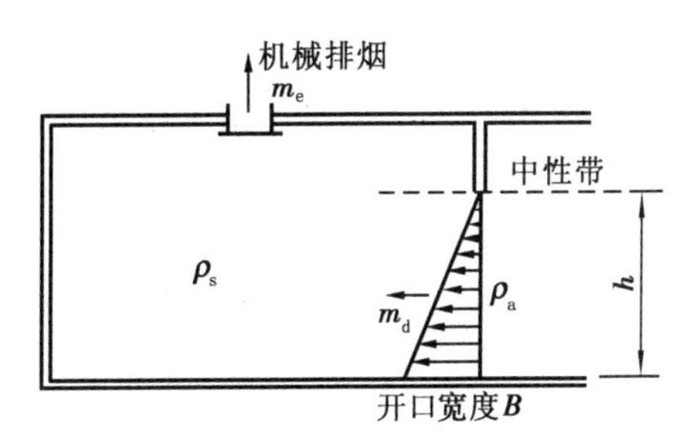

图6.15 火灾房间的排烟量

$$m_e = m_d \geqslant \frac{2}{3}\alpha B\sqrt{2g\rho_a(\rho_a - \rho_s)}\ h^{\frac{3}{2}} \tag{6.35}$$

事实上，房间内有缝隙、空调管道等，而且由于疏散或火焰作用，窗户会被破坏，出现新的进气途径，并非像理想化计算那么简单。

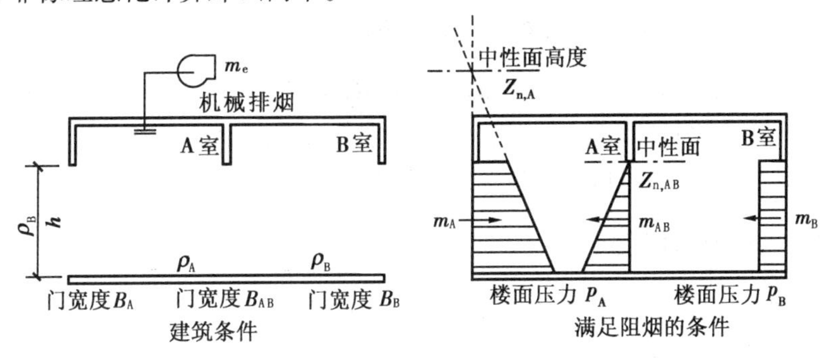

图6.16 火灾房间的排烟与阻烟

这里以图6.16的简化模型为例，具体导出阻烟条件。为了简化运算，假定3个开口的高度 h 均相同，其门的宽度可以不同。阻烟条件是，A，B房间之间的中性面位置在开口处的上端。A，B房间之间及A房间与外界的中性带高度 $Z_{n,AB}$，$Z_{n,A}$ 分别为：

$$Z_{n,AB} = \frac{p_B - p_A}{(\rho_0 - \rho_A)g}$$

$$Z_{n,A} = \frac{-p_A}{(\rho_0 - \rho_A)g}$$

从阻烟条件 $h=Z_{n,AB}$ 可知：

$$Z_{n,A} = h - p_B/(\Delta\rho g) \tag{6.36}$$

其中 $$\Delta\rho = \rho_0 - \rho_A$$

B房间的压力明显为负压，因此，$Z_{n,A}>h$；而且，A房间与室外的中性面在开口之上方。由

此可知,这一开口只有外气流流入而没有流出。此时两个房间开口处气流流动如图 6.16 右图所示,由下式求出:

$$m_{A}=\frac{2}{3}\cdot\alpha B_{A}\sqrt{2\rho_{0}\Delta\rho g}\left(Z_{n,A}^{\frac{3}{2}}-h^{\frac{3}{2}}\right) \tag{6.37}$$

$$m_{AB}=\frac{2}{3}\cdot\alpha B_{AB}\sqrt{2\rho_{0}\Delta\rho g}\,h^{\frac{3}{2}} \tag{6.38}$$

$$m_{B}=\alpha B_{B}h\sqrt{2\rho_{0}(-p_{B})} \tag{6.39}$$

由 A,B 房间的质量守恒关系可得:

$$m_{A}+m_{AB}-m_{e}=0 \tag{6.40}$$

$$m_{B}-m_{AB}=0 \tag{6.41}$$

应用式(6.41),使式(6.38)与式(6.39)相等,则:

$$-\frac{p_{B}}{\Delta\rho g}=\frac{4B_{AB}^{2}}{9B_{B}^{2}}h$$

将此值代入式(6.36),则:

$$Z_{n,A}=h\left(1+\frac{4B_{AB}^{2}}{9B_{B}^{2}}\right) \tag{6.42}$$

为满足式(6.38)~式(6.41)的阻烟条件,则需要的排烟量为:

$$\begin{aligned}m_{e}&=m_{A}+m_{AB}\\&=\frac{2}{3}\cdot\alpha\sqrt{2\rho_{0}\Delta\rho g}\,h^{\frac{3}{2}}\left\{B_{AB}+B_{A}\left[\left(1+\frac{4}{9}\frac{B_{AB}^{2}}{B_{B}^{2}}\right)^{\frac{3}{2}}-1\right]\right\}\end{aligned} \tag{6.43}$$

根据式(6.43),当 A 房间气密性差,即 B_{AB} 或 B_{A} 很大时,所需排烟量就增多;相反,当 B 房间与外界连通,且开放时,即 B_{B} 很大时,所需排烟量就会减少。

同理,可求出排烟口、送风口不同情况下的排烟量。

2)竖井的机械送风排烟

在高层建筑中,采暖期间,在烟囱效应作用下,下层部分为负压区。下层部分发生火灾时,烟气容易流入竖井内;对于非采暖季节,竖井亦具有烟囱效应,并导致火灾房间的烟气急剧地流入疏散通道。因此,建筑物中不能没有竖井,必须采取防止烟气通过竖井向上层房间蔓延的措施。具体的防烟措施有:

①加强竖井的气密性,防止烟气流入的任何间隙,采用防火门等气密性分隔构件。

②对竖井回压,使烟气不能侵入,可由机械送风加压来实现。

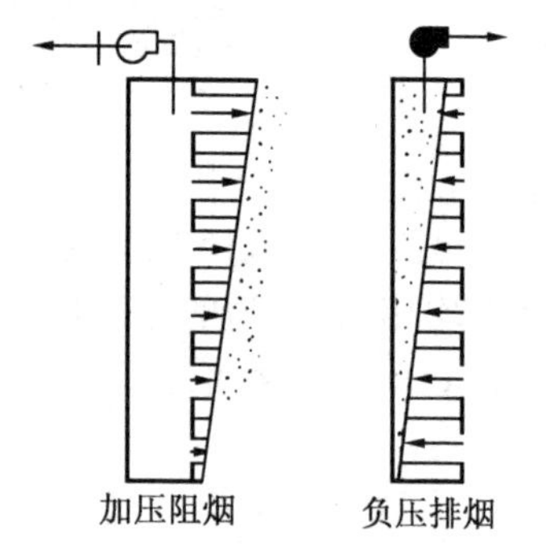

图 6.17 竖井加压与排烟

③对竖井减压,使烟气不能流出等,可用机械减压排烟方法和在顶部开较大面积的排烟口,使自然排烟系统的烟囱效应的中性面向上层部分移动等方法来实现,如图 6.17 所示。

总之,要根据建筑物及火灾条件等实际情况,科学地掌握防烟的方法。

下面就措施②的竖井加压防烟方法进行研究。如图 6.18 所示,为某建筑模型,设想对建筑物威胁最大的一层发生火灾。在取暖季节或竖井内侵入火灾烟气时,竖井与室外大气的压力关系如图6.18(a)所示。若采用机械加压,即使在一层的火灾层的地面,也要求竖井的压力保持正压 Δp。若考虑 Δp 与外界气压的相对压差,h_1 表示1层(火灾层)的层高,p_F 表示火灾层地面高度处外界大气的标准大气压,则有:

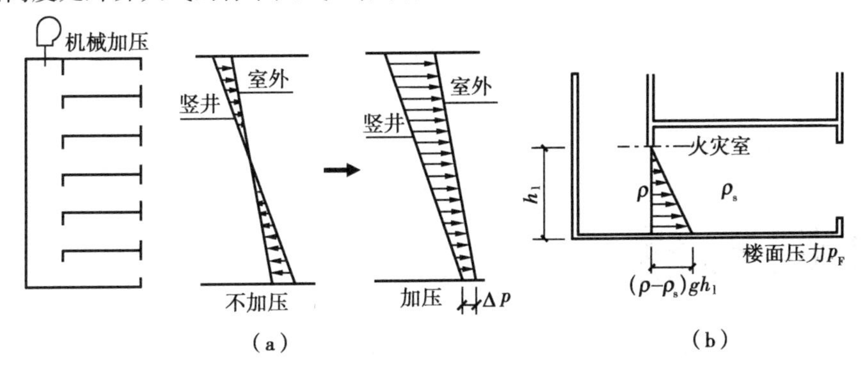

图6.18　竖井加压时的压力分布

$$\Delta p = (\rho - \rho_s)gh_1 - p_F \tag{6.44}$$

其中,ρ_s 可以通过火灾房间质量守恒关系、开口形状与温度关系求得。

为了加压而送入竖井的空气,会经过门窗等开口或管道流出室外。假设第 i 层这些开口面积之和为 $A_i(i=1\sim n$ 层)。由于室内外存在压差,从严密的观点来看,这些开口位置接近每层的顶棚或地板,气流流动情况各异。为了研究方便,我们假设把这些开口都集中在各层高度的一半处,即 h_i 处,则第 i 层流出的烟气量 m_i 可由式(6.45)求出:

$$m_i = \alpha A_i\sqrt{2\rho g[\Delta p + (\rho_0 - \rho_s)gh_i]} \tag{6.45}$$

而整栋建筑物的漏风量,即加压系统必要的送风量:

$$m = \sum_{i=1}^{n}\alpha A_i\sqrt{2\rho g[\Delta p + (\rho_0 - \rho_s)gh_i]} \tag{6.46}$$

而且,一旦加压系统进入工作状态,最上层的竖井的门上作用的压力为:

$$\Delta p_H = \Delta p + (\rho_0 - \rho)gH \tag{6.47}$$

此外,还必须考虑高层建筑竖井中空气的流动阻抗,即在上述计算中考虑风道、竖井等的阻抗。适当加大送风量,但同时应该考虑最上层加压使得疏散门上的压力增大,导致开门困难。

思考题

6.1　试述表征火灾烟气性质的物理量及其含义。

6.2　什么是中性面?

7

防排烟系统

7.1 概　述

烟气控制的目的是保证人所在空间的烟气浓度在允许浓度之下,防止烟气可能产生的危害,确保人们的安全疏散,并且为消防扑救创造条件。基于以上目的,通常采用防烟与排烟两种途径对烟气进行控制。

防烟是指采用一定的措施阻止火灾产生的烟气流向非火灾区,特别是保证楼梯间、前室、避难层(间)等空间等不受烟气的污染,或防止烟气在上述空间内积聚。

排烟是指采用一定的措施将火灾产生的烟气或流入的烟气排出、稀释,防止烟气浓度超标产生危害。

7.1.1　防烟系统

防烟系统是指通过采用自然通风方式,防止火灾烟气在楼梯间、前室、避难层(间)等空间内积聚,或通过采用机械加压送风方式阻止火灾烟气侵入楼梯间、前室、避难层(间)等空间的系统。防烟系统分为自然通风系统和机械加压送风系统。

1)自然通风系统

(1)原理

自然通风系统是指利用空气温差形成的热压和外部风压作用,通过建筑开口将建筑内的烟气直接排至室外,防止火灾烟气在楼梯间、前室、避难层(间)等空间内积聚的通风方式。

(2)特点

自然通风系统的优点是不需要动力设备和管道,节约空间,且不需要电源。但防烟效果受到室外温度、风向、风力的影响,无法完全主观控制,效果不稳定。

2)机械加压送风系统

(1)原理

加压送风系统就是凭借机械力,将室外新鲜的空气送入需要保护的空间,提高该空间的室内压力,阻止火灾烟气侵入楼梯间、前室、避难层(间)等空间。

(2)组成

一般情况下,机械加压送风系统由加压送风机、风道和送风口组成,如图7.1所示。

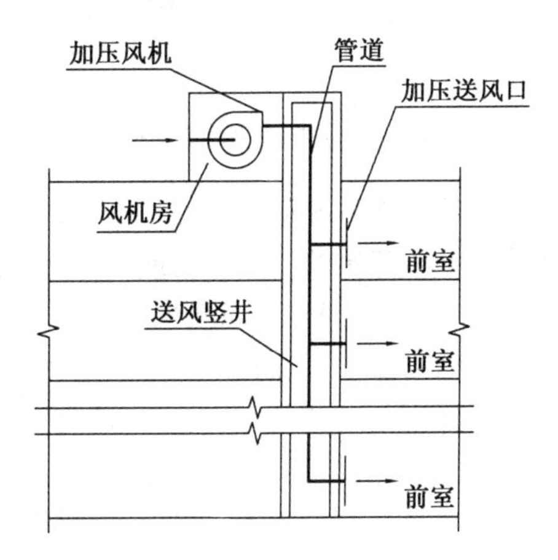

图7.1 机械加压送风系统的组成

(3)特点

机械加压送风系统提高了疏散区域的压力,能有效地防止烟气侵入,确保安全疏散,效果好。但受疏散时开门数量、门洞尺寸、管路系统漏风等因素的影响。

7.1.2 排烟系统

排烟系统是指采用自然排烟或机械排烟的方式,将房间、走道等空间的火灾烟气排至建筑物外的系统。排烟系统分为自然排烟系统和机械排烟系统。

1)自然排烟系统

(1)原理

自然排烟是利用火灾时产生的热烟气流的浮力和外部风压作用,通过建筑开口将建筑内的烟气直接排至室外的排烟方式。这种排烟方式实质上是热烟气与室外冷空气的对流运动,其动力是由于火灾时产生的热量使室内温度升高、密度减小、热压增大,在室内外空气之间产生的热压差,以及室外空气流动产生的风压。

(2)组成

自然排烟系统由排烟口和进气口组成。自然排烟必须有烟气的排烟口和冷空气的进气口,排烟口可以是可开启的外窗,也可以是专门设置在外墙上部或屋顶上的排烟口。

(3)特点

自然排烟方式的优点是不需要动力设备和管道,节约空间,可节省投资,又不必担心因停电而不能排烟。但排烟效果与前述自然通风系统一样,受到室外温度、风向、风力影响,无法完全主观控制,效果不稳定。

2)机械排烟系统

(1)原理

机械排烟就是采用机械设备(风机)强制排烟的手段来排除烟气的方式,该种方式可以基本消除建筑环境因素对排烟效果的影响,但受排烟口位置和开启数目的影响。

(2)组成

机械排烟系统由排烟风机、管道、排烟口组成,如图7.2所示。

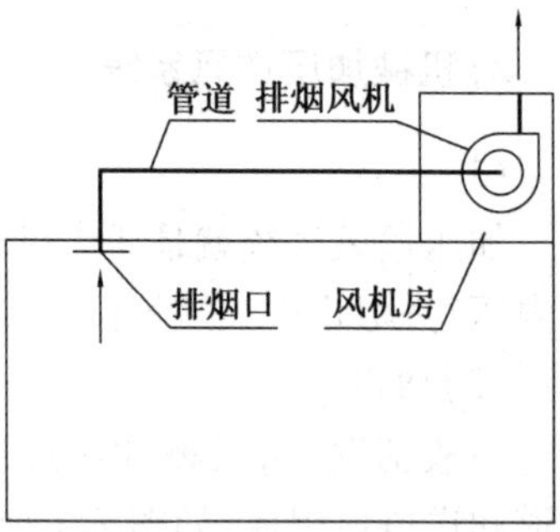

(3)特点

机械排烟方式排烟效果好,不受建筑环境因素的影响,可人为进行控制;但设备费用增加,占用空间,控制复杂,管理工作量大。

图7.2 机械排烟系统的组成

7.1.3 设置防烟系统的部位

建筑防烟系统的选择应根据建筑高度、使用性质等因素,采用自然通风系统或机械加压送风系统。建筑的下列场所或部位应设置防烟设施:

①封闭楼梯间、防烟楼梯间;

②独立前室、共用前室、合用前室及消防电梯前室;

③避难走道及其前室、避难层(间)。

设置防烟设施的具体规定如下:

①建筑高度大于50 m的公共建筑、工业建筑和建筑高度大于100 m的住宅建筑,其防烟楼梯间、独立前室、共用前室、合用前室及消防电梯前室应采用机械加压送风系统。当建筑物发生火灾时,疏散楼梯间是建筑物内部人员疏散的通道,同时,前室、合用前室是消防队员进行火灾扑救的起始场所。因此在火灾时首要的就是控制烟气进入上述安全区域。对于高度较高的建筑,其自然通风效果受建筑本身密闭性以及自然环境中风向、风压的影响较大,难以保证防烟效果,所以需要采用机械加压来保证防烟效果。

②建筑高度小于等于50 m的公共建筑、工业建筑和建筑高度小于等于100 m的住宅建筑,其防烟楼梯间、独立前室、共用前室、合用前室(除共用前室与消防电梯前室合用外)及消防电梯前室应采用自然通风系统。这些高度较小的建筑受风压作用影响较小,且一般不设火灾自动报警系统,利用建筑本身的通风,也可基本起到防止烟气进一步进入安全区域的作用,因此,防烟楼梯间、前室、合用前室均采用自然通风方式的防烟系统,简便易行。

当不能设置自然通风系统时,应采用机械加压送风系统。防烟系统的选择还应符合下列要求:

a.当独立前室或合用前室符合下列条件之一时,楼梯间可不设置防烟系统:独立前室或合用前室采用全敞开的阳台、凹廊;设有两个及以上不同朝向的可开启外窗,且独立前室两个外窗面积分别不小于2.0 m^2,合用前室两个外窗面积分别不小于3.0 m^2。

如果满足以上条件之一时,可以认为独立前室、合用前室自然通风性能优良,能及时排出从走道漏入独立前室、合用前室的烟气并可防止烟气进入防烟楼梯间,因此,可以仅在前室设置防烟设施,楼梯间不设置。

b.当独立前室、共用前室及合用前室的机械加压送风口设置在前室的顶部或正对前室入口的墙面时,楼梯间可采用自然通风系统。将前室的机械加压送风口设置在前室的顶部,其目的是形成有效阻隔烟气的风幕;而将送风口设在正对前室入口的墙面上,是为了形成正面阻挡烟气侵入前室的效果。当前室的加压送风口的设置不符合上述规定时,其楼梯间就必须设置机械加压送风系统。

c. 在建筑布置中，可能会出现裙房高度以上部分利用可开启外窗进行自然通风，裙房高度范围内不具备自然通风条件的布局。为了保证防烟楼梯间下部的安全并且不影响其上部，当防烟楼梯间在裙房高度以上部分采用自然通风时，不具备自然通风条件的裙房的独立前室、合用前室及共用前室应采用机械加压送风系统，且独立前室、合用前室及共用前室送风口的设置方式应符合上一条的要求。

③根据气体流动规律，防烟楼梯间及前室之间必须形成压力梯度，才能有效地阻止烟气，如将两者的机械加压送风系统合设一个管道甚至一个系统，很难保证压力差的形成，所以一般情况下在楼梯间、前室分别加压送风。防烟楼梯间及其前室的机械加压送风系统的设置应符合下列要求：

a. 当采用独立前室且其仅有一个门与走道或房间相通时，可仅在楼梯间设置机械加压送风系统；当独立前室有多个门时，楼梯间、独立前室应分别独立设置机械加压送风系统。

b. 当采用合用前室时，楼梯间、合用前室应分别独立设置机械加压送风系统。当采用合用前室时，机械加压送风的楼梯间溢出的空气会通过合用前室的其他开口或缝隙而流失，无法保证合用前室和走道之间压力梯度，不能有效地防止烟气的侵入，此时楼梯间、合用前室应分别独立设置机械加压送风的防烟设施。

c. 当采用剪刀楼梯时，其两个楼梯间及其前室的机械加压送风系统应分别独立设置。对于剪刀楼梯，无论是在公共建筑还是住宅建筑，为了保证两部楼梯的加压送风系统不至于在火灾发生时同时失效，其两部楼梯间和前室、合用前室的机械加压送风系统（风机、风道、风口）应分别独立设置，两部楼梯间也要独立设置风机和风道、风口。

④疏散时人员只要进入避难走道，就视作进入相对安全的区域。为了严防烟气侵袭避难走道，需要在前室和避难走道分别设置机械加压送风系统。对于疏散距离在 30 m 以内的避难走道，由于疏散距离较短，可仅在前室设置机械加压送风系统，一般有 2 种仅在前室设置机械加压送风系统的情况：

a. 避难走道一端设置安全出口，且总长度小于 30 m；

b. 避难走道两端设置安全出口，且总长度小于 60 m。

7.1.4 设置排烟系统的部位

多层建筑优先采用自然排烟系统。多层建筑比较简单，受外部条件影响较小，一般采用自然排烟方式较多。高层建筑主要受自然条件（如室外风速、风压、风向等）的影响会较大，一般采用机械排烟系统较多。

民用建筑的下列场所或部位应设置排烟设施：

①设置在一、二、三层且房间建筑面积大于 100 m^2 的歌舞娱乐放映游艺场所，设置在四层及以上楼层、地下或半地下的歌舞娱乐放映游艺场所；

②中庭；

③公共建筑内建筑面积大于 100 m^2 且经常有人停留的地上房间；

④公共建筑内建筑面积大于 300 m^2 且可燃物较多的地上房间；

⑤建筑内长度大于 20 m 的疏散走道；

⑥地下或半地下建筑（室）、地上建筑内的无窗房间，当总建筑面积大于 200 m^2 或一个房间建筑面积大于 50 m^2，且经常有人停留或可燃物较多时，应设置排烟设施。

除敞开式汽车库、建筑面积小于1000 m²的地下一层汽车库和修车库外,汽车库、修车库应设排烟系统。

厂房或仓库的下列场所或部位应设置排烟设施:

①丙类厂房内建筑面积大于300 m² 且经常有人停留或可燃物较多的地上房间,人员或可燃物较多的丙类生产场所;

②建筑面积大于5 000 m² 的丁类生产车间;

③占地面积大于1 000 m² 的丙类仓库;

④高度大于32 m的高层厂房(仓库)内长度大于20 m的疏散走道,其他厂房(仓库)内长度大于40 m的疏散走道。

7.2 民用建筑自然排烟系统设计

7.2.1 自然排烟系统概述

建筑排烟系统的设计应根据建筑的使用性质、平面布局等因素,优先采用自然排烟系统,不满足自然排烟条件时,设置机械排烟系统。采用自然排烟系统的场所应设置自然排烟窗(口)。自然排烟窗(口)是具有排烟作用的可开启外窗或开口,可通过手动、自动、温控释放等方式开启。

自然排烟系统维修费用低,排烟口可以兼作平时通风换气用。对于顶棚高大的房间(中庭),若在顶棚上开设排烟口,自然排烟效果好。但系统排烟效果不稳定,对建筑设计有一定的制约,存在火灾通过排烟口向上层蔓延的危险性。

1)自然排烟效果不稳定

自然排烟的效果是受诸多因素影响的,而多数因素本身又是不稳定的,导致了自然排烟效果的不稳定。影响自然排烟不稳定的因素有:

①排烟量及烟气温度随火灾的发展而变化;

②高层建筑的热压作用随季节发生变化;

③室外风速、风向随气象情况变化。

消除上述各种不稳定因素的影响是很困难的,对于①、②项的影响,根本就无法消除,对于③的影响,可采用专用排烟竖井(排烟塔)的自然排烟方式消除,但排烟竖井要占用相当大的建筑面积,国内已很少采用。

2)对建筑设计有一定的制约

由于自然排烟的烟气是通过外墙上可开启的外窗或专用排烟口排至室外,因此采用自然排烟时对建筑设计有如下制约:

①房间必须至少有一面墙壁是外墙;

②房间进深不宜过大,否则不利于自然排烟;

③排烟口的有效面积与地面面积之比不小于1/50,有时更大。

基于上述要求，采用自然排烟必须对外开口，即使使用上明确要求密闭的房间也必须设外窗，对隔声、防尘、防水等方面均带来困难。

3）存在火灾通过外窗向上层蔓延的危险性

由外窗等向外自然排烟时，排出烟气的温度很高，且烟气中含有一定量的未燃尽的可燃气体，排至室外遇到新鲜空气后会继续燃烧。靠近外墙面的火焰内侧，由于空气得不到补充，形成负压区，致使火焰有贴壁向上燃烧的可能，很有可能将上层窗的玻璃烤坏，引燃窗帘等，扩大火灾。

7.2.2 系统设计及计算

自然排烟由于排烟效果受风向、风压、热压的影响，因此自然排烟开口应尽量布置在房间的不同朝向上，减小其他因素的影响，保证排烟效果，达到排烟的目的。自然排烟系统设计的主要工作为提出并核实自然排烟窗（口）布置的要求，主要包括设置位置、可开启面积、高度和距室内最远点的水平距离等。

1）自然排烟窗（口）布置

①防烟分区内任一点与最近的自然排烟窗（口）之间的水平距离不应大于30 m。当工业建筑采用自然排烟方式时，其水平距离尚不应大于建筑内空间净高的2.8倍；当公共建筑空间净高大于等于6 m，且具有自然对流条件时，其水平距离不应大于37.5 m。设置在外墙上的单开式自动排烟窗宜采用下悬外开式；设置在屋面上的自动排烟窗宜采用对开式或百叶式。

②自然排烟窗（口）应沿火灾烟气的气流方向开启。

③自然排烟窗（口）宜分散均匀布置，且每组的长度不宜大于3.0 m。

④设置在防火墙两侧的自然排烟窗（口）之间最近边缘的水平距离不应小于2.0 m。

⑤当设置在外墙上时，自然排烟窗（口）应在储烟仓以内，但走道、室内空间净高不大于3 m的区域的自然排烟窗（口）可设置在室内净高度的1/2以上；当房间面积不大于200 m^2 时，自然排烟窗（口）的开启方向可不限。

⑥当公共建筑仅需在走道或回廊设置排烟时，走道两端（侧）均设置面积不小于2 ㎡的自然排烟窗（口）且两侧自然排烟窗（口）的距离不应小于走道长度的2/3。

⑦厂房、仓库的自然排烟窗（口）设置应符合下列要求：

a. 当设置在外墙时，自然排烟窗（口）应沿建筑物的两条对边均匀设置；

b. 当设置在屋顶时，自然排烟窗（口）应在屋面均匀设置且宜采用自动控制方式开启；当屋面斜度小于等于12°时，每200 m^2 的建筑面积应设置相应的自然排烟窗（口）；当屋面斜度大于12°时，每400 m^2 的建筑面积应设置相应的自然排烟窗（口）。

⑧中庭采用自然排烟系统时，应按机械排烟量和自然排烟窗（口）的风速不大于0.5 m/s计算有效开窗面积。

当中庭周围场所不需设置排烟系统，仅在回廊设置排烟系统时，中庭采用自然排烟系统时，应按回廊的排烟量不应小于13 000 m^3/h，中庭的排烟量不应小于40 000 m^3/h和自然排烟窗（口）的风速不大于0.4 m/s计算有效开窗面积。

2)自然排烟窗(口)的面积

(1)自然排烟需要的自然排烟窗(口)截面积

建筑空间净高小于等于6 m的场所,应设置有效面积不小于该房间建筑面积2%的自然排烟窗(口)。当净高大于6 m的场所其自然排烟窗(口)面积应计算确定。

自然排烟系统是利用火灾热烟气的浮力作为排烟动力,其排烟口的排放率在很大程度上取决于烟气的厚度和温度。采用自然排烟方式所需要的自然排烟窗(口)截面积宜按照下式计算:

$$A_V C_V = \frac{M_\rho}{\rho_0}\left[\frac{T^2 + \left(\frac{A_V C_V}{A_0 C_0}\right)^2 T T_0}{2 g d_b \Delta T T_0}\right]^{\frac{1}{2}} \tag{7.1}$$

式中 A_V——自然排烟窗(口)截面积,m^2;

A_0——所有进气口总面积,m^2;

C_V——自然排烟窗(口)流量系数(通常选定在0.5~0.7);

C_0——进气口流量系数(通常约为0.6);

g——重力加速度,m/s^2

ρ_0——环境温度下的气体密度,kg/m^3,通常T_0=293.15 K,ρ_0=1.2 kg/m^3;

d_b——排烟系统吸入口最低点之下烟气层厚度,m。

注:公式中$A_V C_V$在计算时应采用试算法。

另外:M_ρ——烟缕质量流量,kg/s;

ΔT——烟气平均温度与环境温度的差,K;

T_0——环境的绝对温度,K;

T——烟层平均绝对温度,K。

要计算以上几个参数,还必须明确几个基本概念。

①热释放速率

热释放速率是指在规定的试验条件下,在单位时间内材料燃烧所释放的热量。排烟系统的设计计算取决于火灾中的热释放速率,因此首先应明确设计的火灾规模。设计的火灾规模取决于燃烧材料性质、时间等因素和自动灭火设施的设置情况,为确保安全,一般按可能达到的最大火势确定火灾热释放速率。一般认为,自动灭火系统启动后,火灾规模可以得到控制,因此通过预测自动灭火系统的启动时间,可以确定火灾的最大规模。自动喷水灭火系统的启动时间可按照系统联动型火灾报警控制DETECT模型进行分析确定,一般取60 s。建筑空间净高大于6 m的各类场所,其火灾热释放速率可按式(7.2)计算且不应小于表7.1规定的值。设置自动喷水灭火系统(简称喷淋)的场所,其室内净高大于8 m时,应按无喷淋场所对待。

火灾热释放速率应按下式计算:

$$Q = \alpha \cdot t^2 \tag{7.2}$$

式中 Q——热释放速率,kW;

t——自动灭火系统启动时间,s;

α——火灾增长系数(按表7.2取值),kW/s^2。

表 7.1　火灾达到稳态时的热释放速率

建筑类别喷淋设置情况	热释放速率 Q/MW	
办公室、教室、客房、走道	无喷淋	6.0
	有喷淋	1.5
商店、展览	无喷淋	10.0
	有喷淋	3.0
其他公共场所	无喷淋	8.0
	有喷淋	2.5
汽车库	无喷淋	3.0
	有喷淋	1.5
厂房	无喷淋	8.0
	有喷淋	2.5
仓库	无喷淋	20.0
	有喷淋	4.0

表 7.2　火灾增长系数

火灾类别典型的可燃材料	火灾增长系数/($kW \cdot s^{-2}$)
慢速火硬木家具	0.002 78
中速火棉质、聚酯垫	0.011
快速火装满的邮件袋、木制货架托盘、泡沫塑	0.044
超快速火池火、快速燃烧的装饰家具、轻质窗帘	0.178

②清晰高度

清晰高度是指设计烟层下缘至室内地面的高度。火灾时的最小清晰高度是为了保证室内人员安全疏散和方便消防人员的扑救而提出的最低要求,也是排烟系统设计时必须达到的最低要求。对于单个楼层空间的清晰高度如图 7.3(a)所示,公式(7.3)也是针对这种情况提出的。对于多个楼层组成的高大空间,最小清晰高度同样也是针对某一个单层空间提出的,其往往也是连通空间中同一防烟分区中最上层计算得到的最小清晰高度,如图 7.3(b)所示。然而,在这种情况下的燃料面到烟层底部的高度 Z 是从着火的那一层起算,如图 7.3(b)所示。

空间净高大于 6 m 的区域最小清晰高度应按下式计算:

$$H_q = 1.6 + 0.1 \cdot H \tag{7.3}$$

式中　H_q——最小清晰高度,m;

H——对于单层空间,取排烟空间的建筑净高度,m,对于多层空间,取设计烟层底部至最高疏散楼层地面的高度,m。

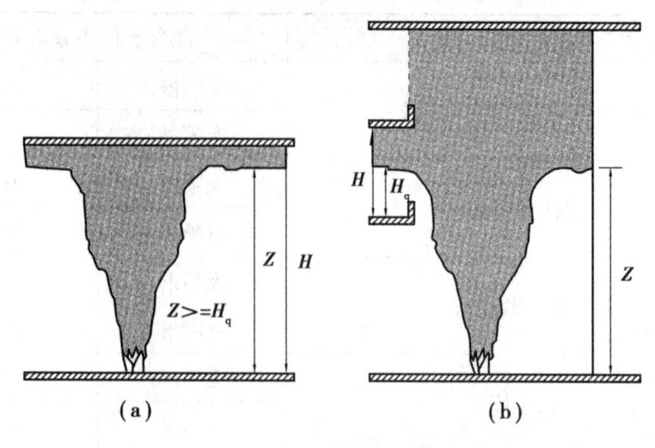

图 7.3　最小清晰高度示意图

空间净高按如下方法确定：

a. 对于平顶和锯齿形的顶棚，空间净高为从顶棚下沿到地面的距离；

b. 对于斜坡式的顶棚，空间净高为从排烟开口中心到地面的距离；

c. 对于有吊顶的场所，其净高应从吊顶处算起，设置格栅吊顶的场所，其净高应从上层楼板下边缘算起。

③烟羽流

烟羽流是指火灾时烟气卷吸周围空气所形成的混合烟气流。烟羽流按火焰及烟的流动情形，可分为轴对称型烟羽流、阳台溢出型烟羽流、窗口型烟羽流。不同类型烟羽流的质量流量计算方法不一样。

轴对称型烟羽流是上升过程不与四周墙壁或障碍物接触，并且不受气流干扰的烟羽流，如图 7.4 所示。其质量流量宜按下列公式计算：

$$\text{当 } Z > Z_1 \text{ 时}, M_\rho = 0.071 Q_c^{\frac{1}{3}} Z^{\frac{5}{3}} + 0.0018 Q_c \tag{7.4}$$

$$Z \leqslant Z_1 \text{ 时}, M_\rho = 0.032 Q_c^{\frac{3}{5}} Z \tag{7.5}$$

$$Z_1 = 0.166 Q_c^{\frac{2}{5}} \tag{7.6}$$

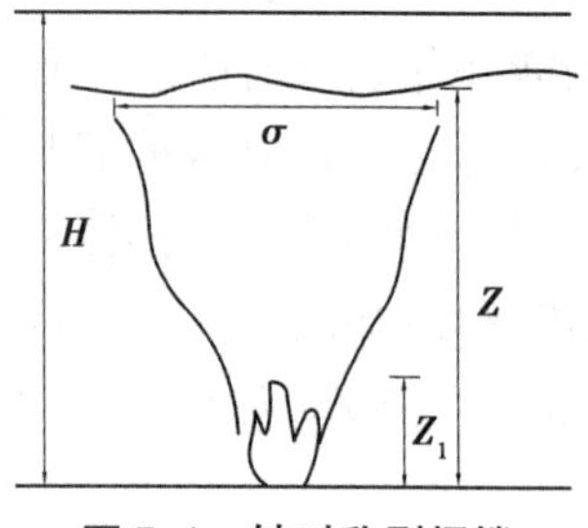

图 7.4　轴对称型烟缕

式中　Q_c——热释放速率的对流部分，一般取值为 $Q_c = 0.7Q$，kW；

Z——燃料面到烟层底部的高度，m（取值应大于等于最小清晰高度与燃料面高度之差）；

Z_1——火焰极限高度，m；

M_ρ——烟羽流质量流量，kg/s。

【例 7.1】　某商业建筑含有一个三层共享的中庭，中庭未设置喷淋系统，其中庭尺寸长、宽、高分别为 30 m、20 m、15 m，每层层高为 5 m，排烟口设于中庭顶部（其最近的边离墙大于 0.5 m），如图 7.5 所示。最大火灾热释放速率为 4 MW，火源燃料面距地面高度 1 m，求烟羽流质量流量。

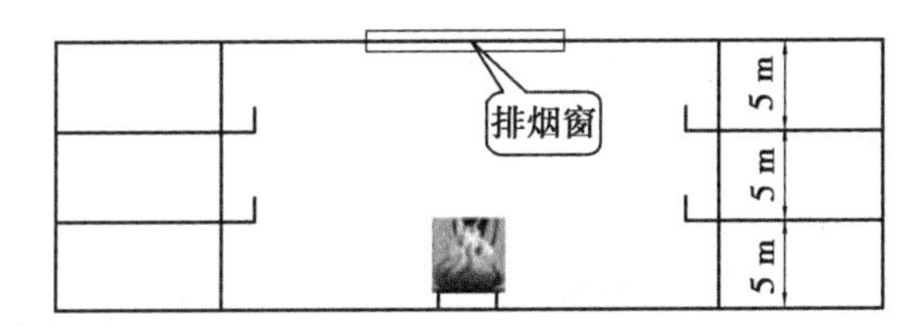

图 7.5 剖面示意图

【解】

热释放速率的对流部分：

$$Q_c = 0.7Q = 0.7 \times 4 = 2.8\ \text{MW} = 2\ 800\ \text{kW}$$

火焰极限高度：

$$Z_1 = 0.166Q_c^{\frac{2}{5}} = 3.97\ \text{m}$$

燃料面到烟层底部的高度

$$Z = (10 - 1) + (1.6 + 0.1H) = 9 + 1.6 + 0.1 \times 5 = 11.1\ \text{m}$$

因为 $Z>Z_1$，则烟缕质量流量

$$M_\rho = 0.071Q_c^{\frac{1}{3}}Z^{\frac{5}{3}} + 0.001\ 8Q_c = 60.31\ \text{kg/s}$$

阳台溢出型烟羽流从着火房间的门(窗)梁处溢出，并沿着着火房间外的阳台或水平突出物流动，至阳台或水平突出物的边缘向上溢出至相邻的高大空间的烟羽流，如图 7.6 所示。其质量流量宜按下列公式计算：

$$M_\rho = 0.36(QW^2)^{\frac{1}{3}}(Z_b + 0.25H_1) \tag{7.7}$$

$$W = w + b \tag{7.8}$$

式中 H_1——燃料面至阳台的高度，m；

Z_b——从阳台下缘至烟层底部的高度，m；

W——烟羽流扩散宽度，m；

w——火源区域的开口宽度，m；

b——从开口至阳台边沿的距离，m，$b \neq 0$。

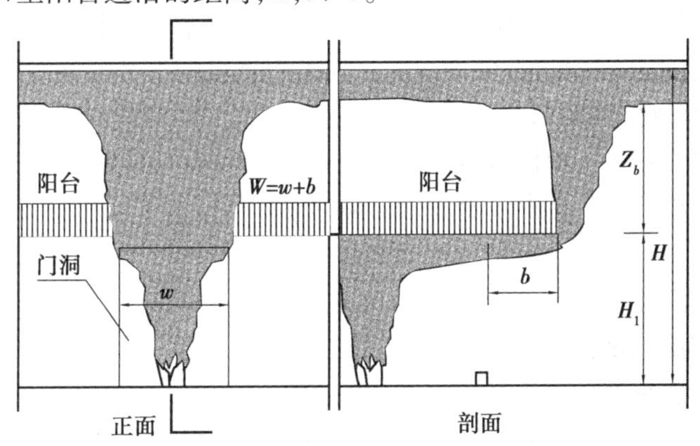

图 7.6 阳台溢出型烟缕

窗口型烟羽流是从发生通风受限火灾的房间或隔间的门、窗等开口处溢出的烟羽流，如图 7.7 所示。其质量流量宜按下列公式计算：

$$M_\rho = 0.68(A_wH_w^{\frac{1}{2}})^{\frac{1}{3}}(Z_w + \alpha_w)^{\frac{5}{3}} + 1.59A_wH_w^{\frac{1}{2}} \tag{7.9}$$

$$\alpha_w = 2.4A_w^{\frac{2}{5}}H_w^{\frac{1}{5}} - 2.1H_w \tag{7.10}$$

式中 A_w——窗口开口的面积,m^2;

H_w——窗口开口的高度,m;

Z_w——窗口开口的顶部到烟层底部的高度,m;

α_w——窗口型烟羽流的修正系数,m。

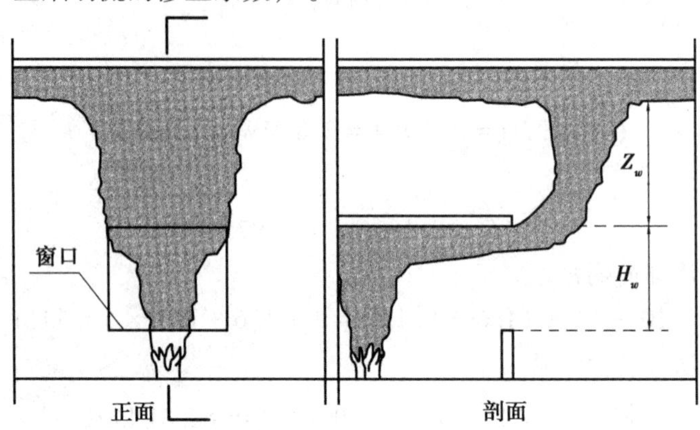

图 7.7 窗口溢出型烟缕

烟层平均温度与环境温度的差,可按下式计算:

$$\Delta T = KQ_c/M_\rho C_\rho \tag{7.11}$$

式中 ΔT——烟层平均温度与环境温度的差,K;

C_ρ——空气的定压比热,一般取 $C_\rho=1.01$,kJ/(kg·K);

K——烟气中对流放热量因子,当采用机械排烟时,取 $K=1.0$,当采用自然排烟时,取 $K=0.5$。

④储烟仓

是指聚集并排出烟气的区域。

(2)可开启外窗(口)有效排烟面积计算

可开启外窗的型式有上悬窗、中悬窗、下悬窗、平推窗、平开窗和推拉窗等。在设计时,必须将这些作为排烟使用的窗设置在储烟仓内。如果中悬窗的下开口部分不在储烟仓内,这部分的面积不能计入有效排烟面积之内。

在计算有效排烟面积时,侧拉窗按实际拉开后的开启面积计算,其他形式的窗按其开启投影面积计算,投影角见图 7.8 中 α 所示,具体可按式 7.12 计算。

$$F_p = F_c \cdot \sin\alpha \tag{7.12}$$

式中 F_p——有效排烟面积,m^2;

F_c——窗的面积,m^2;

α——窗的开启角度。

当窗开启角度大于 70°时,可认为已经基本全开,排烟有效面积可认为与窗面积相等。

①当采用开窗角大于 70°的悬窗时,其面积应按窗的面积计算;当开窗角小于或等于 70°时,其面积应按窗最大开启时的水平投影面积计算。

②当采用开窗角大于 70°的平开窗时,其面积应按窗的面积计算;当开窗角小于或等于 70°时,其面积应按窗最大开启时的竖向投影面积计算。

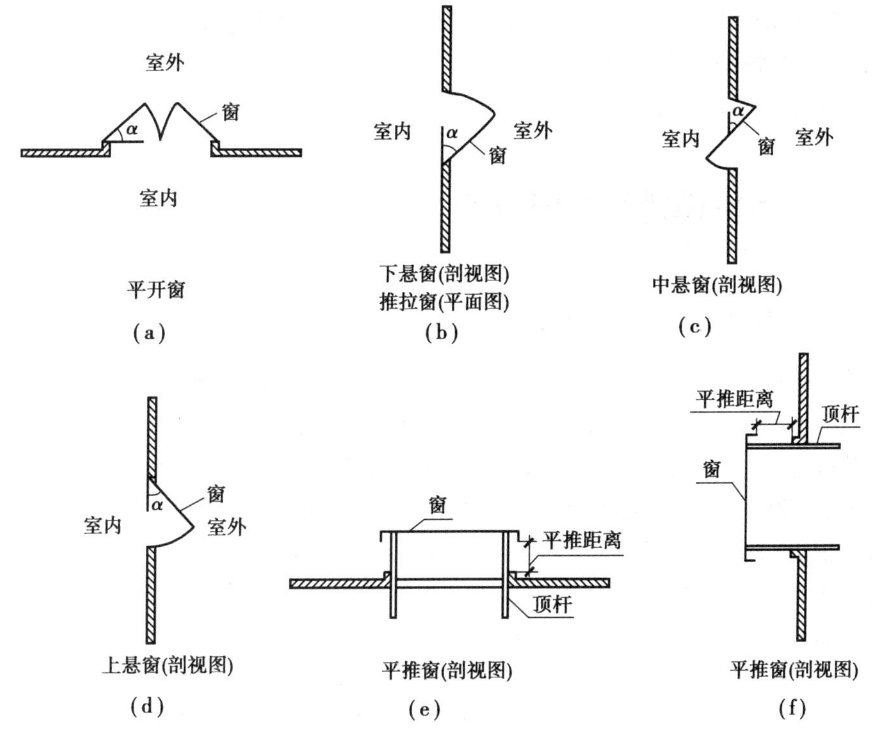

图 7.8 可开启外窗的示意图

③当采用推拉窗时,其面积应按开启的最大窗口面积计算。

④当采用百叶窗时,其面积应按窗的有效开口面积计算,根据实际工程经验,当采用防雨百叶时有效面积系数取 0.6,采用一般百叶时系数取 0.8。

⑤当平推窗设置在顶部时,其面积可按窗的 1/2 周长与平推距离乘积计算,且不应大于窗面积。

⑥当平推窗设置在外墙时,其面积可按窗的 1/4 周长与平推距离乘积计算,且不应大于窗面积。

3)可开启外窗的高度

①当设置在外墙上时,自然排烟窗(口)应在储烟仓以内,但走道、室内空间净高不大于 3 m 的区域的自然排烟窗(口)可设置在室内净高度的 1/2 以上;

②当房间面积不大于 200 m^2 时,自然排烟窗(口)的开启方向可不限。

4)储烟仓的厚度

当采用自然排烟方式时,储烟仓的厚度不应小于空间净高的 20%,且不应小于 500 mm。

5)可熔性采光带(窗)设置

可熔性采光带(窗)是采用在 120 ~ 150 ℃ 能自行熔化且不产生熔滴的材料制作,设置在建筑空间上部,用于排出火场中的烟和热的设施。除洁净厂房外,设置自然排烟系统的任一层建筑面积大于 2 500 m^2 的制鞋、制衣,玩具、塑料、木器加工储存等丙类工业建筑,除自然排烟所需排烟窗(口)外,尚宜在屋面上增设可熔性采光带(窗)。其面积应符合下列要求:

①未设置自动喷水灭火系统的,或采用钢结构屋顶,或采用预应力钢筋混凝土屋面板的建筑,不应小于楼地面面积的10%;

②其他建筑不应小于楼地面面积的5%。

7.3 民用建筑机械排烟系统设计

7.3.1 设置机械排烟系统的部位

不满足自然排烟条件的民用建筑的下列场所或部位应设置机械排烟系统:

①建筑内不满足自然排烟条件的长度大于20 m的疏散走道。

②不具备自然排烟条件的公共建筑内建筑面积超过100 m^2,经常有人停留的地上房间和建筑面积大于300 m^{2}且可燃物较多的地上房间。对于面积较大的房间考虑排烟设施,而对于使用人数较少、面积较小的房间不考虑排烟设施,既可保障基本安全,又可节约投资。

③地下或半地下建筑(室)、地上建筑内的无窗房间,当总面积大于200 m^{2}或一个房间建筑面积大于50 m^2,而且经常有人停留或可燃物较多时。

④不具备自然排烟条件的设置在一、二、三层且房间面积大于100 m^{2}的歌舞娱乐放映游艺场所,设置在四层及以上楼层,地下或半地下的歌舞娱乐放映游艺场所。

⑤不具备自然排烟条件的中庭。

⑥除开敞式汽车库、建筑面积小于1 000 m^{2}的地下一层汽车库和修车库外的不具备自然排烟条件的汽车库、修车库。

7.3.2 防烟分区的划分

设置排烟系统的场所或部位应采用挡烟垂壁、结构梁及隔墙等划分防烟分区。防烟分区不应跨越防火分区。

挡烟垂壁等挡烟分隔设施的深度不应小于储烟仓厚度。当采用机械排烟方式时,储烟仓的厚度不应小于空间净高的10%,且不应小于500 mm。同时储烟仓底部距地面的高度应大于安全疏散所需的最小清晰高度。对于有吊顶的空间,当吊顶开孔不均匀或开孔率≤25%时,吊顶内空间高度不得计入储烟仓厚度。

车库每个防烟分区面积不应超过2 000 m^2,其他公共建筑、工业建筑防烟分区的最大允许面积及其长边最大允许长度应符合表7.3的规定。当工业建筑采用自然排烟系统时,其防烟分区的长边长度尚不应大于建筑内空间净高的8倍。

表7.3 公共建筑、工业建筑防烟分区的最大允许面积,及其长边最大允许长度

空间净高 H/m	最大允许面积/m^2	长边最大允许长度/m
$H \leqslant 3.0$	500	24
$3.0 < H \leqslant 6.0$	1 000	36
$6.0 < H \leqslant 9.0$	20 000	60 m; 具有自然对流条件时,不应大于75 m
$H > 9.0$	防火分区允许的面积	

公共建筑、工业建筑中的走道宽度不大于2.5 m时,其防烟分区的长边长度不应大于60 m;空间净高大于9 m时,防烟分区之间可不设置挡烟设施。设置排烟设施的建筑内,敞开楼梯和自动扶梯穿越楼板的开口部位应设置挡烟垂壁等设施。

具备对流条件的场所应符合下列条件:

①室内场所采用自然对流排烟的方式;

②两个排烟窗应设在防烟分区短边外墙面的同一高度位置上(见图7.9),窗的底边应在室内2/3高度以上,且应在储烟仓以内;

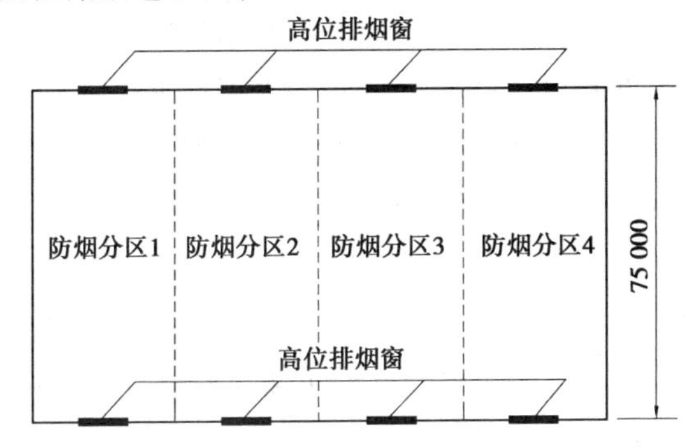

图7.9 具备对流条件场所自然排烟窗的布置

③房间补风口应设置在室内1/2高度以下,且不高于10 m;

④排烟窗与补风口的面积应满足式7.1的计算要求,且排烟窗应均匀布置。

车库每个防烟分区的建筑面积不宜超过2 000 m^2,其余功能房间和走道每个防烟分区的建筑面积不宜超过500 m^2,且防烟分区不应跨越防火分区。

设置排烟设施的建筑内,敞开楼梯和自动扶梯穿越楼板的开口部应设置挡烟垂壁等设施,不设排烟设施的房间(包括地下室)和走道不划分防烟分区。

7.3.3 系统设计

1)系统布置

(1)汽车库排烟系统设计

汽车库的排烟系统往往和汽车库的通风系统是密不可分的。因此,首先简单地介绍一下汽车库的通风系统。

汽车库在建筑中一般处于封闭或半封闭状态,流动或停泊的汽车排出废气且带有可燃物,要保证汽车库的卫生和安全,必须有日常的通风换气。因此,地下汽车库一般都设有机械通风系统。地下汽车库通风系统一般以排风系统为主,根据地下汽车库与外界的关系,通风系统常见的方式有2种:一种是设机械送排风系统;另一种是机械排风、自然补风系统。一般情况下,商业建筑排风量不小于6次/h,送风量不小于5次/h;居住建筑排风量不小于4次/h,送风量不小于3次/h;其他建筑排风量不小于5次/h,送风量不小于4次/h。车库送风系统的新鲜空气送风口宜设在主要通道上,排风系统排风口一般设置在车库上部。有的汽车库为节约空间,采用诱导风机来合理组织气流,减少风管的布置范围。

结合车库的通风系统设置情况和排烟系统的设计原则,2种系统通常合用,将送风系统兼作补风系统,排风系统兼作排烟系统。由于通风系统的通风量和排烟系统的排烟量计算方法不一样，两个系统的风量可能存在差别，合用系统可以采用分别设置风机、多台风机、完全合用等几种方式。

①分别设置风机的合用系统。当合用系统的排烟量远大于排风量时，两个系统风机的技术参数差距较大，可以分别设置排烟风机和排风风机，系统布置如图 7.10 所示。平时排风机运行，火灾时排风机入口处常开 70 ℃防烟防火阀关闭，联锁关闭排风机，停止通风；排烟风机入口处 280 ℃排烟防火阀电控开启，联动开启排烟风机排烟；超过 280 ℃时，排烟防火阀熔断关闭，联锁关闭排烟风机，停止排烟。这种布置方式需校核排烟时风道和风口的风速。

②多台风机的合用系统。由于排风和排烟系统风量差异较大，可设置两台风机，其中 1 台风机满足平时通风需求，两台风机联合运行满足火灾排烟需求，系统布置如图 7.11 所示。平时排风机运行，火灾时两台风机同时运行排烟；超过 280 ℃时，风机入口处排烟防火阀熔断关闭，联锁关闭排烟风机，停止排烟。这种布置方式需校核风机并联特性、排烟时风道和风口的风速。

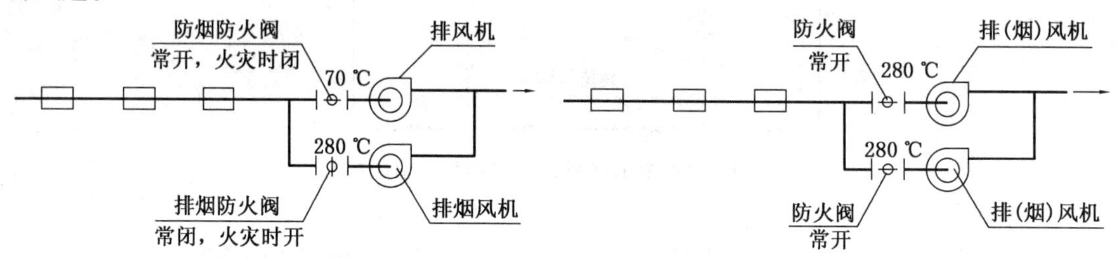

图 7.10　分别设置风机的合用系统示意图

图 7.11　多台风机的合用系统示意图

③完全合用系统。适用于排风和排烟系统风量相当或差异较小的情况。风量相当时或排风量略大于排烟量时，选择满足需求较大的风机即可，平时与火灾时风机正常运行。当排烟量略大于排风量时，可按照排烟量选择调速风机，系统布置如图 7.12 所示。调速风机可选择双速风机或变频风机，平时机低速运行满足通风需求和节约能源，火灾时风机高速运行排烟。超过 280 ℃时，风机入口处 280 ℃防火阀熔断关闭，联锁关闭风机，停止排烟。这种布置方式更加节约空间，但需校核排烟时风道和风口的风速。

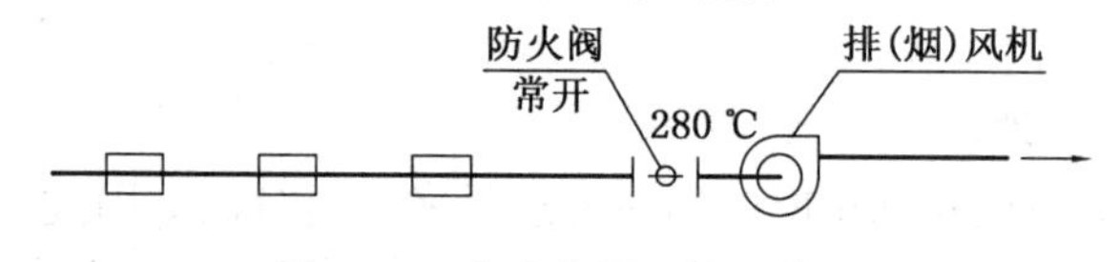

图 7.12　完全合用系统示意图

(2) 中庭排烟系统设计

①中庭的定义

中庭在建筑上的定义为：有数层高的竖井空间，竖井上有屋顶，竖井周围的大部分为建筑物所包围的一种建筑物，即通过两层或多层楼，且顶部封闭的被周围建筑包围的一个共享空间。

②排烟系统设置

中庭应设置排烟设施，其相连通的回廊则根据周边场所设置排烟设施的情况确定。当周围场所各房间均设置排烟设施时，回廊可以不设排烟设施，见图 7.13，但商店建筑的回廊应设置排烟设施；当周围任一房间未设置排烟设施时，回廊应设置排烟设施，见图 7.14。当中庭与周围场所未进行防火分隔时，中庭与周围场所之间应设置挡烟垂壁。

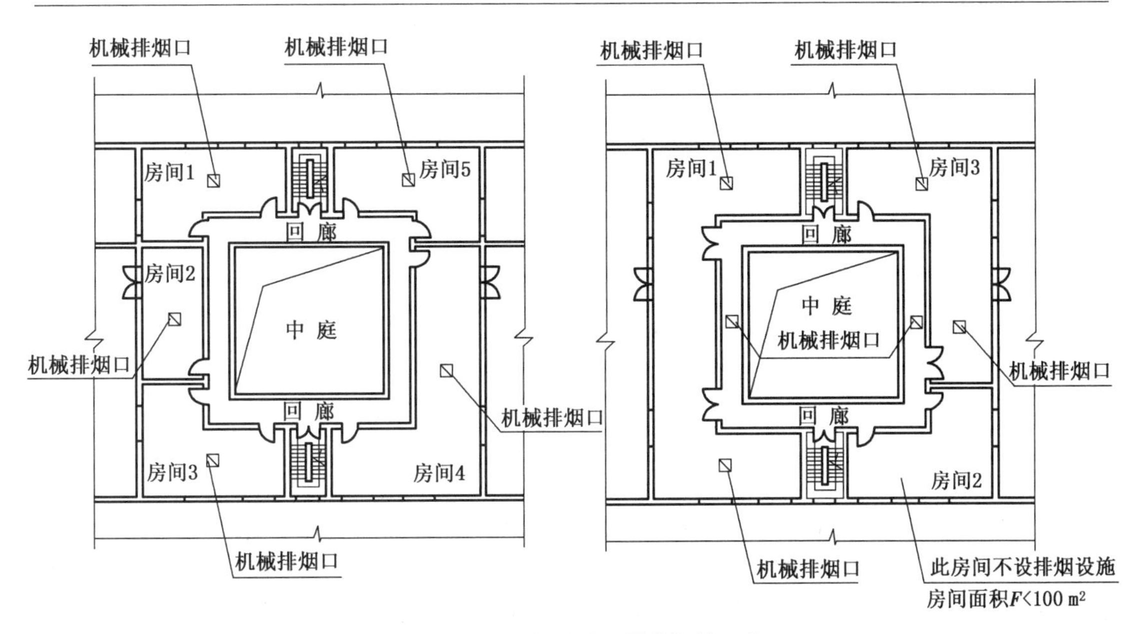

图 7.13　周围场所均设置排烟的回廊

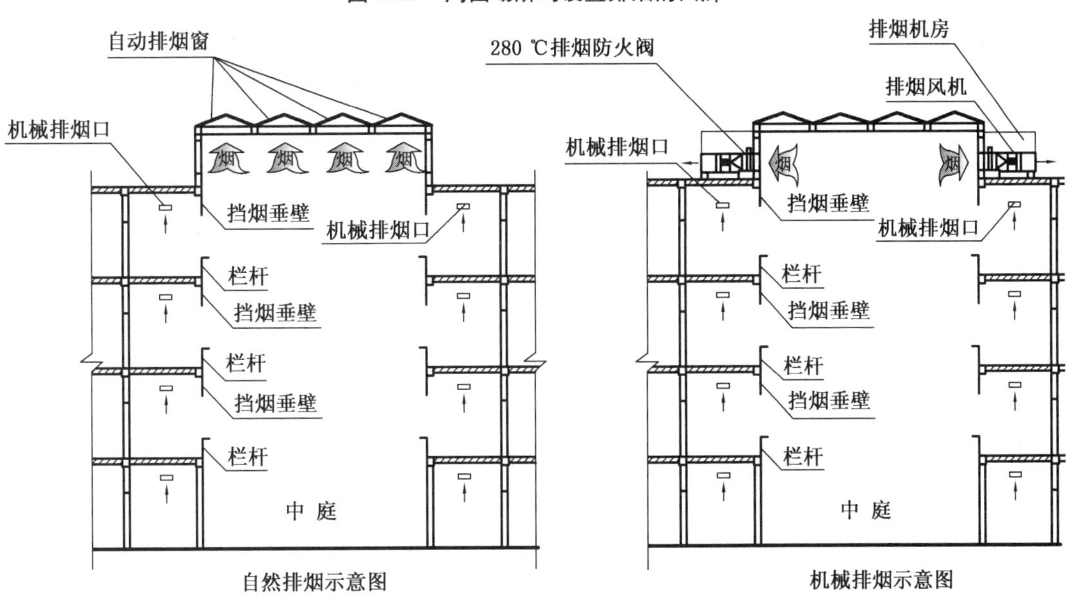

图 7.14　周围场所有不设置排烟房间的回廊

③中庭机械排烟的气流组织

中庭机械排烟口应设在中庭的顶棚上,或设在紧靠中庭顶部的集烟区,如图 7.15 所示。排烟口的最低标高应设在中庭最高部分门洞的上端,当中庭较低部位靠自然进风有困难时,可采用机械补风,补风量不宜小于排烟量的 50 %。

(3)其他区域排烟系统设计

排烟系统应在满足安全的前提下,布置应尽量简单合理,节约投资。

①当建筑的机械排烟系统沿水平方向布置时,每个防火分区的机械排烟系统应独立设置。

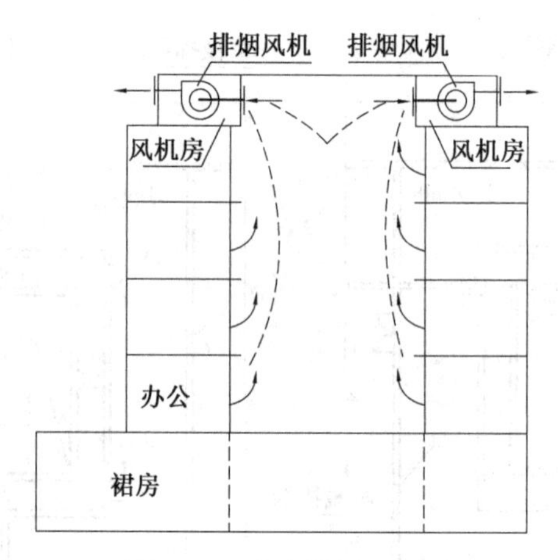

图 7.15　中庭排烟示意图

②当建筑机械排烟系统竖向设置时，为保证排烟效果，排烟系统可竖向设置多个系统。当建筑高度超过 50 m 的公共建筑和建筑高度超过 100 m 的住宅，其排烟系统应竖向分段独立设置，公共建筑每段高度不应超过 50 m，住宅建筑每段高度不应超过 100 m。

③排烟系统与通风、空气调节系统应分开设置；除带回风循环管道的节能系统外，当确有困难时，可以合用，但应符合排烟系统的要求，且当排烟口打开时，每台排烟风机承担的合用系统的管道上，需联动关闭的通风和空气调节系统的控制阀门不应大于 10 个。

④排烟气流应与机械加压送风的气流合理组织，并尽量考虑与疏散人流方向相反。

⑤每个排烟系统设有排烟口的数量不宜过多，以减少漏风量对排烟效果的影响。

⑥独立设置的机械排烟系统可兼作平时通风排气使用。

2）排烟口布置

①当划分防烟分区时，每个防烟分区应分别设置排烟口。排烟口的风速不宜大于 10 m/s。

②排烟口宜设置在顶棚或靠近顶棚的墙面上，尽量设置在防烟分区的中心部位，防烟分区内任一点与最近的排烟口之间的水平距离不应大于 30 m。

③排烟口应设在储烟仓内，但走道、室内空间净高不大于 3 m 的区域，其排烟口可设置在其净空高度的 1/2 以上；当设置在侧墙时，吊顶与其最近的边缘的距离不应大于 0.5 m。

④对于需要设置机械排烟系统的房间，当其建筑面积小于 50 m^2 时，可通过走道排烟，排烟口可设置在疏散走道。

⑤火灾时由火灾自动报警系统联动开启排烟区域的排烟阀或排烟口。应在现场设置手动开启装置，排烟阀或排烟口除开启装置将其打开外，平时一直保持闭锁状态。手动开启装置宜设置在墙面上，距离地板 0.8～1.5 m 处，或从顶棚下垂时，距离地板面宜为 1.8 m 处。

⑥排烟口的设置宜使烟流方向与人员疏散方向相反，排烟口与附近安全出口相邻边缘之间的水平距离不应小于 1.5 m。

⑦同一防烟分区内设置数个排烟口时，要求做到所有排烟口能同时开启，排烟量应等于各排烟口排烟量的总和。

⑧利用吊顶空间进行间接排烟时，可以省去设置在吊顶内的排烟管道，提高吊顶高度。这种方法实际上是把吊顶空间作为排烟通道，因此必须对吊顶有一定的要求。只有当吊顶采

用不燃材料且吊顶内无可燃物时,排烟口才可以设置在吊顶内。当吊顶为非封闭吊顶时,其开孔率不应小于吊顶净面积的25%,且排烟口应均匀布置;为封闭吊顶时(这是为了防止风速太高,抽吸力太大会造成吊顶内负压太大,把吊顶材料吸走,破坏排烟效果),规定吊顶上设置的烟气流入口的颈部烟气速度不宜大于1.5 m。

⑨当储烟仓的烟层与周围空气温差小于15 ℃时,此时烟气已经基本失去浮力,会在空中滞留或沉降,无论机械排烟还是自然排烟,都难以有效地将烟气排到室外,应通过降低排烟口的位置等措施重新调整排烟设计。通常简便又有效的办法是在保证清晰高度的前提下,加大挡烟垂壁的深度,因为通过烟气流动的规律可知,清晰高度越高,即挡烟垂壁设置的深度越浅或其下沿离着火楼层地面高度越大,烟气行程就越长,卷吸冷空气就越多,烟量也势必越大,但烟温反而越低。

3)排烟管道布置

排烟管道布置可参照图7.16,具体要求如下。

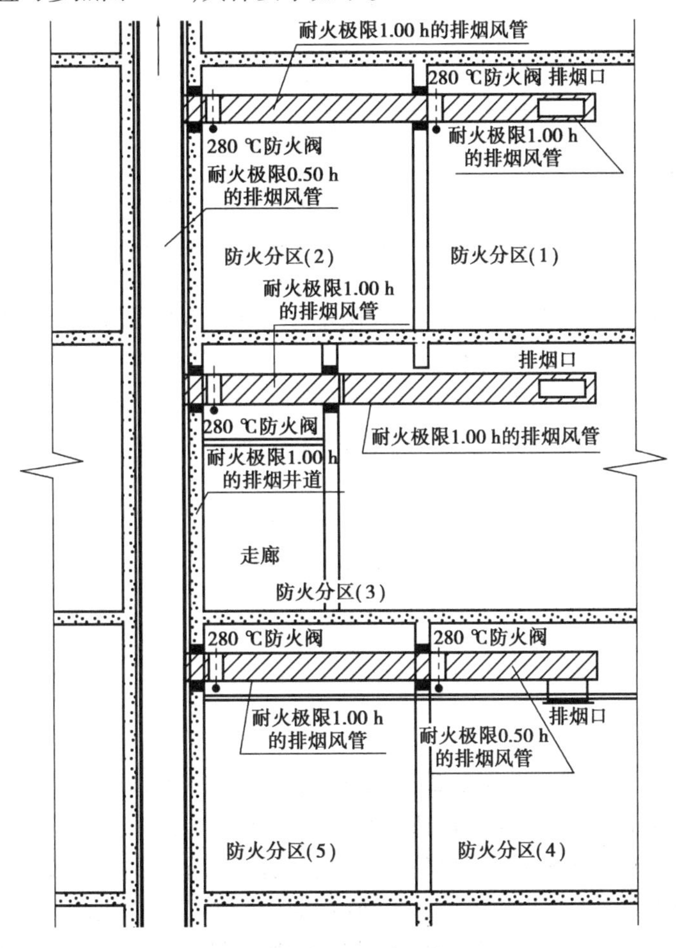

图7.16 排烟管道布置示意图

①当排烟管道竖向穿越防火分区时,为了防止火焰烧坏排烟风管而蔓延到其他防火分区,竖向设置的排烟管道应用耐火材料制成且应设置在独立的管道井内,排烟管道的耐火极

限不应低于0.5 h。

②水平设置的排烟管道应设置在吊顶内，排烟管道的耐火极限不应低于0.5 h；当确有困难时，可直接设置在室内，但管道的耐火极限不应小于1.0 h。

③设置在走道部位吊顶内的排烟管道，以及穿越防火分区的排烟管道，其管道的耐火极限不应小于1.0 h，但设备用房和汽车库的排烟管道耐火极限可不低于0.5 h。

④当吊顶内有可燃物时，吊顶内的排烟管道应采用不燃材料进行隔热，并应与可燃物保持不小于150 mm的距离。

⑤排烟风道的厚度可按表7.4中高压系统选取。

表7.4 金属风道厚度

单位：mm

类别 风管直径或边长尺寸	圆形风管	矩形风管	
		中、低压系统	高压系统
80～320	0.5	0.5	0.8
340～450	0.6	0.6	0.8
480～630	0.6	0.6	0.8
670～1 000	0.8	0.8	0.8
1 120～1 250	1.0	1.0	1.0
1 320～2 000	1.2	1.0	1.2
2 500～4 000	1.2	1.2	1.2

⑥设置排烟管道的管道井应采用耐火极限不小于1.0 h的隔墙与相邻区域分隔；当墙上必须设置检修门时，应采用乙级防火门。

⑦排烟风道穿越挡烟墙时，风道与挡烟墙之间的空隙，应用水泥砂浆等不燃材料严密填塞。

⑧需要隔热的金属烟道，必须采用不燃保温材料，如矿棉、玻璃棉、岩棉、硅酸铝等材料。

⑨下列部位应设置280 ℃防火阀：

a.垂直风管与每层水平风管交接处的水平管段上；

b.一个排烟系统负担多个防烟分区的排烟支管上；

c.排烟风机入口处；

d.穿越防火分区处。

4）风机布置

①排烟风机宜设置在排烟系统的最高处，烟气出口宜朝上，并应高于加压送风机和补风机的进风口。当确有困难时，送风机的进风口与排烟风机的出风口应分开布置，且竖向布置时，送风机的进风口应设置在排烟出口的下方，其两者边缘最小垂直距离不应小于6.0 m，水平布置时，两者边缘最小水平距离不应小于20.0 m。这样可以确保加压送风机和补风机的吸风口不受到烟气的威胁，以满足人员疏散和消防扑救的需要不受到烟气的威胁，以满足人员疏散和消防扑救的需要。

②为了防止风机直接被火焰威胁，排烟风机应设置在专用机房内，风机房并应符合现行国家标准《建筑设计防火规范》(2018年版)(GB 50016—2014)的规定，且风机两侧应有600

mm 以上的空间。对于排烟系统与通风空气调节系统共用的系统，其排烟风机与排风风机的合用机房，应满足：

a. 机房内应设置自动喷水灭火系统；

b. 机房内不得设置用于机械加压送风的风机与管道；

c. 排烟风机与排烟管道的连接部件常需要做软连接，软连接处的耐火性能往往较差，故要求排烟风机与排烟管道的连接部件能够在 280 ℃时连续 30 min 保证其结构完整性。

③排烟风机应满足 280 ℃时连续工作 30 min 的要求，排烟风机应与风机入口处的排烟防火阀联锁，当该阀关闭时，排烟风机应能停止运转。这是因为当排烟风道内烟气温度达到 280 ℃时，烟气中已带火，此时应停止排烟，否则烟火扩散到其他部位会造成新的危害。而仅关闭排烟风机，不能阻止烟火通过管道蔓延，因此，规定了排烟风机入口处应设置能自动关闭的排烟防火阀并联锁关闭排烟风机。

④排烟风机与排烟口应设有联锁装置。任何一个排烟口开启时，排烟风机立即能自动启动。一经报警，确认发生火灾，由手动或由消防控制室遥控开启排烟口，则排烟风机立即投入运行，同时立即关闭着火区的通风空调系统。

⑤排烟风机应设在混凝土或钢架基础上，但可不设置减震装置。

5）补风系统

①为保证排烟效果，在某些情况下应设置补风系统。对于建筑地上部分的机械排烟的走道、小于 500 m^2 的房间，由于这些场所的面积较小，排烟量也较小，可以利用建筑的各种缝隙，满足排烟系统所需的补风，其他设置排烟系统的场所应设置补风系统。

②补风系统应直接从室外引入空气，且补风量不应小于排烟量的 50%。

③补风系统可采用疏散外门、手动或自动可开启外窗等自然进风方式以及机械送风方式。防火门、窗不得用作补风设施。风机应设置在专用机房内。

④补风口与排烟口设置在同一空间内相邻的防烟分区时，由于挡烟垂壁的作用，冷热气流已经隔开，故补风口位置不限；当补风口与排烟口设置在同一防烟分区时，补风口应设在储烟仓下沿以下，补风口与排烟口水平距离不应少于 5 m。这样才不会扰动烟气，也不会使冷热气流相互对撞，造成烟气的混流。

⑤补风系统应与排烟系统联动开启或关闭。

⑥补风管道耐火极限不应低于 0.5 h，当补风管道跨越防火分区时，管道的耐火极限不应小于 1.5 h。

6）储烟仓

当采用机械排烟方式时，储烟仓的厚度不应小于空间净高的 10%，且不应小于 500 mm。同时，储烟仓底部距地面的高度应大于安全疏散所需的最小清晰高度，最小清晰高度应按式 7.3 计算确定。

7）固定窗设置

下列地上建筑或部位，当设置机械排烟系统时，为了在火灾初期不影响机械排烟，又能在火灾规模较大后及时的排出烟和热，要求加设可破拆的固定窗。固定窗的设置既可为人员疏散提供安全环境,又可在排烟过程中导出热量,防止建筑物在高温下出现倒塌等恶劣情况,并为消防队员扑救时提供较好的内攻条件。

①任一层建筑面积大于2 500 m^2 的丙类厂房(仓库);

②任一层建筑面积大于3 000 m^2 的商店建筑、展览建筑及类似功能的公共建筑;

③总建筑面积大于1 000 m^2 的歌舞娱乐放映游艺场所;

④商店建筑、展览建筑及类似功能的公共建筑中长度大于60 m的走道;

⑤靠外墙或贯通至建筑屋顶的中庭。

固定窗的布置应符合下列要求:

①非顶层区域的固定窗应布置在每层的外墙上;

②顶层区域的固定窗应布置在屋顶或顶层的外墙上,但未设置自动喷水灭火系统的以及采用钢结构屋顶或预应力钢筋混凝土屋面板的建筑应布置在屋顶。

固定窗的设置和有效面积应符合下列要求:

①设置在顶层区域的固定窗,其总面积不应小于楼地面面积的2%。

②设置在靠外墙且不位于顶层区域的固定窗,单个固定窗的面积不应小于1 m^2,且间距不宜大于20 m,其下沿距室内地面的高度不宜小于层高的1/2。供消防救援人员进入的窗口面积不计入固定窗面积,但可组合布置。

③设置在中庭区域的固定窗,其总面积不应低于中庭楼地面面积的5%。

④固定玻璃窗应按可破拆的玻璃面积计算;带有温控功能的可开启设施应按开启时的水平投影面积计算。

固定窗宜按每个防烟分区在屋顶或建筑外墙上均匀布置,且不应跨越防火分区。

除洁净厂房外,设置机械排烟系统的任一层建筑面积大于2 000 m^2 的制鞋、制衣,玩具、塑料、木器加工储存等丙类工业建筑,可采用可熔性采光带(窗)可替代固定窗。其面积应符合下列要求:

①未设置自动喷水灭火系统的或采用钢结构屋顶或预应力钢筋混凝土屋面板的建筑,不应小于楼地面面积的10%;

②其他建筑不应小于楼地面面积的5%。

注意:可熔性采光带(窗)的有效面积应按其实际面积计算。

7.3.4 系统设计计算

1)排烟量设计计算

不同功能区域,如车库、中庭与其他部位,其机械排烟量的计算方法是不一样的。

(1)汽车库排烟量计算

汽车库、修车库设置排烟系统,其一方面是为了人员疏散,另一方面是为了便于扑救火灾。鉴于汽车库、修车库的特点,经专家们研讨,参照国家消防技术标准中对排烟量的计算方法得出简化表格。汽车库机械排烟系统排烟量主要是根据层高确定。每个防烟分区排烟风机的排烟量不应小于表7.5的规定。

表 7.5 汽车库、修车库内每个防烟分区排烟风机的排烟量

汽车库、修车库的净高/m	汽车库、修车库的排烟量/($m^3 \cdot h^{-1}$)	汽车库、修车库的净高/m	汽车库、修车库的排烟量/($m^3 \cdot h^{-1}$)
3.0 及以下	30 000	7.0	36 000
4.0	31 500	8.0	37 500
5.0	33 000	9.0	39 000
6.0	34 500	9.0 以上	40 500

注:建筑空间净高位于表中两个高度之间的,按线性插值法取值。

(2)中庭排烟量计算

中庭排烟量的设计计算应符合下列规定:

①中庭周围场所设有排烟系统时,中庭采用机械排烟系统的,考虑周围场所的机械排烟存在机械或电气故障等失效的可能,烟气将会大量涌入中庭,中庭排烟量应按周围场所防烟分区中最大排烟量的 2 倍数值计算,且不应小于 107 000 m^3/h。

②当中庭周围场所不需设置排烟系统,仅在回廊设置排烟系统时,回廊的排烟量不应小于 13 000 m^3/h,中庭的排烟量不应小于 40 000 m^3/h。

(3)其他区域排烟量计算

其他区域机械排烟系统排烟量按照下列方法计算确定。

①建筑空间净高小于等于 6.00 m 的场所,系统排烟量应按每平方米面积不小于 60 $m^3/(h \cdot m^2)$ 计算;如果单个防烟分区排烟量计算值小于 15 000 m^3/h,按 15 000 m^3/h 取值为宜,以此保证排烟效果。

②公共建筑、工业建筑中空间净高大于 6.00 m 的场所,其每个防烟分区排烟量应根据场所内的热释放速率及相关规定计算确定,且不应小于表 7.6 中的数值,表中给出的是计算值,设计值还应乘以系数 1.2;或设置自然排烟窗(口),其所需有效排烟面积应根据表 7.6 及自然排烟窗(口)处风速计算。

表 7.6 公共建筑、工业建筑中空间净高大于 6 m 场所的计算排烟量

空间净高/m	办公、学校($\times 10^4$ m^3/h)		商店、展览($\times 10^4$ m^3/h)		厂房、其他公共建筑($\times 10^4$ m^3/h)		仓库($\times 10^4$ m^3/h)	
	无喷淋	有喷淋	无喷淋	有喷淋	无喷淋	有喷淋	无喷淋	有喷淋
6.0	12.2	5.2	17.6	7.8	15.0	7.0	30.1	9.3
7.0	13.9	6.3	19.6	9.1	16.8	8.2	32.8	10.8
8.0	15.8	7.4	21.8	10.6	18.9	9.6	35.4	12.4
9.0	17.8	8.7	24.2	12.2	21.1	11.1	38.5	14.2
自然排烟侧窗口部风速/($m \cdot s^{-1}$)	0.94	0.64	1.06	0.78	1.01	0.74	1.26	0.84

注:1. 建筑空间净高大于 9.0 m 的,按 9.0 m 取值;建筑空间净高位于表中两个高度之间的,按线性插值法取值。

2. 当采用自然排烟方式时,储烟仓厚度应大于房间净高的 0.2 倍;自然排烟窗(口)面积=计算排烟量/自然排烟窗(口)处风速;当采用顶开窗排烟时,其自然排烟窗(口)的风速可按侧窗口部风速的 1.4 倍计。

3. 表中空间净高大于 8 m 的场所,当采用普通湿式灭火(喷淋)系统时,喷淋灭火作用已不大,应按无喷淋考虑;当采用符合现行《自动喷水灭火系统设计规范》(GB 50084—2017)的高大空间场所的湿式灭火系统时,该火灾热释放速率也可以按有喷淋取值。

排烟量可由下列公式计算：

$$V = M_{\rho} T/\rho_0 T_0 \tag{7.13}$$

$$T = T_0 + \Delta T \tag{7.14}$$

式中　V——排烟量，m^3/s。

③当公共建筑仅需在走道或回廊设置排烟时，机械排烟量不应小于 13 000 m^3/h。

④当公共建筑室内与走道或回廊均需设置排烟时，其走道或回廊的机械排烟量可按 60 $m^3/(h \cdot m^2)$ 计算，且不小于 13 000 m^3/h。

(4) 系统排烟量计算

当一个排烟系统担负多个防烟分区排烟时，其系统排烟量的计算应符合下列规定：

①当系统负担净高大于 6 m 的场所时，应按排烟量最大的一个防烟分区的排烟量作为系统排烟量。

②当系统负担净高为 6 m 及以下的场所时，应按任意两个相邻防烟分区的排烟量之和的最大值作为系统排烟量。

③当系统负担净高既有 6m 以上，又有 6 m 及以下的场所时，应采用上述方法对系统中两类场所所需的排烟量进行计算，并取其中的最大值作为系统排烟量。

【例 7.2】　图 7.17 所示建筑共 4 层，每层建筑面积 2 000 m^2，均设有自动喷水灭火系统。一层空间净高 7 m，包含展览和办公场所，二层空间净高 6 m，三层和四层空间净高均为 5 m。假设一层的储烟仓厚度及燃料面距地面高度均为 1 m，计算各防烟分区及管路系统排烟量。

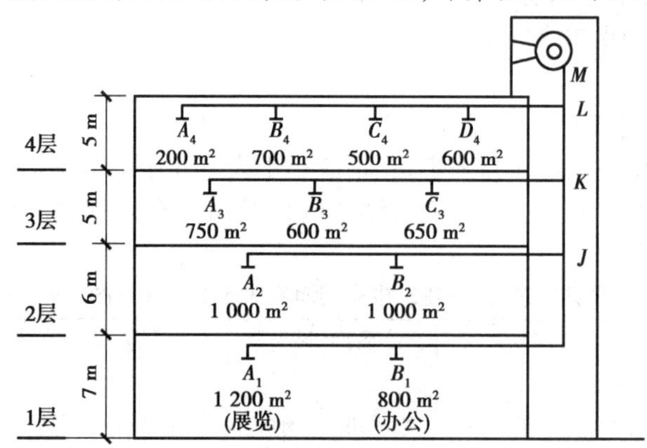

图 7.17　排烟系统示意图

表 7.7　排烟风管风量计算举例

管段间	负担防烟区	通过风量/($m^3 \cdot h^{-1}$)
A_1-B_1	A_1	∵ $Q(A_1)_{计算值}$ = 72 000<91 000，∴ 取值 91 000
B_1-J	A_1，B_1	∵ $Q(B_1)_{计算值}$ = 48 000<63 000<91 000，∴ 取值 91 000(1 层最大)
A_2-B_2	A_2	$Q(A_2) = S(A_2) \times 60 = 60\ 000$
B_2-J	A_2，B_2	$Q(A_2+B_2) = S(A_2+B_2) \times 60 = 120\ 000$(2 层最大)
J-K	A_1，B_1，A_2，B_2	120 000(1、2 层最大)
A_3-B_3	A_3	$Q(A_3) = S(A_3) \times 60 = 45\ 000$

续表

管段间	负担防烟区	通过风量/($m^3 \cdot h^{-1}$)
B_3-C_3	A_3, B_3	$Q(A_3+B_3)=S(A_3+B_3)\times 60=81\ 000$
C_3-K	A_3-C_3	$\because Q(A_3+B_3)>Q(B_3+C_3)$,$\therefore$ 取值 81 000(3 层最大)
$K-L$	$A_1, B_1, A_2, B_2, A_3-C_3$	120 000(1~3 层最大)
A_4-B_4	A_4	$\because Q(A_4)=S(A_4)\times 60=12\ 000<15\ 000$,$\therefore$ 取值 15 000
B_4-C_4	A_4, B_4	$Q(A_4+B_4)=15\ 000+S(B_4)\times 60=57\ 000$
C_4-D_4	A_4-C_4	$\because Q(B_4+C_4)=S(B_4+C_4)\times 60=72\ 000>Q(A_4+B_4)$,$\therefore$ 取值 72 000
D_4-L	A_4-D_4	$\because Q(B_4+C_4)>Q(C_4+D_4)>Q(A_4+B_4)$,$\therefore$ 取值 72 000(4 层最大)
$L-M$	全部	120 000(1~4 层最大)

2)风道设计计算

(1)排烟系统

排烟系统风道尺寸一般按照风速法确定。当排烟管道内壁为金属时,管道设计风速不应大于 20 m/s;当排烟管道内壁为非金属时,管道设计风速不应大于 15 m/s。一般采用假定流速法,先假定一个略小于限制风速的值,根据前述管路确定的排烟量,计算出风道面积,根据面积确定风道尺寸,再校核风道风速是否满足规定。

(2)补风系统

补风系统风道尺寸同样按照风速法确定。当补风管道内壁为金属时,管道设计风速不应大于 20 m/s;当管道内壁为非金属时,管道设计风速不应大于 15 m/s。具体计算方法同排烟系统。

3)风口设计计算

同样,排烟口、补风口尺寸也是按照风速法确定。排烟口有效断面速度不大于 10 m/s;机械补风口的风速不宜大于 10 m/s,人员密集场所补风口风速不宜大于 5 m/s,自然补风口的风速不宜大于 3 m/s。

机械排烟系统中,如果从一个排烟口排出太多的烟气,则会在烟层底部撕开一个“洞”,使新鲜的冷空气卷吸进去,随烟气被排出,从而降低了实际排烟量,所以规定了单个排烟口的最大允许排烟量 V_{max}(图 7.18)。其值应按下式计算。

$$V_{max}=4.16\gamma d_b^{\frac{5}{2}}\left(\frac{T-T_0}{T_0}\right)^{\frac{1}{2}} \tag{7.15}$$

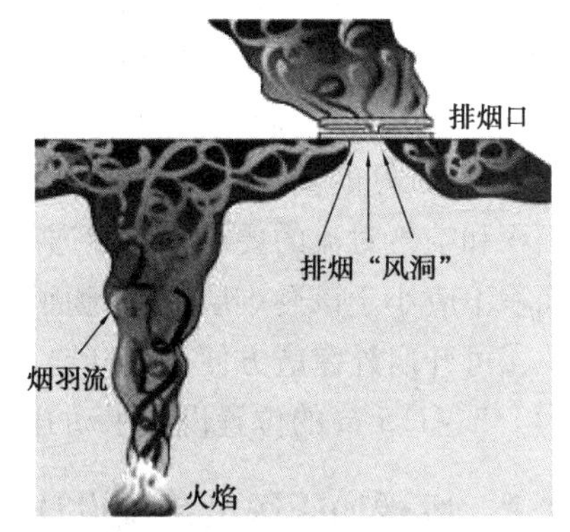

图 7.18 排烟口的最高临界排烟量示意图

式中 V_{max}——排烟口最大允许排烟量,m^3/s;

γ——排烟位置系数,当风口中心点到最近墙体的距离≥2 倍的排烟口当量直径时,

取 1.0;当风口中心点到最近墙体的距离<2 倍的排烟口当量直径时,取 0.5;当吸入口位于墙体上时,取 0.5;

d_b——排烟系统吸入口最低点之下烟气层厚度,m;

T——烟层的平均绝对温度,K;

T_0——环境的绝对温度,K。

4)风机选型计算

排烟风机的设计风量不应小于计算风量的 1.2 倍。当一台排烟风机负担多个防烟分区时,还应考虑风管(风道)的漏风量及其他未开启排烟阀或排烟口的漏风量之和计算。

排烟风机与排烟管道的连接方式应合理。实践证明,因为排烟风机与排烟风道连接方式不正确,常常会引起风机性能的显著下降。因此,在设计中如果采取的连接方式有引起风机性能降低的可能时,则在选择风量、风压时一定要留有一定的余量。

7.4 民用建筑防烟系统设计

7.4.1 自然通风系统设计

应设置防排烟设施的部位,如具备自然通风条件的场所宜优先考虑自然通风,但应满足以下条件:

①根据烟气流动规律,在顶层楼梯间设置一定面积的可开启外窗可防止烟气的积聚,以保证楼梯间有较好的疏散和救援条件。自然通风方式的地上封闭楼梯间、防烟楼梯间,应在最高部位设置面积不小于 1.0 m^2 的可开启外窗或开口;对于设在地下的封闭楼梯间,当其服务的地下室层数仅为 1 层且不与地上楼梯间共用时,为体现经济合理的建设要求,只要在其首层设置了直接开向室外的门或设有不小于 1.2 m^2 的可开启外窗即可;当建筑高度大于 10 m 时,尚应在楼梯间的外墙上每 5 层内设置总面积不小于 2.0 m^2 可开启外窗或开口,且布置间隔不大于 3 层。

②采用自然通风方式时,独立前室、消防电梯前室可开启外窗或开口的面积不应小于 2.0 m^2,共用前室、合用前室不应小于 3.0 m^2。

③发生火灾时,避难层(间)是楼内人员尤其是行动不便者暂时避难、等待救援的安全场所,必须有较好的安全条件。为了保证排烟效果和满足避难人员的新风需求,须同时满足开窗面积和空气对流的要求。自然通风方式的避难层(间)应设有不同朝向的可开启外窗,其有效面积不应小于该避难层(间)地面面积的 2%,且每个朝向的面积不应小于 2.0 m^2。

④可开启外窗应方便直接开启;设置在高处不便于直接开启的可开启外窗应在距地面高度为 1.3~1.5 m 的位置设置手动开启装置。

7.4.2 机械加压送风系统设计

当竖向安全疏散通道及避难层(间)等无法满足自然通风条件时,应设置机械加压送风系

统,主要包括以下部位:

建筑高度大于 50 m 的公共建筑、工业建筑和建筑高度大于 100 m 的住宅建筑,其防烟楼梯间、独立前室、合用前室、共用前室及消防电梯前室;建筑高度小于等于 50 m 的公共建筑、工业建筑和建筑高度小于等于 100 m 的住宅建筑,其共用前室与消防电梯前室的合用前室,以及不能满足自然通风条件的防烟楼梯间、独立前室、合用前室、共用前室及消防电梯前室;无自然通风条件或自然通风不能满足要求的建筑地下部分的防烟楼梯间前室及消防电梯前室;当防烟楼梯间在裙房以上部分采用自然通风时,不具备自然通风条件的裙房的独立前室、公用前室及合用前室;不能满足自然通风条件的封闭楼梯间。

1)系统布置

①建筑高度大于 100 m 的建筑,其机械加压送风系统应竖向分段独立设置,且每段高度不应超过 100 m。建筑高度较高时,其加压送风的防烟系统对人员疏散至关重要,如果不分段可能造成局部压力过高,给人员疏散造成障碍,或局部压力过低,不能起到防烟作用,因此要求对系统分段。这里的分段高度是指加压送风系统的服务区段高度。

②建筑高度小于等于 50 m 的建筑,当楼梯间设置加压送风井(管)道确有困难时,楼梯间可采用直灌式加压送风系统,直灌式送风是采用安装在建筑顶部或底部的风机,不通过风道(管),直接向楼梯间送风的一种防烟形式。经试验证明,直灌式加压送风方式是一种较适用的替代不具备条件采用金属(非金属)井道时的加压送风方式。采用直灌式加压送风应符合下列规定:

a. 建筑高度大于 32 m 的高层建筑,应采用楼梯间两点部位送风的方式,送风口之间距离不宜小于建筑高度的 1/2。

b. 为了弥补漏风,送风量应按计算值或相关规定值的送风量增加 20%。

c. 加压送风口不宜设在影响人员疏散的部位。直灌式送风通常是直接将送风机设置在楼梯间的顶部,也有设置在楼梯间附近的设备平台上或其他楼层,送风口直对楼梯间。由于楼梯间通往安全区域的疏散门(包括一层、避难层、屋顶通往安全区域的疏散门)开启的概率最大,加压送风口应远离这些楼层,避免大量的送风从这些楼层的门洞泄漏,导致楼梯间的压力分布均匀性差。

③当采用剪刀楼梯时,其两个楼梯间及其前室的机械加压送风系统应分别独立设置。

④采用机械加压送风系统的防烟楼梯间及其前室应分别设置送风井(管)道、送风口(阀)和送风机。

⑤设置机械加压送风系统的楼梯间的地上部分与地下部分,其机械加压送风系统应分别独立设置。当受建筑条件限制,且地下部分为汽车库或设备用房时,可共用机械加压送风系统,但应分别计算地上、地下部分的加压送风量,相加后作为共用加压送风系统风量,并应采取有效措施分别满足地上、地下部分的送风量的要求。通常在计算地下楼梯间加压送风量时,开启门的数量取 1。在设计时还须注意采取有效的技术措施来解决超压的问题。

⑥采用机械加压送风的场所不应设置百叶窗,且不宜设置可开启外窗。在机械加压送风的部位设置外窗时,往往因为外窗的开启而使空气大量外泄,保证不了送风部位的正压值或门洞风速,从而造成防烟系统失效。

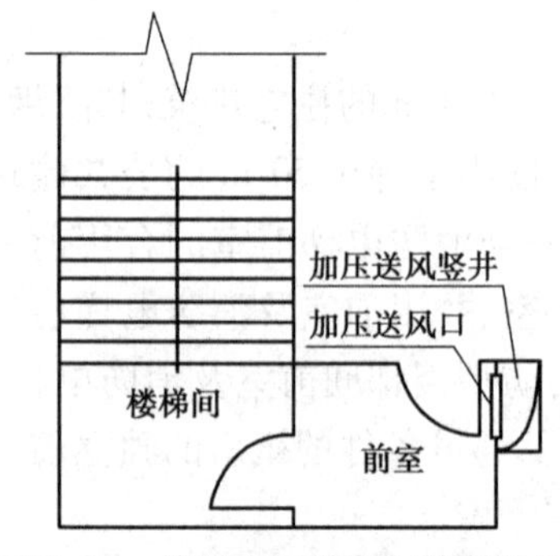

图 7.19 挡住加压送风口的疏散门

2) 风口布置

除直灌式加压送风方式外，楼梯间宜每隔 2 ~ 3 层设一个常开式百叶送风口；前室应每层设一个常闭式加压送风口，并应设手动开启装置，送风口的风速不宜大于 7 m/s。送风口不宜设置在被门挡住的部位，如图 7.19 所示。加压送风口的位置设在前室进入口的背后，火灾时，疏散的人群会将门推开，推开的门扇将前室的送风口挡住，影响正常送风，就会降低了前室的防烟效果。

3) 风道布置

根据工程经验，由混凝土等制作的土建风道，风量延程损耗较大，易导致机械防烟系统失效，因此机械加压送风系统应采用管道送风，且不应采用土建风道。送风管道应采用不燃材料制作且内壁应光滑。送风管道的厚度应符合现行国家标准《通风与空调工程施工质量验收规范》(GB 50243—2016)的规定。机械加压送风管道的设置和耐火极限应符合下列要求：

①竖向设置的送风管道应独立设置在管道井内，当确有困难时，未设置在管道井内或与其他管道合用管道井的送风管道，其耐火极限不应低于 1.0 h。

②水平设置的送风管道，当设置在吊顶内时，其耐火极限不应低于 0.5 h；当未设置在吊顶内时，其耐火极限不应低于 1.0 h。

③机械加压送风系统的管道井应采用耐火极限不低于 1.0 h 的隔墙与相邻部位分隔，当墙上必须设置检修门时应采用乙级防火门。

4) 风机布置

机械加压送风机宜采用轴流风机或中、低压离心风机。送风机的进风口应直通室外，且应采取防止烟气被吸入的措施，且宜设在机械加压送风系统的下部，不应与排烟风机的出风口设在同一面上。当确有困难时，送风机的进风口与排烟风机的出风口应分开布置，保持两风口边缘间的相对距离，或设在不同朝向的墙面上，并应将进风口设在该地区主导风向的上风侧。竖向布置时，送风机的进风口应设置在排烟出口的下方，其两者边缘最小垂直距离不应小于 6.0 m；水平布置时，两者边缘最小水平距离不应小于 20.0 m。

由于烟气自然向上扩散的特性，为了避免从取风口吸入烟气宜将加压送风机的进风口布置在建筑下部，且应采取保证各层送风量均匀性的措施；送风机应设置在专用机房内，送风机房均需采用耐火极限不小于 2.00 h 的隔墙和耐火极限不小于 1.50 h 的楼板与其他部位隔开；当送风机出风管或进风管上安装单向风阀或电动风阀时，应采取火灾时自动开启阀门的措施。

7.4.3 机械加压送风系统设计计算

1) 加压送风量计算

(1) 垂直疏散通道加压送风量的计算

楼梯间、独立前室、合用前室、共用前室和消防电梯前室的机械加压送风的计算风量应以下公式计算确定。当系统负担建筑高度大于 24 m 时，楼梯间、独立前室、合用前室和消防电梯前室应按计算值与表 7.8—表 7.11 的值中的较大值确定。

楼梯间或前室的机械加压送风量应按下列公式计算：

$$L_j = L_1 + L_2 \tag{7.16}$$

$$L_s = L_1 + L_3 \tag{7.17}$$

式中 L_j——楼梯间的机械加压送风量，m^3/s；

L_s——前室的机械加压送风量，m^3/s；

L_1——门开启时，达到规定风速值所需的送风量，m^3/s；

L_2——门开启时，规定风速值下，其他门缝漏风总量，m^3/s；

L_3——未开启的常闭送风阀的漏风总量，m^3/s。

一般情况下，经计算后楼梯间窗缝或合用前室电梯门缝的漏风量，对总送风量的影响很小，在工程的允许范围内可以忽略不计。因为消防电梯前室使用时，仅仅是使用层消防电梯门开启时的漏风量，其他楼层只有常闭阀的漏风量；而实际上计算风量公式中已经考虑了这部分消防电梯门缝隙的漏风量了。

门开启时，达到规定风速值所需的送风量 L_1 应按下式计算：

$$L_1 = A_k v N_1 \tag{7.18}$$

式中 A_k—— 一层内开启门的截面面积，m^2。

v——门洞断面风速，m/s（a. 当楼梯间和独立前室、合用前室均机械加压送风时，通向楼梯间和独立前室、合用前室疏散门的门洞断面风速均不应小于 0.7 m/s；b. 当楼梯间机械加压送风、独立前室不送风时，通向楼梯间疏散门的门洞断面风速不应小于 1.0 m/s；c. 当消防电梯前室机械加压送风时，通向消防电梯前室门的门洞断面风速不应小于 1.0 m/s；d. 当独立前室、合用前室或共用前室机械加压送风且楼梯间采用可开启外窗的自然通风系统时，通向独立前室、合用前室或共用前室疏散门的门洞断面风速不应小于 $0.6(A_l/A_g+1)$ m/s；A_l 为楼梯间疏散门的总面积，m^2；A_g 为前室疏散门的总面积，m^2）。

N_1——设计疏散门开启的楼层数量（对于楼梯间来说，其开启门是指前室通向楼梯间的门；对于前室，是指走廊或房间通向前室的门）。

①楼梯间：采用常开风口，当地上楼梯间为 24 m 以下时，设计 2 层内的疏散门开启，取 $N_1=2$；当地上楼梯间为 24 m 及以上时，设计 3 层内的疏散门开启，取 $N_1=3$；当地下楼梯间时，设计 1 层内的疏散门开启，取 $N_1=1$。

②前室：采用常闭风口，计算风量时取 $N_1=3$。

门开启时，规定风速值下的其他门漏风总量 L_2 应按下式计算：

$$L_2 = 0.827 \times A \times \Delta P^{\frac{1}{n}} \times 1.25 \times N_2 \tag{7.19}$$

式中 A——每个疏散门的有效漏风面积，m^2（疏散门的门缝宽度取 0.002 ~0.004 m）；

ΔP——计算漏风量的平均压力差，Pa（当开启门洞处风速为 0.7 m/s 时，取 $P=6.0$ Pa；当开启门洞处风速为 1.0 m/s 时，取 $\Delta P=12.0$ Pa；当开启门洞处风速为 1.2 m/s 时，取 $\Delta P=17.0$ Pa）；

n——指数(一般取 $n=2$);

1.25——不严密处附加系数;

N_2——漏风疏散门的数量:楼梯间采用常开风口,取 N_2 = 加压楼梯间的总门数 $-N_1$。

未开启的常闭送风阀的漏风总量应按下式计算:

$$L_3 = 0.083 \times A_f N_3 \tag{7.20}$$

式中 A_f——单个送风阀门的面积,m^2;

0.083——阀门单位面积的漏风量,$m^3/(s \cdot m^2)$;

N_3——漏风阀门的数量:前室采用常闭风口取 N_3 = 楼层数 -3。

【例7.3】 试计算楼梯间加压送风量。

某商务大厦办公防烟楼梯间13层,高48.1 m,每层楼梯间1个双扇门为1.6 m×2.0 m,楼梯间的送风口均为常开风口;前室也是1个双扇门为1.6 m×2.0 m。

(1)开启着火层疏散门时为保持门洞处风速所需的送风量 L_1 确定:

开启门的截面面积 $A_k=1.6\times2.0=3.2\ m^2$;

门洞断面风速取 $v=1.0\ m/s$;

常开风口,开启门的数量 $N_1=3$;

则:$L_1=A_k v N_1=9.6\ m^3/s$。

(2)对于楼梯间,保持加压部位一定的正压值所需的送风量 L_2 确定:

取门缝宽度为0.004 m,则:每层疏散门的有效漏风面积 $A=(2.0\times3+1.6\times2)\times0.004=0.036\ 8\ m^2$;

门开启时的压力差取 $\Delta P=12$ Pa;

漏风门的数量 $N_2=13-3=10$;

$L_2=0.827\times A\times\Delta P^{\frac{1}{n}}\times1.25\times N_2=1.317\ 8\ m^3/s$;

则楼梯间的机械加压送风量:$L_j=L_1+L_2=10.92\ m^3/s=39\ 312\ m^3/h$。

由于此楼层高度大于24 m,应与表7.9中的值进行比较,选择其中较大的一个值作为结果。比较后发现,计算出来的值较大,故 $L_j=39\ 312\ m^3/h$ 为最终的计算风量。设计风量不应小于计算风量的1.2倍,因此设计风量不小于47 174 m^3/h。

表7.8—表7.11中的风量参考取值,是根据原国家标准《高层民用建筑设计防火规范》(GB 50045)计算方法,经过多年实践验证,并综合计算公式得出的一个推荐取值,以便于设计人员选用。在工程选用中应用数学的线性直插法取值,还要注意根据表注的要求进行风量调整。

表7.8 消防电梯前室加压送风的计算风量

系统负担高度 h/m	加压送风量/($m^3 \cdot h^{-1}$)
$24<h\leqslant50$	35 400~36 900
$50<h\leqslant100$	37 100~40 200

表 7.9 楼梯间自然通风,独立前室、合用前室加压送风的计算风量

系统负担高度 h/m	加压送风量/($m^3 \cdot h^{-1}$)
24<h≤50	42 400 ~ 44 700
50<h≤100	45 000 ~ 48 600

表 7.10 前室不送风,封闭楼梯间、防烟楼梯间加压送风的计算风量

系统负担高度 h/m	加压送风量/($m^3 \cdot h^{-1}$)
24<h≤50	36 100 ~ 39 200
50<h≤100	39 600 ~ 45 800

表 7.11 防烟楼梯间及独立前室、合用前室分别加压送风的计算风量

系统负担高度 h/m	送风部位	加压送风量/($m^3 \cdot h^{-1}$)
24<h≤50	楼梯间	25 300 ~ 27 500
	独立前室、合用前室	24 800 ~ 25 800
50<h≤100	楼梯间	27 800 ~ 32 200
	独立前室、合用前室	26 000 ~ 28 100

注:1. 表 7.8—表 7.11 的风量按开启 2.0 m×1.6 m 的双扇门确定。当采用单扇门时,其风量可乘以 0.75 系数计算。

2. 表中风量按开启着火层及其上下两层,共开启三层的风量计算。

3. 表中风量的选取应按建筑高度或层数、风道材料、防火门漏风量等因素综合确定。

风量计算表 7.8—表 7.11 仅对①消防电梯前室加压送风;②楼梯间自然通风,独立前室、合用前室加压送风;③前室不送风,封闭楼梯间、防烟楼梯间加压送风;④防烟楼梯间及合用前室分别加压送风 4 种情况制成表格供设计选用。表格中风量是根据常见建设项目各个疏散门的设置条件确定的。这些设置条件除了表注的内容外,还应满足:①楼梯间设置了一樘疏散门,而独立前室、消防电梯前室或合用前室也都是只设置了一樘疏散门;②楼梯间疏散门的开启面积和与之配套的前室的疏散门的开启面积应基本相当。一般情况下这两道疏散门宽度与人员疏散数量有关,建筑设计都会采用相同宽度的设计方法,所以这两者的面积是基本相当的。因此在应用这几个表的风量数据时,应符合这些条件要求,一旦不符合时,应通过计算确定。

对于剪刀楼梯间和共用前室的情况,往往它们疏散门的配置数量与面积会比较复杂,不能用简单的表格风量选用解决设计问题,所以不提供加压风量表,而应采用计算方法进行。

(2)封闭避难层(间)避难走道加压送风量计算

封闭避难层(间)、避难走道的机械加压送风量应按避难层(间)、避难走道的净面积每平方米不少于 30 m^3/h 计算。避难走道前室的送风量应按直接开向前室的疏散门的总断面积乘以 1.0 m/s 门洞断面风速计算。

2)风口设计计算

加压送风口尺寸可根据假定风速法确定。加压送风口风速不宜大于 7 m/s。楼梯间每个加压送风口风量应为系统总风量除以系统风口的数量。前室或合用前室采用常闭风口时,每

个风口的风量为系统风量的1/3。

3)风道设计计算

风道尺寸同样根据假定风速法确定。当送风管道内壁为金属时,设计风速不应大于20 m/s;当送风管道内壁为非金属时,设计风速不应大于15 m/s。

4)风机选型计算

风机的设计风量不应小于计算风量的1.2倍。

加压送风机的全压,除计算风道的压力损失外,还有满足余压要求。为了阻挡烟气进入楼梯间,因此要求在加压送风时,防烟楼梯间的空气压力大于前室的空气压力,而前室的空气压力大于走道的空气压力,即楼梯间至前室至走道压力呈递减分布。

楼梯间与走道之间的压差应为40~50 Pa;前室、封闭避难层(间)与走道之间的压差应为25~30 Pa。

为了防止楼梯间和前室之间、前室和走道之间防火门两侧压差过大而导致防火门无法正常开启,影响人员疏散和消防人员施救,当系统余压值超过最大允许压力差时应采取泄压措施。疏散门的最大允许压力差应按下列公式计算:

$$P = 2(F' - F_{dc})(W_m - d_m)/(W_m \times A_m) \tag{7.21}$$

$$F_{dc} = M/(W_m - d_m) \tag{7.22}$$

式中 P——疏散门的最大允许压力差,Pa;

A_m——门的面积,m^2;

d_m——门的把手到门闩的距离,m;

M——闭门器的开启力矩,N·m;

F'——门的总推力,N,一般取110 N;

F_{dc}——门把手处克服闭门器所需的力,N;

W_m——单扇门的宽度,m。

风机可采用轴流风机或中、低压离心风机,其余位置应根据供电条件、风量分配平衡、新风入口不受火、烟威胁等因素确定。

7.5 防排烟系统的设备部件及控制

防排烟系统设置的目的是当建筑物着火时,保障人们安全疏散及防止火灾进一步蔓延,其设备与部件均应在发生火灾时运行和起作用。

防排烟系统的设备及部件主要包括防火阀、防排烟阀(口)、压差自动调节阀、余压阀及专用排烟轴流风机、自动排烟窗等。

7.5.1 防火类阀门

防火类阀门适用在有防火要求的通风、空气调节系统或排烟系统的风管上,当建筑物发生火灾时,温度熔断器、电信号或手动作用下,将阀门迅速关闭,切断火势和烟气沿风道蔓延的通路。防火类阀门可根据启闭状态及动作温度分为下列几种:

1)防烟防火阀

防烟防火阀是安装在有防火要求的通风、空气调节系统的风管上的,平时常开,当空气温度超过 70 ℃或 150 ℃(厨房排油烟系统用)时,阀门关闭。该阀主要以阀内熔断器动作而自动关闭、手动关闭和复位,同时可根据系统要求选用有电信号动作装置,可与感烟探测器、感温探测器或其他消防系统的报警装置联锁。该阀可与通风、空气调节系统中风量调节阀合为一体,称为防烟防火调节阀。

圆形防烟防火调节阀外形,如图 7.20 所示。常见防烟防火调节阀规格见表 7.12 及表 7.13,也可根据需要制作。

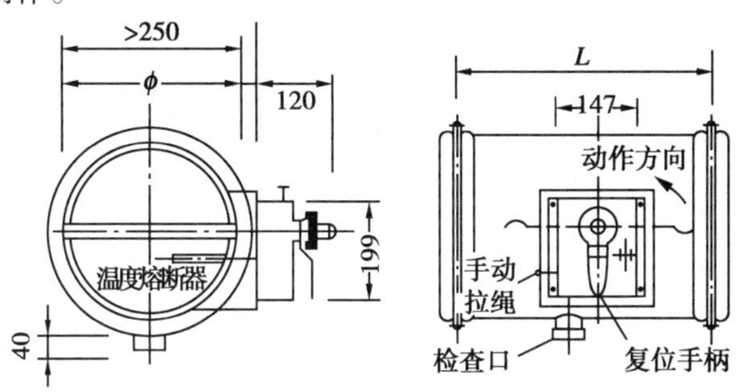

图 7.20 圆形防烟防火阀外形

表 7.12 圆形防烟防火阀规格

ϕ/mm	120	160	180	200	250	280	320	360	400	450	500	560	630	700	800	900	1 000
操作机构数	1	1	1	1	1	1	1	1	1	1	1	1	1	1	1	1	1
法兰规格/mm	25×3				30×3			35×4				40×5					
阀厚 L/mm	160	$L=\phi$															
阻力系数	≤0.5(阀片全开)																

表 7.13 矩形防烟防火调节阀规格

规格 $A \times B$/(mm×mm)	100×100						
		120×120					
			160×160			160×320	
		200×120	200×160	200×200		200×320	200×400
		250×120	250×160	250×200	250×250	250×320	250×400
			320×160	320×200	320×250	320×320	
				400×200	400×250	400×320	400×400
				500×200	500×250	500×320	500×400
					630×250	630×320	630×400
						800×320	800×400
							1 000×400
							1 250×400

续表

阀片个数	1	1	1	1	1	2	2
操作机构数	1	1	1	1	1	1	1
法兰规格/mm	30×3						
阀体厚度 L/mm	防烟防火阀 320						
阻力系数	≤0.5(阀片全开)						

规格 $A×B$/(mm×mm)	200×500				
	250×500	250×630			
	500×500				
	630×500	630×630			
	800×500	800×630	800×800		
	1 000×500	1 000×630	1 000×800	1 000×1 000	
	1 250×500	1 250×630	1 250×800	1 250×1 000	
	1 600×500	1 600×630	1 600×800	1 600×1 000	1 600×1 250
			2 000×800	2 000×1 000	2 000×1 250
阀片个数	3	3	4	6	6
操作机构数	1	1	2	2	2
法兰规格/mm	40×4		40×5		50×5
阀体厚度 L/mm	防烟防火阀 320				
阻力系数	≤0.5(阀片全开)				

2)排烟防火阀

该阀设置在排烟系统的管道上或安装在排烟风机的吸入口处,兼有自动排烟和防火的功能。平时处于关闭状态,当发生火灾时,烟感探头发出火警信号,消防控制中心电信号将阀门打开排烟,也可手动打开阀门,手动复位,阀门开启后可发出电信号至消防控制中心,也可与其他设备联锁。当管道内气流温度超过 280 ℃时,阀门靠 280 ℃易熔金属的温度熔断器而自动关阀,切断气流,防止火灾蔓延,发出电信号至消防控制中心或与其他设备联锁。自动排烟防火阀,如图 7.21 所示。常见自动排烟防火阀规格见表 7.14 及表 7.15,也可以根据需要制作。

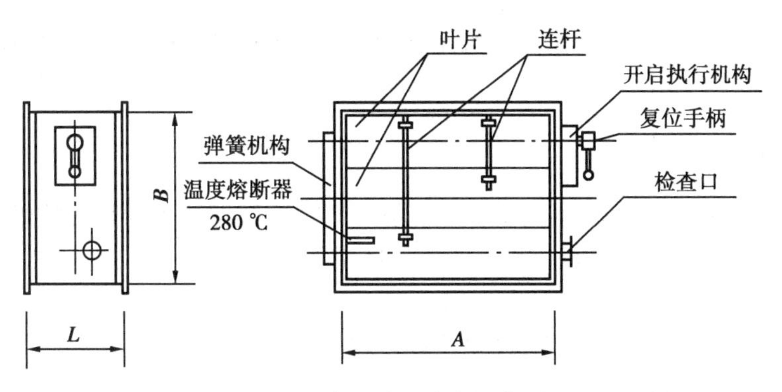

图 7.21 方形排烟防火阀外形图

表 7.14 方形排烟防火阀规格

规格 $A\times B/(\mathrm{mm}\times\mathrm{mm})$	320×320						
	400×320	400×400					
	500×320	500×400	500×500				
	630×320	630×400	630×500	630×630			
	800×320	800×400	800×500	800×630	800×800		
	1 000×320	1 000×400	1 000×500	1 000×630	1 000×800	1 000×1 000	
		1 250×500	1 250×500	1 250×630	1 250×800	1 250×1 000	
			1 600×500	1 600×630	1 600×800	1 600×1 000	1 600×1 250
						2 000×1 000	2 000×1 250
阀片组数	2	2	3	3	4	6	6
操作机构数	1	1	1	1	2	2	2
法兰规格/mm	30×3	A<800 时,35×3,其余 40×3		40×3		45×3	
阀体厚度 L/mm	320						
阻力系数	≤0.5(阀片全开)						
漏风量 $/(\mathrm{m}^3\cdot\mathrm{m}^{-2}\cdot\mathrm{h}^{-1})$	<1 000(压差 250 Pa),<2 000 (压差 1 000 Pa)						

表 7.15 圆形排烟防火阀规格

阀体直径 D/mm	160	200	250	320	400	450	500
阀体长度 L/mm	400	440	490	560	640	690	740

3)防火阀

该阀安装在排烟系统与通风空调系统兼用时的风机入口处或排烟系统管道跨越防火分区处。该阀常开,可通风,当管道内气流温度达到 280 ℃时,阀门关闭,切断气流,防止火势蔓延。该阀可与调节阀合为一体,作调节阀用,称为防火调节阀。其动作原理、外形、规格同防烟防火阀。

7.5.2 排烟阀

排烟阀是与烟感器联锁的阀门,即通过能够探知火灾初期产生的烟气的烟感器来开启阀门,是由电动机或电磁驱动机构驱动的自动阀门。

排烟阀一般用于排烟系统的风管上,平时常闭,发生火灾时,烟感探头发出火警信号,消防控制中心电信号将阀门打开排烟,可手动打开阀门,手动复位,阀门开启后可发出电信号至消防控制中心,也可与其他设备联锁。

7.5.3 排烟口

为了使火灾时产生的烟气及时迅速地排至室外,在排烟系统的烟气吸入口处应安装排烟口或排烟阀。排烟口平时处于关闭状态,当发生火灾时,自动控制系统使排烟口迅速开启,或通过现场或远距离手动开启装置打开阀门。同时联动排烟风机等相关设备进行排烟。有的排烟口同时还具有当烟气温度超过 280 ℃时重新关闭排烟防火阀作用。

排烟口可根据外形分为:

①板式排烟口:如图 7.22 所示,适用于所有场所,包含洁净空间和非洁净空间。常见规格见表 7.16,也可根据需要制作。

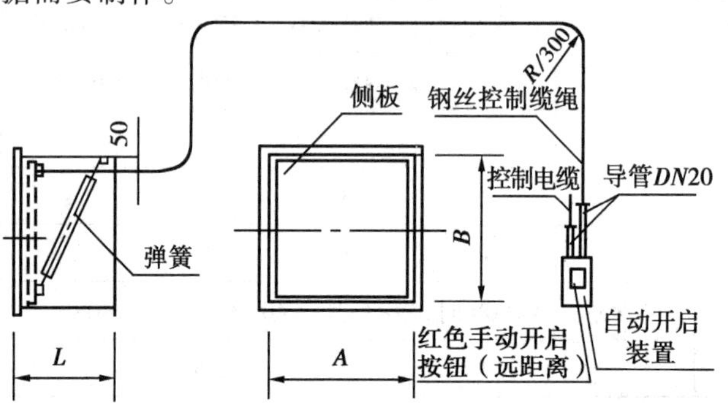

图 7.22 板式排烟口外形

表 7.16 板式排烟口规格

规格 $A\times B$/(mm×mm)	320×320	400×400	500×500	630×630	700×700	800×800
阀体厚度 L/mm	150	150	150	150	180	180
有效净面积/m^2	0.07	0.125	0.203	0.306	0.421	0.563
操作机构数	1					
阻力系数	≤0.5					
漏风量/($m^3\cdot m^{-2}\cdot h^{-1}$)	≤150(压差 250 Pa),≤300(压差 1 000 Pa)					

②多叶排烟口:如图 7.23 所示,适用于非洁净空间。常见规格见表 7.17,也可根据需要制作。

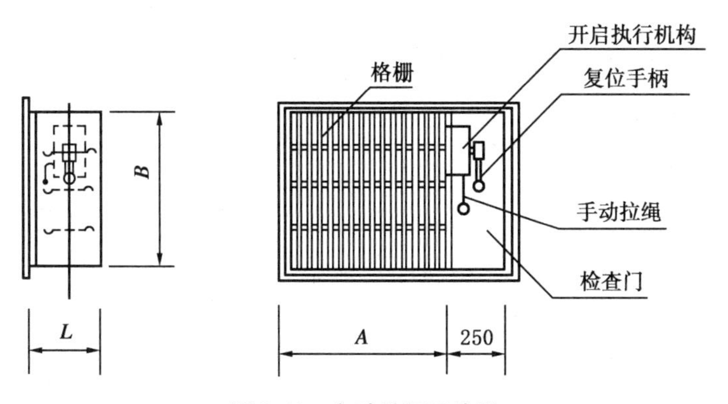

图 7.23 多叶排烟口外形

表 7.17 多叶排烟口规格

<table>
<tr><td rowspan="7">规格 A×B
/(mm×mm)</td><td>500×500</td><td></td><td></td><td></td><td></td></tr>
<tr><td></td><td>630×630</td><td></td><td></td><td></td></tr>
<tr><td></td><td></td><td>700×700</td><td></td><td></td></tr>
<tr><td></td><td>800×630</td><td></td><td>800×800</td><td></td></tr>
<tr><td></td><td>1 000×630</td><td></td><td>1 000×800</td><td></td></tr>
<tr><td></td><td>1 250×630</td><td></td><td>1 000×1 000</td><td>1 250×1 000</td></tr>
<tr><td></td><td></td><td></td><td></td><td>1 600×1 000</td></tr>
<tr><td colspan="6">操作机构数 12</td></tr>
<tr><td colspan="2">阀体厚度 L/mm</td><td colspan="4">275</td></tr>
<tr><td colspan="2">阻力系数</td><td colspan="4">≤0.5</td></tr>
<tr><td colspan="2">漏风量/($m^3 \cdot m^{-2} \cdot h^{-1}$)</td><td colspan="4">≤1 000(压差 250 Pa),≤2 000(压差 1 000Pa)</td></tr>
</table>

7.5.4 加压送风口

加压送风口靠烟感器控制,经电讯号开启,也可手动开启。可设 280 ℃温度熔断器开关,输出动作电讯号,联动送风机开启,用于加压送风系统的风口(如用于前室的加压送风),起排烟防烟的作用。

为便于工程设计,常用加压送风口尺寸可根据实际风量大小和控制风速由表 7.18 确定。

表 7.18 加压送风口规格系列及送风量表 单位:m^3/h

送风风速/($m \cdot s^{-1}$) 规格/(mm×mm)	4	5	6	7
200×200	576	720	864	008
250×250	900	1 125	1 350	1 575
250×320	1 152	1 440	1 728	2 016
300×300	1 296	1 620	1 944	2 268
250×400	1 440	1 800	2 160	2 520
300×400	1 728	2 160	2 592	3 024

续表

送风风速/(m·s⁻¹) 规格/(mm×mm)	4	5	6	7
250×500	1 800	2 250	2 700	3 150
300×500	2 160	2 700	3 240	3 780
250×630	2 268	2 835	3 402	3 969
400×400	2 304	2 880	3 456	4 032
300×600	2 592	3 240	3 888	4 536
400×500	2 880	3 600	4 320	5 040
400×600	3 456	4 320	5 184	6 048
500×500	3 600	4 500	5 400	6 300
500×600	4 320	5 400	6 480	7 560
400×800	4 608	5 760	6 912	8 064
600×600	5 184	6 480	7 776	9 072
500×800	5 760	7 200	8 64 0	10 080
600×800	6 912	8 640	10 368	12 096
500×1 000	7 200	9 000	10 800	12 600
600×1 000	8 640	10 800	12 960	15 120
800×800	9 216	11 520	13 824	16 128
800×1 000	11 520	14 400	17 280	20 160
1 000×1 000	14 400	18 000	21 600	25 200

7.5.5 余压阀

为了保证防烟楼梯间及其前室、消防电梯间前室和合用前室的正压值,防止正压值过大而导致门难以推开,根据设计的需要有的在楼梯间与前室、前室与走道之间设置余压阀。余压阀外形如图 7.24 所示。

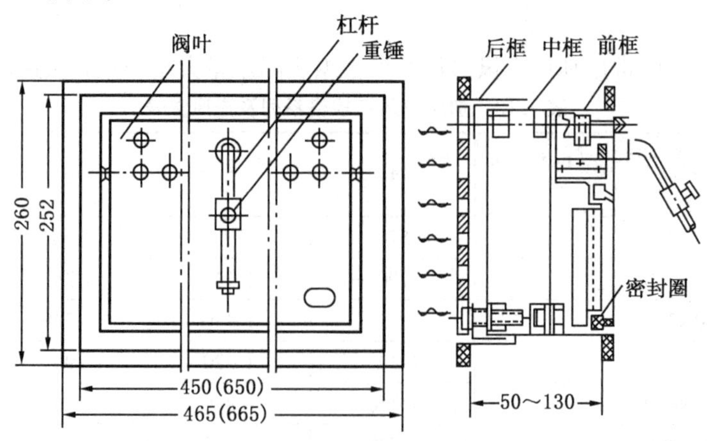

图 7.24 余压阀外形尺寸

注:括号内尺寸为 YA-2 型余压阀尺寸,其余尺寸和 YA-1 型相同

7.5.6 排烟风机

排烟风机的耐高温要求:应保证在 280 ℃时,连续安全运行 30 min 以上。对一般的离心风机来说,试验表明均能达到要求,而对轴流风机或混流风机来说,由于电机及传动机构受高温烟气冲击,需要选用专用排烟轴流风机或混流风机。

HTF 系列消防高温排烟专用轴流风机是目前国内外流行的消防排烟轴流风机,经高温试验能达到设计要求。HTF 系列高温排烟消防专用轴流风机的外形如图 7.25 所示。

7.5.7 自垂式百叶风口

风口竖直安装在墙面上,平常情况下,靠风口的百叶因自重而自然下垂,隔绝在冬季供暖时楼梯间内的热空气在热压作用下上升而通过上部送风管和送风机逸出室外。当发生火灾进行机械加压送风时,气流将百叶吹开而送风。自垂式百叶风口结构如图 7.26 所示,尺寸见表 7.19,也可根据需要制作。

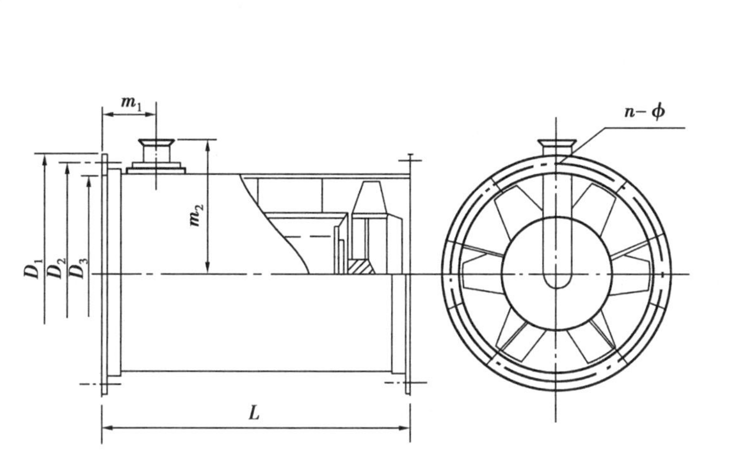

图 7.25 HTF 系列高温排烟消防专用轴流风机外形

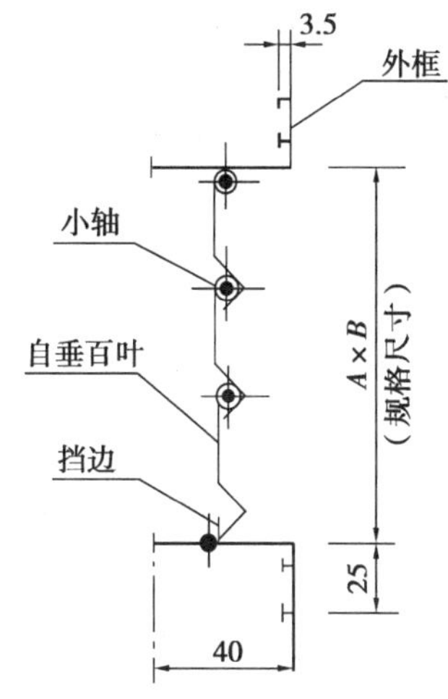

图 7.26 自垂式百叶风口结构图

表 7.19 自垂式百叶风口规格、风量

单位:m^3/h

连管风速/(m·s⁻¹) 规格 A×B/(mm×mm)	1	2	3	4	5	6	7
150×150	80	1 60	240	320	405	485	565
150×200	110	220	325	430	540	645	755
200×200	145	290	430	580	720	865	1 005
200×300	220	430	650	865	1 080	1 295	1 510
200×400	290	580	865	1 150	1 440	1 730	2 015
250×250	225	450	675	900	1 125	1 350	1 575
250×300	270	540	810	1 080	1 350	1 620	1 890
250×400	360	720	1 080	1 440	1 800	2 160	2 520

续表

规格 A×B/(mm×mm) \ 连管风速/(m·s⁻¹)	1	2	3	4	5	6	7
300×300	325	650	970	1 300	1 620	1 945	2 265
300×400	430	865	1 300	1 730	2 160	2 590	3 025
300×500	540	1 080	1 620	2 160	2 700	3 240	3 780
300×600	650	1 300	1 945	2 590	3 240	3 890	4 535
350×350	440	880	1 325	1 765	2 205	2 645	3 085
350×400	505	1 010	1 510	2 020	2 520	3 025	3 530
350×500	630	1 260	1 890	2 520	3 150	3 780	4 410
350×600	760	1 510	2 270	3 025	3 780	4 535	5 290
400×400	580	1 150	1 730	2 305	2 880	3 455	4 030
400×500	720	1 440	2 160	2 880	3 600	4 320	5 040
400×600	865	1 730	2 590	3 460	4 320	5 185	6 050
500×500	900	1 800	2 700	3 600	4 500	5 400	6 300

7.5.8 自动排烟窗

自动排烟窗主要适用于防烟楼梯间及其前室、消防电梯间前室和合用前室及空间较高的房间或中厅等部位的自然排烟。该窗可装有与感烟探测器、感温探测器等探测器的联锁装置,一旦发生火灾,探测器报警,同时驱动自动排烟窗开启至最大角度(90°)。该窗同时也装有手动开启装置,也可将窗开启(0°～90°)并固定。开启的方式有中悬、下悬、侧悬及平开等。

7.5.9 活动挡烟垂壁

活动挡烟垂壁有自动和手动2种,自动的适用于在同一防火分区内作防烟分区的分隔。挡烟垂壁下垂高度不小于500 mm,垂壁可与装有感烟探测器或感温探测器相配合,一旦发生火灾,探测器报警,同时驱动自动挡烟垂壁开启下垂90°。垂壁同时装有手动开启装置,可随时手动开启。垂壁材质为冷轧钢板配合电控装置组成,电源为220 V交流电源或24 V直流电源,垂壁尺寸由设计决定。

7.5.10 防烟系统控制

机械加压送风系统应与火灾自动报警系统联动,其联动控制应符合现行国家标准《火灾自动报警系统设计规范》(GB 50116—2013)的有关规定。

加压送风机是通风系统工作的"心脏",必须具备多种启动方式。其启动应满足下列要求:

①现场手动启动;

②通过火灾自动报警系统自动启动;

③消防控制室手动启动;

④系统中任一常闭加压送风口开启时,加压风机应能自动启动。

当防火分区内火灾确认后,应能在 15 s 内联动开启常闭加压送风口和加压送风机,并应满足下列要求:

①应开启该防火分区楼梯间的全部加压送风机;

②应开启该防火分区内着火层及其相邻上下两层前室及合用前室的常闭送风口,同时开启加压送风机。

为避免超压对疏散产生影响,机械加压送风系统宜设有测压装置及风压调节措施。为便于消防值班人员准确掌握和控制设备运行情况,消防控制设备应显示防烟系统的送风机、阀门等设施启闭状态。

7.5.11　排烟系统控制

排烟系统的工作启动,需要前期的火灾判定,火灾的判定一般是根据火灾自动报警系统的逻辑设定,因此机械排烟系统应与火灾自动报警系统联动,其联动控制应符合现行国家标准《火灾自动报警系统设计规范》(GB 50116—2013)的有关规定。

排烟风机、补风机的控制方式,应满足下列要求:

①现场手动启动;

②火灾自动报警系统自动启动;

③消防控制室手动启动;

④系统中任一排烟阀或排烟口开启时,排烟风机、补风机自动启动;

⑤排烟防火阀在 280 ℃时应自行关闭,并应联锁关闭排烟风机和补风机。

机械排烟系统中的常闭排烟阀或排烟口应具有火灾自动报警系统自动开启、消防控制室手动开启和现场手动开启功能,其开启信号应与排烟风机联动。当火灾确认后,火灾自动报警系统应在 15 s 内联动开启相应防烟分区的全部排烟阀、排烟口、排烟风机和补风设施,并应在 30 s 内自动关闭与排烟无关的通风、空调系统。

当火灾确认后,担负两个及以上防烟分区的排烟系统,应仅打开着火防烟分区的排烟阀或排烟口,其他防烟分区的排烟阀或排烟口应呈关闭状态。活动挡烟垂壁应具有火灾自动报警系统自动启动和现场手动启动功能,当火灾确认后,火灾自动报警系统应在 15 s 内联动相应防烟分区的全部活动挡烟垂壁,60 s 以内挡烟垂壁应开启到位。

自动排烟窗可采用与火灾自动报警系统联动或温度释放装置联动的控制方式。当采用与火灾自动报警系统自动启动时,自动排烟窗应在 60 s 内或小于烟气充满储烟仓时间内开启完毕。带有温控功能自动排烟窗,其温控释放温度应大于环境温度 30 ℃且小于 100 ℃。消防控制设备应显示排烟系统的排烟风机、补风机、阀门等设施启闭状态。

思考题

7.1　试述烟控系统的原理与目的。

7.2　试述民用建筑净高小于 6 m 的区域自然排烟可开启外窗的面积要求。

7.3　试述民用建筑需要设置机械排烟的部位。

7.4　试述防烟分区的含义及其划分原则。

7.5　试述机械排烟系统排烟量确定原则。

7.6　某建筑净高为 5.4 m,某一个排烟系统负担 6 个防烟分区的排烟,见图 7.27,试计算各排烟口、管段及风机的风量和排烟口、风道的最小截面积。

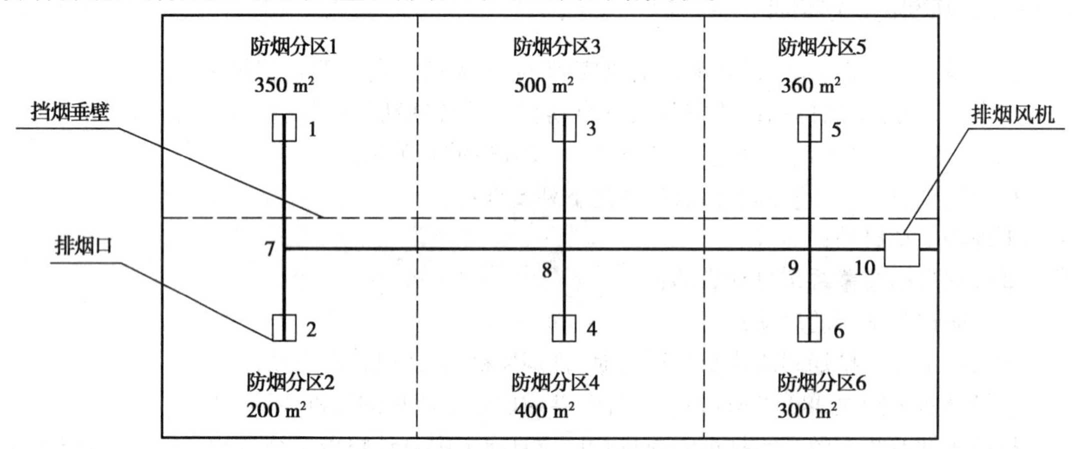

图 7.27　排烟系统原理图

7.7　试述民用建筑需要设置机械加压送风的部位。

7.8　试述民用建筑机械加压送风量的确定原则。

7.9　某 26 层综合大楼为一类建筑,其中一防烟楼梯间内共有 26 个 1.5 m×2.1 m 的双扇防火门,前室内有 1 个双扇门与走道相通。另有一个消防电梯间前室,每层有一个 1.5 m×2.1 m 的双扇防火门与走道相通。试确定机械防烟方案,并计算确定加压送风量及风道、风口尺寸。

7.10　试述防火类阀门的种类及其动作原理。

8

通风空调系统防火及与排烟系统合用

8.1 通风空调系统的防火

1)通风空调系统的防火

通风空调系统的防火是防止火势蔓延的重要措施。在进行通风空调系统设计时,应注意以下几个方面的问题:

①空气中含有易燃、易爆物质的房间,其送、排风系统应采用防爆型通风设备;当送风机设在单独分隔的通风机房内且送风干管上设置防止回流设施时,可采用普通型通风设备。

②通风、空气调节系统,横向应按每个防火分区设置,竖向不宜超过5层。当管道设置防止回流设施或防火阀时,管道布置可不受此限制。竖向风管应设在管井内。

③通风、空气调节系统的风管在下列部位应设置公称动作温度为70 ℃的防火阀:

a. 管道穿越防火分区处,如图8.1所示;

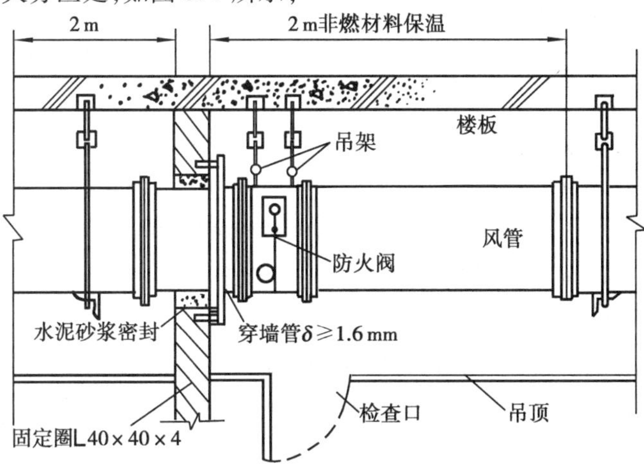

图8.1　防火墙处的防火阀示意图

b. 穿越通风、空气调节机房的房间隔离墙和楼板处；

c. 穿越重要或火灾危险性大的场所的房间隔墙和楼板处；

d. 穿越防火分隔处的变形缝两侧，如图 8.2 所示；

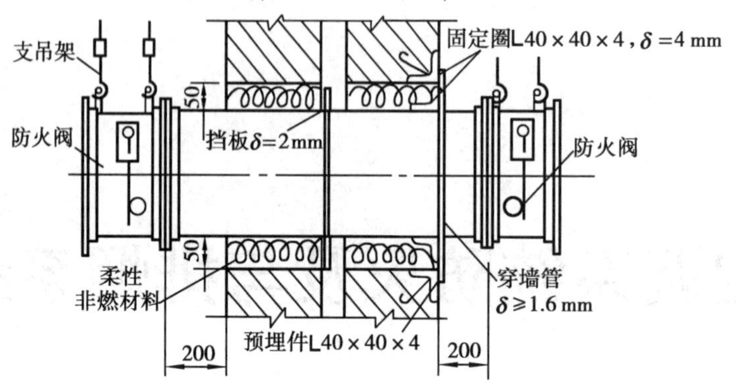

图 8.2　变形缝处的防火阀示意图

e. 竖向风管与每层水平风管交接处的水平管段上。

④当建筑内每个防火分区的通风、空气调节系统均独立设置时，水平风管与竖向总管的交接处可不设置防火阀。

⑤公共建筑的厨房、浴室和厕所的竖向排风管，应采取防止回流措施，并宜在支管上设置公称动作温度为 70 ℃的防火阀，如图 8.3 所示。

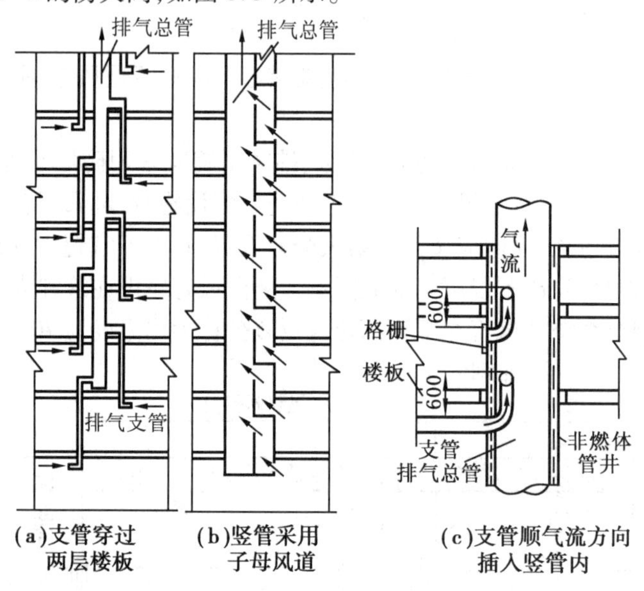

图 8.3　排气管防止回流构造示意图

⑥公共建筑内厨房的排油烟管道宜按防火分区设置，且在与竖向排风管连接的支管处应设置公称动作温度为 150 ℃的防火阀。

⑦防火阀宜靠近防火分隔处设置，一般不应超过 200 mm；防火阀暗装时，应设置方便维护的检修口；防火阀两侧各 2.0 m 范围内的风管及其绝热材料应采用不燃材料。

⑧通风、空气调节系统的管道等，应采用不燃材料制作。但接触腐蚀性介质的风管和柔性接头，可采用难燃材料制作。体育馆、展览馆、候机（车、船）建筑（厅）等大空间建筑，单、多

层办公建筑和丙、丁、戊类厂房内通风、空气调节系统的风管，当不跨越防火分区且在穿越房间隔墙处设置防火阀时，可采用难燃材料。

⑨管道和设备的绝热材料、用于加湿器的加湿材料、消声材料及其黏结剂宜采用不燃材料确有困难时，可采用难燃材料。

⑩风管内设置电加热器时，风机的启停应与电加热器的开关联锁控制。电加热器前后各800 mm 范围内的风管和穿过有高温火源等容易起火房间的管道，均应采用不燃材料。

⑪排烟道、排风道、管道井应分别独立设置，其井壁应为耐火极限不低于1 h 的不燃烧体，井壁上的检查门应采用丙级防火门。

⑫建筑高度不超过100 m 的高层建筑管道井应每隔2 或3 层在楼板处用相当于楼板耐火极限的不燃烧体作为防火分隔；建筑高度超过100 m 的高层建筑，应在每层楼板处用相当于楼板耐火极限的不燃烧体进行防火分隔。

⑬管道井与房间、走道相通的孔洞，其空隙处应用不燃材料填塞密实。

2）火灾时通风空调系统的一般处置方法

火灾时，为了避免火势和烟气通过通风空调系统蔓延，减小火灾的影响，通风空调系统应通过配电系统切断电源停止运行。特别是空调系统停止运行后，才不致使烟气温度过快降低而沉降到工作区。通风空调系统停止运行后，如果烟气进入系统管道，防火阀也会自动关闭，就可以切断火势和烟气到处蔓延。

8.2　系统合用

8.2.1　系统合用的可能性

通风空调系统多种多样，并非所有的系统都能转换为防排烟系统，必须从分析系统本身的特性入手，探讨其合用的可能性以及对合用的制约因素。

1）典型空调系统实现合用的可能性

（1）单风道全空气系统

单风道系统即普通集中式空调系统，一般具有换气次数为6～12 次/h 的空气输送能力。若假设顶棚高2.4～3.0 m，则输送风量为14.4～36 $m^3/(h·m^2)$。净高不超过6 m 时排烟量标准为60 $m^3/(h·m^2)$，即上述输送的风量为标准排烟量的1/4～3/5。可见，从输送风量的能力来看，单风道系统可以承担占空调面积的1/4～3/5 区域的排烟。再有，一般空调干管内风速为6～8 m/s，而排烟管道内的风速可以达到空调风道内的风速的2 倍以上，只要不超过20 m/s 即可。因此，单从风道本身而言，普通空调系统的管道尺寸是可以满足排烟量要求。

（2）风机盘管加独立新风系统

单纯的风机盘管系统，由于不设风道，无法用于排烟。而风机盘管加独立新风系统，有输送新风的风道。以客房为例，其新风量一般为2.0～2.5 次/h，若考虑房间净高2.8 m，则新风量为5.4～7.2 $m^3/(h·m^2)$，占标准排烟量的9%～12%，即使考虑排烟时风速提高到

20 m/s,管道输送能力仅能满足排烟量的 40% 以内,可见利用价值不高。

2)通风系统实现合用的可能性

建筑类根据房间功能一般设置有不同的通风系统排除室内余热、余湿或有害气体。不同功能房间通风系统通风量是不一样的,部分场所的换气量见表 8.1。

表 8.1　部分场所的换气量

场　所	卫生间、开水间等	厨房	停车场	仓库、机械室
换气次数/(次·h^{-1})	15~20	30~60	5~6	5~8

可见,通风系统换气次数一般均较空调系统大。卫生间等的换气仅为自身空间的小风量换气,用于排烟的价值不大。可是厨房、车库换气等输送的风量相当大,用于排烟的价值就比较大。

此外,通风系统简单,大多为排风系统,这与排烟系统是类似的,仅在耐热性能上差异大。如果均按排烟要求采用耐热材料与耐热措施,则排烟系统与排风系统完全可以合用。

8.2.2　系统合用的方式

合用,这里主要指将通风空调系统用于排烟。从流体力学的观点来看,就是利用压力差来控制烟气的流动。

①对于诸如影剧院、演播厅、会议厅等大空间,一般均采用集中式全空气空调系统。这时在风道上加设一定的切换阀门,便可以比较容易地将回风系统用于排烟,也可以只利用空调系统的风管和风口,另外加设排烟风机实现排烟。如图 8.4 所示,平时阀门 a,b 关闭,c,d,e 开启,风路 RA 为回风,SA 为送风;火情发生时 a,b 开启,c,d,e 关闭,原来的送风回风管路均变为排烟管路。如图 8.5 所示,加设专门的排烟风机,平时阀门 a 关闭,b 阀门开启,风路 RA 为回风,SA 为送风;火情发生时 a 开启,b 关闭,原来回风管路均变为排烟管路。因为是一个系统,对其他房间没有影响,故可靠性高。

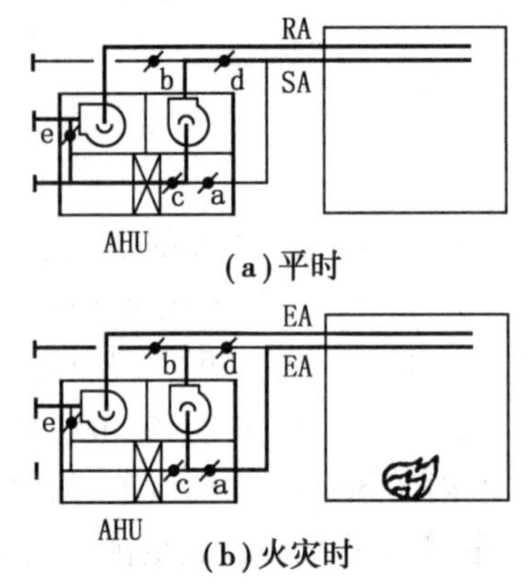

图 8.4　空调系统与排烟系统合用图(一)

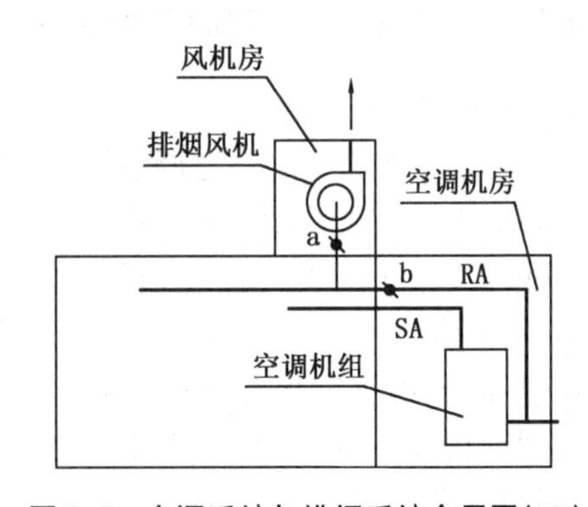

图 8.5　空调系统与排烟系统合用图(二)

②图 8.6 表示某通风与排烟的合用系统。系统阀门 a 闭 b 开,平时排风,火情发生时,阀门 a 开 b 闭,系统排烟。

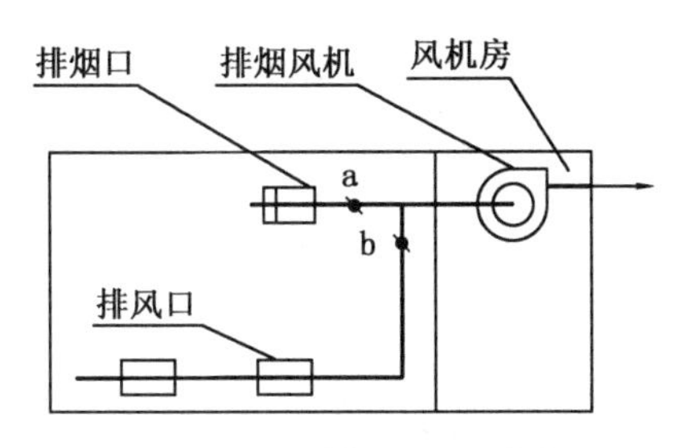

图 8.6 排风系统与排烟系统合用图

8.2.3 系统合用的特点

1)优点

合用可充分利用通风空调系统的管道和设备,节省建设费用,减少占用空间。由于建筑的大规模化和多功能化,建筑内的设备和管道越来越多,需要的竖向管道空间和吊顶空间越来越大,因此,合用将提高建筑物的有效利用率和提高空间净高。

合用可提高系统的可靠性。防排烟系统是防灾专用系统,只在火情发生时投入运转,平时仅维持一年一度的检修。有的建筑物投入使用后,其防排烟系统就没有运行过,导致各种事故发生,诸如防排烟阀门易熔片脱落,传动机构锈蚀无法动作,控制系统失灵等。防排烟系统不仅发挥不了作用,还可能导致火灾的蔓延。合用系统平时按空调通风工况运行,在火灾发生时,通过必要的切换装置转换为排烟工况。除必要的检修外,系统始终处于运行状态,因此,与单纯的防排烟系统相比,提高了系统的可靠性。

2)缺点

系统漏风量大,风阀控制复杂。与单纯的排烟系统相比,合用系统风口更多,管路更长,系统漏风量大。火灾时需关闭所有排风支管或风口,开启着火防烟分区排烟口,风阀控制更复杂。因此合用系统应满足排烟系统的要求,并有可靠的控制措施。当排烟系统的排烟口打开时,每个排烟合用系统的管道上需联动关闭的通风和空气调节系统控制阀门不应过多。

思考题

8.1 简述通风空调系统的风道应设置防火阀的部位。

8.2 简述通风空调系统与防排烟系统合用的优缺点。

9

火灾探测器

9.1 概　述

建筑物防火分为主动和被动两种方式。主动防火指火灾自动报警、防排烟、引导疏散和初期灭火等报警、防火和灭火系统,其子系统构成了建筑物自动防火工程。被动防火指建筑物的防火设施,即防火结构、防火分区、非燃性及阻燃性材质、疏散途径和避难区等固定设施。其作用在于尽量减少起火因素,防止烟、热气流及火的蔓延,确保人身安全,这些在建筑工程设计中应该予以充分考虑。

9.1.1　现代自动防火体系的组成

一个建筑物的现代自动防火体系是由报警、防灾、灭火和火警档案管理4个系统组成的。

1)火灾自动报警系统

火灾自动报警系统具有火灾探测及报警联动两种功能,用于探测火灾早期特征、发出火灾报警信号,为人员疏散、防止火灾蔓延和启动自动灭火设备提供控制与指示。

火灾自动报警系统设有自动和手动触发报警装置,系统具有火灾自动探测报警或人工辅助报警、控制相关系统设备应急启动并接收其动作反馈信号的功能。它包括全部火灾探测器及报警器,由触发装置、火灾报警装置、联动输出装置及其他辅助功能装置组成。当火场参数超过某一给定阈值时,火灾探测器动作,发出报警信号,该信号经过连接导线传送至区域火灾报警控制器和(或)集中火灾报警控制器,发出声、光报警信号,显示火灾发生的部位,通知消防值班人员,同时联动建筑内消防设备。

2)防火系统

防火系统具有防止灾害扩大、及时引导人员疏散的两大功能。它包括所有以下防灾设备:

(1)显示设备

显示设备由火灾警报装置(声光讯响器)、消防专用电话、火灾应急广播、应急照明等声光设备组成。

(2)防排烟设备

防排烟设备由电动防火门、防火卷帘门、防火阀、正压风阀、排烟阀等组成。

(3)机电设备

机电设备包括正压风机、排烟机、应急电源、消防电梯以及客梯、空调及通风、备用电源的控制。

3)灭火系统

灭火系统具有控火及灭火功能,它包括人工水灭火(消火栓)、自动喷水灭火,专用自动灭火装置等设备。

4)火警档案管理系统

火警档案管理系统具有显示、记录功能,包括模拟显示屏、打印机和存储器等。

9.1.2 火灾自动报警系统的分类

1)按采用技术分类

按采用技术可分为三代系统:

①第一代是多线制开关量式火灾探测报警系统,目前已基本淘汰。

②第二代是总线制可寻址开关量式火灾探测报警系统,目前被大量采用(主要是两线制总线制)。

③第三代是模拟量传输式智能火灾探测报警系统,它大大降低了系统的误报率。

2)按控制方式分类

按控制方式可分为以下3种系统:

①区域报警系统:由通用报警控制器或区域报警控制器和火灾探测器、手动报警按钮、警报装置等组成的火灾报警系统。保护范围为某一局部范围或某一设施,适用于仅需要报警,不需要联动自动消防设备的保护对象。报警系统应设置在有人值班的场所。

②集中报警系统:设有一个消防控制室,系统有一台集中报警控制器。集中报警控制器设在消防控制室,区域报警控制器设在各楼层服务台。适用于既需要报警,也需要联动自动消防设备,且只设置一台具有集中控制功能的火灾报警控制器和消防联动控制器的保护对象。

③控制中心报警系统:该系统设置2个及以上集中报警系统,或设置2个及以上消防控制室。适用于保护范围规模较大,需要集中管理的场所如图9.1所示。

3)火灾探测报警系统的作用与组成

作用:探测火灾早期特征、发出火灾报警信号,为人员疏散、防止火灾蔓延和启动自动灭火设备提供控制与指示。

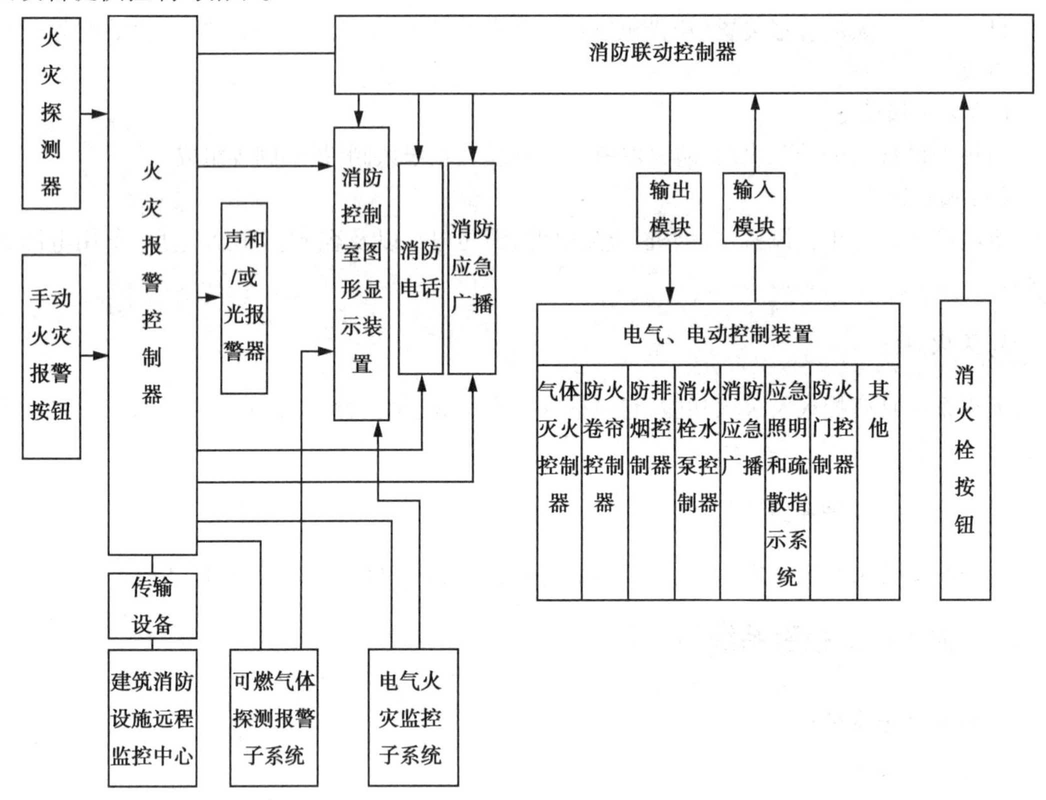

图9.1　火灾探测报警系统的构成框图

组成:由火灾探测器、手动报警按钮、火灾声光警报器、消防应急广播、消防专用电话、消防控制室图形显示装置、火灾报警控制器、消防联动控制器等设备组成。

①火灾探测器:它是火灾系统的传感部分,能产生并在现场发出火灾报警信号,传送现场火灾状态信号。在火灾初起阶段,总会产生烟雾、高温、火光及可燃性气体。利用各种不同敏感元件探测到上述4种火灾参数,并将其转变成电信号的传感器称为火灾探测器。

②火灾报警控制器:向火灾探测器提供高稳定度的直流电源,监视连接各火灾探测器的传输导线有无故障;接收火灾探测器发出的火灾报警信号,迅速正确地进行控制转换和处理,并以声、光等形式指示火灾发生位置,进而发送消防设备的启动控制信号。

③消防控制设备:主要指的是火灾报警装置、火警电话、防排烟、消防电梯等联动装置,火灾事故广播及固定灭火系统控制装置等。

④火灾声光报警器及警铃:火灾声光报警器在发生火情时发出声及光报警。警铃是用于将火灾报警信息进行声音中继的一种电气设备,其功能类似于火灾报警控制器上的声报警音响。警铃大都安装于建筑物的公共空间部位,如走廊、大厅等。

⑤消防应急广播:用于有序组织人员的安全疏散和通知有关救灾的事项。

⑥消防专用电话:为了适应消防通信需要,防护区域内应设立独立的消防通信网络系统。在消防控制室、消防值班室等处应装设向公安消防部门直接报警的外线电话。

⑦消防联动控制器:这种控制器集火灾报警、消防联动、大屏幕显示、声光报警于一体,可现场编程。以两线制总线系统为例,两线制总线系统划为若干个通道并行工作,以微控制器

为核心,用 NV-RAM 存储现场编程信息,通过 RS-485 串行口可实现远程联机,实现多种联动控制逻辑,总线通道并行,工作速度快。

⑧需进行消防联动的设备:

a. 火灾事故照明:包括火灾事故工作照明及火灾事故疏散指示照明。保证在发生火灾时,其重要的房间或部位能继续正常工作。事故照明灯的工作方式分为专用和混用两种,前者平时不工作,发生事故时强行启动,后者平时即为工作照明的一部分。

b. 防排烟系统(防火阀、排烟阀、排烟机、正压送风机、正压送风阀等):据统计,火灾死亡人员中,50% ~70% 是由于一氧化碳中毒引起的;另外,烟雾使逃生的人难辨方向,增加了逃生难度。防排烟系统能在火灾发生时迅速排除烟雾,并防止烟气窜入消防电梯及非火灾区内。

c. 消防电梯:用于消防人员扑救火灾和营救人员。

d. 固定灭火系统:最常用的有自动喷淋灭火系统(喷头、水流指示器、压力开关、喷淋泵等)、消火栓灭火系统(消火栓报警按钮、湿式报警阀、消火栓泵等)及气体灭火系统等。

火灾报警和灭火系统是建筑的必备系统。其中,火灾自动报警控制系统是系统的感测部分,灭火和联动控制系统则是系统的执行部分。

9.2　火灾探测器的分类

9.2.1　火灾的探测方法

火灾的早期预报已成为扑救火灾、减少火灾损失、保护生命财产安全的重要保障。它主要是通过安装在保护现场的火灾探测器来感知火灾发生时产生的烟、温、光等信号实现的。

通常,物质由开始燃烧到火势渐大酿成火灾总有一个过程,依次是产生烟雾、周围温度逐渐升高、产生可见光或不可见光等。因为任何一种探测器都不是万能的,所以根据火灾早期产生的烟雾、光和气体等现象,选择合适的火灾探测器是降低火灾损失的关键。

火灾探测原理可分为接触式和非接触式两种基本类型。

接触式探测是利用探测装置直接接触烟气来实现火灾探测,当烟气到达该装置所在探测区域时,感受元件发生响应。常用火灾探测参数是烟气的浓度、温度、特殊产物的含量等,可分为感烟、感温、气体火灾探测器。一般建筑物中多用点式探测器,探测器具备一个直径约 10 cm 壳体,其内部装有感受烟气浓度、温度或代表燃烧产物(如 CO)的元件,当进入壳体的烟气所具有的浓度或温度达到壳内元件预设的阈值时发出报警。接触式探测器也可做成缆式,例如用于电缆沟、电缆竖井的缆线式感温探测器,它们是根据缆线所在空间环境的温度变化来判断火灾的。

非接触式火灾探测器是根据火焰或烟气的光学效果进行探测。探测元件不必触及烟气,可在离起火点较远的位置进行探测。这种探测器探测速度快,用于探测高大空间及那些发展较快的火灾。这类探测器主要有光束对射式探测器、感光(火焰)式探测器和图像式探测器。

目前的火灾探测方法主要有空气离化法、热(温度)检测法、火焰(光)检测法、可燃气体检测法、火灾的图像识别法。

9.2.2 火灾探测器的分类

1)根据探测器火灾参数分类

根据火灾探测方法和原理,火灾探测器通常可分为五类,即感烟式、感温式、感光式、可燃气体探测式和复合式火灾探测器。每一类型又按其工作原理分为若干种类型。

按火灾探测器的工作特点可分为定点型(简称点型),即探测器设在特定的位置上进行整个警戒空间的探测;分布型(又称线型)即其所监视的区域为一条直线,见表9.1。

表9.1 火灾探测器分类表

<table>
<tr><th>序号</th><th colspan="4">名称及种类</th></tr>
<tr><td rowspan="5">1</td><td rowspan="5">感烟探测器</td><td rowspan="4">光电感烟型</td><td rowspan="2">点型</td><td>散射型</td></tr>
<tr><td>逆光型</td></tr>
<tr><td rowspan="2">线型</td><td>红外束型</td></tr>
<tr><td>激光型</td></tr>
<tr><td>离子感烟型</td><td colspan="2">点型</td></tr>
<tr><td rowspan="7">2</td><td rowspan="7">感温探测器</td><td rowspan="4">点型</td><td rowspan="4">差温
定温
差定温</td><td>双金属型</td></tr>
<tr><td>膜盒型</td></tr>
<tr><td>易熔金属型</td></tr>
<tr><td>半导体型</td></tr>
<tr><td rowspan="3">线型</td><td rowspan="3">差温
定温</td><td>管型</td></tr>
<tr><td>电缆型</td></tr>
<tr><td>半导体型</td></tr>
<tr><td rowspan="2">3</td><td rowspan="2">感光火灾
探测器</td><td>紫外光型</td><td rowspan="2"></td><td rowspan="2"></td></tr>
<tr><td>红外光型</td></tr>
<tr><td>4</td><td>可燃性气体
探测器</td><td>催化型
半导体型</td><td></td><td></td></tr>
<tr><td>5</td><td>复合式探测器</td><td>感烟感温复合
光温复合
光烟复合</td><td></td><td></td></tr>
</table>

(1)感烟火灾探测器

感烟火灾探测器是对烟参数响应的火灾探测器,用于探测物质初期燃烧所产生的气溶胶或烟粒子浓度,可分为点型探测器和线型探测器两类。点型感烟探测器可分为离子感烟探测器、光电感烟探测器、电容式感烟探测器与半导体式感烟探测器,民用建筑中大多数场所采用点型感烟探测器。线型探测器包括红外光束感烟探测器和激光型感烟探测器,线型感烟探测器由发光器和接收器两部分组成,中间为光束区。当有烟雾进入光束区时,探测器接收的光束衰减,从而发出报警信号,主要用于无遮挡大空间或有特殊要求的场所。

(2)感温火灾探测器

感温火灾探测器是对空气温度参数响应的火灾探测器,是利用热敏元件探测火灾发生的位置。在火灾初起阶段,一方面有大量烟雾产生,另一方面物质在燃烧过程中释放出大量的热,使周围环境温度急剧上升,使得探测器中的热敏元件发生物理变化,将温度信号转变成电信号,传输给火灾报警控制器,发出火灾报警信号。所以,可以根据温度的异常、温升速率和温差现象来探测火灾的发生。对那些经常存在大量的防尘、烟雾及水蒸气而无法使用感烟探测器的场所,宜采用感温探测器。

感温火灾探测器可分为点型和线型两类。点型感温探测器又称为定点型探测器,其外形与感烟式类似,它有定温、差温和差定温复合式 3 种;按其构造又可分为机械定温、机械差温、机械差定温、电子定温、电子差温及电子差定温等。缆式线型定温探测器适用于电缆隧道、电缆竖井、电缆夹层、电缆桥架、配电装置、开关设备、变压器、各种皮带输送装置、控制室和计算机室的闷顶内、地板下及重要设施的隐蔽处等。空气管式线型差温探测器用于可能产生油类火灾且环境恶劣的场所及不宜安装点型探测器的夹层、闷顶。

定温、差定温组合式火灾探测器用灵敏度级别表示,Ⅰ、Ⅱ、Ⅲ分别表示一级、二级和三级灵敏度。

(3)感光火灾探测器

感光火灾探测器又称为火焰探测器,是对光参数响应的火灾探测器,主要对火焰辐射出的红外、紫外、可见光予以响应,常用的有红外火焰型和紫外火焰型两种。按火灾的发生规律,发光是在烟的生成及高温之后,因而它属于火灾晚期探测器,但对于易燃、易爆物有特殊的作用。紫外线探测器对火焰发出的紫外光产生反应;红外线探测器对火焰发出的红外光产生反应,而对灯光、太阳光、闪电、烟雾和热量均不反应,其规格参数为监视角。

①光束式探测器是将发光元件和受光元件分成两个部件,分别安装在建筑空间的两个位置。当有烟气从两者之间通过时,烟气浓度致使光路之间的减光量达到报警阈值时,便可发出火灾报警信号。

②火焰式探测器利用光电效应探测火灾,主要探测火焰发出的紫外光或红外光,而不用可见光波段,因为它不易有效地把火焰的辐射与周围环境的背景辐射区别开来。

③图像式火灾探测器属于非接触式类型,由图像采集系统和分析软件组成。摄像头经采集卡输入计算机监视图像,由计算机完成图像的预处理、存储、特征提取、结果判定和检测输出。

智能图像火灾探测器是针对室外、隧道和室内高大空间的特殊需求开发的火灾探测器。能在各种复杂环境下对火情做出准确的判断,同时提供视频、网络、开关量 3 种报警方式,可灵活接入各类火灾报警体系。由于它所给出的是图像信号,因此具有很强的可视和火源空间定位功能,有助于减少误报警和缩短火灾确认时间、增加人员疏散时间和实现早期灭火。

(4)可燃气体火灾探测器

可燃气体火灾探测器利用对可燃气体敏感的元件来探测可燃气体浓度,当可燃气体浓度达到危险值(超过限度)时报警。主要用于易燃、易爆场所中探测可燃气体(粉尘)的浓度,一般整定在爆炸浓度下限的 1/6 ~ 1/4 时动作报警。适用于宾馆厨房或燃料气储备间、汽车库、压气机站、过滤车间、溶剂库、燃油电厂等有可燃气体的场所。

(5)复合式火灾探测器

复合式火灾探测器可以响应2种或2种以上火灾参数,主要有感温感烟型、感光感烟型和感光感烟型等。

2)根据感应元件的结构不同分类

(1)点型火灾探测器

点型火灾探测器是对警戒范围中某一点周围的火灾参数做出响应的探测器。

(2)线型火灾探测器

线型火灾探测器是对警戒范围内某一线路周围的火灾参数做出响应的探测器。

3)根据操作后能否复位分类

(1)可复位火灾探测器

可复位火灾探测器在产生火灾报警信号的条件不再存在的情况下,不需更换组件即可从报警状态恢复到监视状态。

(2)不可复位火灾探测器

不可复位火灾探测器在产生火灾报警信号的条件不再存在的情况下,需更换组件才能从报警状态恢复到监视状态。

根据其维修保养时是否可拆卸,可分为可拆式和不可拆式火灾探测器。

4)火灾探测器产品型号命名与编制方法

(1)有关规定

我国火灾探测器产品型号是依据专业技术标准《火灾探测器产品型号编制方法》(GA/T 227—1999)编制的,其编制方法如下:

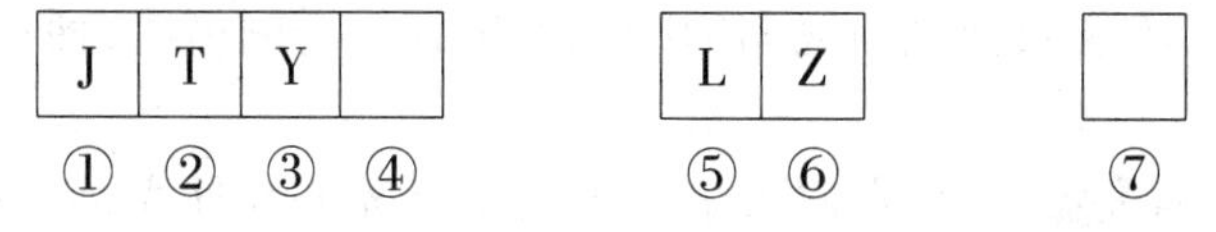

①J(警)消防产品中分类代号,指火灾报警设备;

②T(探)火灾探测器代号;

③火灾探测器分类代号。

其中,Y(烟)感烟火灾探测器,W(温)感温火灾探测器,G(光)感光火灾探测器,Q(气)可燃气体火灾探测器,F(复)复合式火灾探测器。

④应用范围特征代号,如B(爆)防爆型(无“B”为非防爆型),C(船)船用型。

⑤、⑥传感器特征表示法(敏感元件、敏感方式特征代号),如:LZ——离子;GD——光电;MD——膜盒定温;MC——膜盒差温;MCD——膜盒差定温;SD——双金属定温;SC——双金属差温;GW——感光感温;GY——感光感烟;YW——感烟感温;YWHS——红外光束感烟感温。

⑦主参数:定温差温用灵敏度级别表示,感烟探测器主参数不需要反映。

(2)示例

①JTW-JD-I:易熔合金定温火灾探测器,I级灵敏度;

②JTY-LZ-C:第三次改型的离子感烟火灾探测器;

③JTF-YW-HS:复合型红外光束感烟感温火灾探测器。

9.3　离子式感烟火灾探测器

在警戒区内发生火灾时对烟参数响应的火灾探测器,称为感烟探测器。感烟探测器是目前应用最普遍的火灾探测器,离子感烟探测器是其中常用的一种。离子感烟探测器是利用烟雾粒子改变电离室电离电流原理的感烟探测器。

无烟雾发生时探测器处于检测状态,电离室保持平衡的离子流,其基准输出点保持在相对稳定的电位。烟雾发生时,电离室的离子流随烟雾的大小而发生相应的变化,基准输出点电位随之发生变化,烟雾的物理量的变化通过电离室转化为电量变化;当此电位变化大于设定值时,燃亮报警指示灯,输出报警信号系统主机,主机采样到该报警信号并确认后,发出火灾预警。

图9.2为离子式感烟火灾探测器的原理方框图。离子式感烟火灾探测器由检测电离室和补偿电离室、信号放大回路、开关转换回路、火灾模拟检查回路、故障自动监测回路、确认灯回路等组成。

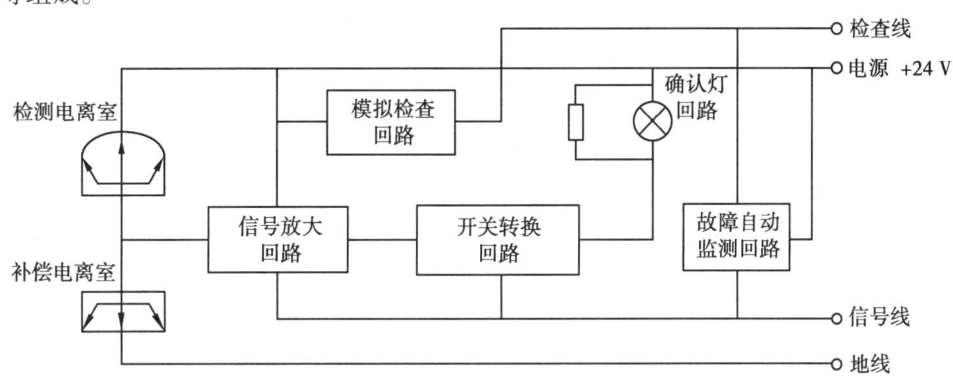

图9.2　离子感烟探测器的原理方框图

信号放大回路:在检测电离室进入烟雾后,电压信号超过规定值时开始动作。通过高输入阻抗的MOS场效应晶体管(FET)进行阻抗耦合后进行放大。

开关转换回路是用放大后的信号触发正反馈开关电路,将火警传输给报警器。正反馈开关电路一经触发导通就能自持,起到记忆作用。

当探测器至报警器之间发生电路断线、探测器安装接触不良或探测器被取走等问题发生时,故障自动监测回路能够及时发出故障报警信号,以便及时检修。

在火灾模拟检查回路加入火灾模拟信号,可随时检查离子感烟探测器是否损坏,及时进行探测器的维护保养,从而提高探测器的可靠性。

确认灯回路是为了在探测器动作时,使装设在探测器上的确认灯燃亮,以便在现场判别已报警探测器。

9.3.1　探测器的工作原理

当烟雾进入采样电离室并达到预定的报警水平时,通过放大器使触发电路由截止进入导通状态,报警电流推动底座上的驱动电路,同时又触发了报警控制器使报警控制器发出报警信号,驱动电路使底座上的发光二极管确认灯和外接指示灯发光。

采用瞬时切断探测器上的工作电压的方式,可使处在报警状态下导通的双稳态触发电路恢复到截止状态,从而达到使探测器复位的目的。

离子感烟探测器有双源双室(每个电离室放1块放射源片)和单源双室型两种。单源式离子感烟探测器的工作原理与双源式基本相同,但结构形式完全不同。其检测室和补偿室等2个电离室由同1块放射源形成,优点是可节省1块放射源,使放射源剂量减少,更加安全。另外,无论单源双室离子感烟探测器的2个电离室是否在同一平面上,电离室基本上都是敞开的。因此,环境的变化对电离室的影响基本是相同的,从而提高了探测器对环境的适应性,特别是在抗潮湿能力上,单源式比双源式好得多。目前,工程上使用的离子感烟探测器多为单源式。

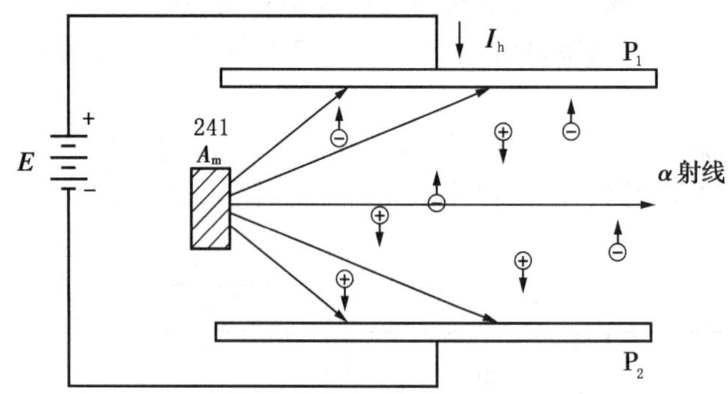

图9.3 离子感烟探测器的工作原理

图9.3为离子感烟探测器的工作原理。图中P_1和P_2是一相对的电极,在电极间放有α放射源镅-241,由于它持续不断地放射出α粒子,α粒子以高速运动撞击空气分子,从而使极板间空气分子电离为正离子和负离子(电子),这样,电极之间原来不导电的空气具有了导电性,这个装置被称为电离室。当电离室加上直流电压后就在电极空间产生电场。电离室空气在放射源作用下发生电离,分成正负离子,在外加电场作用下向两极迁移,即产生电离电流。电离电流的强度与离子的数量及迁移速度有关,离子在迁移中有部分离子又复合成中性分子。当外加电压一定时,离子的产生与复合达到动态平衡,这时就有一个对应的稳定电离电流值。当发生火灾时,烟微粒进入电离室空间就有一些离子吸附在体积比离子大许多倍的烟微粒上,离子的迁移速度剧减;同时,烟微粒又会增加离子复合率,这样就使到达电极的有效离子数减少;另一方面,由于烟微粒的作用,α射线被阻挡,电离能力降低,电离室内产生的正负离子数减少。结果使电离电流减小,相当于检测电离室的空气等效阻抗增加,因而引起施加在两电离室两端的分压比的变化。反映有无烟微粒进入电离室的电信号可以是电流值也可以是电压值,双电离室串联的工作是取电压值作为信号的。

为减小环境温度、湿度、气压等自然条件的变化对于电流的影响,从而提高探测器工作的稳定性,通常将双源式离子感烟火灾探测器的双室串联后接到外加电源上。

双源式感烟探测器的电路原理和工作特性,如图9.4所示。开式结构的检测电离室和闭式结构的补偿电离室呈反向串联。双室串联加于电源电压U_0上,两电离室上的电压分别为U_1及U_2,电源电压$U_0=U_1+U_2$。流过两电离室的电流相等,都是I_0。火灾发生时,烟雾进入检测电离室,电离电流从正常状态的I_1减少到I'_1,相当于检测电离室阻抗增加,检测室两端的电压从U_2增大到U'_2。$\Delta U=U_2-U'_2$。当该增量ΔU达到探测器响应阈值时,则开关控制电路动作,给出火灾报警信号。此报警信号传输给报警器,实现火灾自动报警。图9.4(b)为2个电离室的特性曲线。其中,A 表示无烟微粒存在时,外室的特性曲线;B 为有烟微粒时外室的特性曲线;C 为内室的特性曲线,其平直段为饱和区(即电离电流不随外加电压的大小而变化)。调节内室机械调整装置,可得到一组不同的电流-电压特性曲线(C_1,C_2,C_3 线),从而得到探测器不同的灵敏度。

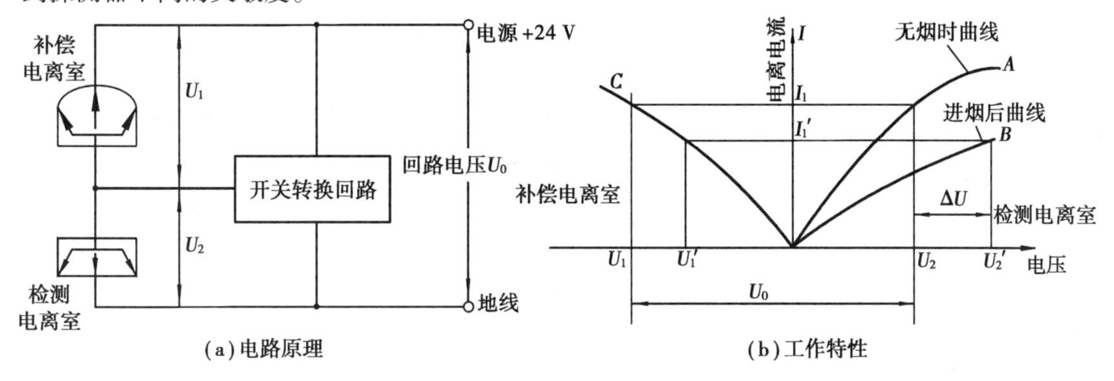

图9.4 双源式感烟探测器的电路原理和工作特性

9.3.2 感烟灵敏度

感烟探测器的灵敏度,即探测器响应火灾烟参数灵敏程度,共分3级。其中,一级灵敏度最高,三级灵敏度最低。探测器灵敏度的高低只表示应用场合不同,而不代表探测器质量的好坏。因为灵敏度的高低只表示对烟浓度大小敏感的程度。只能根据使用场合在正常情况下有、无烟或烟量多少来选用不同灵敏度的探测器。例如,在有烟的场合选用灵敏度高的探测器,将会引起误报。试验表明,在一间16 m^2 的标准客房内有4~6人同时吸烟时,如选用二级灵敏度感烟探测器即可引起报警。因此,灵敏度的选择应满足不同场所的要求。一般来说,一级灵敏度用于禁烟、清洁、环境条件较稳定的场所,如书店等;二级灵敏度用于一般场所,如卧室、起居室等;三级灵敏度用于经常有少量烟、环境条件常变化的场所,如会议室及小商店等。

9.4 光电感烟火灾探测器

光电感烟火灾探测器是利用烟雾粒子对光线产生的散射和遮挡原理制成的感烟探测器。火灾萌发初期往往没有明火,可以利用烟雾对红外光的反射作用,实现光电感烟探测。由于这类器件只对烟雾及温度起作用,所以识别准确,无误报。

根据烟粒子对光线的遮挡和散射作用,光电感烟探测器分为遮光型和散光型2种。点型光电感烟探测器一般不采用遮光型而用散光型,因为无烟和火灾初起的有烟情况仅发生很小的变化,探测器易受到外部环境干扰。线型光束感烟探测器通常由分开安装的红外发光器和收光器配对组成的,利用烟雾减少红外发光器发射到红外收光器的光束光量来判定火灾,这种火灾探测方法也称烟减光法。

9.4.1 散射型探测器的结构原理

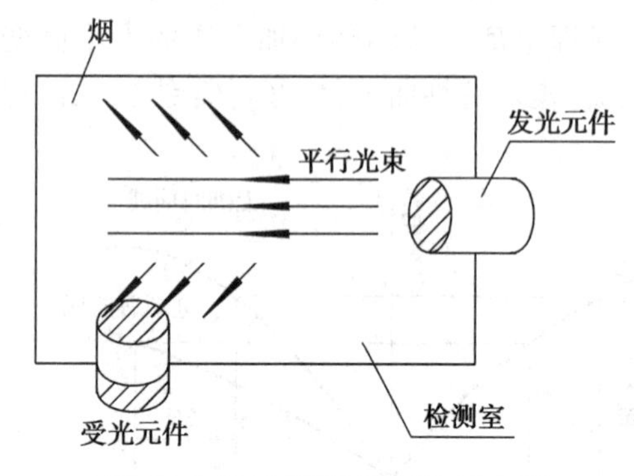

图 9.5 散射型探测器结构原理图

散射型探测器的结构示意图,如图 9.5 所示。其光学暗室为一个迷宫式的暗箱,能阻止外部光线的射入,但烟雾粒子则可以自由进入。暗室内有一组发光及受光元件,分别设置在特定位置上。探测器利用红外光束在烟雾中产生散射光的原理,探测火灾初期阴燃阶段产生的烟雾,它由光学系统、信号处理电路、报警确认灯及外壳等部分组成。无烟时受光元件不能直接接收发光元件射来的光束,无信号发出。当烟雾进入探测器光学暗室后,由红外光源发出的光束在烟粒子表面反射或散射而达到受光元件,受光器的光敏二极管接收到散射光,产生光敏电流,经电路处理、延时后,产生报警信号,同时点亮报警确认灯。

散射光式光电感烟探测方式只适用于点型探测器结构,其遮光暗室中发光元件与受光元件的夹角为 90°~135°,夹角越大,灵敏度越高。一般地,散射光式光电感烟探测器中光源的发光波长约 0.94 μm,光脉冲宽度为 10 μs~10 ms,发光间歇为 3~5 s,对粒径为 0.9~10 μm 的烟雾粒子能够灵敏探测。

9.4.2 遮光型感烟探测器的结构原理

遮光型感烟探测器有点型及线型 2 种型式。

1)点型遮光探测器

点型遮光探测器的结构原理见图 9.6。它的主要部件也是由一对发光及受光元件组成。发光元件发出的光直接射到受光元件上,产生光敏电流,维持正常监视状态。当烟粒子进入烟室后,烟雾粒子对光源发出的光产生吸收和散射作用,使到达受光元件的光通量减少,从而使受光元件上产生的光电流降低。一旦光电流减小到规定的动作阈值时,经放大电路输出报警信号。

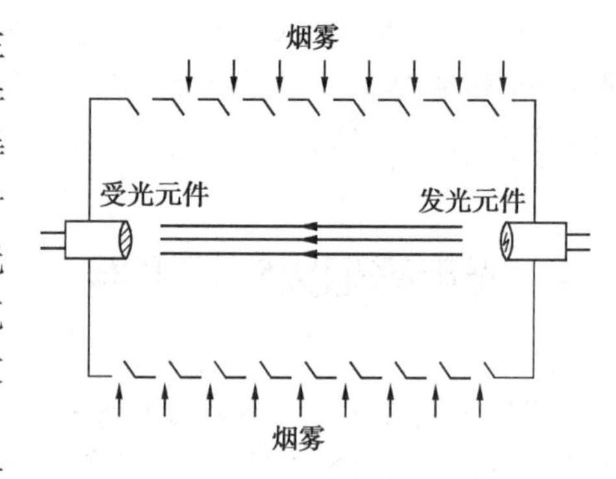

图 9.6 点型遮光探测器结构原理图

点型光电感烟探测器适用于设有小型空间的建筑,即适用于天棚高度在 12 m 以下的房间,探测面积为 60~80 m^2。

2)线型遮光探测器

线型遮光探测器原理与点型遮光探测器相似,仅在结构上有所区别。线型遮光探测器的结构原理,见图 9.7。点型探测器中的发光及受光元件组合成一体,而线型探测器中,光束发射器和接收器分别为两个独立部分,不再设有光敏室,作为测量区的光路暴露在被保护的空间，并加长了许多倍。发射元件内装核辐射源及附件，而接收元件装有光电接收器及附件。按其辐射源的不同，线型遮光探测器可分成激光型及红外束型两种。

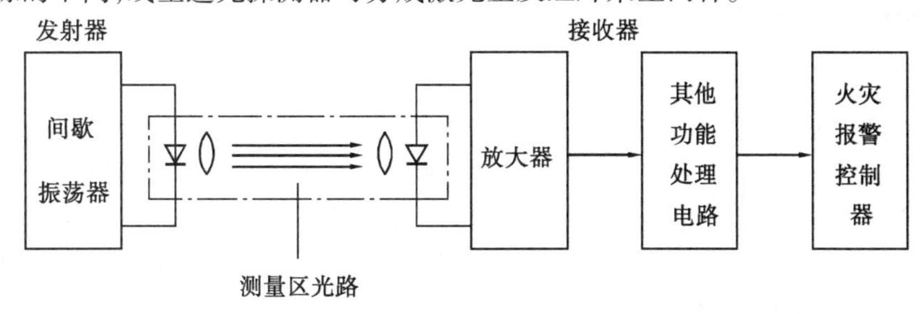

图9.7　线型遮光探测器的结构原理

线型光束感烟探测器适用于设有高天棚和大型空间的建筑，一只线型光束感烟探测器的保护面积相当于18只点型光电感烟探测器的保护面积，特别适用于探测位于地面处的阴燃火。

图9.8为激光型光电感烟探测器的结构原理示意图。它是应用烟雾粒子吸收激光光束原理制成的线型感烟火灾探测器。发射机中的激光发射器在脉冲电源的激发下，发出一束脉冲激光，投射到接收器中光电接收器上，转变成电信号经放大后变为直流电平，它的大小反映了激光束辐射通量的大小。在正常情况下，控制警报器不发出警报。有烟时，激光束经过的通道中被烟雾粒子遮挡而减弱，光电接收器接收的激光束减弱，电信号减弱，直流电平下降。当下降到动作阈值时，报警器输出报警信号。

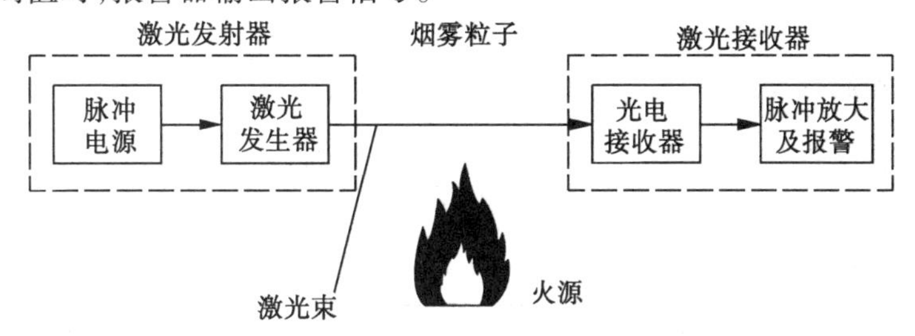

图9.8　激光型光电感烟探测器的结构原理

线型红外光束光电感烟探测器的基本结构与激光型光电感烟探测器的结构类似，也是由光源（发射器）、光线照准装置（光学系统）和接收器三部分组成。它是应用烟雾粒子吸收或散射红外光束而工作的，一般用于高举架、大空间等大面积开阔地区。

发射器通过测量区向接收器提供足够的红外光束能量，采用间歇发射红外光，类似于光电感烟探测器中的脉冲发射方式，通常发射脉冲宽度13 μs，周期为8 ms。由间歇振荡器和红外发光管完成发射功能。

光线照准装置采用2块口径和焦距相同的双凸透镜分别作为发射透镜和接收透镜。红外发光管和接收硅光电二极管分别置于发射与接收端的焦点上，使测量区为基本平行光线的光路，并便于进行调整。

接收器由硅光电二极管作为探测光电转换元件，接收发射器发来的红外光信号，把光信号转换为电信号后进行放大处理，输出报警信号。接收器中还设有防误报、检查及故障报警等环节，以提高整个系统的可靠性。

9.5 感温火灾探测器

火灾发生时,对空气温度参数响应的火灾探测器称为感温火灾探测器。它是利用热敏元件来探测火灾发生位置的火灾探测器。在火灾初起阶段,一方面有大量烟雾产生,另一方面物质在燃烧过程中释放出大量的热,使周围环境温度急剧上升。探测器中的热敏元件发生物理变化,将温度信号转变成电信号,传输给火灾报警控制器,发出火灾报警信号。所以,可以根据温度的异常、温升速率和温差现象来探测火灾的发生。对那些经常存在大量的粉尘、烟雾及水蒸气而无法使用感烟探测器的场所,采用感温探测器比较合适。

按其动作原理可分为定温式探测器(温度达到或超过预定值时响应的火灾探测器)、差温式探测器(当升温速率超过预定值时响应的火灾探测器)和差定温式探测器(兼有定温及差温两种功能的感温火灾探测器);按感温元件来分,有机械式及电子式2种。

9.5.1 定温式火灾探测器

定温式探测器有较高的可靠性和稳定性,保养维修方便,灵敏度较低。根据其工作原理,定温式探测器可分为双金属定温火灾探测器、易熔合金定温火灾探测器、热敏电阻定温火灾探测器、玻璃球定温火灾探测器和缆式线型感温火灾探测器等五种。其中,前四种为点型定温火灾探测器。

1)双金属片定温探测器

双金属片定温探测器利用双金属片的弯曲变形,达到温度报警的目的,其结构示意见图9.9(a),主要部件由热膨胀系数不同的双金属片和固定触点组成。当环境温度升高时,双金属片受热,膨胀系数大的金属向膨胀系数小的金属方向弯曲,如图9.9(b)中虚线所示,使触点闭合,输出报警信号。当环境温度下降后,双金属片复位,探测器又自动恢复原状。

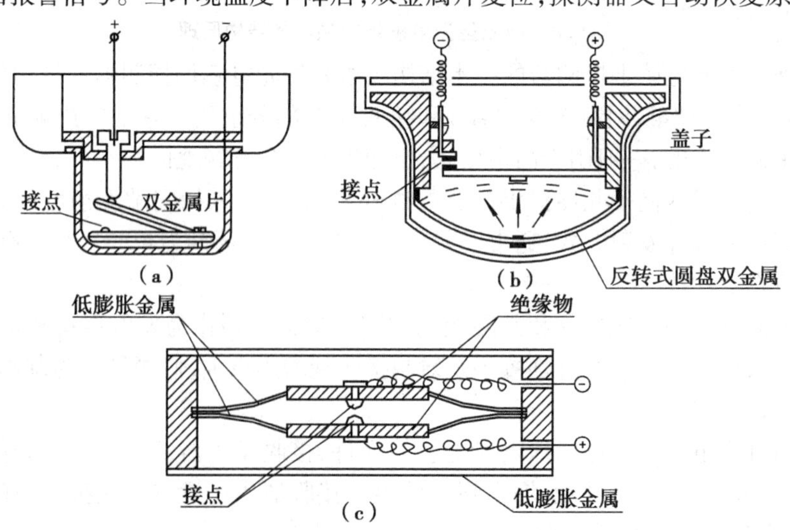

图9.9 双金属片定温探测器结构示意图

2)易熔合金型定温探测器

在探测器下端的吸热罩与特种螺钉间焊有一片低熔点合金(熔点为70～90 ℃),使顶杆和吸热罩相连,顶杆上端一定距离处有一弹性接触片及固定触点,平时不接触。例如,环境湿度升高到预定值时,低熔点合金脱落,顶杆借弹簧力弹起,弹性接触片与固定触点接通而发出报警信号。

3)电子型定温探测器

电子型定温探测器原理方框图,如图9.10所示。当环境温度上升时,热敏电阻的电阻值下降;当温度上升到预定值时,热敏电阻的阻值也降到动作阈值,使开关电路动作,点亮确认灯并发出报警信号。

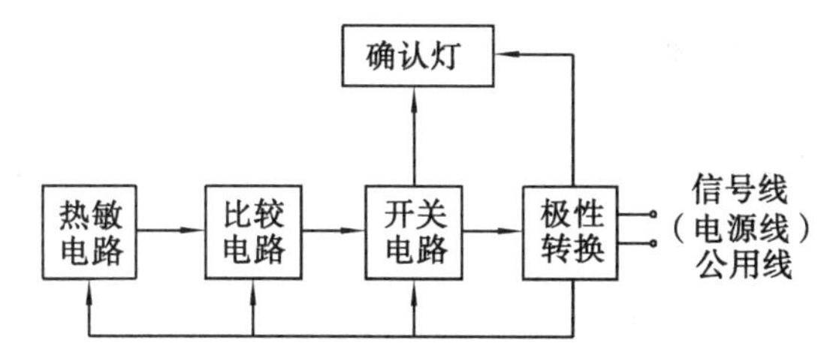

图9.10　电子型定温探测器原理方框图

9.5.2　差温火灾探测器

差温火灾探测器指升温速率超过预定值时就能响应的火灾探测器。根据其工作原理,差温火灾探测器可分为双金属差温火灾探测器、膜盒差温火灾探测器、热敏电阻差温火灾探测器、半导体差温火灾探测器和空气管线型差温火灾探测器等5种。

当火灾发生时,室内局部温度将以超过常温数倍的异常速率升高,这就是差温探测器的动作参数。

1)膜盒差温火灾探测器

膜盒式差温探测器是一种点型差温探测器,当环境温度达到规定的升温速率以上时动作。它以膜盒为温度敏感元件,根据局部热效应而动作。这种探测器主要由感热室、膜片、泄漏孔及触点等构成,其结构示意图如图9.11所示。感热外罩与底座形成密闭气室,有一小孔(泄漏孔)与大气连通。当环境温度缓慢变化时,气室内外的空气对流由小孔进出,使内外压力保持平衡,膜片保持不变。火灾发生时,感热室内的空气随着周围的温度急剧上升、迅速膨胀而来不及从泄漏孔外逸,致使感热室内气压增高,膜片受压使触点闭合,发出报警信号。

2)空气管线型差温火灾探测器

空气管线型差温火灾探测器是一种线型(分布式)差温探测器。当较大控制范围内温度达到或超出所规定的某一升温速率时即动作。它根据广泛的热效应而动作。这种探测器主要由空气管、膜片、泄漏孔、检出器及触点等构成,其结构示意图如图9.12所示。其工作原理是:当环境升温速率达到或超出所规定的某一升温速率时,空气管内气体迅速膨胀传入探测器的膜片,产生高于环境的气压,从而使触点闭合,将升温速率信号转变为电信号输出,达到报警的目的。

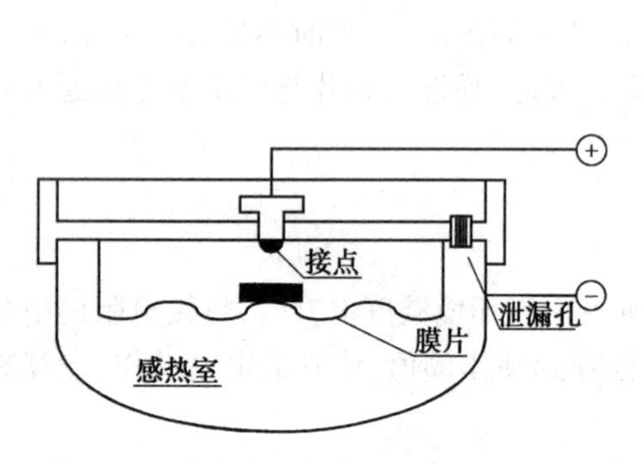

图 9.11 膜盒差温火灾探测器结构示意图

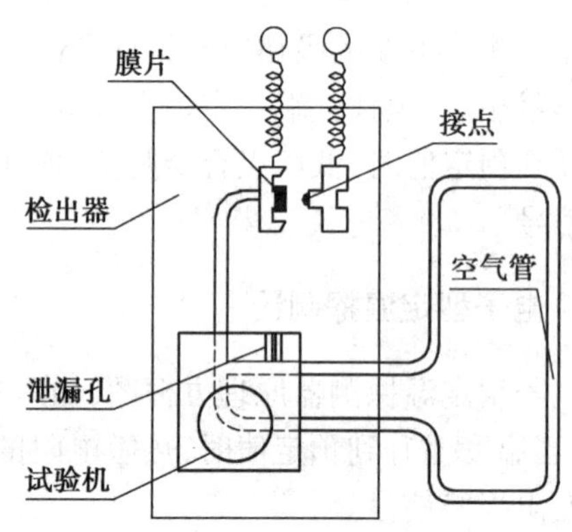

图 9.12 空气管线型差温火灾探测器结构示意图

3)热电耦式线型差温火灾探测器

热电偶式线型差温火灾探测器的工作原理是利用热电偶遇热后产生温差电动势,从而有温差电流,经放大传输给报警器。其结构示意图如图 9.13 所示。

9.5.3 差定温式火灾探测器

差定温式火灾探测器兼有定温与差温双重功能,因而提高了探测器的可靠性。其结构示意图如图 9.14 所示。

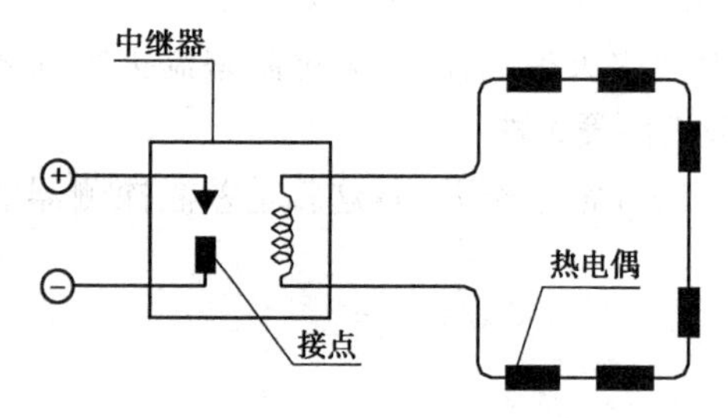

图 9.13 热电耦式线型差温火灾探测器结构示意图

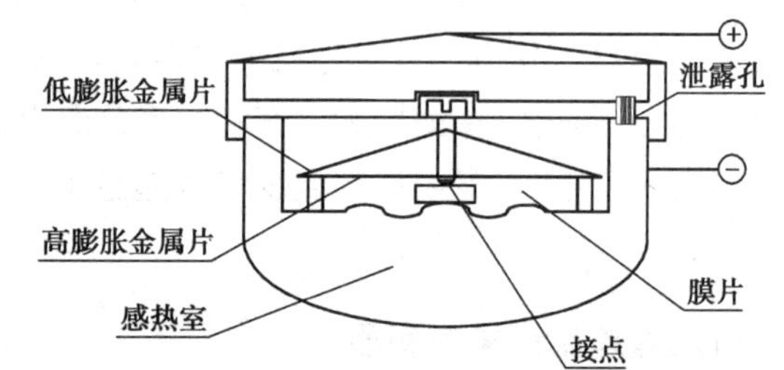

图 9.14 差定温探测器的结构示意图

1)机械式差定温探测器

差温探测部件与膜盒式差温探测器基本相同,但其定温部件又分为双金属片式与易熔合金式两种。差定温探测器属于膜盒—易熔合金式差定温探测器。弹簧片的一端用低熔点合金焊在外罩内侧,当环境温度升到预定值时,合金熔化弹簧片弹回,压迫固定在波纹片上的弹性接触点(动触点)上移与固定触点接触,接通电源发出报警信号。

2)电子式差定温探测器

以 JWDC 型差定温探测器为例,其电气工作原理见图 9.15。它共有 3 只热敏电阻(R_1,R_2,R_5),其阻值随温度上升而下降。R_1 及 R_2 为差温部分的感温元件,二者阻值相同,特性相似,但位置不同。R_1 布置于铜外壳上,对环境温度变化较敏感;R_2 位于特制金属罩内,对外境温度变化不敏感。当环境温度变化缓慢时,R_1 与 R_2 阻值相近,三极管 BG_1 截止;当发生火灾时,R_1 直接受热,电阻值迅速变小,而 R_2 响应迟缓,电阻值下降较小,使 A 点电位降低;当低到预定值时 BG_1 导通,随之 BG_3 导通输出低电平,发出报警信号。

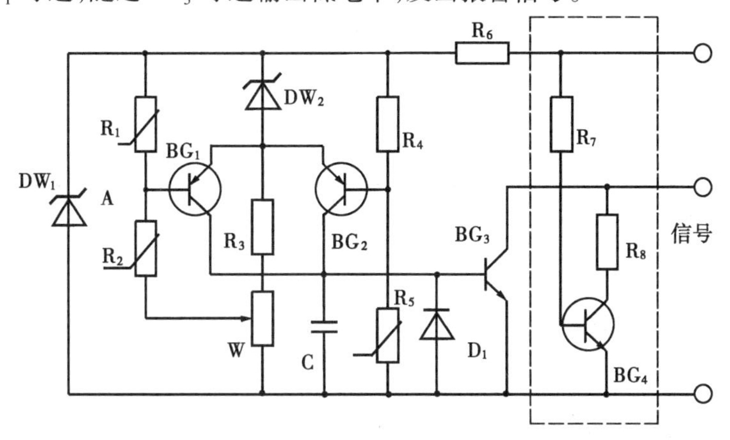

图 9.15 电子式差定温探测器电气工作原理

定温部分由 BG_2 和 R_5 组成。当温度上升到预定值时,R_5 阻值降到动作阈值,使 BG_2 导通,随之 BG_3 导通而报警。

图中虚线部分为断线自动监控部分。正常时 BG_4 处于导通状态。如探测器的 3 根外引线中任一根断线,BG_4 立即截止,向报警器发出断线故障信号。此断线监控部分仅在终端探测器上设置即可,其他并联探测器均可不设。这样,其他并联探测器仍处于正常监控状态,火灾报警信号处于优先地位。

9.5.4 感温火灾探测器的灵敏度

感温探测器工作时温度参数的敏感程度即称感温探测器的灵敏度。探测器的灵敏度是根据响应时间来确定的。各级灵敏度的定温式探测器,其动作响应时间见表 9.2。

表 9.2 定温式探测器响应时间

升温速率 /(℃·min^{-1})	响应时间下限		响应时间上限					
	各级灵敏度		一级灵敏度		二级灵敏度		三级灵敏度	
	min	s	min	s	min	s	min	s
1	29	0	37	20	45	40	54	0
3	7	13	12	40	15	40	18	40
5	4	9	7	44	9	40	11	36
10	0	30	4	2	5	10	6	18
20	0	22.5	2	11	2	55	3	37
30	0	15	1	34	2	8	2	42

差温式探测器的响应时间见表 9.3。当升温速率不大于 2 ℃/min 时,定温、差定温探测器的动作温度不大于 54 ℃,且各级灵敏度的探测器动作温度分别不大于下列数值:一级灵敏

度为 62 ℃,二级灵敏度为 72 ℃,三级灵敏度为 78 ℃。

表 9.3　差温式探测器响应时间

升温速率/(℃ · min^{-1})	响应时间下限		响应时间上限	
	min	s	min	s
5	2	0	10	30
10	1	20	4	2
20	0	22.5	1	30
30	0	15	1	0

9.6　感光火灾探测器

在警戒区内发生火灾时,对光参数响应的火灾探测器称感光火灾探测器,又称火焰探测器。可燃物燃烧时火焰的辐射光谱可分为两大类:一类是由炽热碳粒子产生的具有连续性光谱的热辐射;另一类为由化学反应生成的气体和离子产生具有间断性光谱的光辐射,其波长一般在红外及紫外光谱内。因此,感光火灾探测器分为红外感光火灾探测器及紫外感光火灾探测器两类。

9.6.1　红外感光探测器

红外感光探测器是利用火焰的红外辐射和闪灼效应进行火灾探测。由于红外光谱的波长较长,烟雾粒子对其吸收和衰减远比波长较短的紫外光及可见光弱。因此,在大量烟雾的火场,即使距火焰一定距离仍可使红外光敏元件响应,具有响应时间短的特点。此外,借助于仿智逻辑进行的智能信号处理,能确保探测器的可靠性,不受辐射及阳光照射的影响,因此,这种探测器误报少,抗干扰能力强,电路工作可靠,通用性强。

红外感光探测器的结构示意图如图 9.16 所示。在红玻璃片后塑料支架中心处固定着红外光敏元件硫化铅(PbS),在硫化铅前窗口处加可见光滤片——锗片,鉴别放大和输出电路在探头后部印刷电路板上。

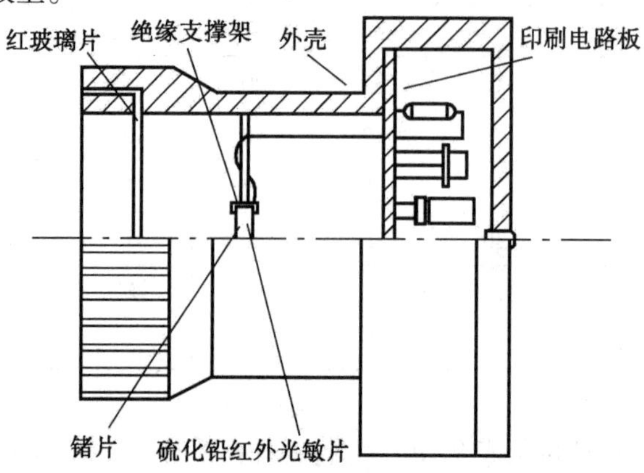

图 9.16　红外感光探测器的结构示意图

由于红外感光火灾探测器具有响应快的特点，因而它通常用于监视易燃区域的火灾发生，特别适用于没有熏燃阶段的燃料（如醇类、汽油等易燃气体仓库等）火灾的早期报警。

9.6.2 紫外感光探测器

紫外感光探测器又称紫外火焰探测器，它以紫外光电管作为火焰传感元件。紫外光电管是一种灵敏度高，抗干扰能力强，受光角度宽，响应速度快的紫外线传感器，又称为火焰传感器。它能对火焰中波长为 1 850 ~ 2 900 Å[①] 的紫外辐射响应，可以检测 8 m 外一般打火机的火焰，但对可见光源（如太阳光、普通灯光等）均不敏感。因为阳光中虽有强烈的紫外辐射，但被大气中的臭氧层大量吸收，到达地面的紫外辐射量很低，而人工照明中的气体放电灯也会产生强烈的紫外光，但这些电光源的石英玻壳对 2 000 ~ 3 000 Å 的紫外光吸收力很强。因此，紫外感光探测器对阳光及上述电光源均不敏感，而对易燃、易爆物（如汽油、煤油、酒精、火药等）引起的火焰则很敏感。因为这些有机化合物燃烧时，它的 OH^- 在氧化反应中有强烈的紫外辐射（波长为 2 500 ~ 3 500 Å），火焰的温度越高，其紫外光辐射的强度也越高，因而对于易燃物质火灾，利用火焰产生的紫外辐射来探测火焰是十分有效的。综上所述，紫外感光探测器应用于各种火灾消防系统及易燃易爆场所用以监测火焰的产生，防止火灾蔓延，它是一种远距离火焰探测器。

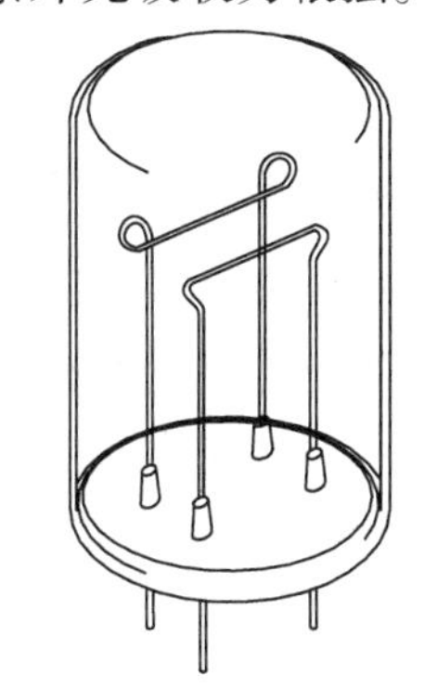

图 9.17 紫外感光探测器的结构示意图

图 9.17 为其结构示意图。在紫外光敏管的玻壳内有 2 根高纯度的钨丝或钼丝电极。当电极受到紫外光辐射后立即发出电子，并在两电极间的电场中被加速。这些加速后的电子（动能的大者）与玻壳内的氢、氦气体分子发生碰击而被离化，发生连锁反应造成“雪崩”式的放电，使紫外光管由截止变为导通输出报警信号。

紫外感光火灾探测器的最大特点是对强烈的紫外辐射响应时间极短（最少可达 25 ms）。此外，它还不受风、雨及高气温等影响，可以在室内外使用。常用于飞机库、油井、输油站（管）、可燃气罐和液罐、易燃易爆物品仓库等。特别适用于火灾初期不产生烟雾的场所，如生产、储存酒精、石油的场所。

9.7 可燃气体探测器

可燃气体探测器利用对可燃气体敏感的元件来探测可燃气体浓度，当可燃气体浓度达到危险值（超过限度）时报警。在火灾事例中，常有因可燃性气体，粉尘及纤维过量而引起爆炸起火的。因此，对一些可能产生可燃性气体或蒸气爆炸混合物的场所，应设置可燃性气体探测器，以便对其监测。可燃性气体探测器有催化型及半导体型两种。

① 1 Å = 10^{-10} m = 0.1 nm，下同。

9.7.1 催化型可燃性气体探测器

可燃性气体检测报警器是由可燃性气体探测器和报警器两部分组成的。探测器利用难熔的铂丝加热后的电阻变化来测定可燃性气体浓度。它由检测元件、补偿元件及2个精密线绕电阻组成的1个不平衡电桥。检测元件和补偿元件是对称的热线型载体催化元件(即铂丝)。检测元件与大气相通,补偿元件则是密封的,当空气中无可燃性气体时,电桥平衡,探测器输出为0。当空气中含有可燃性气体并扩散到检测元件上时,由于催化作用产生无焰燃烧,铂丝温度上升,电阻增大,电桥产生不平衡电流而输出电信号。输出电信号的大小与可燃性气体浓度成正比。当用标准气样对此电路中的指示仪表进行测定,即可测得可燃性气体的浓度值。一般取爆炸下限为100%,报警点设定在爆炸浓度下限的25%处。这种探测器不可用在含有硅酮和铅的气体中,为延长检测元件的寿命,在气体进入处装有过滤器。

9.7.2 半导体型可燃气体探测器

该探测器采用灵敏度较高的气敏元件制成。对探测氢气、一氧化碳、甲烷、乙醚、乙醇、天然气等可燃性气体很灵敏。QN,QM系列气敏元件是以二氧化锡材料掺入适量有用杂质,在高温下烧结成的多晶体。这种材料在一定温度下(250~300 ℃),遇到可燃性气体时,电阻减小;其阻值下降幅度随着可燃性气体的浓度而变化。根据材料的这一特性可将可燃性气体浓度的大小转换成电信号,再配以适当电路,就可对可燃性气体浓度进行监测和报警。

除了上述火灾探测器外,还有一种图像监控式火灾探测器。这种探测器采用电荷耦合器件(CCD)摄像机,将一定区域的热场和图像清晰度信号记录下来,经过计算机分析、判别和处理,确定是否发生火灾。如果判定发生了火灾,还可进一步确定发生火灾的地点、火灾程度等。

9.8 火灾探测器的选用

9.8.1 火灾形成规律与火灾探测器选用的关系

从火灾的燃烧特点来分有两种:一种是具有燃烧过程极短的爆燃性火灾;另一种是具有较明显燃烧阶段的阴燃性的一般性火灾。前者起火极快,无火灾初起阶段;而后者却具有较长的火灾初起阶段,一般为5~20 min。具有爆燃性质的场所应选用感光或可燃气体探测器;而具有阴燃性质的场所应按不同的燃烧阶段来选用不同类型的火灾探测器,民用建筑火灾一般属于具有阴燃性质的一般性火灾。

在火灾初起阶段的火灾报警定为防火系统第一道自动监视线。民用建筑中,在火灾初期阶段建筑材料燃烧性能起着较大的作用。例如,非燃性材料的墙体和楼板上装饰有大面积可燃性材料的墙纸及天花板,在火灾时能使火焰迅速扩大、蔓延。在着火点周围可燃性材料烧完后,非燃性材料的墙和楼板是不会把火蔓延开来的,甚至可以因可燃物燃尽会自动熄灭。但如果燃烧发生在可燃性墙体及可燃物质天花板下,则燃烧会因有大量可燃物存在而扩大燃烧面,并发展成灾。这一燃烧阶段的火灾特征参数主要是烟,而室内平均温度较低,火焰更小。因此,应以感烟探测器为主要火灾探测器。

火灾发展阶段的火灾报警定为第二道火灾自动监视线。在此阶段,温度上升很快,可燃物大量燃烧。这一阶段持续时间主要决定于燃烧物的性质、数量和获得空气的条件。此阶段中,温度上升速率大,火灾已形成,消防特点主要是控制火势发展,减少火灾损失。此阶段中火灾探测器以感温探测器为主,作为启动防灾、灭火设施的动作信号,同时也作为感烟探测器的后备报警措施。在无法应用感烟探测器的有大量粉尘、多烟、水汽场所,它也可用作主要探测器。有时也用感温探测器与感烟、感光探测器组成复合报警系统,以提高报警系统的可靠性。

离子式感烟探测器在有醇、醚、酮类易挥发性气体的场所中及在风速大于 10 m/s 的场所易产生误动作。光电式感烟探测器则不会造成误动。感温探测器作火灾初起阶段中早期火警主报警探测器时,会引起一定物质损失,但其工作稳定,不易受非火灾烟雾的干扰。因此,凡无法使用感烟探测的场所,且允许有一定的物质损失时,都可选用感温探测器作为主要探测器。差温探测器适用于火灾早期报警,它对以环境温升速率作为火灾参数来响应的探测器是比较灵敏的。但为了避免火灾温度升高过慢而引起漏报,一般都附加一个定温元件作为差温元件的后备保护,这就是差定温探测器的优点。定温探测器只以环境温度达到一定阈值时动作,允许环境温度有较大的变动,故工作更稳定,但物质损失较大。

9.8.2　火灾探测器选用的一般原则及具体规定

1)一般原则

火灾探测器选用的一般原则:火灾初期有阴燃阶段,产生大量烟和少量热,很少或没有火焰辐射,应选用感烟探测器。火灾发展迅速,短时间内会产生大量热、烟和火焰辐射,可选用感温、感烟、感光火灾探测器或其组合。火灾发展迅速,有强烈的火焰辐射和少量的烟、热,应选用感光火灾探测器。在火灾初期有阴燃阶段,且需要早期探测的场所,宜增设一氧化碳火灾探测器。在使用、生产可燃气体或可燃蒸气的场所,应选择可燃气体探测器。应根据保护场所可能发生火灾的部位和燃烧材料的分析,以及火灾探测器的类型、灵敏度和响应时间等选择相应的火灾探测器。当火灾形成特征不可预料时,可进行模拟试验,根据试验结果选择相应的探测器。

同探测区域内设置多个火灾探测器时,可选择具有复合判断火灾功能的火灾探测器和火灾报警控制器。

点型感烟探测器适用于 12 m 及以下的房间,线型感烟探测器探测高度可达 100 m。

点型感温探测器只能用于 8 m(一级灵敏度)及以下的房间:一级(62 ℃)感温探测器适合于 8 m 及以下高度;二级(70 ℃)感温探测器适合于 6 m 及以下高度;三级(78 ℃)感温探测器适合于 4 m 及以下高度。缆式感温探测器探测距离可达 200 m。按房间不同高度选用探测器类型的规定见表 12.1。

当有自动联动装置或自动灭火系统时,宜选用感烟、感温、感光探测器(同类型或不同类型)的组合。

2)选用探测器的一些具体规定

①宜选择点型感烟火灾探测器的场所:

a. 饭店、旅馆、教学楼、办公楼的厅堂、卧室、办公室、商场、列车载客车厢等;

b. 计算机房、通信机房、电影或电视放映室等;

c. 楼梯、走道、电梯机房、车库等;

d. 书库、档案库等。

②下列场所不宜选择点型离子感烟火灾探测器:

a. 相对湿度经常大于95%;

b. 气流速度大于5 m/s;

c. 有大量粉尘、水雾滞留;

d. 可能产生腐蚀性性气体;

e. 在正常情况下有烟滞留;

f. 产生醇类、醚类、酮类等有机物质。

③下列场所不宜选择点型光电感烟火灾探测器:

a. 有大量粉尘、水雾滞留;

b. 可能产生蒸气和油雾;

c. 高海拔地区;

d. 在正常情况下有烟滞留。

④下列场所宜选择点型感温火灾探测器,且应根据该场所的典型应用温度和最高应用温度选择适当类别的感温火灾探测器:

a. 相对湿度经常大于95%;

b. 可能发生无烟火灾;

c. 有大量粉尘;

d. 吸烟室等在正常情况下有烟或蒸气滞留的场所;

e. 厨房、锅炉房、发电机房、烘干车间等不宜安装感烟火灾探测器的场所;

f. 需要联动熄灭“安全出口”标志灯的安全出口内侧;

g. 其他无人滞留且不适合安装感烟火灾探测器,但发生火灾时需要及时报警的场所。

⑤可能产生阴燃火或发生火灾不及时报警将造成重大损失的场所,不宜选择点型感温火焰探测器;温度在0 ℃以下的场所,不宜选择定温探测器;温度变化较大的场所,不宜选择差温火灾探测器。

⑥下列场所宜选择点型火焰探测器或图像型火焰探测器:

a. 火灾时有强烈的火焰辐射;

b. 可能发生液体燃烧等无阴燃阶段的火灾;

c. 需要对火焰做出快速反应。

⑦下列场所不宜选择点型火焰探测器和图像型火焰探测器:

a. 在火焰出现前有浓烟扩散;

b. 探测器的镜头易被污染;

c. 探测器的“视线”易被油雾、烟雾、水雾和冰雪遮挡;

d. 探测区域内的可燃物是金属和无机物;

e. 探测器易受阳光、白炽灯等光源直接或间接照射。

⑧探测区域内正常情况下有高温物体的场所不宜选择单波段红外火焰探测器。

⑨正常情况下有明火作业,探测器易受X射线、弧光和闪电等影响的场所,不宜选择紫外火焰探测器。

⑩下列场所宜选择可燃气体探测器:

a. 使用可燃气体的场所;

b. 燃气站和燃气表房以及存储液化石油气罐的场所;

c. 其他散发可燃气体和可燃蒸气的场所。

⑪在火灾初期产生一氧化碳的下列场所可选择点型一氧化碳火灾探测器:

a. 烟不容易对流或顶棚下方有热屏障的场所;

b. 在棚顶上无法安装其他点型火灾探测器的场所;

c. 需要多信号复合报警的场所。

⑫污物较多且必须安装感烟火灾探测器的场所,应选择间断吸气的点型采样吸气式感烟火灾探测器或具有过滤网和管路自清洗功能的管路采样吸气式感烟火灾探测器。

9.8.3 火灾探测器的主要性能及要求

(1)可靠性

可靠性是火灾探测器最重要的性能,也是其他各项性能的综合体现。火灾探测器按其使用要求,在规定的条件下和规定的期限内,能够可靠地工作。要求发生火灾后,能准确地向火灾报警控制器发出火警信号,不漏报;处于监视状态下工作时,误报率和故障率较低。

(2)工作电压和允差

工作电压是火灾探测器处于工作状态时所需供给的电源电压,工程上火灾探测器的常用工作电压等级为DC24 V,DC12 V。

允差是火灾探测器工作电压的允许波动范围。按国家标准规定,允差为额定工作电压的-15% ~ +10%。不同产品由于采用的元器件不同,电路不同,允差值也不一样,一般允差值越大越好。

(3)响应阈值和灵敏度

响应阈值是火灾探测器动作的最小参数值,灵敏度则是火灾探测器响应火灾参数的灵敏程度。

(4)监视电流

监视电流是指火灾探测器处于监视状态时的工作电流。由于工作电流是定值,所以监视电流值代表火灾探测器的运行功耗。因此,要求火灾探测器的监视电流尽可能小,越小越好,现行产品的监视电流值一般为几十微安或几百微安。

(5)允许最大报警电流

允许最大报警电流是指火灾探测器处于报警状态时的允许最大工作电流。若超过此值,火灾探测器会损坏。一般要求该值尽可能越大越好,此值越大,表明火灾探测器的负载能力越大。

(6)报警电流

报警电流是指火灾探测器处于报警状态时的工作电流。此值一般比允许的最大报警电流值小。报警电流值和允差值一起决定了火灾报警系统中火灾探测器的最远安装距离,以及在某一部位号允许并接火灾探测器的数量。

(7)保护面积

保护面积是指一个火灾探测器警戒的范围,它是确定火灾自动报警系统中采用火灾探测器数量的重要依据。

(8)工作环境

工作环境是保证火灾探测器长期可靠工作所必备的条件,也是决定选用火灾探测器的参数依据,包括环境温度、相对湿度、气流流速和清洁程度等。一般要求火灾探测器工作环境适应性越强越好。

思考题

9.1　选择填空

①一个探测区域可以是一个或数个探测器所警戒的区域。但在(　　)应单独划分探测区域。

A.敞开或封闭楼梯间、防烟楼梯间

B.防烟楼梯间前室、消防电梯前室、消防电梯与防烟楼梯间合用的前室

C.走道、坡道、管道井、电缆隧道

D.建筑物闷顶、夹层

②火灾探测器应根据火灾的特点进行选择,选用原则为(　　)。

A.火灾初期有阴燃阶段,产生大量的烟和少量的热,很少或没有火焰辐射的场所,应选用感烟探测器

B.火灾发展迅速、可产生大量热、烟和火焰辐射的场所可选用感温探测器、感烟探测器、火焰探测器或其组合

C.火灾发展迅速,有强烈的火焰辐射和少量的烟、热产生的场所,应选用火焰探测器

D.对使用、生产或聚积可燃气体或可燃液体蒸气的场所,应选择可燃气体探测器

③根据感烟、感温和火焰探测器的工作原理,其分别适用于(　　)。

A.感烟探测器适用于前期报警、早期报警

B.感温探测器适用于火灾形成期(早期、中期)的报警

C.感烟与感温探测器的组合,宜用于大、中型计算机房、洁净厂房以及防火卷帘设置的部位等处

D.火焰探测器适宜在放置易燃物品的房间、火灾时有强烈的火焰辐射、液体燃烧火灾等无阴燃阶段的火灾

④在(　　)的场所,不宜选用离子感烟探测器。

A.相对湿度长期大于95%或气流速度大于5 m/s

B.有大量粉尘、水雾滞留或在正常情况下有烟滞留

C.可能产生腐蚀性气体

D.产生醇类、醚类、酮类等有机物质

⑤在(　　)的场所,不宜选用光电感烟探测器。

A.可能产生黑烟

B. 有大量积聚的粉尘、水雾滞留或在正常情况下有烟滞留
C. 可能产生蒸气和油雾
D. 相对湿度长期大于95% 或气流速度大于5 m/s
⑥在(　　)的场所,宜选用点型感温探测器。
A. 相对湿度经常高于95%
B. 有大量积聚的粉尘、水雾滞留或在正常情况下有烟滞留
C. 在正常情况下有烟和蒸气滞留
D. 房间高度超过8 m
E. 厨房、锅炉房、发电机房、茶炉房、烘干车间、汽车库、吸烟室等
⑦在考虑房间梁对探测器设置的影响时,需考虑(　　)等因素。
A. 房间被书架、设备或隔断等分隔,其顶部至顶棚或梁的距离小于房间净高的5%时,则每个被隔开的部分应至少安装一只探测器
B. 被梁隔断的区域面积
C. 梁间净距
D. 梁突出顶棚的高度
⑧在安装探测器时,需满足(　　)等条件。
A. 探测器至墙壁、梁边的水平距离,应不小于0.05 m
B. 探测器周围0.5 m内,不应有遮挡物
C. 探测器至空调送风口边的水平距离应不小于1.5 m,至多孔送风顶棚孔口的水平距离应不小于0.5 m
D. 探测器宜水平安装,如必须倾斜安装时,倾斜角不应大于45°
E. 在电梯井、升降机井设置探测器时,其位置宜在井道上方的机房顶棚上
⑨下列结论正确的有(　　)。
A. 在高于8 m的房间不应采用点型感温探测器
B. 在高于8 m的房间不应采用点型感烟探测器
C. 在高于12 m的房间不应采用点型感温探测器
D. 在高于12 m的房间不应采用点型感烟探测器
⑩火灾探测器的响应阈值指(　　)。
A. 火灾探测器动作的最大参数值
B. 火灾探测器动作的最小参数值
C. 火灾探测器动作的平均参数值
⑪在电缆隧道、电缆竖井、电缆夹层、电缆桥架中宜选择(　　)。
A. 感温探测器　　B. 缆式线型定温探测器
C. 点型定温探测器　　D. 空气管式线型差温探测器
⑫在可能产生油类火灾且环境恶劣的场所或不易安装点型探测器的夹层、闷顶中宜选择(　　)。
A. 感温探测器　　B. 缆式线型定温探测器
C. 点型定温探测器　　D. 空气管式线型差温探测器
9.2　火灾探测器的分类有哪些,对其选择有何要求?
9.3　火灾探测器的设置部位如何确定?

10

火灾报警控制器

10.1 火灾报警控制器的功能与分类

10.1.1 火灾报警控制器的功能

火灾报警控制器是一种能为火灾探测器供电，以及将探测器接收到的火灾信号接收、显示和传递，并能对自动消防等装置发出控制信号的报警装置。

在火灾自动报警系统中，火灾探测器是系统的感觉器官，它随时监视着周围环境的情况。而火灾报警控制器是中枢神经系统和系统的核心。其主要作用是：供给火灾探测器高稳定的工作电源；监视连接各火灾探测器的传输导线有无断线、故障，保证火灾探测器长期有效稳定地工作；当火灾探测器探测到火灾形成时，明确指出火灾的发生部位以便及时采取有效的处理措施。

10.1.2 火灾报警控制器的分类

火灾报警控制器是按照国家标准《火灾报警控制器通用技术条件》(GB 4717)进行分类的。

1)按应用方式分类

(1)独立型火灾报警控制器

独立型火灾报警控制器是不具有向其他控制器传递信息功能的控制器。

(2)区域型火灾报警控制器

区域型火灾报警控制器是具有向其他控制器传递信息功能的控制器。其控制器直接连接火灾探测器，将一个防火区的火警信号汇集到一起，处理各种报警信息，是组成火灾自动报警系统最常用的设备之一，一般为壁挂式。

(3)集中火灾报警控制器

集中火灾报警控制器一般不与火灾探测器相连，而与区域火灾报警控制器相连，处理区域火灾报警控制器送来的报警信号,常用于较大型的火灾自动报警系统中,可为壁挂式或台式。

(4)集中区域兼容型火灾报警控制器

集中区域兼容型火灾报警控制器兼有区域、集中两级火灾报警控制器的双重特点。通过设置或修改参数(可以是硬件或软件方面),既可作区域火灾报警控制器使用,连接探测器;又可作集中火灾报警控制器使用,连接区域火灾报警控制器,多为台式或柜式。

2)按容量分类

(1)单路火灾报警控制器

单路火灾报警控制器仅处理一个回路的控制器工作信号,一般仅用某些特殊的联动控制系统。

(2)多路火灾报警控制器

多路火灾报警控制器能同时处理多个回路的探测器工作信号,并显示具体报警部位,是目前较为常用的使用类型。

3)按内部电路设计分类

(1)普通型火灾报警控制器

普通型火灾报警控制器电路设计采用通用逻辑组合形式,具有成本低廉、使用简单等特点,易于实现以标准单元的插板组合方式进行功能扩展,功能一般较简单。

(2)微机型火灾报警控制器

微机型火灾报警控制器电路设计采用微机结构,对硬件及软件程序均有相应要求,具有功能扩展方便、技术要求复杂、硬件可靠性高等特点,是火灾报警控制器的首选形式。

4)按信号的处理方式分类

(1)有阈值火灾报警控制器

使用有阈值火灾探测器处理的探测信号为阶跃开关量信号,对火灾探测器发出的报警信号不能进一步处理,因此,火灾报警与否取决于探测器。

(2)无阈值模拟量火灾报警控制器

使用无阈值火灾探测器处理的探测信号通常为连续的模拟量信号。其报警主动权掌握在控制器上,它具有智能结构,是现代火灾报警控制器的常用形式。

5)按结构形式分类

(1)壁挂式火灾报警控制器

该报警控制器具有容量较小,连接探测器回路数相应较少,控制功能较为简单等特点,一般用于区域火灾报警控制器。

(2)台式火灾报警控制器

该报警控制器具有容量较大,连接探测器回路数相应较多,联动控制较为复杂等特点,一般用于集中火灾报警控制器。

(3)柜式火灾报警控制器

该报警控制器与台式火灾报警控制器基本相同,其内部电路结构多为插板组合式,易于扩展功能。

6)按系统连线方式分类

(1)多线制火灾报警控制器

多线制火灾报警控制器与探测器的连接采用一一对应方式,每个探测器至少有一根线与控制器连接,因而连线较多。该类型报警器目前已基本不再使用。

(2)总线制火灾报警控制器

总线制火灾报警控制器与探测器采用总线方式连接,所有探测器均并联或串联接在总线上,具有安装、调试、使用方便、工程造价较低的特点。该类型报警器是工程上常用的形式。

目前,多线制火灾报警控制器已基本不生产,工程上常用总线制火灾报警控制器。

另外,按使用环境,可分为陆用型火灾报警控制器和船用型火灾报警控制器;按防爆性能可分为防爆型火灾报警控制器和非防爆型火灾报警控制器。

10.2 火灾报警控制器的组成和性能

10.2.1 区域火灾报警控制器

1)区域火灾报警控制器的基本构成

区域火灾报警控制器直接与火灾探测器及其他探测单元相连,处理各种报警信号,其控制框图如图10.1所示。

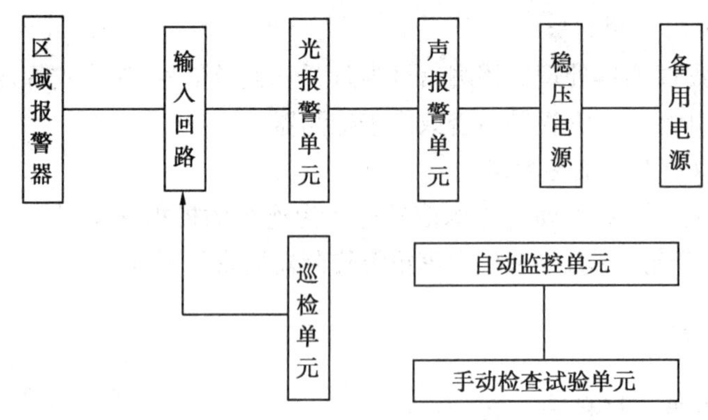

图10.1 区域火灾报警控制器的电路原理框图

区域火灾报警控制器由输入回路、光报警单元、声报警单元、自动监控单元、手动检查试验单元、输出回路和稳压电源、备用电源等电路组成。输入回路接收各火灾探测器送来的火灾报警信号或故障报警信号,由声光报警单元发出火灾报警的声、光信号及显示火灾发生部位,并通过输出回路控制有关消防设备。当与集中报警器配合使用时,向集中报警控制器传送报警信号。自动监控单元起着监控各类故障的作用。利用手动检查试验单元,可以检查整个火灾报警系统是否处于正常工作状态。

2) 区域火灾报警控制器的功能

区域火灾报警控制器具有报警、记忆、故障自动检测(自检)等功能,备有直流备用电源,能在交流电源断电后确保 24 h 内报警器的正常工作。其主要功能如下:

(1)供电功能

供给火灾探测器稳定的工作电源,一般为 DC24 V,以保证火灾探测器能稳定可靠地工作。

(2)火警记忆功能

接收火灾探测器探测到火灾参数后发来的火灾报警信号,迅速准确地进行转换处理,以声、光形式报警,指示火灾发生的具体部位并满足下列要求:

①火灾报警控制器接收火灾探测器发出的火灾报警信号后,应立即予以记忆或打印,以防止随信号来源消失(如火灾探测器自行复原、探测器或探测器传输线被烧毁等)而消失。

②在火灾探测器的供电电源线被烧结短路时,亦不应丢失已有的火灾信息,并能继续接收其他回路中的手动按钮或机械式火灾探测器送来的火灾报警信号。

(3)消声后再声响功能

在接收某一回路火灾探测器发来的火灾报警信号,发出声光报警信号后,可通过火灾报警控制器上的消声按钮人为消声。如果火灾报警控制器此时又接收到其他回路火灾探测器发来的火灾报警信号时,它仍能产生声光报警,以便及时引起值班人员的注意。

(4)控制输出功能

具有 1 对以上的输出控制接点,供火警时切断空调通风设备的电源,关闭防火门或启动消防施救设备,以阻止火灾进一步蔓延。

(5)监视传输线断线功能

监控连接火灾探测器的传输导线,一旦发生断线情况,立即以区别于火警的声光形式发出故障报警信号,并指示故障发生的具体部位,以便及时维修。故障光报警信号采用黄色指示灯。

(6)主备电源自动切换功能

火灾报警控制器使用的主电源是交流 220 V 市电,其直流备用电源一般为镍镉电池或铅酸免维护电池。当市电停电或出现故障时,能自动转换到备用电源上工作,当主电源正常时,能再自动切换到主电工作,且这两种工作状态的切换不应使火灾报警控制器出现误动作。当备用电源偏低以及电源输出异常时,应能发出故障声、光报警信号,并指示具体故障源。

(7)熔丝烧断报警功能

火灾报警控制器中任何一根熔丝烧断时,均能发出故障报警信号。

(8)火警优先功能

火灾报警控制器接收到火灾报警信号时,能自动切除原先可能存在的其他故障报警信号,只进行火灾报警,以免引起值班人员的混淆。当火情排除后,人工将火灾报警控制器复位后，若故障仍存在，能再次发出故障报警信号。

(9)手动检查功能

自动火灾报警系统对火警和各类故障均进行自动监视。但平时该系统处于监视状态，在无火警、无故障时，使用人员无法知道这些自动监视功能是否完好。所以，在火灾报警控制器上都设置了手动检查试验装置，可随时或定期检查系统各部、各环节的电路和元、器件是否完好无损，系统各种监控功能是否正常，以保证火灾自动报警系统处于正常工作状态。手动检查试验后，能自动或手动复位。

10.2.2 集中火灾报警控制器

集中火灾报警控制器接收区域火灾报警控制器发来的报警信号，是一种多路火灾报警控制器。它将所监视的各个探测区域内的区域报警器所输入的电信号以声、光的形式显示出来，不仅具有区域报警器的报警功能，而且能向联动控制设备发出指令。

1)集中火灾报警控制器的分类

按照集中火灾报警控制器的主要功能，一般可分为两类：

①第一类集中火灾报警控制器反映某一区域火灾报警控制器所监护的探测器是否报警或有故障。采用这种集中火灾报警控制器构成的火灾自动报警系统线路较少，维护方便，但无法反映具体部位号，需通过询问或到区域火灾报警控制器的设置地，才能确定火警的具体部位，已基本淘汰。

②第二类集中火灾报警控制器不但能反映区域号，还能显示部位号。这类集中火灾报警控制器不能直接与火灾探测器相连，不提供火灾探测器使用的直流稳压电源，只能与相应配套的区域火灾报警控制器连接，以及对各区域火灾报警控制器连接到集中火灾报警控制器的传输线进行故障监控，其他功能与区域火灾报警控制器相同。

2)集中火灾报警控制器的结构

集中火灾报警控制器原理方框图如图10.2所示。它由输入回路、光报警单元、声报警单元、自动监控单元、手动检查试验单元和稳压电源、备用电源等部分组成。集中火灾报警控制

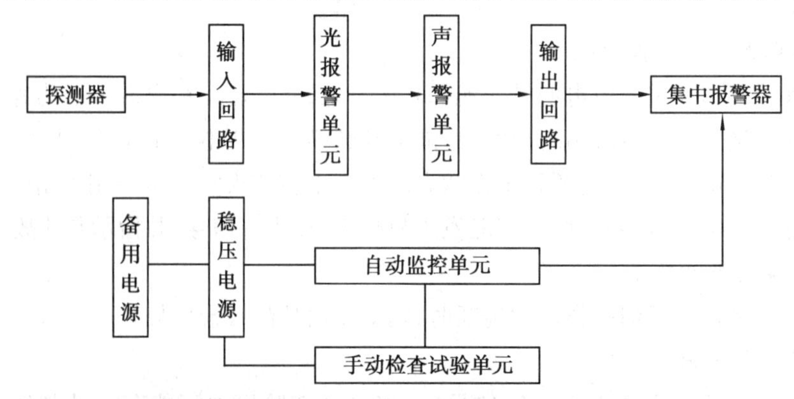

图10.2 集中火灾报警控制器电路原理方框图

器的电路除输入回路和显示单元的构成和要求与区域火灾报警控制器有所不同之外,其基本组成部分与区域火灾报警控制器类似。

3)集中火灾报警控制器的功能

集中火灾报警控制器能对其与各区域火灾报警控制器之间的传输线进行断线故障监视,其余功能与区域火灾报警控制器相同。同时,其能根据火灾自动报警系统的需求增设辅助功能,主要有以下几种:

①记时:用以记录火灾探测器发来的第一个火灾报警信号的时间,即火灾的发生时间,为调查起火原因提供准确的时间数据,一般采用数字电子钟产生时间信号,平时用作时钟。

②打印:一般采用微型打印机将火灾或故障发生的时间、部位、性质及时做好文字记录,以便查阅。

③电话:当火灾报警控制器接收火警信号后,能自动接通专用电话线路,以便及时通信联络,核查火警真伪,并及时向主管部门或公安消防部门报告,尽快组织灭火力量,采取各种有效措施,减少各种损失。

④事故广播:在发生火灾时,用以指挥人员疏散和扑救工作。

10.2.3　区域火灾报警控制器和集中火灾报警控制器的主要区别

区域火灾报警控制器和集中火灾报警控制器在其组成和工作原理上基本相似,但也有如下区别:

①区域火灾报警控制器范围小,可单独使用。集中火灾报警控制器可以负责整个系统。

②区域火灾报警控制器的信号来自各种探测器,非通用型集中火灾报警控制器的输入来自区域报警控制器。

③集中火灾报警控制器应有自检及巡检两种功能。当探测区域小,可单独使用一台区域火灾报警控制器组成火灾自动报警系统,但非通用型集中火灾报警控制器不能代替区域火灾报警控制器单独使用。只有通用型火灾报警控制器(简称火灾报警控制器,是现代消防的常用形式)才可兼作两种火灾报警控制器使用。

10.2.4　火灾自动报警系统的线制和信号传输方式

1)火灾自动报警系统的线制

所谓线制是指探测器和控制器之间的传输线的线数。按线制分,火灾自动报警系统分为多线制和总线制。

(1)多线制

多线制是早期的火灾报警技术,其特点是每个探测器构成一个回路,与火灾报警控制器连接。多线制可分为四线制和二线制。

四线制即 $n+4$ 制,n 为探测器数,4 指公用线数,分别为电源线 V(24 V)、地线 G,信号线 S,自诊断线 T,另外每个探测器设一根选通线 ST。仅当某选通线处于有效电平时,在信号线上传送的信息才是该探测部位的状态信号。这种方式的优点是探测器的电路比较简单,供电和获取信息相当直观。其缺点是线多,配管直径大,穿线复杂,线路故障多,现已被淘汰。

二线制即 $n+1$ 线制,即一条是公用地线,另一条承担供电、选通信息与自检的功能,这种线制比四线制简化了许多,但仍为多线制。

(2)总线制

目前,火灾报警控制器的信号传输方式主要采取总线制编码传输方式。

2)火灾报警控制器的信号传输方式

火灾报警控制器输入单元的构成和要求,是与信号的采集与传递方式密切相关的。火灾报警控制器的信号传输方式主要有以下几种:

(1)一一对应的有线传输方式

这种方式简单可靠。但在探测器报警回路数多时,传输线数量也相应增多,使得工程投资增大、施工布线工作量增大,因而只适用于范围较小的报警系统使用。当集中火灾报警控制器采用这种传输方式时,它只能显示区域号,而不能显示探测部位号。

(2)分时巡回检测方式

这种方式采用脉冲分配器,将振荡器产生的连续方波转换成有先后时序的选通信号,按顺序逐个选通每一报警回路的探测器,选通信号的数量等于巡检的点数,从总的信号线上接收被选通探测器送来的火警信号。这种方式减少了部分传输线路,但由于采用数码显示火警部位号,在几个火灾探测回路同时送来火警信号时,其部位的显示就不能一目了然了,而且需要配接微型打印机来弥补无记忆功能的不足。

(3)混合传输方式

这种传输方式又可分为两种形式:

①区域火灾报警控制器采用一一对应的有线传输方式,所有区域火灾报警控制器的部位号与输出信号并联在一起,与各区域火灾报警控制器的选通线,全部连接到集中火灾报警控制器上;而集中火灾报警控制器采用分时巡回检测方式,逐个选通各区域火灾报警控制器的输出信号。在这种传输形式下,信号传输原理较为清晰,线路数量适中,在报警速度和可靠性方面能得到较好的保证。

②区域火灾报警控制器采用分时巡回检测方式。区域火灾报警控制器到集中火灾报警控制器的信号传输采用区域选通线加几根总线数据的传输方法。这种传输形式使区域火灾报警控制器到集中火灾报警控制器的集中传输线大大减少。

(4)总线制编码传输方式

这种传输方式的最大优点是大大减少了火灾报警控制器和各火灾探测器之间的传输线。区域火灾报警控制器到所有火灾探测器之间的连线总共只有 2 ~ 4 根,所有探测器与总线并联,如图 10.3 所示。每只探测器有一个编码电路(独立的地址电路),报警控制器采用串行通信方式访问每只探测器,因而能辨别出处于火灾报警状态或故障报警状态的火灾探测器的部位。这种传输方式使传输线数量明显减少,简化了火灾自动报警系统的设计、安装,被广泛采用。该传输方式的缺点:一旦在总线回路中出现短路问题,则整个回路失效,甚至会损坏部分控制器和探测器。因此,为了保证系统正常运行和免受损失,必须在系统中采取短路隔离措施,如分段加装短路隔离器等。

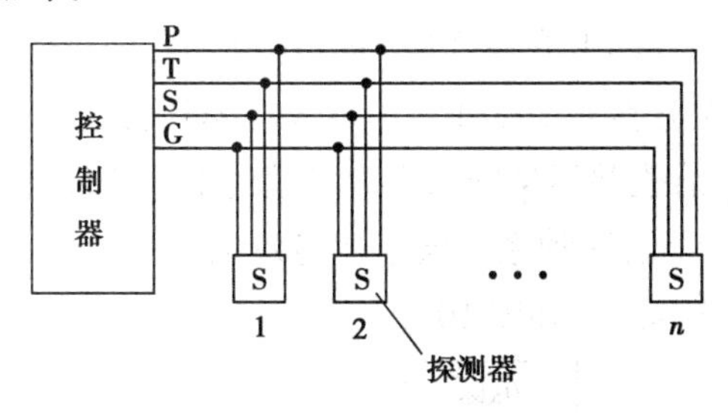

图 10.3　总线制编码传输方式

图 10.3 中所示的 4 条总线的作用分别为:P 线给出探测器的电源、编码、选址信号;T 线给出自检信号以判断探测部位或传输线是否有故障;控制器从 S 线上获取探测部位的信息;G 线为公共地线。P,T,S,G 均为并联方式连接,S 线上的信号对探测部位而言是分时的。由于总线制编码传输方式采用了编码选址技术,使探测器能准确地报警到具体探测部位,调试安装简化,系统运行的可靠性也得到很大提高。

二总线制比四总线制用线量更少。其中,G 线为公共地线,P 线则完成供电、选址、自检、获取信息等功能,是目前应用最多的信号传输方式。

二总线系统的连接方式有树干形和环形两种,如图 10.4 所示。

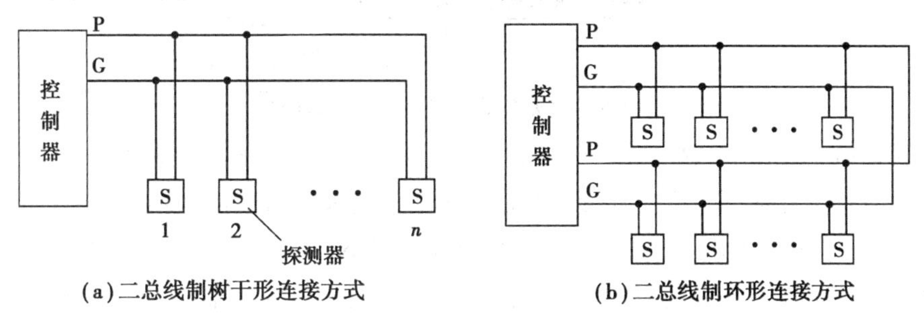

图 10.4　二总线系统的连接方式

10.3　火灾自动报警系统

火灾自动报警系统发展至今,大致可分为三个阶段:第一代多线制开关量式火灾报警系统(已淘汰)、第二代总线制可寻址开关量式火灾报警系统和第三代模拟量传输式智能火灾报警系统。

传统的开关量式火灾探测报警系统对火灾的判断依据是火灾探测器的探测参数(设定阈值),只要所探测参数超过其设定阈值就发出报警信号,探测器在这里起着触发元件的作用。这种火灾报警的依据单一,无法消除环境的干扰影响,对探测器自身电路元件的误差也无能为力,因而易产生误报警。

模拟量式火灾探测器则不同,它用于产生与火灾的某些参数成正比的测量值,探测器在这里起着火灾参数传感器的作用,对火灾的判断由控制器完成。由于控制器能对探测器探测的火灾参数(如烟的浓度、温度的上升速度等)进行分析,自动排除环境的干扰;同时,还可以利用在控制器中预先存储火灾参数变化曲线与现场检测到的数据进行比较,以确定是否发生火灾。这里,火灾参数的当前值并不是判断火灾发生的唯一条件,即系统没有一个固定的"阈值",而是具有"可变阈"。因此,这种系统属于智能系统。

火灾自动报警系统的基本组成如图 10.5 所示。

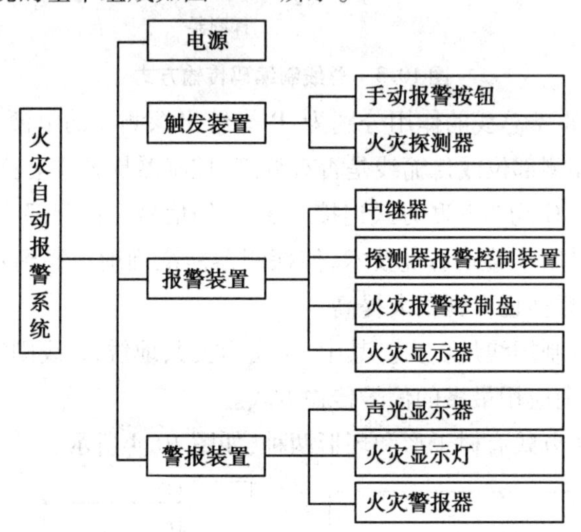

图 10.5 火灾自动报警系统的基本组成

按其联动功能及控制保护范围,火灾自动报警系统形式可分为区域报警系统、集中报警系统和控制中心报警系统。这三种形式在设计中具体要求有所不同,特别是对联动功能要求有简单、较复杂和复杂之分,对报警系统的保护范围有小、中、大之分。区域报警系统适用于仅需要报警、不需要联动自动消防设备的保护对象。火灾报警控制器应设置在有人值班的场所。

集中报警系统适用于既需要报警也需要联动自动消防设备,且只有一台具有集中控制功能的火灾报警控制器的消防联动控制器的保护对象。集中报警系统应设置消防控制室。

控制中心报警系统适用于设置 2 个及以上消防控制室的保护对象,或设置了 2 个及以上集中报警系统的保护对象。控制中心报警系统有 2 个及以上消防控制室时,应确定 1 个主消防控制室。

根据《〈火灾自动报警系统设计规范〉图示》(14X505-1)的要求,火灾自动报警系统的图形符号如表 10.1 所示。

表10.1 火灾自动报警图形符号

序号	图例	名称	序号	图例	名称	序号	图例	名称	序号	图例	名称
1		火灾报警控制器	14		手动报警按钮	27		缆式线型感温探测器	40	L	液位传感器
2	C	集中型火灾报警控制器	15		消火栓按钮	28		火灾声报警器	41		信号阀(带监视信号的检修阀)
3	Z	区域型火灾报警控制器	16		带消防电话插孔的手动报警按钮	29		火灾光报警器	42	M	电磁阀
4	S	可燃气体报警控制器	17		水流指示器	30		火灾声光报警器	43	M	电动阀
5	XD	接线端子箱	18	P	压力开关	31		火灾警报扬声器	44	70 ℃	常开防火阀(70 ℃熔断关闭)
6	RS	防火卷帘控制器	19		感烟探测器(点型)	32		火警电铃	45	280 ℃	常开排烟防火阀(280 ℃熔断关闭)
7	RD	防火门磁释放器	20		感温探测器(点型)	33		扬声器，一般符号	46	280 ℃	常开排烟防火阀(电控开启，280 ℃熔断关闭)
8	I/O	输入/输出模块	21		感光火灾探测器(点型)	34		嵌入式安装扬声器箱	47	S	火灾报警信号总线
9	I	输入模块	22		可燃气体探测器(点型)	35		消防电话分机	48	D	24 V电源线
10	O	输出模块	23		独立式火灾探测报警器(感烟型)	36	E	安全出口指示灯	49	F	消防电话线
11	M	模块箱	24	I_{Δ}	剩余电流式电气火灾监控探测器	37		疏散方向指示灯	50	BC	广播线路
12	SI	总线短路隔离器	25		独立式电气火灾监控探测器(剩余电流式)	38		自动喷洒头(开式)			
13	D	区域显示器(火灾显示盘、楼层显示器)	26		独立式电气火灾监控探测器(测温式)	39		自动喷洒头(闭式)			

10.3.1 火灾自动报警系统的基本要求及配套设备

1)火灾自动报警系统的基本要求

为了保证火灾报警控制器的工作稳定性,规定(图10.6):①每一总线回路所能连接的地址总数不宜超过200点,且应留有不少于额定容量10%的余量。②任一台火灾报警控制器所连接的火灾探测器、手动火灾报警按钮和模块等设备总数和地址总数,均不应超过3 200点。其中任一台消防联动控制器地址总数或火灾报警控制器(联动型)所控制的各类模块总数不应超过1 600点,每一联动总线回路连接设备的总数不宜超过100点,且应留有不少于额定容量10%的余量。③系统总线上应设置总线短路隔离器,每只总线短路隔离器保护的火灾探测器、手动火灾报警按钮和模块等消防设备的总数不应超过32点;总线穿越防火分区时,应在穿越处设置总线短路隔离器。

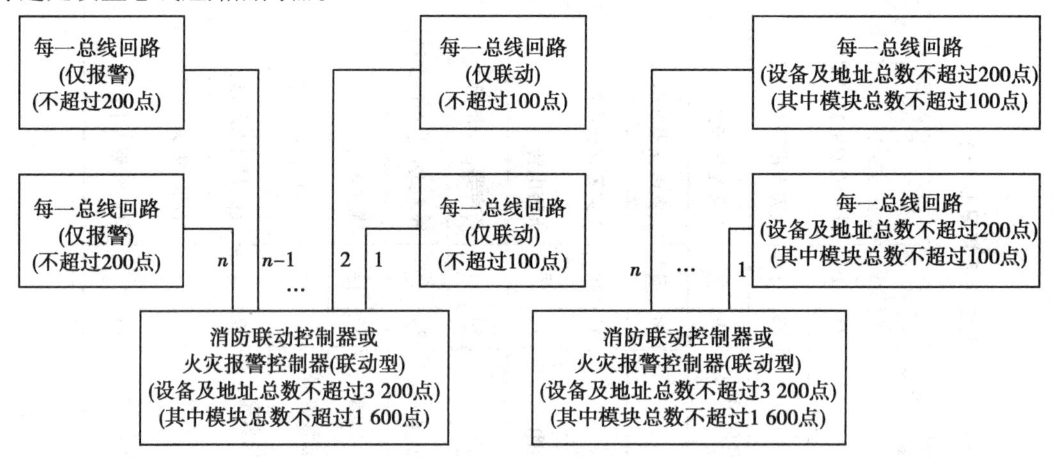

图10.6 设备地址总数设置

2)火灾自动报警系统的配套设备

(1)手动报警按钮

手动报警按钮直接与自动报警控制器相连,用于手动报警。各种型号的手动报警按钮必须和相应的自动报警器配套才能使用。

火灾发生后,楼内人员可通过装于疏散通道(走廊、楼梯口)等处的手动报警开关进行人工报警。手动报警开关为装于金属盒内的按键。人工确认火灾后,按下手动报警按钮,发出信号。此时,本地的报警设备(如声光讯响器、火警电铃)动作;同时将手动信号送到区域报警器,发出火灾警报。手动报警按钮也在系统中占有一个部位号。有的手动报警按钮还有动作指示和应答功能。

(2)中继器

中继器是用于将系统内部各种电信号进行远距离传输、放大驱动或隔离的设备,属于系统中常用的一种辅件。

(3)地址码中继器

如果一个区域内的探测器数量过多致使地址点不够用时,可使用地址码中继器来解决。

在系统中,一个地址码中继器最多可连接8个探测器,而只占用一个地址点。当其中的任意一个探测器报警或报故障时,都会在报警控制器中显示,但所显示的地址是地址码中继器的地址点。所以这些探测器应该监控同一个空间。而不能将监控不同空间的探测器受一个地址码中继器控制。

(4)编址模块

①地址输入模块:它是将各种消防输入设备的开关信号接入探测总线,来实现报警或控制的目的。适用于水流指示器、压力开关,非编址手动报警按钮、普通型火灾探测器等主动型设备。这些设备动作后,输出的动作开关信号可由编址输入模块送入控制器,产生报警。并可通过控制器来联动其他相关设备动作。

②编址输入/输出模块:它是联动控制柜与被控设备间的连接桥梁。能将控制器发出的动作指令通过继电器控制现场设备来实现,同时也将动作完成情况传回到控制器。它适用于排烟阀,送风阀、喷淋泵等被动型设备。

(5)短路隔离器

短路隔离器用在传输总线上。其作用是当系统的某个分支短路时,能自动将其两端呈高阻或开路状态,使之与整个系统隔离开,不损坏控制器,也不影响总线上其他部件的正常工作。当故障消除后,它能自动恢复这部分的工作,即将被隔离出去的部分重新纳入系统。

现行规范对总线上设置短路隔离器进行了具体的规定,每个短路隔离器保护的现场部件的数量不应超过32点。这样,一旦某个现场部件出现故障,短路隔离器可对故障部件进行隔离,以保障系统的整体功能不受故障部件的影响。

(6)区域显示器

区域显示器(楼层显示器,火灾显示盘)是一种可以安装在楼层或独立防火区内的火灾报警显示装置,用于显示来自报警控制器的火警及故障信息。当火警或故障送入时,区域显示器将产生报警的探测器编号及相关信息显示出来并发出报警,以通知失火区域的人员。宾馆、饭店等场所应在每个报警区域设置一台区域显示器。每个报警区域宜设置一台区域显示器(火灾显示盘);当一个报警区域包括多个楼层时,宜在每个楼层设置一台仅显示本楼层的区域显示器。区域显示器应设置在出入口等明显且便于操作的部位。

(7)总线驱动器

当报警控制器监控的部件太多(超过200件),所监控设备电流太大(超过200 mA)或总线传输距离太长时,需用总线驱动器来增强线路的驱动能力。

(8)报警门灯及引导灯

报警门灯一般安装在巡视观察方便的地方,如会议室、餐厅、房间及每层楼的门上端,可与对应的探测器并联使用,并与该探测器的编码一致。当探测器报警时,门灯上的指示灯亮,使人们在不进入的情况下就可知道探测器是否报警。

引导灯安装在疏散通道上,与控制器相连接。在有火灾发生时,消防控制中心通过手动操作打开有关的引导灯,引导人员尽快疏散。

声光报警盒是一种安装在现场的声光报警设备,分为编码型和非编码型两种。其作用是当发生火灾并被确认后,声光报警盒由火灾报警控制器启动,发出声光信号以提醒人们注意。

(9)CRT报警显示系统

CRT报警显示系统是将所有与消防系统有关的平面图形及报警区域和报警点存入计算

机内,火灾发生时能在显示屏上自动用声、光显示火灾部位及报警类型,发生时间等,并用打印机自动打印。

(10)辅助指示装置

辅助指示装置是用于将火灾报警信息进行光中继的设备。常见的有模拟显示盘、辅助指示灯、疏散指示灯等。模拟显示盘主要安装于消防控制室,将火灾报警信息直观化,便于观察。疏散指示灯常安装于公共空间部分,用于帮助人员进行正确的火灾疏散。

10.3.2 区域报警系统

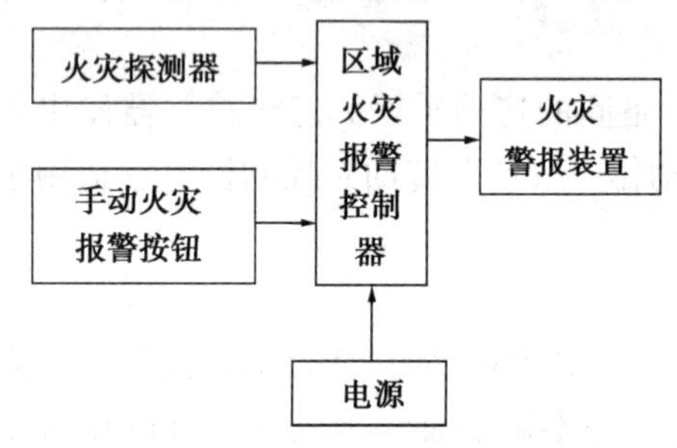

图 10.7 区域报警系统原理框图

区域报警系统由火灾探测器、手动火灾报警按钮、火灾声光警报器及火灾报警控制器等组成,系统中可包括消防控制室图形显示装置和指示楼层的区域显示器。其原理框图如图 10.7 所示。

区域报警系统结构比较简单,但使用面很广。主要用于仅需要报警,不需要联动自动消防设备的保护对象。

区域报警系统的设计,应符合下列要求:

①一个报警区域宜设置一台区域火灾报警控制器或一台火灾报警控制器,系统中区域火灾报警控制器或火灾报警控制器不应超过 2 台。

②区域报警控制器或火灾报警控制器宜设在有人值班的房间或场所。

③系统中无消防联动控制设备。

④当用一台区域报警控制器或一台火灾报警控制器警戒多个楼层时,应在每个楼层的楼梯口或消防前室等明显部位,设置区域显示器。

⑤区域火灾报警控制器安装在墙上时,其底边距地面的高度宜为 1.3 ~1.5 m,其靠近门轴的侧面距墙不应小于 0.5 m,正面操作距离不应小于 1.2 m。

区域火灾报警控制器的容量较小,只能用于小范围报警区域。区域报警系统的构成如图 10.8 所示。

10.3.3 集中报警系统

集中报警系统用于不仅需要报警,同时需要联动自动消防设备,且只设置一台具有集中控制功能的火灾报警控制器和消防联动控制器的保护对象。集中报警系统应设置一个消防控制室。

集中报警系统用于宾馆、饭店时,为了便于管理,常将集中火灾报警控制器设置于消防控制室,而将区域火灾报警控制器(或楼层复示器)设在各楼层服务台。

根据《火灾自动报警系统设计规范》(GB 50116—2013),消防控制设备包括火灾报警控制器、自动喷水灭火系统的联动控制装置、消火栓系统的联动控制装置、气体灭火系统及泡沫灭火系统的联动控制装置、防烟排烟系统的联动控制装置、防火门和防火卷帘的联动控制装置、电梯回降联动控制装置、火灾警报和消防应急广播系统的联动控制装置、消防应急照明和疏散指示系统的联动控制装置等。

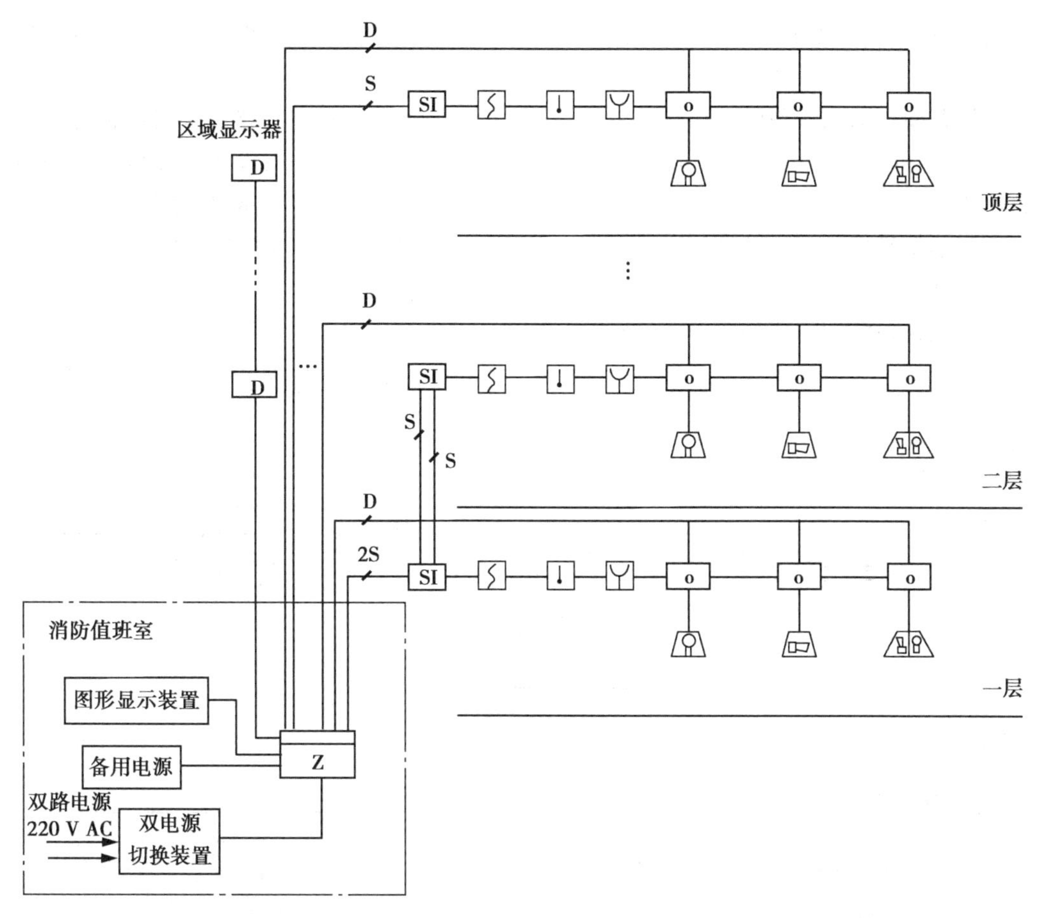

图 10.8 区域报警系统示例

以上联动控制由消防联动控制器完成。该控制器能按设定的控制逻辑向各相关的受控设备发出联动控制信号,并接收相关设备的联动反馈信号。消防联动控制器还具有切断火灾区域及相关区域的非消防电源的功能,当需要切断正常照明时,宜在自动喷淋系统、消火栓系统动作前切断。

为了保证疏散通道畅通,消防联动控制器应具有自动打开涉及疏散的电动栅杆等功能。同时,宜开启相关区域安全技术防范系统的摄像机监视火灾现场。消防联动控制器应具有打开疏散通道上由门禁系统控制的门和庭院电动大门的功能,并应具有打开停车场出入口挡杆的功能,以便人员疏散以及火灾救援人员和装备进出火灾现场。

消防控制设备可采用集中或分散或二者组合的控制方式。

集中报警系统的设计,应符合下列要求:

①系统由火灾探测器、手动火灾报警按钮、火灾声光警报器、消防应急广播、消防专用电话、消防控制室图形显示装置、火灾报警控制器、消防联动控制器等组成。

②系统中的火灾报警控制器、消防联动控制器和消防控制室图形显示装置、消防应急广播的控制装置、消防专用电话总机等起集中控制作用的消防设备,应设置在消防控制室内。

系统设置的消防控制室图形显示装置应具有传输火灾报警、建筑消防设施运行状态信息和消防安全管理信息等的功能。

③系统中应设置必要的消防联动控制输出、输入接点或输出、输入模块,用于控制有关消

防设备,并接收其反馈信号。系统应能显示火灾报警部位信号和控制信号,并能进行联动控制。

④设备面盘前的操作距离应满足:当设备单列布置时不应小于 1.5 m ,双列布置时不应小于 2 m ;在值班人员经常工作的一面,设备面盘距墙不应小于 3 m;设备面盘后的维修距离不宜小于 1 m;设备排列长度大于 4 m 时,其两端应设置宽度不小于 1 m 的通道。

⑤与建筑其他弱电系统合用的消防控制室内,消防设备应集中设置,并应与其他设备间有明显间隔。

集中报警系统的构成如图 10.9 所示。

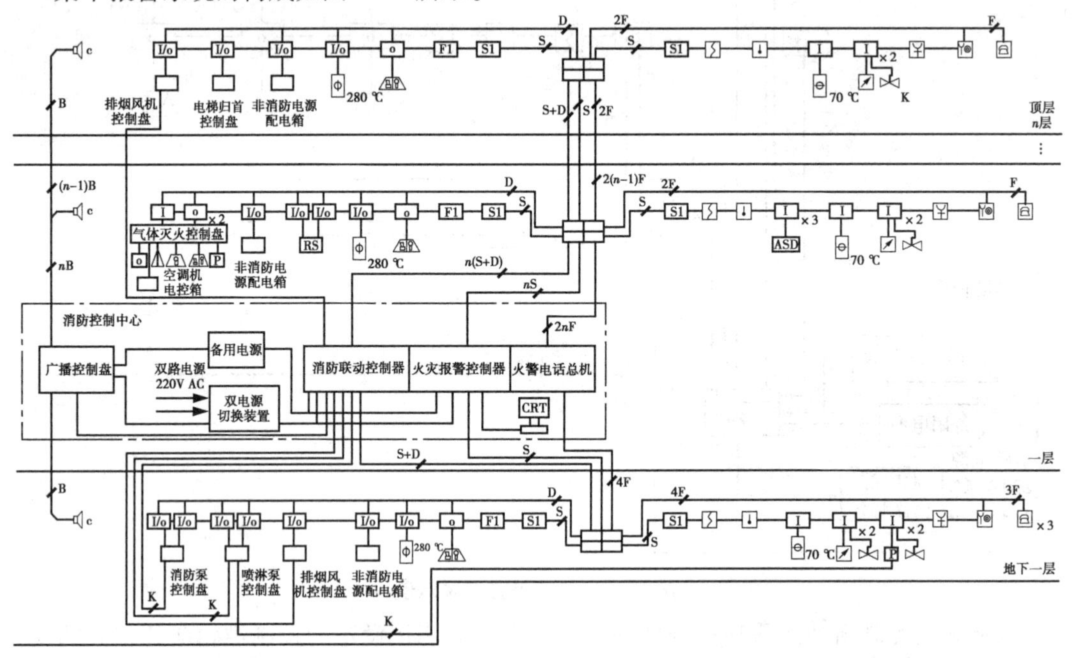

图 10.9　集中报警系统

应当注意的是,集中报警系统只有 1 个消防控制室。有 2 个及以上集中报警系统或设置 2 个及以上消防控制室的保护对象应采用控制中心报警系统。

10.3.4　控制中心报警系统

对于建筑规模大、消防联动控制功能多、需要设置 2 台及以上的集中报警控制器,或设置两个消防控制室的保护对象,应采用控制中心报警系统。其系统控制框图如图 10.9 所示。

当系统设有 2 个及 2 个以上消防控制室时,应确定一个主消防控制室,由其对其余消防控制室进行管理。主消防控制室可根据建筑的实际使用情况界定。

主消防控制室内应能集中显示保护对象内所有的火灾报警部位信号和联动控制状态信号,并能显示设置在各分消防控制室内的消防设备的状态信息。为了便于消防控制室之间的信息沟通和信息共享,各分消防控制室内的消防设备之间可以互相传输、显示状态信息;同时,为了防止各个消防控制室的消防设备之间的指令冲突,规定分消防控制室的消防设备之间不应互相控制。一般情况下,整个系统中共同使用的水泵等重要消防设备可根据消防安全的管理需求及实际情况,由最高级别的消防控制室统一控制。

集中报警系统和控制中心报警系统的相同点:二者都适用于既需要报警,同时也需要联动的保护对象,两种系统均需要设置消防控制室。其区别:集中报警系统只设置一台具有集中控制功能的火灾报警控制器和消防联动控制器,只有一个消防控制室;控制中心报警系统有2个或2个以上的消防控制室,或有2个及以上的集中报警系统。

控制中心报警系统主要用于大型宾馆、饭店、商场及高级办公楼、大型建筑群、大型综合楼工程。控制中心报警系统的构成如图10.10所示。

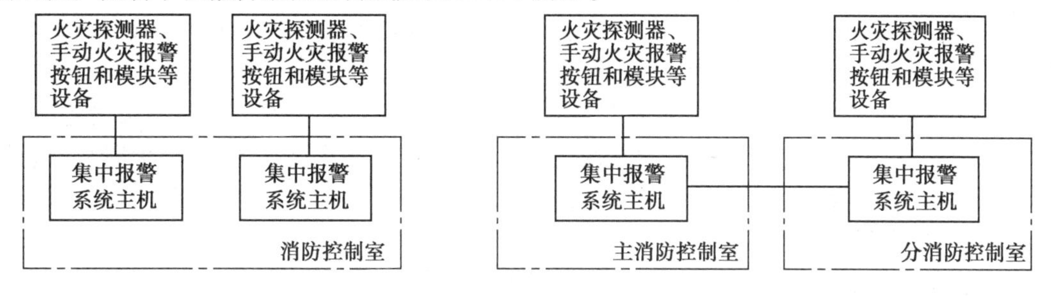

(a)控制中心报警系统形式一

(b)控制中心报警系统形式二

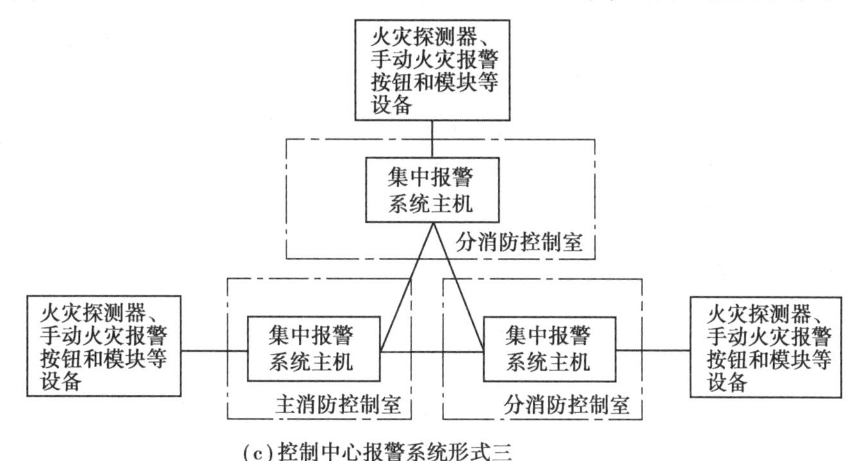

(c)控制中心报警系统形式三

图10.10 控制中心报警系统

设计控制中心报警系统时,除满足集中报警控制系统的条件外,还应满足以下条件:

①有两个及以上消防控制室时,应确定一个主消防控制室。

②主消防控制室应能显示所有火灾报警信号和联动控制状态信号,并应能控制重要的消防设备;各分消防控制室内消防设备之间可互相传输、显示状态信息,但不应互相控制。

10.3.5 智能火灾自动报警系统

1)智能探测器火灾探测报警系统

该系统中,智能集中于探测部分,控制部分为一般开关量信号接收型控制器。在这类系统中,探测器内的微处理器能根据其探测环境的变化做出响应,并可自动进行补偿,能对探测信号进行火灾模式识别,做出判断并给出报警信号,在确定自身不能可靠工作时给出故障信号。控制器在火灾探测过程中不起任何作用,只完成系统的供电、火警信号的接收、显示、传递以及联动控制等功能。这种智能因受到探测器体积小等的限制,智能化程度尚处在一般水平,可靠性不高。

2)智能控制器火灾探测报警系统

该系统中,智能集中于控制部分,探测器输出模拟量信号,又称主机智能系统、集中智能式火灾探测报警系统。它取消了探测器的阈值比较电路,使探测器成为火灾传感器,无论烟雾影响大小,探测器本身不报警,而是将烟雾影响产生的电流、电压变化信号以模拟量(或等效的数字编码)形式传输给控制器(主机),由控制器的微型计算机进行计算、分析、判断并做出智能化处理,判别是否真正发生火灾。

这种系统的主要优点是:灵敏度信号特征模型可根据探测器所在环境特点来设定;可补偿各类环境干扰和灰尘积累对探测器灵敏度的影响,并能实现报警功能;主机采用微处理机技术,可实现时钟、存储、密码、自检联动和联网等多种管理功能;可通过软件编辑实现图形显示、键盘控制、翻译等高级扩展功能。

但是,集中智能式火灾探测报警系统中,探测器只能以被动方式工作,即探测器对数据采集值不做任何处理和判断,被动地将探测器自身的数据采集值返回到报警控制器。由于整个系统的监视、判断功能全部要由控制器完成,要随时处理每个探测器发回的信息,而在实际工程应用中,火灾探测报警系统始终处于正常监视状态,各探测器的数据采集值不会出现大的波动。要求各探测器的巡检结果全部返回到火灾报警控制器既无意义,也导致单位时间系统总线占用率高、系统程序复杂、量大及探测器巡检周期长,可能造成探测点无法随时进行监控、系统可靠性降低和使用维护不便等缺点。

3)分布智能式火灾探测报警系统

分布智能式火灾探测报警系统中,智能同时分布在探测器和控制器中,这是火灾报警技术的发展方向。

这种系统实际上是主机智能与探测器智能相结合的系统,因此也称为全智能系统。在这种系统中,探测器具有一定的智能,它对火灾特征信号直接进行分析和智能处理,做出恰当的智能判断,然后将这些判断结果传递给控制器。控制器再做进一步的智能处理,完成更复杂的判断并显示判断结果。

分布智能系统是在保留智能模拟量探测系统优势的基础上形成的,探测器与控制器通过总线进行双向信息交流。控制器不但收集探测器传来的火灾特征信号,分析判决信息,而且对探测器的运行状态进行监视和控制。由于探测器有了一定的智能处理能力,因此控制器的信息处理负担大为减轻,可以实现多种管理功能,提高了系统的稳定性和可靠性。并且,在传输速率不变的情况下,总线可以传输更多的信息,使整个系统的响应速度和运行能力大大提高。

思考题

10.1　火灾自动报警系统形式可分为哪几种？分别适用于什么场所？

10.2　火灾报警控制器的安装应注意哪些事项？

10.3　如何划分报警区域和探测区域？

10.4　选择填空

①火灾自动报警系统形式的选择应满足(　　)。

A. 仅需要报警,不需要联动自动消防设备的保护对象宜采用区域报警系统

B. 既需要报警,也需要联动自动消防设备的保护对象,应采用集中报警系统

C. 设置两个及以上消防控制室的保护对象,或已设置两个及以上集中报警系统的保护对象,应采用控制中心报警系统

D. 集中报警系统、控制中心报警系统均应设置消防控制室

E. 既需要报警,也需要联动自动消防设备的保护对象,可采用集中报警系统或控制中心报警系统

②消防控制设备的控制电源及回路信号电压应采用(　　)。

A. AC220 V　　B. DC24 V　　C. DC12 V　　D. DC6 V

③消防控制室内设备面盘的排列长度大于(　　)m 时,其两端应设置宽度不小于 1 m 的通道。

A. 3　　B. 4　　C. 5　　D. 6

④火灾自动报警系统以保护人民群众生命安全和财产安全为设计目标,用于(　　)的场所。

A. 人员居住　　B. 经常有人滞留

C. 存放重要物资　　D. 燃烧后产生严重污染,需要及时报警

⑤区域报警系统的设计应满足(　　)。

A. 适用于仅需要报警,不需要联动自动消防设备的保护对象

B. 可以根据需要设置消防控制室或设置在平时有专人值班的场所

C. 系统可以根据需要增加消防控制室图形显示装置或指示楼层的区域显示器

D. 应具有将相关运行状态信息传输到城市消防远程监控中心的功能

10.5　判断正误(正确的在括号内打“√”,错误的打“×”)

①火灾报警控制器应具有主备电源自动切换功能。(　　)

②为了避免总线回路某处出现故障时导致整个回路失效,总线制火灾报警系统中,必须采取短路隔离措施。(　　)

③消防用电设备应采用单独的回路供电,其配电设备应有明显标志。(　　)

④火灾报警控制器应具有报警后可以消声,且收到下次火警信号后又能发出声响功能。(　　)

11

消防设施的联动控制

11.1 消防设备的供电电源

11.1.1 负荷分级及供电要求

1)负荷分级

根据电力负荷对供电可靠性的要求及中断供电对人身安全、经济损失上所造成的影响程度,可将电力负荷分为三级,并据此采取相应的供电措施,满足用电可靠性的要求。

(1)一级负荷

①中断供电将造成人身伤害时;

②中断供电将造成重大经济损失时;

③中断供电将影响重要用电单位的正常工作时。

在一级负荷中,中断供电将造成人员伤亡或重大设备损坏或发生中毒、爆炸和火灾等情况的负荷,以及特别重要场所的不允许中断供电的负荷,应视为一级负荷中特别重要的负荷。如重要的交通枢纽、重要的通信枢纽、国宾馆、国家级及承担重大国事的会堂、国家级大型体育中心,以及经常用于重要国际活动的大量人员集中的公共场所等的一级负荷,为特别重要负荷。

(2)二级负荷

①中断供电将造成较大经济损失时。

②中断供电将影响较重要用电单位正常工作时。

(3)三级负荷

不属于一级和二级负荷的电力负荷。

供配电系统的运行统计资料表明,系统中各个环节以电源对供电可靠性的影响最大。其次是供配电线路等其他因素。因此,为保证供电的可靠性,对于不同级别的负荷,有着不同的供电要求。

2)供电要求

①一级负荷应由双重电源供电,当一电源发生故障时,另一电源不应同时受到损坏。根据现行规范,此处双重电源可以是分别来自不同电网的电源,或者虽来自同一电网但在运行时电路互相之间联系很弱,或者来自同一个电网但其间的电气距离较远。一个电源系统任意一处出现异常运行时或发生短路故障时,另一个电源仍能不中断供电,这样的电源都可视为双重电源。

只有满足双电源供电且不能同时损坏的基本条件,才可能保证电源连续供电。双重电源可一用一备,也可以同时工作,各供一部分负荷。一级负荷容量较大或有高压用电设备时,应采用2路高压电源。一级负荷中的特别重要的负荷,除上述2个电源外,还必须增设应急电源。为了保证对特别重要负荷供电,严禁将其他负荷接入应急供电系统。一级负荷仅为应急照明或是电话站负荷时,宜采用蓄电池作为备用电源。

可作为应急电源的有:独立于正常电源的发电机组、供电网络中独立于正常电源的专用馈电线路、蓄电池和干电池。

应急电源类型的选择应根据用电负荷的容量、允许中断供电的时间以及要求的电源类别(交流或直流)等条件来进行。

由于蓄电池装置供电稳定、可靠、无切换时间、投资较少,用于可采用直流电源、允许停电时间为毫秒级且容量不大的特别重要负荷。对于要求交流电源供电、允许停电时间为毫秒级且容量不大的特别重要负荷,可采用静止型不间断供电装置。若有需要驱动的电动机负荷,且负荷不大,可以采用静止型应急电源;负荷较大,允许停电时间为15 s以上的可采用快速启动的发电机组。

大型建筑中,往往同时使用几种应急电源,为了使各种应急电源设备密切配合,充分发挥作用,应急电源接线示例如图11.1所示(以蓄电池、不间断供电装置、柴油发电机同时使用为例)。

②二级负荷的供电系统应做到当发生电力变压器故障或线路常见故障时不致中断供电(或中断后能迅速恢复)。二级负荷宜采用两个电源供电。对两个电源的要求条件比一级负荷宽,如来自不同变压器2路市电即可满足供电要求。

③三级负荷对供电无特殊要求。为保证建筑物的自动防火系统在发生火灾后能够可靠运行,达到防灾、灭火目的,必须保证消防系统中的供电电源安全可靠地工作。因此,对于消防设备的配电系统、导线选择、线路敷设等方面都有特殊的要求。

11.1.2 消防配电系统的一般要求

为保证供电连续性,消防系统的配电应符合下列要求:

①消防控制室、消防水泵房、防烟和排烟风机房的消防用电设备及消防电梯等的供电,应在其配电线路的末端配电箱处设置自动切换装置。火灾自动报警系统应设有主电源和直流备用电源,主电源应采用消防电源,直流备用电源宜采用火灾报警控制器的专用蓄电池。消防联动控制装置的直流操作电源电压,应采用DC24 V。

②配电箱到各消防用电设备,应采用放射式供电。每一用电设备应有单独的保护设备。

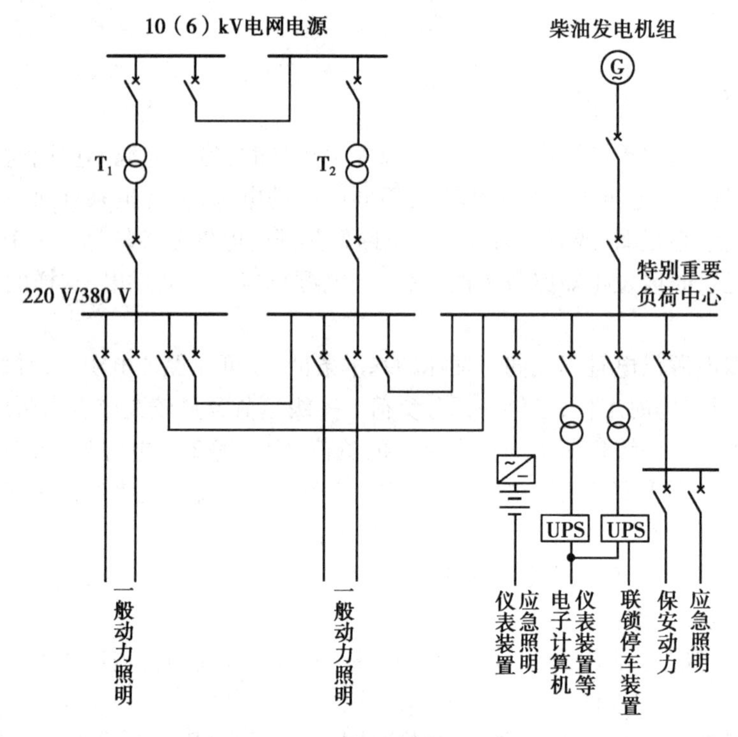

图 11.1　应急电源接线示例

③重要消防用电设备(如消防泵)允许不加过负荷保护。由于消防用电设备总运行时间不长,因此短时间的过负荷对设备危害不大,以争取时间保证顺利灭火。为了在灭火后及时检修,可设置过负荷声光报警信号。

④消防电源不宜装漏电保护,如有必要可设单相接地保护装置动作于信号。

⑤消防用电设备、疏散指示灯及各层正常电源配电线路均应按防火分区或报警区域分别出线。

⑥所有消防电气设备均应与一般电气设备有明显的区别标志。

11.1.3　消防设备供电

消防设备供电系统应能充分保证用电设备的工作性能,在火灾发生时充分发挥消防设备的功能,将损失减少到最低限度。对于电力负荷集中的高层建筑,常常采用单电源或双电源的双回路供电方式,即常用电源(工作电源)和备用电源两种。常用电源一般是直接取自城市输电网(又称市电网),备用电源可取自城市 2 路独立高压(一般为 10 kV)供电中一路为备用电源;在有高层建筑群的规划区域内,供电电源常常取自 35 kV 区域变电站;有的取自城市一路高压(一般为 10 kV)供电,另一路取自备柴油发电机。对于电力负荷较小的多层建筑,常用电源一般是直接取自城市低压三相四线制输电网(又称低压市电网),其电压等级为 380/220 V。备用电源可以取自与常用电源不同的变压器(380/220 V),还可以采用蓄电池作为备用电源。当常用电源出现故障而发生停电事故时,备用电源能保证高层建筑的各种消防设备(如消防给水、消防电梯、防排烟设备、应急照明和疏散指示标志、应急广播、电动防火门窗、卷帘、自动灭火装置)和消防控制室等仍能继续运行。

高层建筑发生火灾时,主要利用建筑物本身的消防设施进行灭火和疏散人员及物资。如果没有可靠的电源,就不能及时报警、灭火,也不能有效地疏散人员、物资和控制火势蔓延,将会造成重大的损失。因此,合理地确定负荷等级,保障高层建筑消防用电设备的供电可靠性是非常重要的。根据我国国情,建筑防火设计规范对一、二类建筑的消防用电的负荷等级分别做了规定:一类高层建筑应按一级负荷要求供电,二类高层建筑应按二级负荷要求供电。

一类高层建筑消防用电设备供电线路,见图11.2。

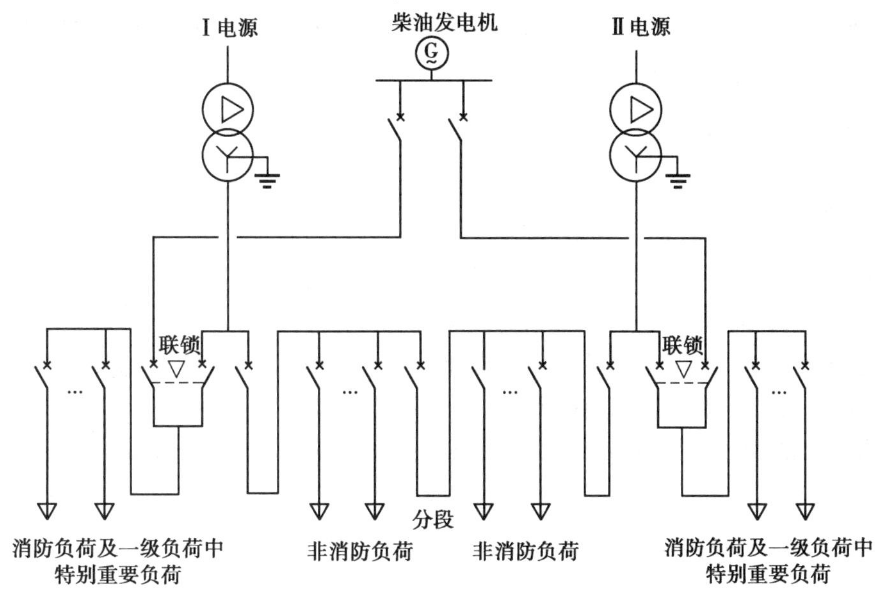

图11.2　一类高层建筑消防用电设备供电线路

为了保证一类高层建筑消防用电的供电可靠性,一般除设有双电源以外,还设有自备发电机组,即设置了3个电源。

二类高层建筑和高层住宅或住宅群,一般按2回线路要求供电,如图11.3所示。

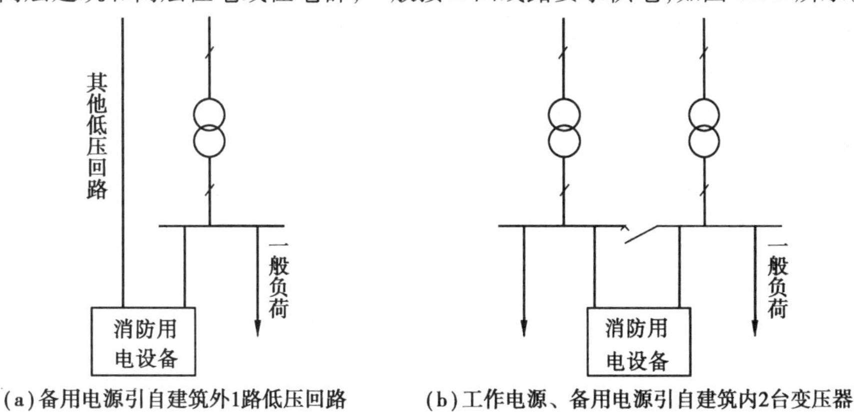

图11.3　二类高层建筑消防用电设备供电线路

11.1.4　消防备用电源的自投

为了保证发生火灾时各项救灾工作顺利进行,有效地控制和扑灭火灾,避免造成重大经济损失和人员伤亡事故,对消防用电设备的工作及备用电源应采取自动切换方式。

对消防扑救工作而言,切换时间越短越好。目前,根据我国供电技术条件,自备电源的切换时间规定在30 s以内。要求一类高层建筑自备发电设备,应设有自动启动装置,并能在30 s内供电。二类高层建筑自备发电设备,当采用自动启动有困难时,可采用手动启动装置。

电源自动切换可采用双电源切换开关或采用断路器或接触器联锁控制(包括电气联锁和机械联锁)方式。

消防控制室、消防水泵、消防电梯、防烟排烟风机等的供电,应在最末一级配电箱处设置自动切换装置。这里,切换部位是指各自的最末一级配电箱,如消防水泵应在消防水泵房的配电箱处切换、消防电梯应在电梯机房配电箱处切换等。

11.1.5 消防线路及其敷设

1)导线选择的一般规定

①火灾报警、控制及信号回路均应采用铜芯导线或电缆。当回路电压低于~220 V时,导线和电缆的耐压应不低于~250 V,当回路电压为380 V时,耐压应不低于~500 V。

②消防用电的电力回路导线或电缆的截面,应按计算电流的1.2倍选择,以便在发生火灾时,能在较高的环境温度下继续运行。

③凡属电源回路及重要探测器回路的线路应用耐火配线方式;而指示灯、报警和控制回路宜用耐热配线。

2)导线选择的具体规定

火灾自动报警系统的信号传输线路、联动控制线路、消防广播线路和消防电话线路等的选用应符合下列规定:

①穿金属导管或阻燃型硬质塑料管暗敷时,可采用铜芯无卤低烟阻燃电线、电缆;

②穿有防火保护的金属导管明敷设时,应采用铜芯无卤低烟耐火电线、电缆;

③在有防火保护的金属槽盒内敷设时,应采用铜芯无卤低烟阻燃耐火电线、电缆。

消防设备线路的选用应符合下列规定:

①特级场所中消防设备供电干线及分支干线应采用矿物绝缘电缆。

②一级、二级公共建筑消防水泵的供电干线应采用矿物绝缘电缆、隔离型防火电缆或防火性能具有难燃、低烟、无毒和耐火特性的电缆。当线路的敷设保护措施满足防火要求时,其他消防设备供电干线及分支干线一级场所中应采用无卤低烟阻燃耐火电线电缆,二级场所中宜采用无卤低烟阻燃耐火电线电缆。

③消防设备的分支线路和控制线路宜选用比消防供电干线或分支干线耐火等级低一级的电线或电缆。

3)消防设备配电线路的敷设

在建筑发生火灾时,为了避免造成电气线路短路和其他设备事故,避免电气线路使火灾蔓延扩大的可能,也为了避免在救火中因触及带电设备或线路等漏电而造成的人员伤亡,消防人员必须先切断正常工作电源,然后救火,以保证扑救工作中的安全。但在消防扑救过程中,必须持续对消防用电设备进行供电,因此消防用电必须采用单独回路电源直接取自配电室的母线,以保证在切断正常工作电源时,消防电源不受影响,保证扑救工作的正常进行。倘若将消防用电设备的配电线路与一般配电线路合配在一起，则当建筑发生火灾时，整个建筑用电拉闸后，所有电源被切断，消防设备也不能运行，将造成严重损失。因此，消防用电设备应采用专用的供电回路，即从低压总配电室（包括分配电室）至最末一级配电箱，与一般配电线路均应严格分开。

为了便于消防扑救，消防人员在灭火时首先要切断起火部位的一般设备配电电源。为操作方便，消防用电设备的配电设备应设有紧急情况下方便操作的明显标志，以避免引起误操作，影响灭火进程。消防用电设备的配电线路和控制回路宜按防火分区划分，消防配电支线不宜穿越防火分区。

消防设备供电干线及分支干线应采用无卤低烟阻燃耐火电线电缆。

消防配电线路应满足火灾时连续供电的需要。明敷时（包括敷设在吊顶内），应穿金属导管或采用封闭式金属槽盒保护，金属导管或封闭式金属槽盒应采取防火保护措施；当采用阻燃或耐火电缆并敷设在电缆井、沟内时，可不穿金属导管或采用封闭式金属槽盒保护；当采用矿物绝缘类不燃性电缆时，可直接明敷。暗敷时，应穿管并应敷设在不燃性结构内且保护层厚度不应小于 30 mm。

4）火灾自动报警系统线路敷设

火灾自动报警系统的传输线路，应采用电压等级不低于交流 250 V 的铜芯绝缘导线或铜芯电缆。传输线路的线芯截面选择，除应满足自动报警装置技术条件要求外，还应满足机械强度的要求。绝缘导线、电缆线芯按机械强度要求的最小截面，不应小于表 11.1 的规定。

表 11.1 铜芯绝缘导线、电缆线芯的最小截面

序 号	类 别	线芯的最小截面/mm^2
1	穿管敷设的绝缘导线	1.00
2	线槽内敷设的绝缘导线	0.75
3	多芯电缆	0.50

火灾自动报警系统传输线路采用绝缘导线时，应采取穿金属管、硬质塑料管、经阻燃处理的硬质塑料管或封闭式防火线槽保护方式布线。敷设方式采用明敷或暗敷。

消防控制、通信和报警线路，宜采用穿金属管或经阻燃处理的硬质塑料管保护，并应暗敷在非燃烧体结构内，且保护层厚度不宜小于 30 mm 。当采用明敷时，应采用金属管或金属线槽保护，并在其表面采取防火保护措施（涂防火涂料）。采用绝缘和护套为非延燃性材料的电缆时，可不穿金属管保护，但应敷设在电缆井或吊顶内有防火保护措施的封闭式线槽内。

为了防止强电系统对火灾自动报警设备的干扰，弱电线路的电缆竖井宜与电力、照明线路的电缆竖井分别设置。若受条件限制必须合用时，弱电与强电线路应分别布置在竖井两侧。

为了便于接线和维修，火灾探测器的传输线路，宜选择不同颜色的绝缘导线。正极“+”线应为红色，负极“-”线应为蓝色。同一工程中相同用途导线的颜色应一致，接线端子应有标号。接线端子箱内的端子宜选择压接或带锡焊接点的端子板，其接线端子应有相应的标号。

此外,还应满足:

①不同系统、不同电压、不同电流类别的线路,不应穿于同一根管内或线槽的同一槽孔内。

②横向敷设的报警系统传输线路采用穿管布线时,不同防火分区的线路不宜穿入同一根管内。

③穿管绝缘导线或电缆的总截面积,不应超过管内截面积的40%。

④敷设于封闭式线槽内的绝缘导线或电缆的总截面积,不应大于线槽的净截面积的50%。

11.2 消防设施的联动控制

11.2.1 消防联动控制要求

①火灾报警与消防联动控制关系方框图,如图11.4所示。消防联动控制设备的控制信号和火灾探测器的报警信号在同一总线回路上传输,二者合用时应满足消防控制信号线路的敷设要求。

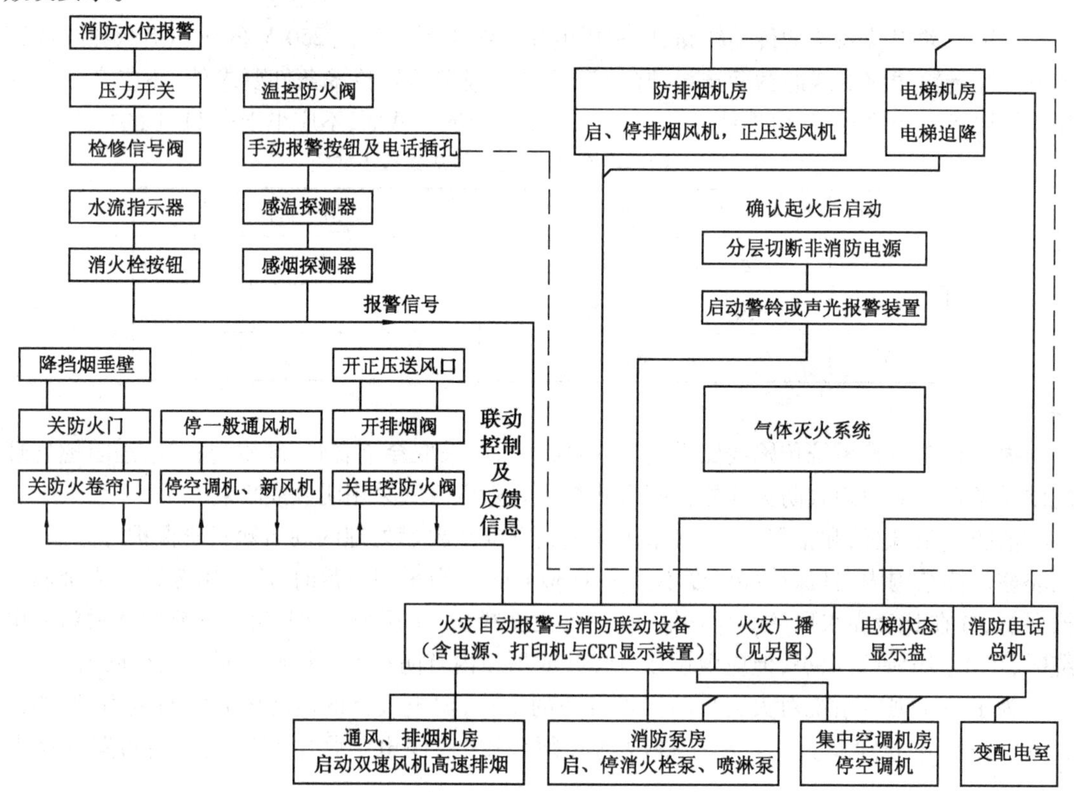

图11.4 火灾报警与消防联动控制关系方框图

②消防水泵、防烟和排烟风机等均属于重要的消防设备,其可靠与否直接关系到消防灭火的成败。这些设备除了接收火灾探测器发送来的报警信号可以自动启动工作外,还应能独立控制其启停,即使火灾报警系统失灵也不应影响其启停。因此,当消防控制设备采用总线

编码模块控制时，还应在消防控制室设置手动直接控制装置，以保证系统设备的可靠性。

③设置在消防控制室以外的消防联动控制设备的动作信号均应在消防控制室内显示。

11.2.2　消防灭火设备的联动控制要求

灭火系统的控制视灭火方式而定。灭火方式是由建筑设备专业根据规范要求及建筑物的使用性质等因素确定，大致可分为消火栓灭火、自动喷水灭火（水喷淋灭火）、水幕阻火、气体灭火、干粉灭火等。建筑电气专业按灭火方式等要求对灭火系统的动力设备、管道系统及阀门等设计电气控制装置进行设计。常见联动触发信号、联动控制信号、联动反馈信号如表11.2所示。

表11.2　常见联动触发信号、联动控制信号及联动反馈信号表

<table>
<tr><th colspan="3">系统名称</th><th>联动触发信号</th><th>联动控制信号</th><th>联动反馈信号</th></tr>
<tr><td rowspan="5">自动喷水灭火系统</td><td colspan="2">湿式和干式系统</td><td>—</td><td>—</td><td>水流指示器动作信号、信号阀动作信号、压力开关动作信号、喷淋消防泵的启停信号</td></tr>
<tr><td colspan="2">预作用系统</td><td>同一报警区域内两只及以上独立的感烟火灾探测器或一只感烟火灾探测器与一只手动火灾报警按钮的报警信号</td><td>开启预作用阀组信号、开启快速排气阀前电动阀信号</td><td>水流指示器动作信号、信号阀动作信号、压力开关动作信号、喷淋消防泵的启停信号、气压状态信号、快速排气阀前电动阀动作信号</td></tr>
<tr><td colspan="2">雨淋系统</td><td>同一报警区域内两只及以上独立的感烟火灾探测器或一只感烟火灾探测器与一只手动火灾报警按钮的报警信号</td><td>开启雨淋阀组信号</td><td>水流指示器动作信号、压力开关动作信号、雨淋阀组和雨淋消防泵的启停信号</td></tr>
<tr><td rowspan="2">水幕系统</td><td>用于防火卷帘的保护</td><td>防火卷帘下落到楼板面的动作信号与本报警区域内任一火灾探测器或手动火灾报警按钮的报警信号</td><td rowspan="2">开启水幕系统控制阀组的信号</td><td rowspan="2">压力开关动作信号、水幕系统相关控制阀组和消防泵的启停信号</td></tr>
<tr><td>用于防火分隔</td><td>报警区域内两只独立的感温火灾探测器的火灾报警信号</td></tr>
<tr><td colspan="6">气体（泡沫）灭火系统同一防护区域内两只独立的火灾探测器的报警信号，一只火灾探测器与一只手动火灾报警按钮的报警信号或防护区外的紧急启动信号关闭防护区域的送、排风机及送排风阀门信号；停止通风和空气调节系统的信号；关闭防护区域的电动防火阀信号；启动防护区域开口封闭装置的信号，包括关闭门、窗信号；启动气体（泡沫）灭火装置信号；启动入口处表示气体喷洒的火灾声光警报器的信号；气体（泡沫）灭火控制器直接连接的火灾探测器的报警信号；选择阀的动作信号；压力开关的动作信号</td></tr>
</table>

续表

系统名称	联动触发信号	联动控制信号	联动反馈信号
防烟排烟系统	加压送风口所在防火分区内的两只独立的火灾探测器或一只火灾探测器与一只手动火灾报警按钮的报警信号;同一防烟分区内且位于电动挡烟垂壁附近的两只独立的感烟火灾探测器的报警信号	开启送风口信号、启动加压送风机信号;降落电动挡烟垂壁的信号	送风口、排烟口、排烟窗或排烟阀的开启和关闭信号,防烟、排烟风机启停信号,电动防火阀关闭动作信号
	同一防烟分区内的两只独立的火灾探测器报警信号;排烟口、排烟窗或排烟阀开启的动作信号	开启排烟口、排烟窗或排烟阀的信号,停止该防烟分区的空气调节系统的信号;启动排烟风机的信号	—
防火门及防火卷帘系统防火分区内的两只独立的火灾探测器或一只火灾探测器与一只手动火灾报警按钮的报警信号,关闭常开防火门的信号,疏散通道上各防火门的开启、关闭及故障状态信号			
电梯—所有电梯停于首层或电梯转换层的信号,电梯运行状态信息和停于首层或转换层的反馈信号			
火灾警报和消防应急广播系统—确认火灾后启动建筑内所有火灾声光报警器的信号、启动消防应急广播的信号,消防应急广播分区的工作状态信号			
消防应急照明和疏散指示系统—启动消防应急照明和疏散指示系统的信号			

根据当前我国经济技术水平和条件,消防控制室的消防控制设备应具有控制、显示功能:

①控制消防设备的启、停,并显示其工作状态。

②能自动及手动控制消防水泵、防烟和排烟风机的启、停。

③显示火灾报警、故障报警部位。

④显示保护对象的重点部位、疏散通道及消防设备所在位置的平面图或模拟图。

⑤显示系统供电电源的工作状态。

1)消火栓灭火系统

消火栓灭火是最常见的灭火方式。为使喷水枪在灭火时具有相当的水压,需要保证一定的管网压力,若市政管网水压不能满足要求,则需要设置消火栓泵。对室内消火栓系统应具有的控制、显示功能为:

①控制消防水泵的启、停。

②显示起泵按钮的工作状态。

③显示消防水泵的工作、故障状态。

2)自动喷水灭火系统

自动喷水灭火系统属于固定式灭火系统,它可分为湿式灭火系统和干式灭火系统两种,其区别主要在于喷头至喷淋泵出水阀之间的喷水管道内是否处于充水状态。湿式系统的自动喷水是由玻璃球水喷淋头的动作而完成的。火灾时发生,装有热敏液体的玻璃球(动作温度分别为57,68,79,93 ℃等)由于内部压力的增加而炸裂,此时喷头上密封垫脱开,喷出压力水。喷头喷水时由于管网水压的降低,压力开关动作启动喷水泵以保持管网水压。同时,水流通过装于主管道分支处的水流指示器,其桨片随着水流而动作,接通报警电路,发出电信号给消防控制室,以辨认发生火灾区域。

干式自动喷水系统采用开式水喷头,当发生火灾时由探测器发出的信号经过消防控制室的联动控制盘发出指令,打开电磁或手动两用阀,使得各开式喷头同时按预定方向喷洒水幕。与此同时,联动控制盘还发出指令启动喷水泵以保持管网水压,水流流经水流指示器,发出电信号给消防控制室,表明喷洒水灭火区域。

对自动喷水和水喷雾灭火系统应具有的控制、显示功能为:

①控制系统的启、停。

②显示水流指示器、报警阀、安全信号阀的工作状态。

③显示消防水泵的工作、故障状态。

3)水幕阻火

水幕对阻止火势扩大与蔓延有良好的作用,电气控制与自动喷水系统相同。

4)CO_2 灭火系统

CO_2 灭火系统是由二氧化碳供应源、喷嘴和管路组成的灭火系统。其灭火原理是通过减少空气中氧的含量,使其降低到不支持燃烧的浓度。CO_2 在空气中的浓度达到15%以上时能使人窒息死亡;达到30% ~35%时,能使一般可燃物质的燃烧逐渐窒息;达到43.6%时,能抑制汽油蒸气及其他易燃气体的爆炸。CO_2 灭火系统具有自动启动、手动和机械式应急启动3种方式,其中,自动启动控制应采用复合探测,即应接收到2个独立的火灾信号方可启动。

对管网气体灭火系统应具有的控制、显示功能为:

①显示系统的手动、自动工作状态。

②在报警、喷射各阶段,控制室内应有相应的声光报警信号,并能手动切除声响信号。

③在延时阶段,应自动关闭防火门窗,停止通风空调系统,关闭有关部位防火阀。

④显示气体灭火系统防护区的报警、喷射及防火门、通风空调等设备的状态。

⑤由火灾探测器联动的控制设备,应具有30 s可调的延时装置;在延时阶段,应自动关闭防火门、窗,停止通风、空气调节系统。

5)七氟丙烷灭火系统

以七氟丙烷灭火系统为代表的气体灭火系统适用于扑救电气火灾、固体表面火灾、液体火灾及灭火前能切断气源的气体火灾。

采用气体灭火系统的防护区，应设置火灾自动报警系统，并应选用灵敏度级别高的火灾探测器。

管网灭火系统应设自动控制、手动控制和机械应急操作三种启动方式。预制灭火系统应设自动控制和手动控制两种启动方式。灭火系统的手动控制与应急操作应有防止误操作的警示显示与措施。

采用自动控制启动方式时，根据人员安全撤离防护区的需要，应有不大于 30 s 的可控延迟喷射，以保证人员在 30 s 内安全疏散；对于平时无人工作的防护区，可设置无延迟喷射。

灭火设计浓度或实际使用浓度大于无毒性反应浓度的防护区和采用热气溶胶预制灭火系统的防护区，应设手动与自动控制的转换装置。当人员进入防护区时，应能将灭火系统转换为手动控制方式；当人员离开时，应能恢复为自动控制方式。防护区内外应设手动、自动控制状态的显示装置。

自动控制装置应在接到两个独立的火灾信号后才能启动。手动控制装置和手动与自动转换装置应设在防护区疏散出口的门外便于操作的地方，安装高度为中心点距地面 1.5 m。机械应急操作装置应设在储瓶间内或防护区疏散出口门外便于操作的地方。

气体灭火系统的操作与控制，应包括对开口封闭装置、通风机械和防火阀等设备的联动操作与控制。

设有消防控制室的场所，各防护区灭火控制系统的有关信息，应传送给消防控制室。

气体灭火系统的电源，应符合现行国家有关消防技术标准的规定；采用气动力源时，应保证系统操作和控制需要的压力和气量。

防护区内的疏散通道及出口，应设应急照明与疏散指示标志。防护区内应设火灾声光报警器，必要时可增设闪光报警器。防护区的入口处应设火灾声、光报警器和灭火剂喷放指示灯，以及防护区采用的相应气体灭火系统的永久性标志牌。灭火剂喷放指示灯信号应保持到防护区通风换气后，以手动方式解除。

防护区的门应向疏散方向开启，并能自行关闭；用于疏散的门必须能从防护区内打开。

灭火后的防护区应通风换气，地下防护区和无窗或设固定窗扇的地上防护区，应设置机械排风装置（事故排风机），排风口宜设在防护区的下部并应直通室外。

经过有爆炸危险及变电、配电室等场所的管网、壳体等金属件应设防静电接地。

6）干粉灭火系统和泡沫灭火系统

干粉灭火系统是由干粉供应源通过输送管道连接到固定的喷嘴上，通过喷嘴喷放干粉灭火的灭火系统。适用于石油化工厂、油船、油库、加油站。对干粉灭火系统应具有的控制、显示功能为：a. 控制系统的启、停；b. 显示系统的工作状态。

泡沫灭火系统由水源、泡沫消防泵、泡沫液储罐、泡沫比例混合器、泡沫产生器、阀门、管道及其他附件组成，多用于可燃液体火灾。泡沫消防泵是能把泡沫以一定的压力输出的消防水泵。消防泵应在火警时立即投入工作，并在火场非消防电源断电时仍能正常工作。对泡沫灭火系统应具有的控制、显示功能为：a. 控制泡沫泵及消防水泵的启、停；b. 显示系统的手动、自动工作状态。

11.2.3 对其他设备的消防联动控制要求

1) 火灾报警后消防控制设备对联动控制对象的功能

火灾报警后消防控制设备对联动控制对象应有下列功能：

①停止有关部位的风机，关闭防火阀，并接收其反馈信号；

②启动有关部位的防烟、排烟风机和排烟阀、正压送风机和正压送风阀，并接收其反馈信号；

③发出控制信号，强制电梯全部停于首层，并接收其反馈信号；

④关闭有关部位的防火门、防火卷帘，并接收其反馈信号；

⑤接通火灾事故照明灯和疏散指示灯；

⑥切断有关部位的非消防电源。

2) 火灾确认后火灾警报装置和火灾事故广播的接通要求

火灾确认后，消防控制设备应接通火灾警报装置和火灾事故广播，同时向全楼进行广播。消防应急广播的单次语音播放时间宜为 10 ~ 30 s，应与火灾声警报器分时交替工作，可采取 1 次火灾声警报器播放、1 次或 2 次消防应急广播播放的交替工作方式循环播放。

3) 消防控制室的消防通信设备的设置要求

①消防控制室与值班室、消防水泵房、配电室、主要通风空调机房、排烟机房、消防电梯机房及其他与消防联动控制有关的且经常有人值班的机房，灭火控制系统操作装置处或控制室应设置消防专用电话分机。

②手动报警按钮、消火栓按钮等处宜设置电话塞孔。

③消防控制室内应设置向当地公安消防部门直接报警的外线电话。

④特级保护对象的避难层应每隔 20 m 设置 1 个消防专用电话分机或电话塞孔。

11.3 消防灭火设备的联动控制

11.3.1 各类灭火系统简介

灭火系统的控制视灭火方式而定。灭火方式是由建筑设备专业根据规范要求及建筑物的使用性质等因素确定，大致可分为消火栓灭火、自动喷水灭火（水喷淋灭火）、水幕阻火、气体灭火、干粉灭火等。建筑电气专业按灭火方式等要求对灭火系统的动力设备、管道系统及阀门等设计电气控制装置。消火栓灭火是最常见的灭火方式。为使喷水枪在灭火时具有相当的水压，需要保证一定的管网压力，若市政管网水压不能满足要求，则需要设置消火栓泵。

1) 室内消火栓灭火系统

室内消火栓灭火系统由蓄水池、消火栓泵及室内消火栓等构成。其电气控制为消防水池水位控制等,启动消防水泵和压水泵,水位控制应能显示出水位的变化情况和高、低水位报警及控制水泵的开停。

室内消火栓由水枪、水龙带、消火栓、消防管道等组成。采用消火栓泵时,在每个消火栓箱内设置消防按钮,按下则报警。

消火栓系统出水干管上的压力开关、高位水箱出水管上的流量开关或报警阀压力开关作为触发信号,直接控制启动消火栓泵。

2)自动喷水灭火系统

(1)闭式系统

闭式自动喷水灭火系统的类型较多,基本类型包括湿式、干式、预作用及重复启闭预作用系统等。用量最多的是湿式系统。在已安装的自动喷水灭火系统中,有70%以上为湿式系统。

①湿式系统:由湿式报警阀组、闭式喷头、水流指示器、控制阀门、末端试水装置、管道和供水设施等组成。系统的管道内充满有压水,一旦发生火灾,喷头动作后立即喷水。

②干式系统:准工作状态时配水管道内充满用于启动系统的有压气体的闭式系统。其原理与湿式类似,但配水管网与供水管间设置干式报警阀将其隔开,在配水管网中平时充满着有压力气体用于系统的启动。

③预作用系统:是将火灾自动报警技术和自动喷水灭火系统结合起来,在系统中安装闭式洒水喷头。在未发生火灾时该系统管道内通常充有低压空气或氮气以供监测,故具有干式系统的特点。预作用系统准工作状态时配水管道内不充水,由火灾自动报警系统自动开启雨淋报警阀后转换为湿式系统的闭式系统。

预作用阀由雨淋阀和湿式报警阀上下串接而成,雨淋阀位于供水侧,湿式报警阀位于系统侧。系统由预作用阀、水力警铃、压力开关、空压机、空气维护装置、信号蝶阀等组成,安装闭式喷头。动作原理:火灾时,感温感烟火灾探测器发出信号,火灾报警控制器或消控室接到报警信号打开雨淋阀,同时开启管网末端快速排气阀前的电动阀迅速放气充水。压力水流进系统侧管网,变成湿式喷水系统。此时管道上的闭式喷头尚未释放,不会喷水,可由管理人员采取适当行动灭火。如果火灾继续发展,致使闭式喷头玻璃球动作喷水,消防水泵自动启动。

(2)开式系统

开式自动喷水灭火系统是采用开式喷头的自动喷水灭火系统,包括雨淋系统、水喷雾系统、水幕系统。

①雨淋系统:由火灾自动报警系统或传动管控制、自动开启雨淋报警阀和启动供水泵后向开式洒水喷头供水的自动喷水灭火系统。

②水幕系统:由开式喷头或水幕喷头、雨淋报警阀组或感温雨淋阀以及水流报警装置(水流指示器或压力开关)等组成,用于挡烟阻火和冷却分隔物的喷水系统。

3)气体灭火系统

气体灭火系统是指平时灭火剂以液体、液化气体或气体状态存储于压力容器内,灭火时以喷射状态的气体(包括蒸汽、气雾)作为灭火介质的灭火系统。系统包括储存容器、容器阀、选择阀、液体单向阀、喷嘴和阀驱动装置。

11.3.2 用于联动控制和火灾报警的设备

1)湿式报警阀-报警装置

报警装置主要由水流指示器、压力开关、水力警铃、延时器等组件组成。

(1)水流指示器

水流指示器一般装在配水干管上。其作用是当发生火灾喷头开启喷水或者管道发生泄漏故障时,水流就会流过装有水流指示器的管道,水流指示器将水流信号转换为电信号送至报警控制器或控制中心,显示喷头喷水的区域,起辅助电动报警的作用。

水流指示器的工作原理是:靠管内的压力水流动的推力推动水流指示器的桨片,带动操作杆使内部延时电路接通,经过20~30 s后使微型继电器动作,输出电信号供报警及控制用,其报警信号一般作为区域报警信号。也有的水流指示器是由桨片直接推动微动开关触点而发出报警信号的。水流指示器的外部接线如图11.5所示。

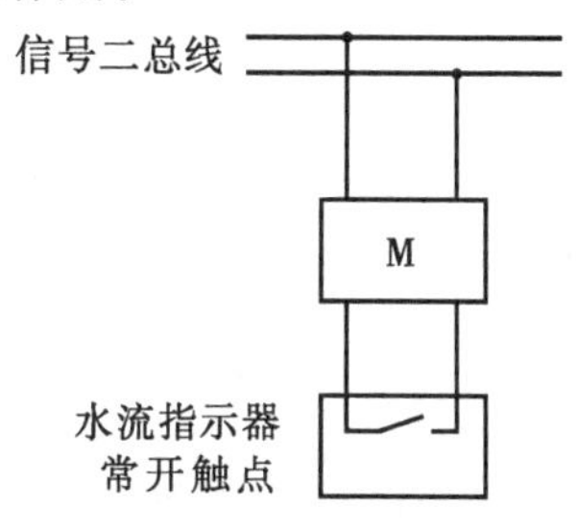

图11.5 水流指示器的外部接线图

水流指示器不能单独作喷淋泵的启动控制用,可同压力开关联合使用。

(2)湿式报警阀和干式(雨淋)报警阀

湿式报警阀是允许水单向流入喷水系统并在规定流量下报警的一种单向阀。此阀平时阀瓣前后水压相等,阀瓣处于关闭状态。火灾时,闭式喷头喷水,报警阀上面水压下降,阀瓣前水压大于阀瓣后水压,阀瓣开启,向立管及管网供水,同时水沿着报警阀的环形槽进入延时器、压力开关及水力警铃等设施,发出火警信号并启动消防泵。

干式(雨淋)报警阀是干式喷淋系统的供水控制阀。其出口侧充以压缩气体,是当气压低于一定值时能使水自动流入喷水系统并进行报警的单向阀。平时管路系统内充有压力的气体,阀门处于关闭状态;当喷头打开时,管网内的气压下降,当下降到一定数值时,阀门打开,水进入管网系统并从打开的喷头喷出。

(3)水力警铃

水力警铃是利用水流的冲击力发出声响的报警装置,一般安装在延时器之后。当管网内的水不断流动,延时器充满水后,水流就会向水力警铃和压力开关流动,这时在水流的冲击下,水力警铃就发出报警。

(4)水力报警器

水力报警器由水力警铃及压力开关两部分组成。水力警铃装在湿式报警阀的延迟器后。当系统侧排水口放水后,利用水力驱动警铃,使之发出报警声。它也可用于干式、干湿两用式、雨淋及预作用自动喷水灭火系统中。压力开关是装在延迟器上部的水压传感继电器,其功能是将管网水压力信号转变成电信号,以实现自动报警及启动消火栓泵的功能。

延时器主要用于湿式喷水灭火系统,其作用是防止误报警。

(5)消防防火阀、排烟阀

①70 ℃防火阀:安装在通风、空调的送回风管道上或风管穿越防火墙处;常开,70 ℃时温

度熔断器动作,阀门关闭,并反馈信号至消防控制室;可手动关闭/手动复位。防火阀与普通百叶风口组合时构成防火风口。

②280 ℃防火阀:安装在风管穿越防火墙处;常开,280 ℃时关闭并反馈信号,关闭时可联锁停止排烟风机。

③防烟防火阀:安装在排烟道上;常开,70 ℃时温度熔断器动作,阀门关闭并反馈信号;可在消控室远程控制关闭并反馈信号;可手动关闭/手动复位。

④排烟阀:常闭,火灾时根据火灾探测器信号打开排烟,阀门开启后反馈开启信号;可手动打开/手动复位;可联动其他设备;排烟阀与普通百叶风口或板式风口组合,可构成排烟风口。

⑤排烟防火阀:常闭,火灾时根据感烟探测器信号打开排烟,阀门开启后反馈开启信号;可手动打开/手动复位;当排烟道内温度达到280 ℃时,温度熔断器动作,阀门自动关闭,并反馈信号至消防控制室。

2)消火栓按钮

消火栓按钮是消火栓灭火系统中的主要报警元件,一般放置于消火栓箱内,其表面装有一按片,当发生火灾时可直接按下按片,此时消火栓按钮的红色启动指示灯亮,并能向控制中心发出申请启动消防水泵的信号。消火栓按钮不作为直接启动消防水泵的开关。

消火栓按钮在电气控制线路中与报警总线直接相连。

11.3.3 消火栓泵、喷淋泵及增压泵的控制

消防泵是消防给水系统中用于保证系统压力和水量的给水泵。当消防水源提供的消防用水不满足压力或水量要求时,采用消防水泵进行加压,以满足灭火时对水压和水量的要求。

消防泵用于消火栓系统时为消火栓泵,用于喷淋系统时称为喷淋泵,用于水幕系统时称为水幕泵。

消防稳压泵又称消防增压泵,是消防给水系统中用于稳定系统平时最不利点水压的给水泵,是防止充水管网泄漏等原因导致水压下降而设的增压装置。简言之,消防稳压泵用于维持消防管道内水压力。

消火栓泵、喷淋泵在火灾报警后自动或手动启动,增压泵则在管网水压下降到一定值时由压力继电器自动启动,管压上升至一定值时停止。

1)消火栓泵及喷淋泵启动方式的选择

启动方式的选择对提高水泵的启动成功率和降低备用发电机容量具有重要意义。

(1)启动成功率

当采用Y-△降压启动方式或串自耦变压器等设备降压启动方式时,在降压-全压的切换过程中将有短时断电的过程。短时断电的时间取决于2套接触器的释放及吸合时间之和,一般在0.04～0.12 ms。在电路切换过程中,电动机定子绕组可能会产生较大的冲击电流。瞬时最大值可达电动机额定电流的数倍以上,此冲击电流可能会造成电动机电源断路器的瞬时

过电流脱扣器动作，导致电源被切断，消防泵不能启动，造成严重的后果。

为此，对于消防泵推荐尽可能采用直接启动方式，如按计算电压降不能保证启动要求，也宜选用闭式切换（即无短时断电）的降压启动方式（详见本系列教材《建筑电工学》有关内容）。

(2)降低备用发电机容量

当消防泵由备用发电机供电时，由于异步电动机启动时的功率因数很低，启动电流大而启动转矩小，导致发电机端电压下降，有可能无法启动消防泵。因此，对于较大容量的异步电动机应限制其启动电流数值、尽可能采用降压启动方式。例如，采用 Y-△降压启动方式后，由发电机供出的启动电流只有直接启动时启动电流的 1/3 左右，这可以使备用发电机的容量相应减小。

2)消火栓泵及喷淋泵的系统模式

现代高层建筑防火工程中，消火栓泵与喷淋泵有两种系统模式：

①消火栓系统与喷淋系统都各自有专门的水泵和配水管网，这种模式的消火栓泵和喷淋泵一般为 1 台工作 1 台备用（一用一备）或 2 台工作 1 台备用（二用一备）；

②消火栓系统和喷淋系统各自有专门的配水管网，但供水泵是共用的，水泵一般是多台工作、1 台备用（多用一备）。

消防水泵由消防联动系统进行自动启动或采用手动方式启动（停车）。

3)消防水泵的电气控制要求

对消防泵的手动控制有两种方式：一是通过现场控制柜面按钮直接启动消防泵，二是通过手动报警按钮将手动报警信号送入消防控制室的控制器后，发出手动或自动信号控制消防泵启动。通常，消防泵经控制室进行联动控制。其联动控制方框图如图 11.6 所示。

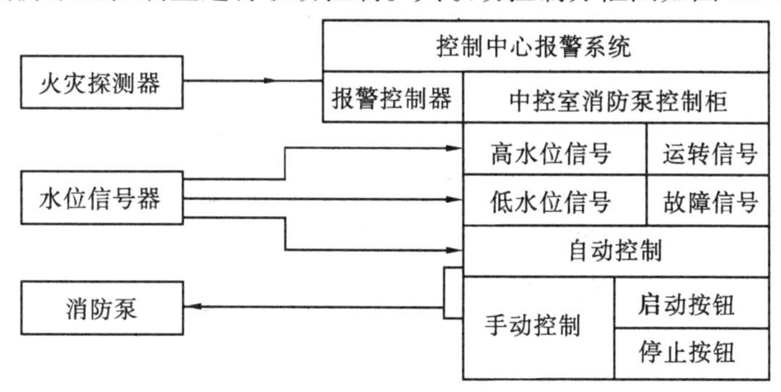

图 11.6　消防泵联动控制方框图

(1)消火栓泵控制要求

安装位置及要求：消防水泵控制柜位于消防水泵控制室内时，其防护等级不应低于 IP30；位于消防水泵房内时，其防护等级不应低于 IP55。

控制要求：手动/自动，消防水泵控制柜在平时应使消防水泵处于自动启泵状态。

手动：a. 泵房控制柜面板；b. 消防控制室手动控制盘。

自动:消火栓系统出水干管上的压力开关、高位水箱出水管上的流量开关或报警阀压力开关作为触发信号,直接控制启动消火栓泵。消火栓按钮动作信号作为报警信号。消火栓泵的动作信号反馈至消防控制室。

(2)喷淋泵控制要求

安装位置:消防泵房。

控制要求:手动/自动,控制柜平时处于自动启泵状态。

手动:a. 泵房控制柜面板;b. 消防控制室手动控制盘。

自动:由湿式报警阀压力开关的动作信号作为触发信号,直接控制启动喷淋消防泵。

水流指示器、信号阀、压力开关、喷淋泵的启/停的动作信号反馈至消防联动控制器。

(3)正压送风机

作用:向重要疏散通道(包括防烟楼梯间、前室、合用前室和避难走道等)送风,将室外风压送入室内,阻止烟气侵入上述逃生通道,为人员的安全疏散和营救创造有利条件。

安装位置:一般装于建筑屋面,少数装于楼梯间为地下室楼梯间送风。

控制要求:与各层的正压风阀联动。火灾初期时打开风阀,启动正压送风机,使楼梯间、电梯厅处于正压状态(送风状态)。

触发信号:送风口所在防火分区内的两只独立的火灾探测器或"1 只火灾探测器+1 只手动火灾报警按钮"的报警信号,作为送风口开启和加压送风机启动的联动触发信号。

控制模块:双输入输出(2I/O)模块。a. 接收消防联动控制器联动控制信号;b. 反馈风机启动和停止动作信号;c. 可在消防控制室手动控制;d. 可在现场进行控制。

(4)消防排烟机

作用:用于地铁、隧道、体育馆、高层建筑、地下商场等场合的消防排烟(有时兼做排风),一般采用双速电机,平时低速运行作通风换气用,火灾时自动切换成高速运行强力排烟。

安装位置:一般装于地下层各防火分区、封闭长走廊等处。

控制要求:与排烟口、排烟窗或排烟阀联动,280 ℃时由排烟阀联动关闭排烟风机。

触发信号:排烟口、排烟窗或排烟阀开启的动作信号作为联动触发信号,由消防联动控制器联动控制排烟风机的启动。

控制模块:双输入输出(2I/O)模块。a. 接受消防联动控制器联动控制信号;b. 反馈风机启动和停止动作信号;c. 接受 280 ℃ 排烟防火阀联动控制,排烟防火阀动作时,关闭排烟风机;d. 可在消防控制室手动控制;e. 可在现场进行控制。

(5)消防补风机

作用:补风系统是和机械排烟系统配套设置的,补风机用于避免排烟区域的空气负压太大,使火灾时的烟气能够顺利排出。补风系统可分为自然补风设施(包括可开启外窗和采光井等)和机械补风系统。

安装位置:一般装于地下层各防火分区、封闭长走廊等处。

控制要求:消防控制系统需实现对其手/自动的启、停控制。

触发信号:由消防联动控制器联动控制,与排烟风机同时启动。

4)消防水泵的电气控制线路

(1)消防水泵一用一备电气控制

图 11.7 为一用一备消防泵的电气控制线路。图中,SAC 是控制开关,有三种位置:手动;1#泵工作,2#泵备用;2#泵工作,1#泵备用。工作原理分析如下:

1#泵控制					2#泵控制					消防返回信号	过负荷返回信号
控制电源	停泵指示	手动控制	自动控制	备用自投故障指示	控制电源	停泵指示	手动控制	自动控制	备用自投故障指示		

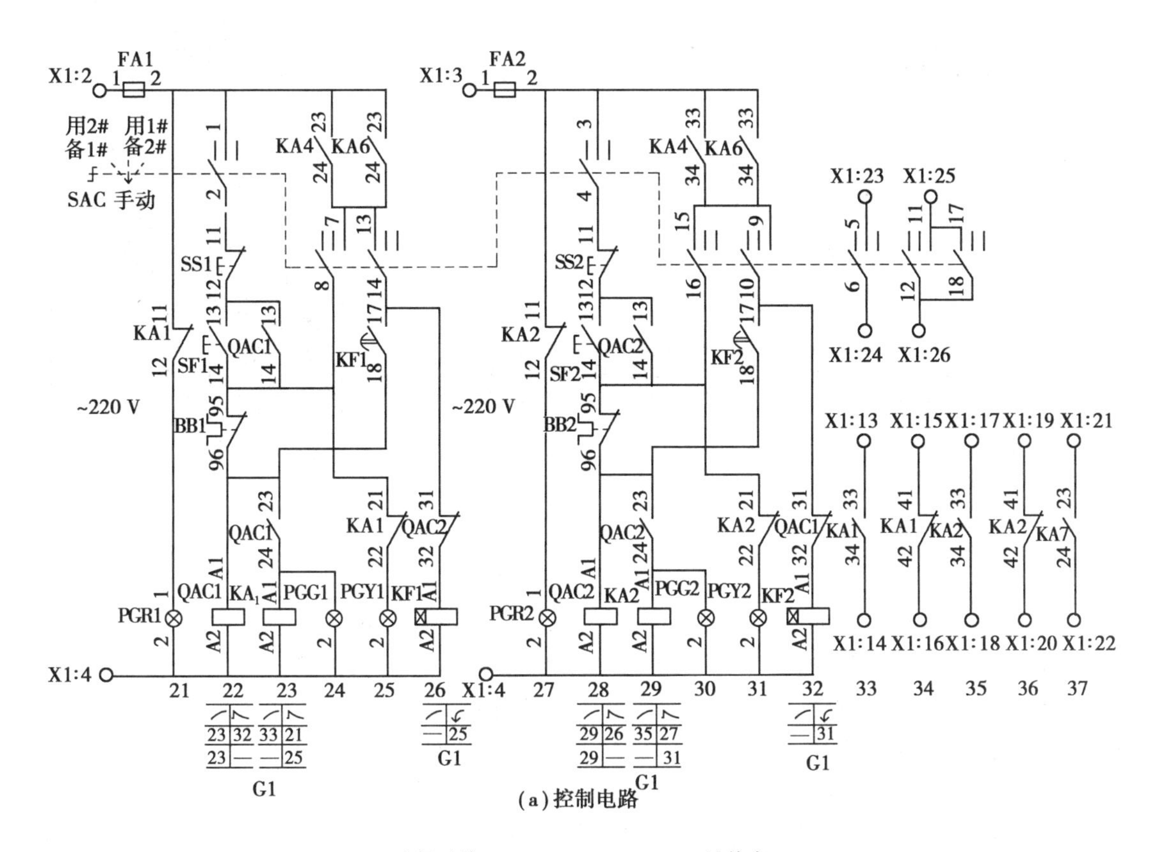

(a)控制电路

选择开关LW39-16B-6KC-333X/5连接表

位 置	端子的互相连接																	
	1	2	3	4	5	6	7	8	9	10	11	12	13	14	15	16	17	18
用1#备2#							×	×	×	×	×	×						
手动	×	×	×	×	×	×												
用2#备1#													×	×	×	×	×	×

注:×——× 表示在该位置的端子相互连接。

(b)选择开关

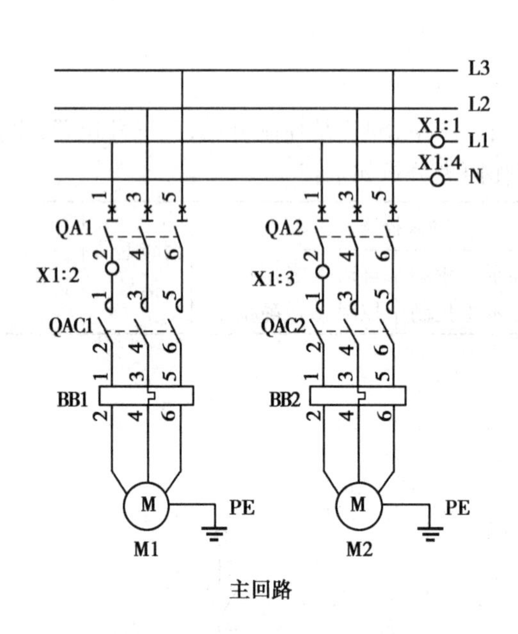

主回路

注:1.接线端子图中，至消防联动控制器手动控制盘的信号作用为直接手动启、停消防水泵。至消防控制系统的信号作用为通过消防模块由消防控制系统自动控制消防水泵,及把消防水泵的工作状态和故障状态等信号返回至消防控制系统。

2.消火栓系统报警阀压力开关仅在干式消火栓系统中设置。设计人员应依据给排水专业要求设置。

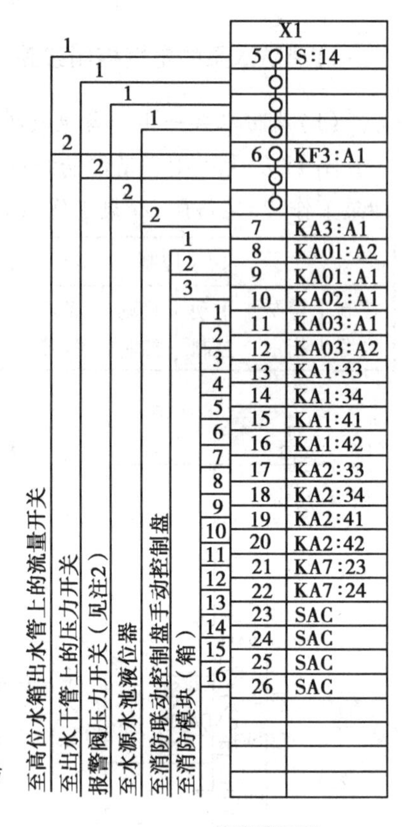

接线端子图

(c)主电路

图 11.7　消防水泵一用一备电气控制

①手动控制:SAC 拨向手动控制,1—2,3—4,5—6 接通,按下按钮 SS1,接触器 QAC1 通电,1#泵启动运行。按下按钮 SS2,接触器 QAC2 通电,2#泵启动运行。23—24 送出启泵信号。

当 SA 设在手动控制时,两台水泵均由手动按钮控制,此挡位通常用于水泵检修。

②自动控制:1#泵工作,2#泵备用。SAC 拨向 1#泵工作,2#泵备用,7—8,9—10,11—12 接通,当从消防控制室进行远动(自动)控制时,可通过中间继电器 KA4 接通消火栓工泵电源接触器。具体如下:消防控制室送来启泵信号 KA4(KA6)时,KA4(23—24)接通,QAC1 线圈通电,主触点闭合,1#电动机启动。辅助触点闭合,KA1 线圈通电,PGG1 运行指示灯亮,PGY1 故障指示灯熄灭。同时 QAC1 的常闭辅助触点打开,断开时间继电器 KF2 线圈回路。

若因故障原因使接触器 QAC1 线圈不能吸合,则 QAC1 常开触点不能闭合,KA1 不能接通,1#泵故障指示灯 PGY1 亮;QAC1 的常闭辅助触点不能打开,时间继电器 KF2 线圈回路接通,经过一段时间延时(时间继电器的延时整定时间)确认后,时间继电器 KF2 的常开触点闭合,使接触器 QAC2 线圈吸合并自锁,将备用水泵(2#泵)启动。同时,KA2 线圈通电,PGG2 运行指示灯亮,PGY2 故障指示灯熄灭。KA2 向消防控制室反馈控制信号。

③自动控制 2#泵工作,1#泵备用:SAC 拨向 2#泵工作,1#泵备用,13—14,15—16,17—18 接通,消防控制室送来启泵信号 KA4(KA6)时,KA4(23—24)接通,QAC2 线圈通电,主触点闭合,2#电动机启动。辅助触点闭合,KA2 线圈通电,PGG2 运行指示灯亮,PGY2 故障指示灯熄

灭。同时 QAC2 的常闭辅助触点打开，断开时间继电器 KF1 线圈回路。

若因故障原因使接触器 QAC2 线圈不能吸合，则 QAC2 常开触点不能闭合，KA2 不能接通，2#泵故障指示灯 PGY21 亮；QAC2 的常闭辅助触点不能打开，时间继电器 KF1 线圈回路接通，经过一段时间延时（时间继电器的延时整定时间）确认后，时间继电器 KF1 的常开触点闭合，使接触器 QAC1 线圈吸合并自锁，将备用水泵（1#泵）启动；同时，KA1 线圈通电，PGl1 运行指示灯亮，PGY1 故障指示灯熄灭。KA1 向消防控制室反馈控制信号。

(2)消防水泵信号控制电路

消防水泵信号控制电路如图 11.8 所示。现行消防规范规定消防水泵应由消防水泵出水干管上设置的压力开关、高位消防水箱出水管上的流量开关或报警阀压力开关等开关信号直接启动。消防水泵房内的压力开关宜引入消防水泵控制柜内。

控制电源保护及指示	延时启泵				声光报警回路		水泵控制	消防联动器手动控制盘		消防联动 DC24 V
	高位水箱流量开关	主干管上压力开关	报警阀压力开关	控制电路送电延时	水源水池水位过低及过负荷报警信号	声响报警，试铃及解除		启动	停止	

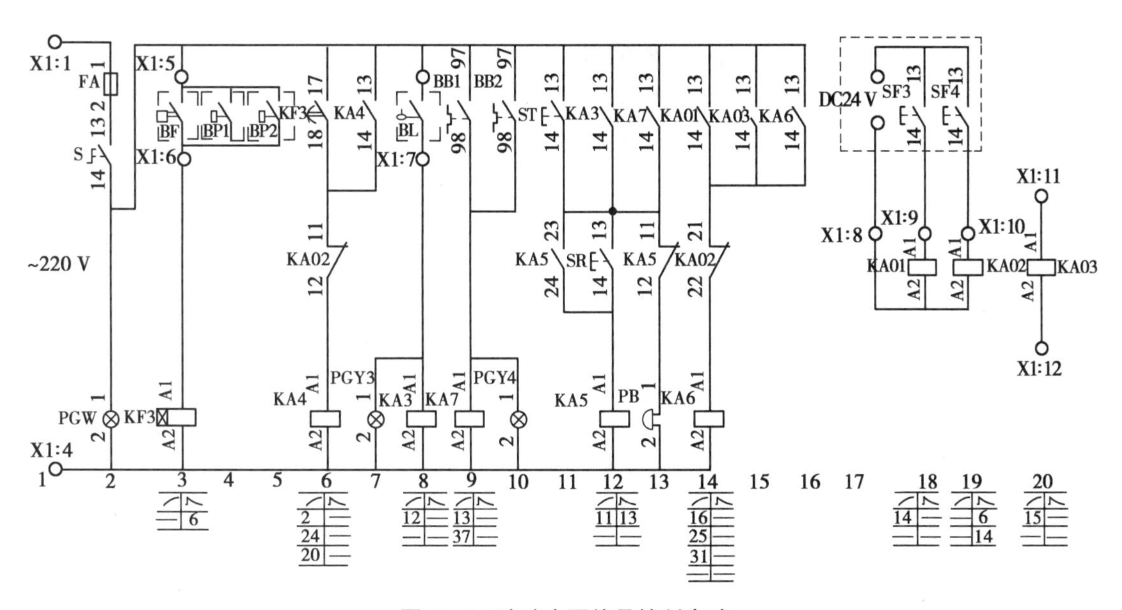

图 11.8 消防水泵信号控制电路

图 11.8 中，主干管上压力开关 BP1、高位消防水箱流量开关 BF、报警阀压力开关 BP2 并联，无论哪个开关动作闭合都能接通时间继电器 KF3，KF3 线圈通电后，延时触点延时闭合，中间继电器 KA4 线圈通电并自锁，常开触点闭合，送出启泵信号。当按下手动控制盘手动按钮 SF3，SF4 时，中间继电器 KA01，KA03 线圈通电，接通中间继电器 KA6，KA6 通电并自锁，常开触点闭合，送出启泵信号。

当水源水池水位过低，BL 闭合，KA3 通电，当水泵电动机过载，热继电器动作时 KA7 线圈通电，故障指示灯 PGY3 和 PGY4 燃亮报警。

5)排水泵电气控制线路

排水泵电气控制线路,如图11.9所示。2台排水泵分别由高水位和超高水位继电器控制启动。平时集水井内地下水达到高水位时,高水位信号继电器 KPH_1 闭合,3.0 kW 水泵启动排水。火灾发生时,由于大量消防用水涌入,当3.0 kW 水泵不能及时排放,集水井内水位达到超高水位时,超高水位信号继电器 KPH_2 闭合,5.5 kW 水泵启动,2台水泵同时排水。当3.0 kW 水泵损坏不能排水,以至于水位达到超高水位时,5.5 kW 水泵启动排水。因此,在本控制电路中,5.5 kW 水泵也起到了备泵的作用。

6)消防炮系统

固定消防炮灭火系统是由固定消防炮和相应配置的系统组件组成的固定灭火系统。

消防炮系统按喷射介质可分为水炮系统、泡沫炮系统和干粉炮系统。

(1)水炮系统

水炮系统的喷射介质为水灭火剂,也称消防水炮,主要由水源、消防泵组、管道、阀门、水炮、动力源和控制装置等组成。

适用场所:水炮系统适用于一般固体可燃物火灾场所。

(2)泡沫炮系统

泡沫炮系统的喷射介质为泡沫灭火剂,也称消防水泡沫炮,主要由水源、泡沫液罐、消防泵组、泡沫比例混合装置、管道、阀门、泡沫炮、动力源和控制装置等组成

适用场所:泡沫炮系统适用于甲、乙、丙类液体及固体可燃物火灾场所。

(3)干粉炮系统

干粉炮系统的喷射介质为干粉灭火剂,也称消防干粉炮,主要由干粉罐、氮气瓶组、管道、阀门、干粉炮、动力源和控制装置等组成。

适用场所:干粉炮系统适用于液化石油气、天然气等可燃气体火灾场所。

水炮系统和泡沫炮系统不得用于扑救遇水发生化学反应而引起燃烧、爆炸等的物质的火灾。

11.3.4 有管网气体灭火系统的控制

1)有管网气体灭火系统控制方式

有管网气体灭火系统一般设计为独立系统。在保护区设置气体灭火控制盘,控制盘将报警灭火信号送到消防控制中心,控制中心应显示控制盘处于手动或自动工作状态。有管网气体灭火系统一般设计为手动、自动、机械应急操作三种控制方式。在保护区现场还设计有紧急"启动"和紧急"停止"手动按钮。

2)自动控制方式

每个保护区内设有感烟和感温探测器组。在感烟探测器组之间取"或"逻辑,在感温探测器组间取"或"逻辑,感烟、感温探测器组取"与"逻辑,只有在"与"逻辑条件满足时,才实施气体灭火。

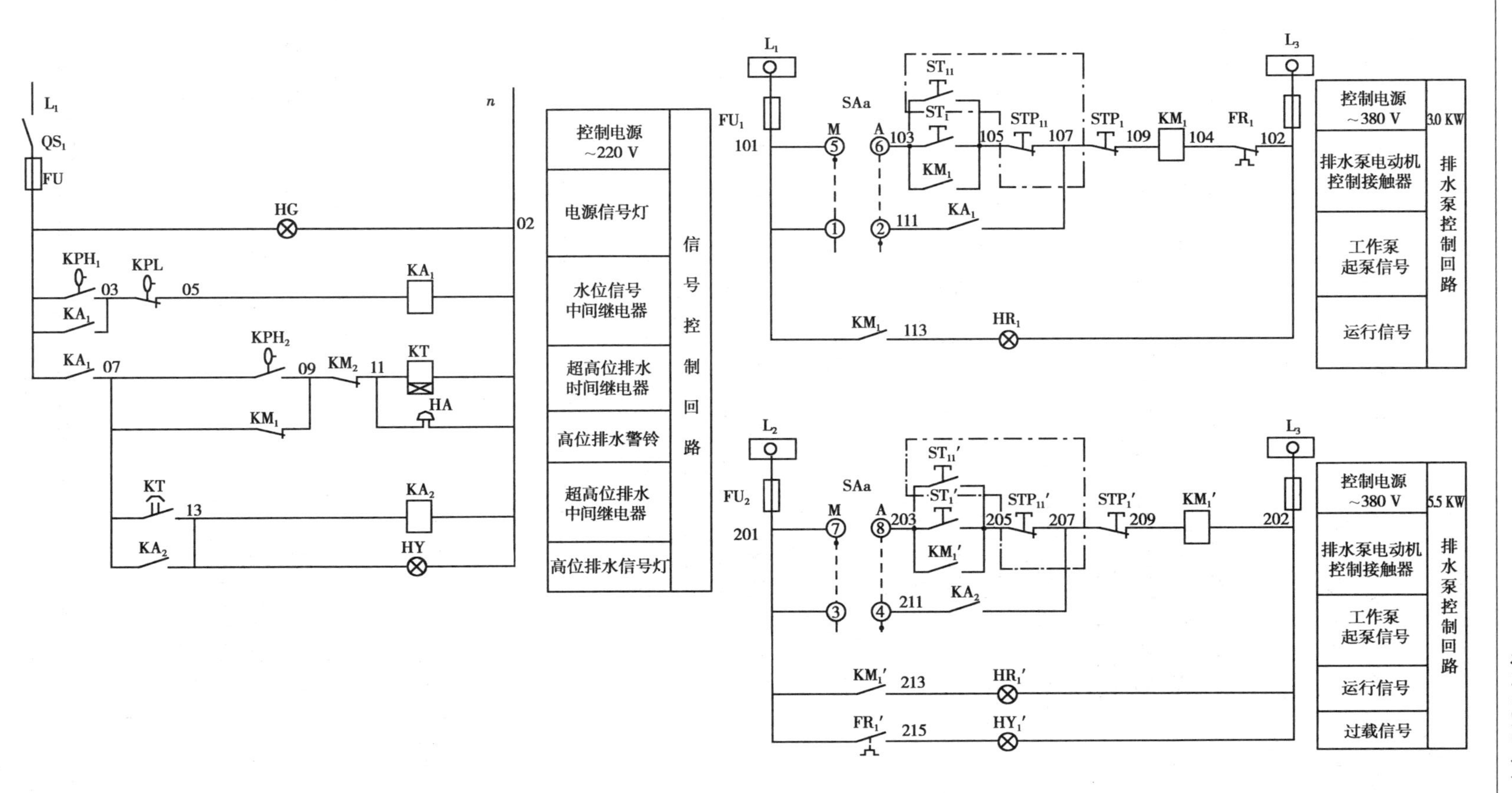

图11.9 排水泵电气控制线路

3) 手动控制方式

由人工通过紧急“启动”按钮,实施气体灭火。当自动、手动控制都失灵时,由人工手动打开灭火剂储瓶的瓶头阀,实施气体灭火。

4) 气体灭火控制

无论手动还是自动控制方式,都应有 20 ~ 30 s 的延时阶段,以防止误喷和保护防护区的人员安全。在延时阶段,应关闭防护区的防火门(窗、帘),停止对防护区的通风、空气调节,关闭防火阀,以保证灭火效果。在延时阶段,若人工确认为误报,应通过紧急“停止”按钮,停止灭火剂释放,以减少不必要的损失。

5) 控制举例——七氟丙烷气体灭火系统控制

控制:气体灭火控制器在接收到首个联动触发信号后,启动设置在该防护区内的火灾声光警报器,在接收到第二个联动触发信号后,发出联动控制信号。

触发信号:首次报警信号(任一只防护区域内设置的火灾探测器或手动报警按钮的首次报警信号)。

二次信号:同一防护区域内 2 只独立的火灾探测器的报警信号或“1 只探测器+1 只手动报警按钮”的报警信号或防护区外的紧急启动信号。

联动:a. 关闭防护区域的送(排)风机及送(排)风阀门;b. 停止通风和空气调节系统及关闭设置在该防护区域的电动防火阀;c. 联动控制防护区域开口封闭装置的启动,包括关闭防护区域的门、窗;d. 启动气体灭火装置,气体灭火控制器可设定不大于 30 s 的延迟喷射时间。

气体灭火防护区出口处上方设置表示气体喷洒的火灾声光警报器,指示气体释放的声信号应不混淆于其他信号。

防护区门外设置气体灭火装置的手动启动和停止按钮。按下启动按钮时,控制器执行规定的联动操作;按下停止按钮时,控制器停止正在执行的联动操作。

11.4 防排烟系统的联动控制

建筑物防烟设备的作用是防止烟气侵入疏散通道,而排烟设备的作用是消除烟气大量积累并防止烟气扩散到疏散通道。因此,防排烟设备设计是建筑消防的必要组成部分。防排烟设备主要包括正压送风机、排烟风机、防火阀、送风阀及排风阀等。防排烟系统的电气控制设计在由建筑与设备专业确定选用自然排烟、自然与机械排烟并用或机械加压送风方式之后进行。

11.4.1 防排烟控制

防排烟系统通常设置在地下车库、防烟楼梯间及其前室、电梯前室等处。每一台消防风机、风阀控制线均引至消防控制室设置的控制台(柜)上。

消防风机除与报警探测器、电动阀实现联动外,还应在消防控制室设置多线控制盘,必要时由消防值班人员手动直接启动送风机。

为了冲淡建筑物内火灾时烟气浓度,保证人员的安全疏散,在不具备自然排烟条件时,必须采取机械排烟,在适当处安装排烟口、排烟机。排烟风机与排烟口之间的联动要求是:当任何一个排烟口开启时,排烟机即能自动启动。

在消防控制室还应设手动启动盘,消防值班人员可以在控制室直接手动启动排烟机工作。

采用总线智能控制时,在每台排烟机及排烟阀处分别设置一个输出模块和一个输入模块。火警时,探测器探测的火警信号通过二总线发送至控制器。控制器按照预先编制的软件程序指令相应输出模块动作,使火灾层的阀门打开,同时启动排烟机、关闭空调系统,并将排烟机和阀门的开关位置状态反馈给控制主机,主机可监视显示每个排烟机和每个阀门的工作状态。在消防中心的联动遥控盘上还为每台排烟机分别设置了手动开关,使得以上设置也可通过该开关手动打开/关闭。

排烟控制有消防中心控制和模块控制两种方式,如图 11.10 所示。在消防中心控制模式中,消防中心接到火警信号后,根据火灾情况直接产生信号打开有关排烟道上的排烟口,启动排烟风机(有正压送风机时同时启动)降下有关部位防烟卷帘及防烟垂壁,打开安全出口的电动门,与此同时关闭有关的送风机及防火门,停止有关区域内的空调系统等,并接收各台设备的返回信号和防火阀动作信号,消防中心控制室能显示各种电动防排烟设施的运行情况。在模块控制模式中,消防中心接到火警信号后,产生排烟风机和排烟阀等的动作信号,经总线和控制模块驱动各设备动作并接收其返回信号,监控其运行状态。

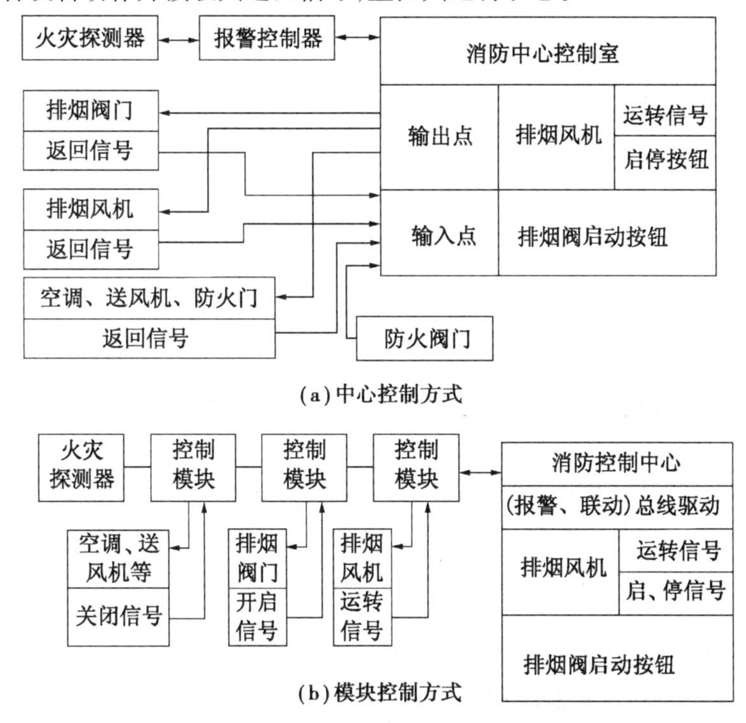

图 11.10　排烟控制方框图

防排烟系统控制,如图 11.11 所示。

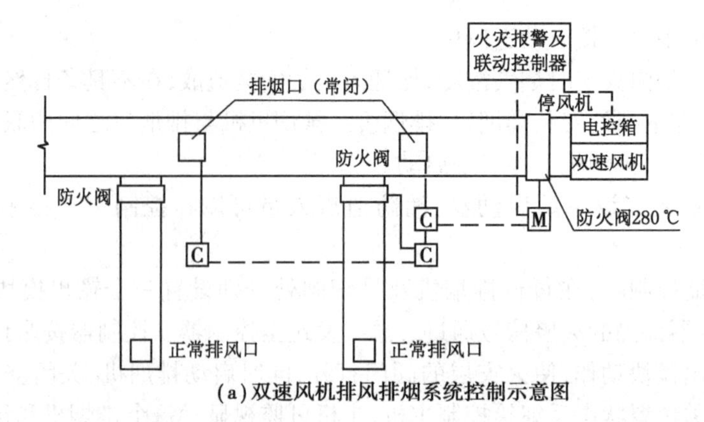

(a)双速风机排风排烟系统控制示意图

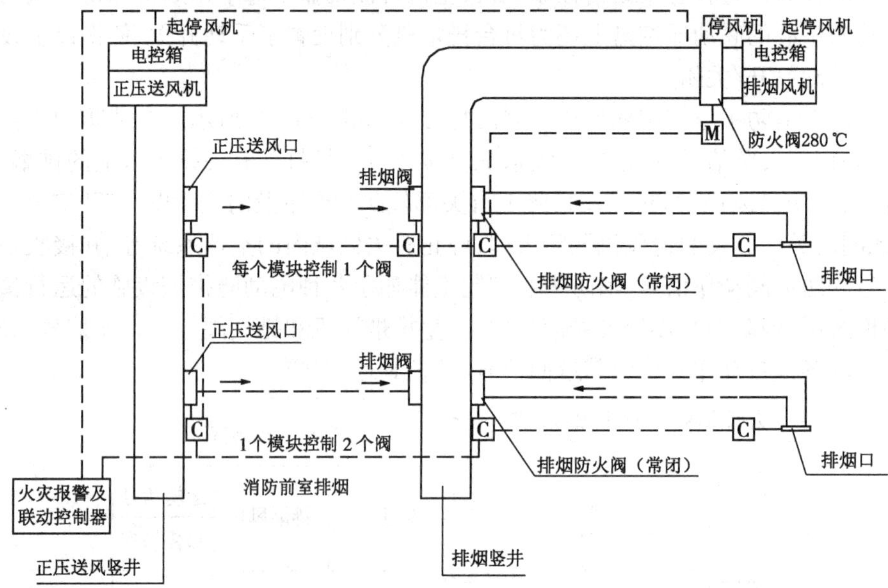

(b)防排烟系统控制示意图

图 11.11　防排烟系统控制示意图

11.4.2　送风机及排烟机

高层建筑中的送风机一般装在下技术层或 2 ~ 3 层,排烟机装在地下室(车库)或上技术层。排烟系统中,风机的控制应按防排烟系统的组成进行设计,其控制系统通常可由消防控制室、排烟口及就地控制等装置组成。就地控制是将转换开关打到手动位置,通过按钮启动或停止排烟风机,检修时用。排烟风机可由消防联动模块控制或就地控制。联动模块控制时,通过联锁触点启动排烟风机。当排烟风道内温度超过 280 ℃时,防火阀自动关闭,通过联锁接点,使排烟风机自动停止。

当排烟系统设有正压送风机时,送风机由消防控制室或排烟口启动。

送风机及排烟机的电气控制原理图一般采用图 11.12 的常规控制线路。

图 11.12、图 11.13 为双速排烟(风)机的电气控制电路原理图。要求一台排烟(风)机兼作两用,平时排风(低速),消防时排烟(高速)。在本控制电路中,平时排风由手动控制按钮完成起停控制,而消防时排烟则由消防联动模块承担控制任务。

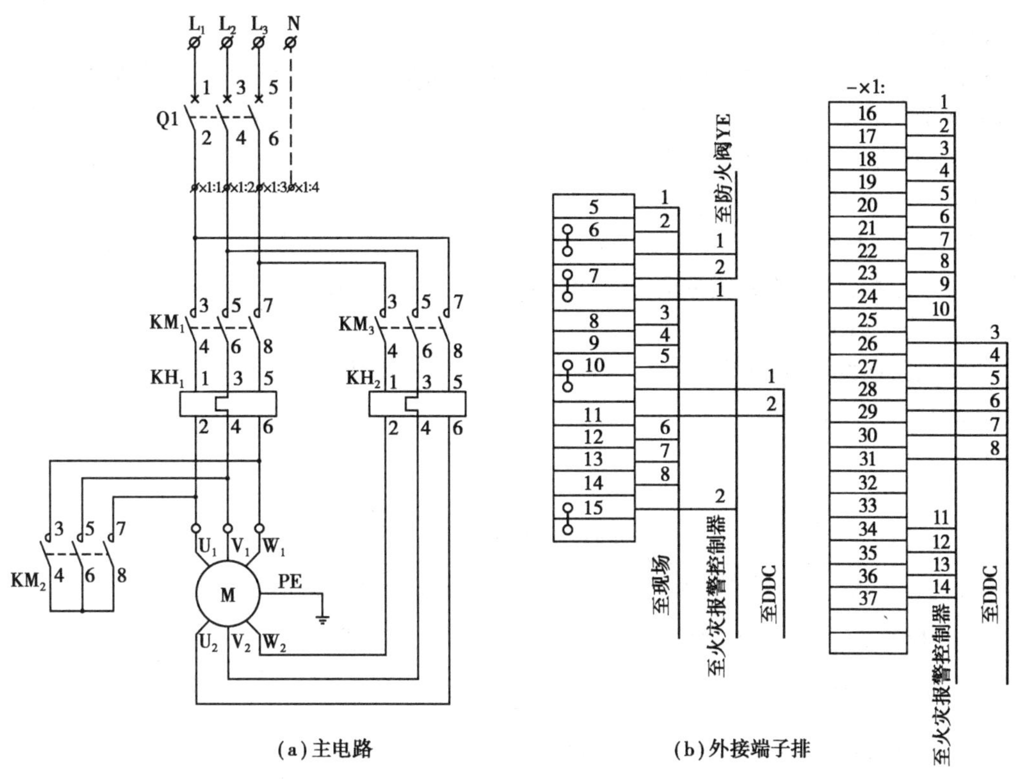

(a)主电路　　(b)外接端子排

图 11.12　双速排烟(风)机电气控制原理图(一)

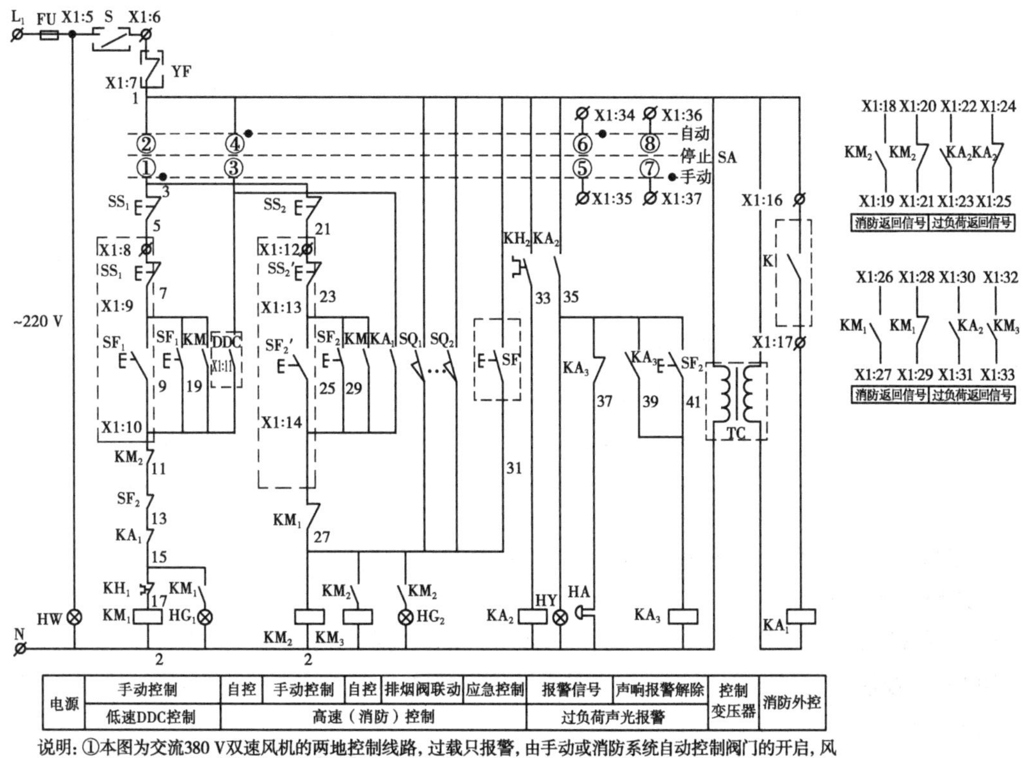

说明：①本图为交流380 V双速风机的两地控制线路，过载只报警，由手动或消防系统自动控制阀门的开启，风口上的微动开关与风机的联动由消防系统联动模块完成。

②消防联动模块提供无源动合触点。

图 11.13　双速排烟风机电气控制原理图(二)

(1)主电路

由图 11.12a 可知,这是一台 4/2 极的双速电动机的电气控制线路图。双速电动机定子绕组的 6 个接线端 U_1,V_1,W_1,U_2,V_2,W_2 通过接触器 KM_1,KM_2,KM_3 接成三角形或双星形。根据主电路情况,当接触器 KM_1 接通时,定子绕组 U_1,V_1,W_1 接线端接三相交流电源,此时 KM_2,KM_3 应不接通,接线端 U_2,V_2,W_2 悬空,三相定子绕组为三角形接线,电动机的极数为 4 极,双速电动机低速运行;当接触器 KM_2,KM_3 接通时,KM_2 主触点闭合将接线端 U_1,V_1,W_1 短接,KM3 主触点闭合将接线端 U_2,V_2,W_2 接入电源,定子绕组为双星形连接,电动机的极数为 2 极,双速电动机高速运行。

由主电路还可分析,任意时刻接触器 KM_1 与接触器 KM_2,KM_3 不能同时接通,否则将引起主电路短路,即 KM_1 与 KM_2,KM_3 之间应有电气联锁关系。

(2)控制电路

线路主要元件,见表 11.3。

表 11.3　线路主要元件

符　号	名　称	性能或安装位置	符　号	名　称	性能或安装位置
S	控制开关	控制回路电源开关	DDC	控制器接点	由楼宇自控系统信号控制
YF	排烟防火阀	280 ℃断开	SA	转换开关	3 挡,控制柜内安装
SS_1,SS_2	停车按钮	单按钮,控制柜内及现场	SQ_1,SQ_2	排烟阀	安装于排烟道上
SF_1,SF_2	启动按钮	复合按钮,控制柜内及现场	SF	钥匙式控制按钮	位于消防控制室联动控制盘
KH_1,KH_2	热继电器	低速或高速运行时的过载保护	TC	控制变压器	为消防模块有源触点提供转换电源
KM_1	运行接触器	低速运行接触器	HA	过载报警警铃	电动机过载时,发出声响信号
KM_2,KM_3	运行接触器	高速运行接触器	HY	过载报警指示灯	电动机过载时,发出灯光信号
HW	电源指示灯	控制电路接通时,发出灯光信号	HG_1,HG_2	电机运行指示灯	电动机运行时,发出灯光信号
SF_3	控制按钮	用于声响警报解除	KA_1 ~ KA_3	中间继电器	中间信号转换

①控制线路受线路开关 S 和排烟防火阀 YF 的制约。当 S 或 YF 打开时,无论 SA 位于何挡控制线路为断开状态。

当 S 或 YF 闭合时,无论 SA 位于何挡,KM_2 与 KM_3 线圈均受排烟阀 SQ_1,SQ_2 及钥匙式控制按钮 SF 的控制:当排烟阀 SQ_1,SQ_2 动作或操作消防控制盘按钮 SF 使其闭合时,双速电动机均高速启动。

当 280 ℃排烟阀打开时,无论 SA 处于何挡,整个控制电路失电,双速电动机停车。

②自动挡:将转换开关 SA 拨至“自动”,触点③SA④接通,低速运行接触器线圈 KM_1 唯一

由楼宇自控系统发出的控制信号 DDC 控制。高速运行接触器线圈 KM_2,KM_3 唯一由消防控制系统发出的控制信号 KA_1 控制。当火灾发生时,消防系统发出联动控制信号,外控触点 K 闭合,通过外接端子 X1∶16,X1∶17 将信号送入系统,中间继电器 KA_1 线圈通电,常开触点 $\underline{13\ KA_1 14}$ 闭合,控制回路 X1∶1-X1∶5-X1∶6-X1∶7-③$\underline{SA}$④-$\underline{13\ KA_1 14}$-$\underline{11\ KM_1 12}$-线圈 KM_2-X1∶4 接通,接触器 KM_2 线圈通电,常开主触点闭合,将电动机 U_1,V_1,W_1 接线端短接,常开触点 KM_2 闭合,KM_3 线圈通电,将电动机 U_2,V_2,W_2 接入电源,电动机高速启动运行。

触点⑤$\underline{SA}$⑥接通,SA 位于“自动”挡时,可由外接端子 X1∶34,X1∶35 送出信号。

③手动挡:将转换开关 SA 拨至“手动”,触点①$\underline{SA}$②接通,此时接触器线圈 KM_1 及 KM_2,KM_3 分别由低、高速控制按钮控制。由控制总线发出的自动控制信号不起作用,触点⑦$\underline{SA}$⑧接通,可由外接端子 X1∶36,X1∶37 送出信号。

④停止挡:转换开关 SA 位于“停止”挡时,双速排烟机只接受排烟阀联动控制或消防控制室的强行启动控制,过载声光报警信号回路不受 SA 挡位限制。

⑤反馈信号:通过外接接点 X1∶18,19;X1∶20,21 可将排烟机启动信号或电源状态反馈至消防控制室;通过外接接点 X1∶22,23;X1∶24,25 可将排烟机过载信号或正常状态反馈至消防控制室。

通过外接接点 X1∶26,27;X1∶28,29 可将排风机低速启动信号或电源状态反馈至楼宇自控系统;通过接点 X1∶30,31 可将排风机过载信号反馈至楼宇自控系统。排烟机高速运行信号可通过 X1∶32,33 接入楼宇自控系统。

(3)线路保护

①过载保护:根据控制要求,低速时作为排风机运行,若发生过载,由热继电器 KH_1 的常闭触点 $\underline{95\ KH_1 96}$ 切断 KM_1 线圈电路,低速运行停车。高速时作为排烟机运行,根据消防设备控制要求,设备过载时,只发出过载信号,不切断控制电路。因此,高速运行过载时,由热继电器 KH_2 的常开触点 $\underline{97\ KH_2 98}$ 接通 KA_2 线圈电路,触点 $\underline{13\ KA_2 14}$ 接通过载声光报警指示电路,发出声光报警信号。工作人员可手动解除声响报警信号。当过载消失后,KA_2 失电,报警指示灯熄灭。

②短路保护:主电路短路保护由低压断路器 QF 实现,控制电路短路保护由熔断器 FU 实现,注意中性线上严禁安装熔断器。

③失压保护:手动运行挡时,由自锁环节构成失压保护环节。自动挡时,总线或防火阀或消防控制室发出启动信号方可启动运行。

④特殊保护:当排烟温度达到 280 ℃时,为了避免将高温烟雾排出引起新的火灾,排烟风道上的防火阀 YF 熔体熔断,切断控制回路,排烟风机停止运行。

11.4.3 电动送风阀与排烟阀

送风阀或排烟阀装在建筑物的过道、防烟前室或无窗房间的防排烟系统中用作排烟口或正压送风口。平时阀门关闭,当发生火灾时阀门接收信号打开。

送风阀或排烟阀的电动操作机构一般用电磁铁操作,当电磁铁通电时即执行开阀操作。电磁铁由消防中心发出命令通电。

多阀门的动作接线有并联(同时动作)及串联(顺序联锁动作)两种。并联接线的可靠性高,但应注意直流电源或联动模块的容量。当同时动作的阀门数量不多,电源容量或联动模块容量允许时,可采用并联接线方式。串联动作时,如果某一只阀门的微动开关不良则后面的阀门都将不会动作,降低了可靠性,因而不宜采用。

多阀门电气接线原理图如图 11.14 所示。

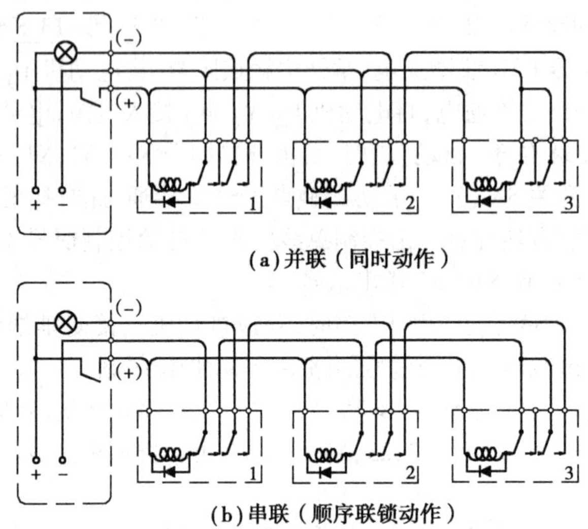

图 11.14　多阀门电气接线原理图

模块式控制电动脱扣式设备接线示意图如图 11.15 所示。将此模块接于非消防电源的电源断路器或电源接触器上,在火灾发生时用来远动控制切除非消防电源。

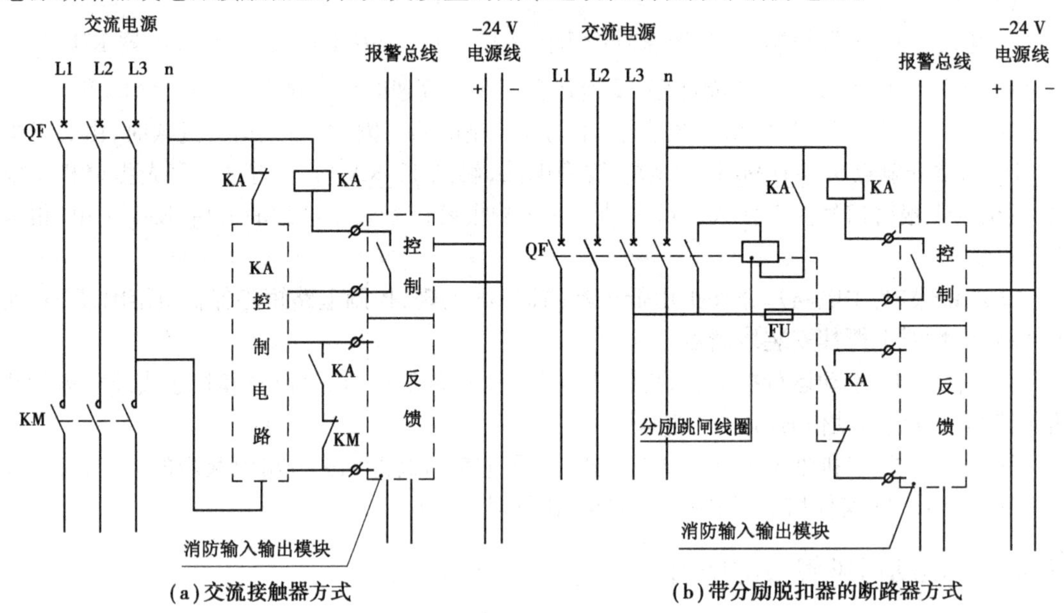

图 11.15　模块式控制电动脱扣式设备接线示意图

排烟阀的控制应符合以下要求:

①排烟阀宜由其排烟分担区内设置的感烟探测器组成的控制电路在现场控制开启。

②排烟阀动作后应启动相关的排烟风机和正压送风机,停止相关范围内的空调风机及其他送、排风机。

③同一排烟区内的多个排烟阀,若需同时动作,可采用接力控制方式开启,并由最后动作

的排烟阀发送动作信号。

11.4.4　防火阀与防火门

防火阀与防火门是用来阻止建筑物内部空间不同部位火势蔓延途径的防火隔断设备。

1) 防火阀及防烟防火阀

防火阀与排烟阀相反,正常时是打开的,当发生火灾时,其温度上升,熔断器熔断使阀门自动关闭。一般用在有防火要求的通风及空调系统的风道上。防火阀可用手动复位(打开),也可用电动机构进行操作。电动机构一般采用电磁铁,接受消防中心命令而关闭阀门。操作原理同排烟阀。防烟防火阀的工作原理与防火阀相似,在结构上还有防烟的要求。

设置在排烟风机入口处的防火阀动作后应联动停止排烟风机。

为防止火势蔓延,防火阀通常是由熔断器控制的,排烟管内与通风空调管内的熔断器熔断温度有所不同。在排烟管道和通风空调管道内均设有防火阀。当发生火灾后,操作机构在烟感报警电信号作用下,将阀门自动打开;当排烟管内的气流达到 280 ℃时,管道防火阀熔断器熔断。关闭防火阀,关闭信号通过输入模块发送至控制器,自动或手动启动相应控制模块去关闭排烟机。

有空调设备时,空调送风管道内的气流温度达到 70 ℃时,防火熔断器动作,关闭防火阀,关闭信号通过输入模块传送至控制器,控制器则根据联动关系给控制模块信号,关闭空调机。

2) 防火卷帘

防火卷帘广泛用于各类建筑物中需要防火分隔的部位,通常设于建筑物防火分区通道口处,可形成门帘式防火分隔,用作防火分区的防火隔断。当火灾发生时可据消防控制室或探测器的联动指令或就地手动操作,使卷帘下降,水幕同步供水。用于疏散通道上的防火卷帘的两侧分别安装感烟、感温两种类型的火灾报警探测器组及手动控制按钮。

疏散通道上防火卷帘控制的过程:当感烟探测器发出火警信号后,主机按照预先编制的软件程序指令相应输出模块动作,使该防火卷帘门产生第一次下降,距地 1.8 m;当感温探测器发出火警信号后,主机指令另一输出模块动作,使该防火卷帘产生第二次下降,使卷帘降落至地面,以达到人员紧急疏散、火灾区域隔水隔烟、控制火灾蔓延的目的。用于防火分区的防火卷帘接受感烟探测器的关闭信号后,下降到地。

用作防火分隔的防火卷帘,火灾探测器动作后,卷帘应一次降到底,报警信号和降到底的信号均应在消防控制室的控制装置上显示。

卷帘电动机为三相 380 V,功率为 0.55 ~ 1.5 kW,其容量视门体大小而定。控制电路电压为 DC24 V。控制方式有下列几种:

①电动控制:用于一般用途的卷帘门上,以按钮操作控制卷帘门的升降。

②手动控制:在电动控制的按钮上附加了手动控制装置,可用人工操作转柄使卷帘门降落。

③联动控制:即与消防中心实行联动控制,可实现集中控制防止火灾蔓延。可分为中心联动控制和模块联动控制两种联动方式。其联动控制方框图如图 11.16 所示。

防火卷帘还应具有在停电情况下,通过手动拉链或熔断器控制防火卷帘门下降的功能。

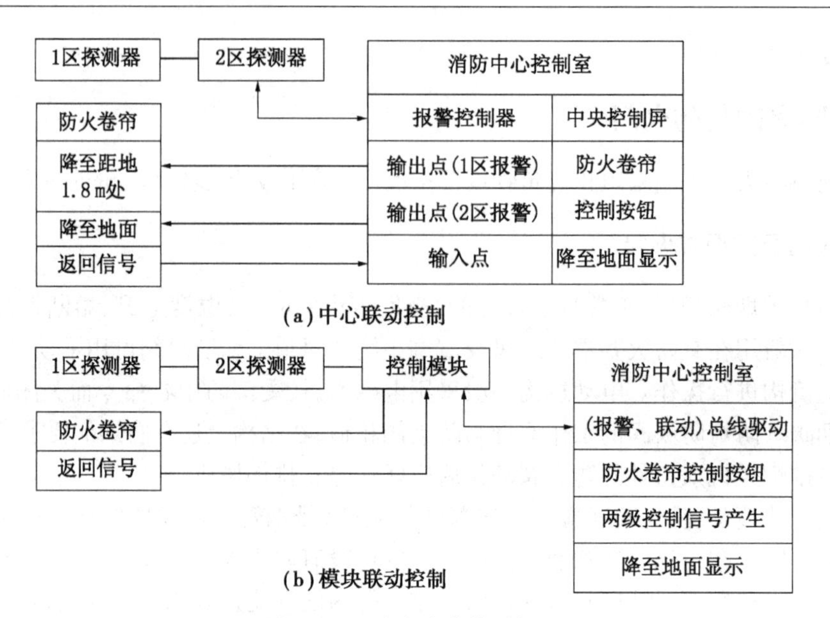

图 11.16　防火卷帘控制框图

根据《火灾自动报警系统设计规范》(GB 50116—2013)要求,设于疏散通道上的防火卷帘,应设置火灾探测器组及其警报装置,且两侧应设置手动控制按钮。当防火分区内任意两只独立感烟探测器或任意一只专门用于联动防火卷帘的感烟探测器动作时,卷帘自动下降至距地(楼面)1.8 m 处(一步降),当任意一只专门用于联动防火卷帘的感温探测器动作时,卷帘自动下降到楼板面(二步降)。此处防火卷帘门分两步降落的作用是当火灾初起时便于人员的疏散。在防火卷帘的任一侧距卷帘纵深 0.5 ~5 m 内应设置不少于 2 只专门用于联动防火卷帘的感温探测器。

非疏散通道(如在无人穿越的共享大厅等处)设置的防火卷帘可由防火卷帘所在防火分区内任意两只独立的火灾探测器的报警信号作为其下降的联动触发信号,意即当防火卷帘所在防火分区内任意两只独立的火灾探测器动作时,用于防火分隔的防火卷帘直接下降到楼板面。

除自动控制外,防火卷帘还应满足手动控制要求,即在防火卷帘两侧设置手动控制按钮控制防火卷帘的升降。此外,还要求能在设于消防控制室内的消防联动控制器上手动控制防火卷帘的降落。

防火卷帘动作信号应反馈至消防控制室。

对防火卷帘可进行分别控制[图 11.17(a)]或分组控制[图 11.17(b)],在共享大厅、自动扶梯、商场等处允许几个卷帘同时动作时,可采用分组控制。采用分组控制可大大减少控制模块和编码探测器的数量,进而减少投资。

模块与防火卷帘门电控箱接线示意图,如图 11.17 所示。其中,图 11.17(a)中 KA_1 和 KA_2 为安装于防火卷帘门电控箱中的中间继电器,分别用于防火卷帘的二步下降控制。图 11.17(b)中,中间继电器 KA_1 ~ KA_3 分别安装于各防火卷帘门电控箱中,分别用于各防火卷帘的控制。

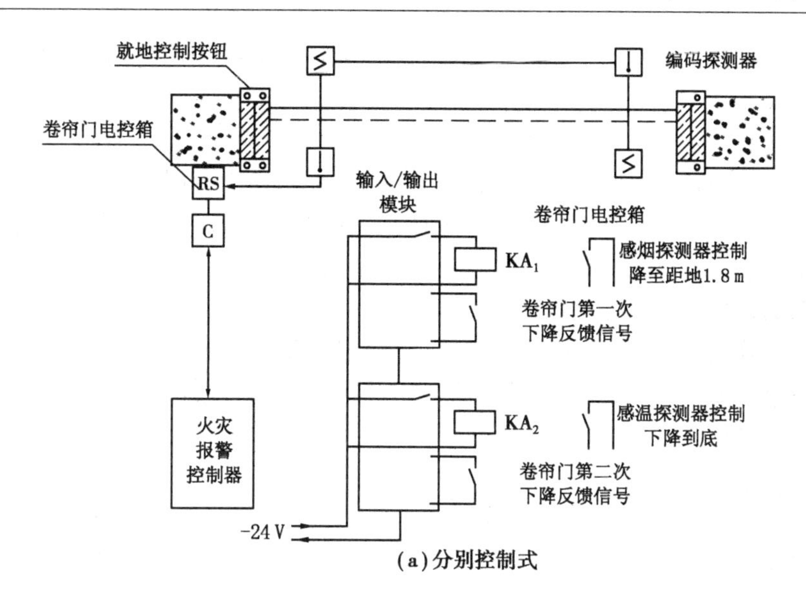

(a)分别控制式

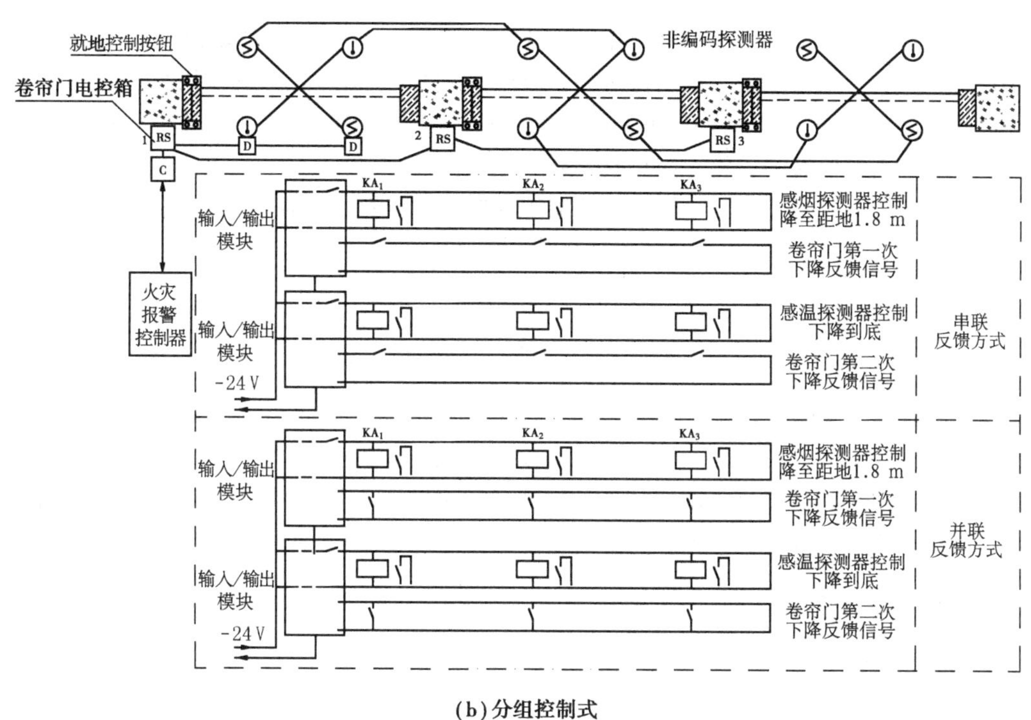

(b)分组控制式

图 11.17　模块与防火卷帘门电控箱接线示意图

3)防火门

防火门作用在于防烟与防火。它可用手动控制或电动控制。采用电动控制时需在防火门上配有相应的闭门器及释放开关。

释放开关有两种:一种是平时通电吸合,使防火门处于开启状态,火灾时电源被联动装置切断,这时装在门上的闭门器使防火门自动关闭;还有一种释放开关是将电磁铁、油压泵和弹簧做成一个整体装置,平时断电,防火门开启。当火灾时电磁铁通电将销子拔出,靠油压泵的压力将门慢慢关闭。

常开电动防火门的控制应符合以下要求:

①电动防火门应选用平时不耗电的释放器,且宜暗设,应有返回动作信号功能。

②门两侧应装设专用的感烟探测器组成的控制电路,当门任一侧的火灾探测器报警后,防火门应自动关闭,防火门关闭信号应送到消防控制室。

当常开防火门所在防火分区内的两只独立的火灾探测器或一只火灾探测器与一只手动火灾报警按钮动作时,发出常开防火门关闭的联动触发信号,联动触发信号应由火灾报警控制器或消防联动控制器发出,并应由消防联动控制器或防火门监控器联动控制防火门关闭。

疏散通道上各防火门的开启、关闭及故障状态信号应反馈至防火门监控器。

4)活动挡烟垂壁

活动挡烟垂壁用不燃材料制成,从顶棚下垂不小于500 mm,是一种挡烟设施。其电源为DC24 V。由电磁线圈及弹簧锁等组成防烟垂壁锁,平时用它将挡烟垂壁锁住,火灾时可通过自动控制或手柄操作使得垂壁降下。自动控制时,从感烟探测器或联动控制盘发来指令信号,电磁线圈通电,把弹簧锁的销子拉进去,开锁后挡烟垂壁由于重力的作用靠滚珠的滑动而落下。手动控制时,操作手动杆也可使弹簧锁的销子拉回而开锁,活动挡烟垂壁落下。将挡烟垂壁升回原来的位置即可复原,重新被挡烟垂壁锁固定住。

挡烟垂壁应由其附近的专用感烟探测器组成的控制电路就地控制。

5)排烟口及送风口

用于排烟风道系统在室内的排烟口或正压送风风道系统的室内送风口,其内部为阀门,可通过感烟信号联动、手动或温度熔断器使之瞬时开启。排烟口及送风口的外部为百叶窗。感烟信号联动是由DC24 V的电磁铁执行,联动信号也可来自消防控制室的联动控制盘。就地手动拉绳也可使阀门开启。温度熔断器可选定动作温度值,待环境温度升高至动作值时熔断器熔断使阀门脱扣而开启。阀门打开后其联动开关接通信号回路,可向控制室返回阀门已开启的信号或联锁控制其他装置。温度熔断器更换后,阀门可手动复位。

6)排烟窗与排烟门

排烟窗(门)平时关闭,即用排烟窗锁锁住。在火灾时,通过自动控制或手动操作将窗(门)打开。自动控制时,从感烟探测器或联动控制盘发来的指令接通电磁线圈,弹簧锁的锁头偏移,利用排烟窗的重力(或排烟门的回转力)打开排烟窗(门)。手动操作是把手动操作柄扳倒,使弹簧锁的锁头偏移而打开排烟窗(门)。电动安全阀平时关闭,执行机构是由旋转弹簧锁及DC24 V电磁线圈等组成。联动控制时,由感烟探测器或联动控制盘发出指令,接通电磁线圈使其动作,弹簧锁的固定销离开,弹簧锁可以自由旋转,由此打开窗(门)。

各电磁锁可用微动开关,当排烟窗(门)由开启变为关闭或由关闭变为开启时,触动微动开关使之接通信号回路,以向消防控制联动盘返回动作信号。

11.5 气体灭火控制器

《建筑设计防火规范》和《人民防空工程设计防火规范》对建筑物内应设置气体灭火系统等固定灭火装置的部位和房间做出了明确规定。气体灭火控制器是根据气体灭火系统的操作和控制要求而设计的气体灭火控制装置,专用于气体自动灭火系统中,是具有自动探测、自动报警、自动灭火功能的控制器。

气体灭火控制器可以连接感烟、感温火灾探测器,紧急启停按钮,手自动转换开关,气体喷洒指示灯,声光警报器等设备,并且提供驱动电磁阀的接口,用于启动气体灭火设备。

火灾发生时,气体灭火控制器根据火灾探测器或手动报警按钮的报警信号,发出声光报警信号,与此同时,经逻辑判断,手动或自动地控制消防联动设备,启动气体灭火装置,迅速而有效地扑灭火灾。

为了保证固定灭火装置安全可靠运行,对其控制应具有手动和自动两种启动方式,且要求在火灾报警后经过设备确认或人工确认后方可启动灭火系统。设备确认的一般做法是2组探测器同时发出报警后可确认为真正的灭火信号。当第一组探测器发出报警,值班人员应立即赶到现场进行人工确认,并决定是否启动固定灭火系统。

对有管网七氟丙烷、二氧化碳等气体的灭火系统,火灾探测器的灵敏度宜采用一级。控制应以保护区现场手动启动为主。

灭火系统应设自动控制、手动控制和机械应急操作三种启动方式。设置在防护区内的预制灭火装置应有自动控制和手动控制两种启动方式。自动控制程序中设置了0~30 s可调的延迟喷射的环节,此环节应根据人员安全撤离防护区的需要设置,对于平时无人工作的防护区,可设为0 s。在灭火设计浓度大于9%的防护区,还应设置手动/自动转换装置。当有人进入防护区时,将灭火系统转换到手动控制位;当人离开时,恢复到自动控制位。

11.5.1 气体灭火控制器的分类与功能

1)气体灭火控制器的分类

根据其控制的灭火分区数量不同,气体灭火控制器可分为单区灭火控制器和多区灭火控制器两类。

2)气体灭火控制器的基本功能

①当保护区发生火灾时,发出声光报警信号。

②关闭防火阀,开启广播疏散系统;关闭通风、排烟设备;关闭防火门、防火卷帘等,启动灭火设备。

③在发出报警信号之后,为了便于火灾现场人员及时撤离,一般应在火灾发生后延迟20~30 s才施放灭火剂。

④启动控制方式。管网灭火系统应设自动控制启动、手动控制启动和机械应急操作启动三种启动控制方式。无管网灭火系统应设自动控制启动和手动控制启动两种启动控制方式。

气体灭火控制器应具备自动与手动两种控制操作方式。

a. 自动控制:气体灭火控制器能接收来自火灾探测器或自动报警系统的火灾报警信号,发出报警信号,自动启动有关消防联动设备,启动气体灭火装置,其动作顺序如图 11.18 所示。

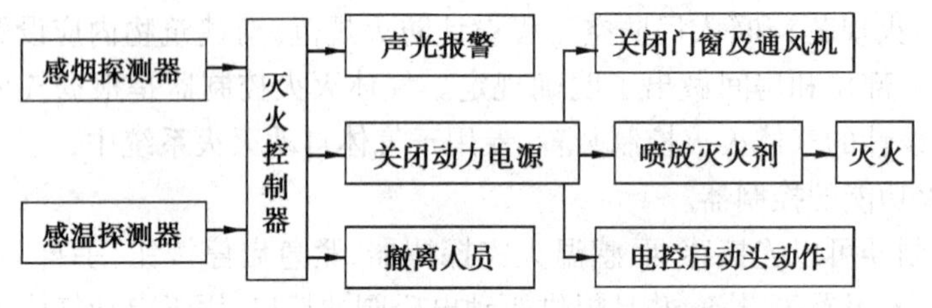

图 11.18　气体灭火控制器的自动控制方框图

b. 手动控制:除手动机械操作外,在保护区出入口附近装置手动操作盘(手动灭火按钮板),当火灾发生时经人工确认后,按下手动灭火按钮,实现远距离操纵喷放灭火剂及启动有关辅助设备,其动作顺序如图 11.19 所示。

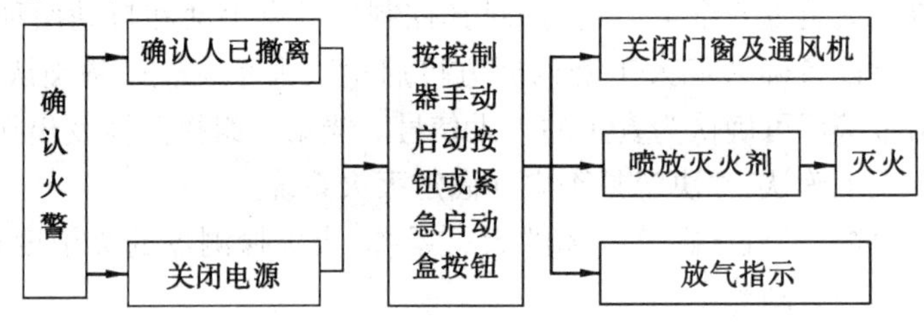

图 11.19　气体灭火控制器的手动控制方框图

3)控制器使用要求

①手动启动装置应设在保护区出入口附近,位置应便于操作人员接近且烟、火又暂时蔓延不到的地方。

②启动装置应设置明显的永久性标志,注明被保护区名称及操作方法。

③为了提高气体灭火控制器的可靠性,手动和自动控制方式一般可以切换。通常可以用手动方式,晚间无值班人员时,可转换为探测器联动的自动控制方式。手动与自动位置应设置相应的指示灯。

④停电时应自动转换到备电方式。

11.5.2　气体灭火控制器的原理

单区气体灭火控制装置方框图如图 11.20 所示。

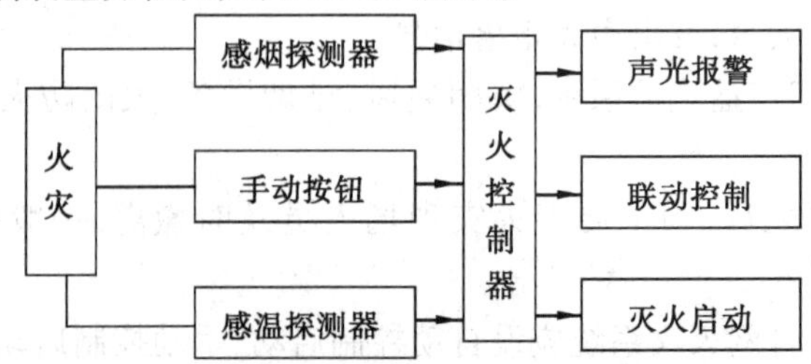

图 11.20　单区气体灭火控制装置方框图

根据气体灭火系统设计规范,在防护区内应按《火灾自动报警系统设计规范》设置火灾自动报警系统。这样,可以较早发现初起火灾,并及时启动灭火装置进行扑救。

由于火灾探测器与火灾自动报警系统本身的可靠性与环境的影响,不可避免地会出现误报的可能,而气体灭火系统一旦误动作将会造成较大的损失和影响。因此,《火灾自动报警系统设计规范》规定,对有管网的气体灭火系统,应以保护区现场手动启动为主。系统的自动操作应在接到两个独立的火灾信号后方可启动。因此,在防护区内应设置两种不同类型或两组同一类型的火灾探测器。只有当两种不同类型或两组同一类型的火灾探测器均检测出防护区内存在火灾时,才能发出释放灭火剂的命令。一般系统采用感烟探测器和感温探测器两种不同的探测器交叉配置的方式,如图11.21所示。将两种信号相"与"后进行输出控制,以保证系统的可靠性。采用复合探测器也可以达到提高系统可靠性的目的。

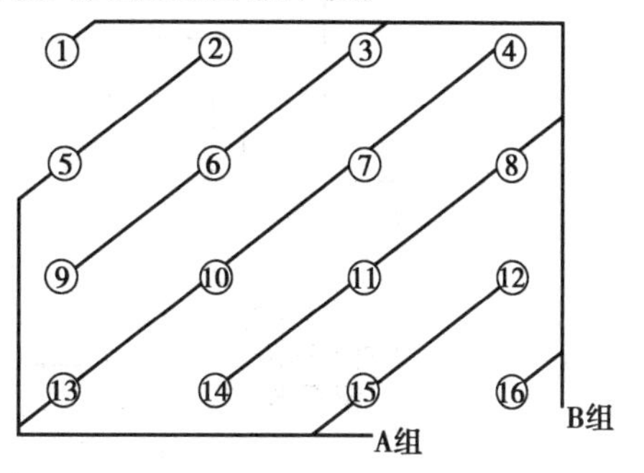

图11.21　火灾探测器的交叉配置

在微机总线制火灾报警系统中,可以提供更加复杂及完善的动作逻辑条件。

多区灭火控制器与单区灭火控制器原理基本相同。多区灭火控制器可以同时控制2个以上的灭火系统防护分区的报警、联动和灭火,适用于多个灭火分区联网的管网系统。

11.5.3　气体灭火系统的控制方式

1)气体灭火系统就地控制方式

此种控制方式即为就地报警、就地控制,消防控制室监控方式。这种系统的控制线短,可靠性高,适合于灭火区分散的场合和无管网自动灭火系统,较经济实用。其原理框图如图11.22所示。

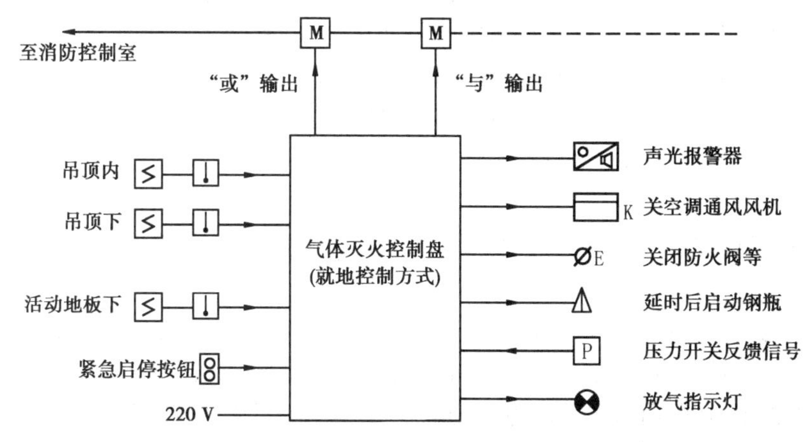

图11.22　气体灭火系统就地控制方式方框图

2)气体灭火系统模块控制方式

如图11.23所示,这种系统将报警信号送至消防控制室,经编码控制灭火(可数区用1个气体灭火控制盘),消防控制室能及时了解报警全过程,并可控制喷洒,线路较简单,适用于灭火区较多、较集中的场合。

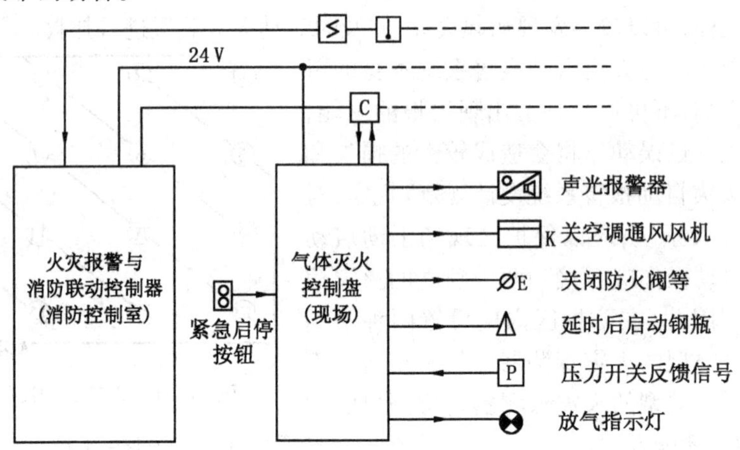

图 11.23　气体灭火系统模块控制方式方框图

现行规范要求,管网式气体灭火系统应具有自动控制、手动控制和机械应急操作的启动方式。预制式气体灭火系统应具有自动控制和手动控制的启动方式。

11.6　其他系统的联动控制

11.6.1　消防电梯的联动控制

在火灾期间,消防电梯主要供消防人员使用,以扑救火灾和疏散伤员。消防电梯可与客梯或工作电梯兼用,但应符合消防电梯的要求。消防电梯轿厢内应设有电话并应在首层设置消防队专用的操作按钮。在火灾发生期间,应保证对消防电梯的连续供电时间不小于建筑火灾延续时间。大型公共建筑中有多部客梯与消防电梯,在首层应设消防队专用的操作按钮,其功能主要是供消防队员操作,使消防电梯按要求停靠在任何楼层,同时其他电梯从任何一个楼层位置降到首层并停止工作。消防电梯应与消防控制中心有电话联系,以便按控制中心指令把消防器材送达着火部位楼层。

灭火时为了防止电源电路造成二次灾害,应切断有关楼层或防火分区的非消防电源。为此,在配电房或各楼层配电箱进线电源开关处设置分励脱扣器,利用控制模块远动切除非消防电源。

上述指令均由消防控制中心发出,并有信号返回到消防控制中心。在消防中心设有电梯运行盘或电梯归底控制按钮,平时显示电梯运行状态。消防控制室在确认火灾后,应能控制全部电梯停于首层,切断所有非消防电梯的电源,并接收其反馈信号,即要求电梯的动作归底信号反馈给消防中心的报警控制装置,控制装置上的电梯归底显示灯亮。

非消防电梯电源的切除一般通过低压断路器的分励脱扣器完成。

对电梯的控制有两种方式:一种是将电梯的控制显示盘设在消防控制室,消防值班人员在必要时可直接进行操作;另一种是在人工确认真正发生火灾后,消防控制室向电梯控制室发出火灾信号及强制电梯下降的指令,所有电梯下行停于首层。电梯是纵向通道的主要交通工具,联动控制一定要安全可靠。在对自动化程度要求较高的建筑内,可用消防电梯前室的感烟探测器联动控制电梯。

为了避免消防队员在扑救火灾时发生触电事故,现代建筑中普遍在每一楼层配电箱处设置了一个强切信号输出模块。火灾报警时,主机按照预先编制的软件程序指令相应输出模块动作,使火灾层及上、下层的楼层配电箱中进线断路器动作,切断非消防电源。

11.6.2　消防广播系统的联动控制

总线式消防广播系统是由广播主机、输出模块、切换接口、扬声器等组成。当某层发生火警时,主机按照预先编制的软件程序指令紧急广播系统动作,打开报警疏散信号源,同时指令相应输出模块动作,使整栋建筑扬声器自动切换至紧急广播总线,并自动鸣响报警。消防中心的联动控制盘上分别设有消防广播扬声器的手动开关,使得消防广播扬声器既可自动也可手动播放。此外,紧急广播系统中还设有话筒,由消防值班人员指挥人员疏散或灭火行动。当广播转入火灾广播时,录音装置自动将广播内容录制下来,也可播放预先录制好的广播内容。

11.6.3　消防电话系统

在消防中心设置消防专用电话总机,当发生火灾事故时,它可以为火灾报警和消防指挥提供必要的通信联络。电话采用直接呼叫通话方式,无须拨号。各部分机拿起,电话总机立即响应,总机和分机可以通话。当总机呼叫分机时,按下对应的分机开关,对应的分机发生铃流音响,分机即可和总机对话。

思考题

11.1　选择填空

①消防控制设备对防火卷帘的控制应符合下列要求(　　)。

A. 疏散通道上的防火卷帘两侧应设探测器及警报装置、手动控制按钮

B. 疏散通道上的防火卷帘应一次降到底

C. 疏散通道上的防火卷帘应分两次降到底

D. 用作防火分隔的防火卷帘自动降落时应一次降到底

E. 消防控制室能手动控制防火卷帘升到位

②消防电梯的控制方式有(　　)。

A. 火灾确认后由控制室直接迫降至首层

B. 消防队员在首层前室手动迫降

C. 在控制室设一个电梯控制显示盘,必要时由值班人员直接操作

D. 用消防电梯前室的火灾探测器联动控制消防电梯

E. 其他探测器报警联动

③消防控制设备对自动喷水和水喷雾灭火系统应有(　　)等控制、显示功能。

A. 控制系统的启、停

B. 显示消防水泵的工作、故障状态
C. 末端试水装置的出口压力
D. 显示启泵按钮的位置
E. 显示水流指示器、报警阀、安全信号阀的工作状态
④消防控制设备对有管网的气体灭火系统应有以下控制、显示功能(　　)。
A. 控制系统的紧急启动和切断
B. 自动联动时,控制设备应具有 30 s 可调的延时装置
C. 显示系统处于手动、自动工作状态
D. 报警、喷射阶段控制室应有相应的声、光报警信号
E. 在延时阶段,应能自动关闭防火门、窗
⑤消火栓泵在(　　)触发信号下直接控制启动。
A. 出水干管上设置的低压压力开关
B. 高位消防水箱出水管上设置的流量开关
C. 报警阀压力开关
D. 消火栓按钮
⑥当消火栓泵启泵后,需将消火栓泵启动信号反馈至(　　)等处。
A. 消火栓水泵控制柜
B. 值班室
C. 消火栓按钮
D. 消防联动控制器
⑦火灾时,喷头因受热炸裂喷水,压力开关触点闭合,启动喷淋泵。当喷淋泵启动后,运行信号反馈至(　　)等处。
A. 喷淋泵处
B. 值班室
C. 消防控制室
D. 消防联动控制器
⑧在排烟系统的模块控制模式中,消防控制室接到火警信号后,应能(　　)。
A. 产生排烟风机和排烟阀等的动作信号
B. 经总线和控制模块驱动各设备动作并接收其返回信号
C. 监控其运行状态
D. 对排烟风机进行调速控制
⑨对防火卷帘的控制应当是(　　)。
A. 设于疏散通道上的防火卷帘,防火分区内感烟火灾探测器的报警信号应联动控制防火卷帘下降至距楼板面 1.8 m 处,感温火灾探测器的报警信号应联动控制防火卷帘下降到楼板面
B. 设于疏散通道上的防火卷帘,防火分区内任两只独立的感烟火灾探测器或任一只专门用于联动防火卷帘的感烟火灾探测器的报警信号应联动控制防火卷帘下降至距楼板面 1.8 m 处;任一只专门用于联动防火卷帘的感温火灾探测器的报警信号应联动控制防火卷帘下降到楼板面

C. 设于非疏散通道上的防火卷帘，防火分区内任两只独立的火灾探测器报警时，联动控制防火卷帘直接下降到楼板面

D. 应能由防火卷帘两侧设置的手动控制按钮控制防火卷帘的升降

⑩对防火卷帘可进行(　　)。

A. 在相近的防火分区处设置的防火卷帘，可采用分组控制

B. 分组控制

C. 分别控制

D. 在共享大厅、自动扶梯、商场等处允许几个卷帘同时动作时，可采用分组控制

⑪当气体灭火控制器接收到来自火灾探测器或自动报警系统的火灾报警信号后，应能(　　)。

A. 发出报警信号

B. 自动启动有关消防联动设备

C. 启动气体灭火装置

D. 撤离人员，关闭动力电源和门窗

⑫一类高层建筑的消防控制室、消防水泵、消防电梯、防烟排烟设施、火灾自动报警、自动灭火系统、应急照明、疏散指示标志等消防用电，应按(　　)要求供电。

A. 一级负荷

B. 一级负荷中特别重要的负荷

C. 二级负荷

D. 三级负荷

11.2　民用建筑中，如果消防电源的容量能够满足要求，消防泵优先采用什么启动方式？为什么？若消防电源的容量不能够满足要求，消防泵应当采用什么启动方式？为什么？常用的消防泵启动方式有哪几种？试对其进行简单评价。

11.3　在下图的电气主接线中，哪些适用于一级消防负荷供电，哪些适用于二级消防负荷供电？请简述其原因。

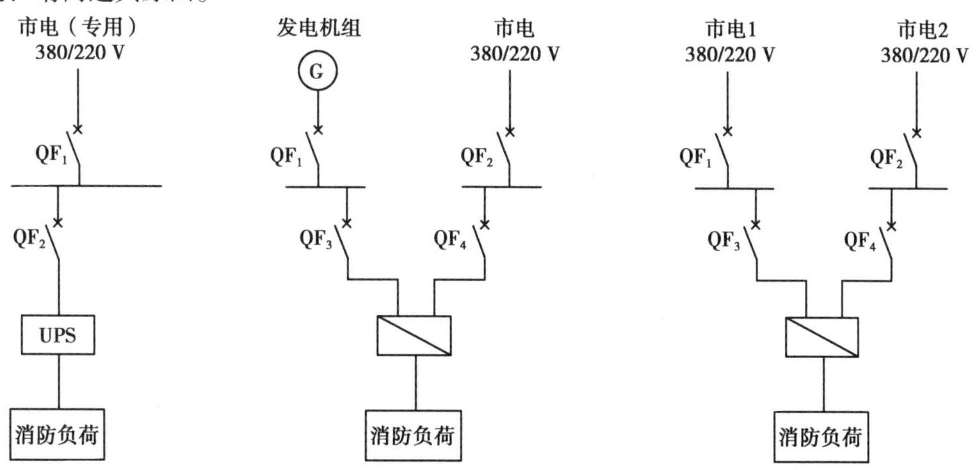

(a)1个市电电源及1组UPS　(b)1个市电电源及1组发电机组　(c)2个独立市电电源（高压侧为不同电源）

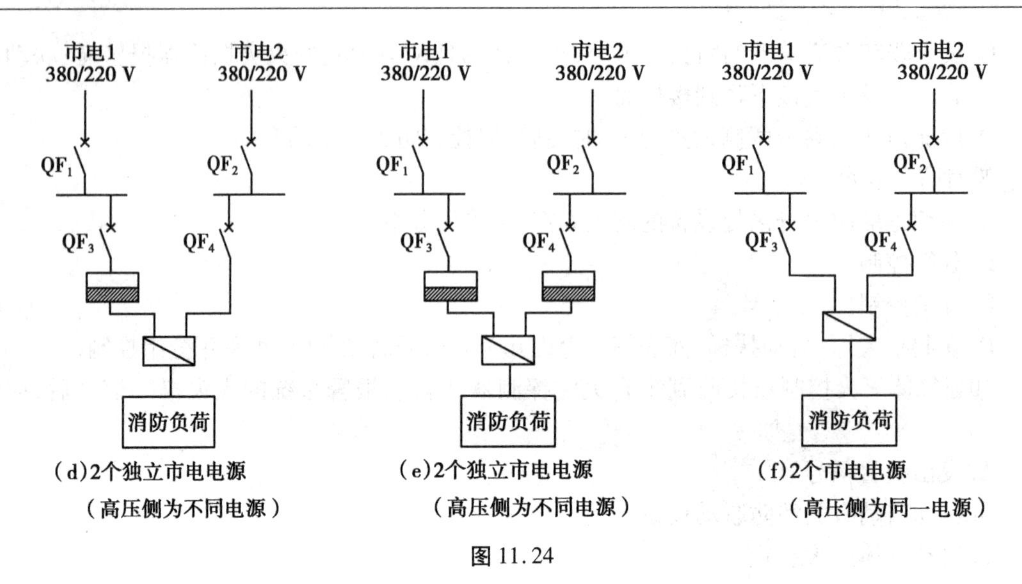

(d)2个独立市电电源（高压侧为不同电源）　(e)2个独立市电电源（高压侧为不同电源）　(f)2个市电电源（高压侧为同一电源）

图 11.24

说明:图 a 中市电直供一路电给 UPS,再由 UPS 向消防负荷供电;图 b 中发电机组、市电各直供一路电,经双电源切换后向消防负荷供电;图 c 为两路独立市电电源各直供一路电,经双电源切换装置向消防负荷供电;图 d 为两路独立市电,其中一路直供,另一路经配电箱后供给双电源切换箱图;e 为两路独立市电电源都经配电箱后供给双电源切换装置;图 f 为高压侧为同一电源的二回路市电供给双电源切换装置,由切换装置向消防负荷供电。

11.4　对排烟(风)机的控制要求是:平时由现场控制按钮控制风机启、停进行排风;消防时由消防控制室发出信号进行排烟。当排烟风道温度超过 280 ℃时,排烟风机停止运行。试根据上述控制要求绘制控制电路,并分析其控制原理。

12

火灾自动报警与联动控制系统的工程设计

火灾自动报警及联动控制系统的工程设计的内容包括:确定保护范围及保护等级,选择和布置火灾探测器。设置应急照明及疏散指示标志,进行消防广播和消防通信系统、消防设备联动的设计。确定消防控制室的位置、机房面积、供电电源、设备型号与布置、线路敷设方式等。

火灾自动报警与联动控制系统的工程设计的前期工作包括:

①了解建筑物基本情况。包括建筑物的性质、规格的划分,建筑、结构专业的防火措施,结构形式及装饰材料;电梯的配置与管理方式、竖井的位置及大小;各类设备房、库房的布置、性质及用途等。

②掌握相关设备专业的消防设施的设置及控制要求。包括送、排风及空调系统的设置、防排烟系统的设置,对电气控制与联锁的要求;灭火系统(消火栓、自动喷淋及气体灭火系统)的设置,对电气控制与联锁的要求。防火卷帘门及防火门的设置及其对电气控制的要求;供、配电系统、照明与电力电源的控制与防火分区的配合;消防电源,等等。

③明确设计原则。包括按规范要求确定建筑物防火分类等级及保护方式;选择自动防火系统方案;充分掌握各种消防设备及报警器材的技术性能及要求。

12.1 设计原则及依据

12.1.1 设计原则

①贯彻国家有关工程设计的政策和法令,符合现行国家标准和规范,遵循行业、部门和地区的工程设计规程及规定。

②结合我国实际,采用先进技术,掌握设计标准,采取有效措施以保障电气安全,节约能源,保护环境。设备布置应便于施工、管理,设备材料选择应考虑一次性投资与经常性运行费

用等综合经济效益。

③设计过程中要与建筑、结构、给排水、暖通等工种密切协调配合。

12.1.2 设计依据

火灾自动报警及联动控制系统的工程设计依据是现行的国家标准和规范。现行的国家标准和规范有《消防设施通用规范》(GB 55036)、《火灾自动报警系统设计规范》(GB 50116)、《火灾自动报警系统施工验收规范》(GB 50166)、《消防应急照明和疏散指示系统技术标准》(GB 51309)、《建筑设计防火规范》(GB 50016)、《建筑内部装修设计防火规范》(GB 50222)、《人民防空工程设计防火规范》(GB 50098)、《汽车库、修车库、停车场设计防火规范》(GB 50067)、《农村防火规范》(GB 50039)及各种生产及储存易燃、易爆物品的工业厂房、仓库建筑设计防火规范标准等。

在进行火灾自动报警及联动控制系统的工程设计时,必须熟练掌握现行国家规范,掌握规范中对要求严格程度的用词说明如正面词“必须”“应”“宜”或“可”,以及相对应的反义词“严禁”“不应”(或“不得”)和“不宜”等,以在工程设计中正确执行。

在执行规范法规遇到矛盾时,应遵照下列顺序解决:

①现行标准取代原执行标准。

②行业标准服从国家标准。

③报请规范制定部门解决。

此外,建设单位的委托设计任务书,建筑、结构及其他设备工种所提供的设计图纸及要求,有关主管部门的批准文件等,也是设计依据的内容。

12.2 火灾自动报警与联动控制系统设计

12.2.1 民用建筑火灾自动报警系统形式及选择

1)火灾自动报警系统形式

(1)区域报警系统

区域报警系统由火灾探测器、手动火灾报警按钮、火灾声光警报器及火灾报警控制器等组成。系统中可包括消防控制室图形显示装置和指示楼层的区域显示器,系统不包括消防联动控制器。

火灾报警控制器设置在有人值班的场所。

(2)集中报警系统

集中报警系统由火灾探测器、手动火灾报警按钮、火灾声光警报器、消防应急广播、消防专用电话、消防控制室图形显示装置、火灾报警控制器、消防联动控制器等组成。

集中报警系统应设消防控制室。

(3)控制中心报警系统

控制中心报警系统设置了2个及以上消防控制室或者设置了2个及以上的集中报警

系统。

当系统有 2 个及以上消防控制室时,应确定一个主消防控制室。主消防控制室应能显示所有火灾报警信号和联动控制状态信号,并应能控制重要的消防设备;各分消防控制室内消防设备之间可互相传输、显示状态信息,但不应互相控制。

2)火灾自动报警系统形式的选择

各类民用建筑应根据《火灾自动报警系统设计规范》(GB 50116—2013),选择火灾自动报警系统形式,选择时应符合下列规定:

①仅需要报警,不需要联动自动消防设备的保护对象宜采用区域报警系统。

②不仅需要报警,同时需要联动自动消防设备,且只设置 1 台具有集中控制功能的火灾报警控制器和消防联动控制器的保护对象,应采用集中报警系统,并应设置一个消防控制室。

③设置 2 个及以上消防控制室的保护对象,或已设置 2 个及以上集中报警系统的保护对象,应采用控制中心报警系统。

12.2.2 火灾报警区域和探测区域的划分

探测区域是由 1 个或多个探测器并联组成的 1 个有效探测报警单元,可占有区域报警控制器的 1 个部位号。报警区域是由多个探测区域组成的火灾警戒范围。

1)火灾报警区域的划分

报警区域是将火灾自动报警系统所警戒的范围按照一定原则划分的报警单元。报警区域应根据防火分区或楼层划分:可将一个防火分区或一个楼层划分为一个报警区域,也可将发生火灾时需要同时联动消防设备的相邻几个防火分区或楼层划分为一个报警区域。

同一报警区域的同一警戒分路不应跨越防火分区。当不同楼层划分为同一个报警区域时,应在未装设火灾报警控制器的各个楼层的各主要楼梯口或消防电梯前室明显部位设置灯光及音响警报装置。这样,可以通过报警区域将建筑的防火分区和火灾自动报警系统有机地联系起来,从而保证报警系统可靠、及时、准确地发出报警信号,保证各报警区域探测器和消防联动控制系统正常工作。

一般每个报警区域设置 1 台区域火灾报警控制器或区域显示器。除高层公寓和塔楼住宅外,报警区域不得跨越楼层。因此,通常高层建筑中,分层设置区域火灾报警控制器或区域显示器,住宅塔楼部分可共同设 1 台区域火灾报警控制器或区域显示器。

2)探测区域的划分

探测区域是将报警区域按照探测火灾的部位划分的探测单元,它是火灾自动报警系统的最小单元,反映了火灾报警的具体部位。每个探测区域在相应的区域火灾报警控制器或区域显示器上显示出 1 个部位号,以便迅速、准确地进行报警和显示部位。

1 个探测区域可以是 1 个或数个探测器所警戒的区域。

(1)探测区域的划分的一般原则

探测区域应按独立房(套)间划分。一个探测区域的面积不宜超过 500 m^2。从主要入口能看清其内部,且面积不超过 1 000 m^2 的房间,也可划为一个探测区域。

(2)单独划分探测区域的场所

①敞开或封闭楼梯间、防烟楼梯间；

②防烟楼梯间前室、消防电梯前室、消防电梯与防烟楼梯间合用的前室、走道、坡道；

③电气管道井、通信管道井、电缆隧道；

④建筑物闷顶、夹层。

12.2.3 火灾自动报警系统设计规定

1)一般规定

①设计火灾自动报警系统时，应同时设计自动触发装置(火灾报警探测器、水流指示器、压力开关等)和手动触发装置(手动火灾报警按钮、消火栓按钮等)。

②火灾报警控制器容量和每一总线回路所连接的火灾探测器和控制模块和信号模块的地址编码总数宜留有一定余量，以便今后的系统发展。在消防工程中选择火灾报警控制器的容量时，一般可按火灾报警控制器额定容量或总线回路地址编码总数额定值的80%～85%来选择。即：

$$KQ \geqslant N \qquad (12.1)$$

式中 N——设计时统计火灾探测器数量或探测器编码底座和控制模块或信号模块等的地址编码数量总和；

K——容量备用系数，一般取0.8～0.85；

Q——实际选用火灾报警控制器的额定容量或地址编码总数量。

③火灾自动报警系统的设备，应采用经国家有关产品质量监督检测单位检验合格的产品。

④任一台火灾报警控制器所连接的火灾探测器、手动火灾报警按钮和模块等设备总数和地址总数，均不应超过3 200点，其中每一总线回路连接设备的总数不宜超过200点，且应留有不少于额定容量10%的余量。任一台消防联动控制器地址总数或火灾报警控制器(联动型)所控制的各类模块总数不应超过1 600点，每一联动总线回路连接设备的总数不宜超过100点，且应留有不少于额定容量10%的余量，如图12.1所示。

⑤火灾自动报警系统总线上应设置总线短路隔离器，每只总线短路隔离器保护的火灾探测器、手动火灾报警按钮和模块等设备的总数不应大于32点。总线在穿越防火分区处应设置总线短路隔离器。如图12.2所示。

⑥高度超过100 m的建筑中，除消防控制室内设置的控制器外，每台控制器直接控制的火灾探测器、手动报警按钮和模块等设备不应跨越避难层。

⑦水泵控制、风机控制等消防电气设备控制不应采用变频启动方式。

2)方案设计

火灾报警与消防联动控制系统设计应根据保护对象的分级规定、功能要求和消防管理体制等因素综合考虑确定。

设计人员在进行火灾自动报警及消防联动控制系统设计时，应根据国家颁布的消防法规所规定的基本原则和具体工程的规模及保护对象对联动控制的要求，选择及配置性价比较高的各类消防产品,组成一个满足规范、造价合理、功能可靠的火灾自动报警及消防联动控制系统。

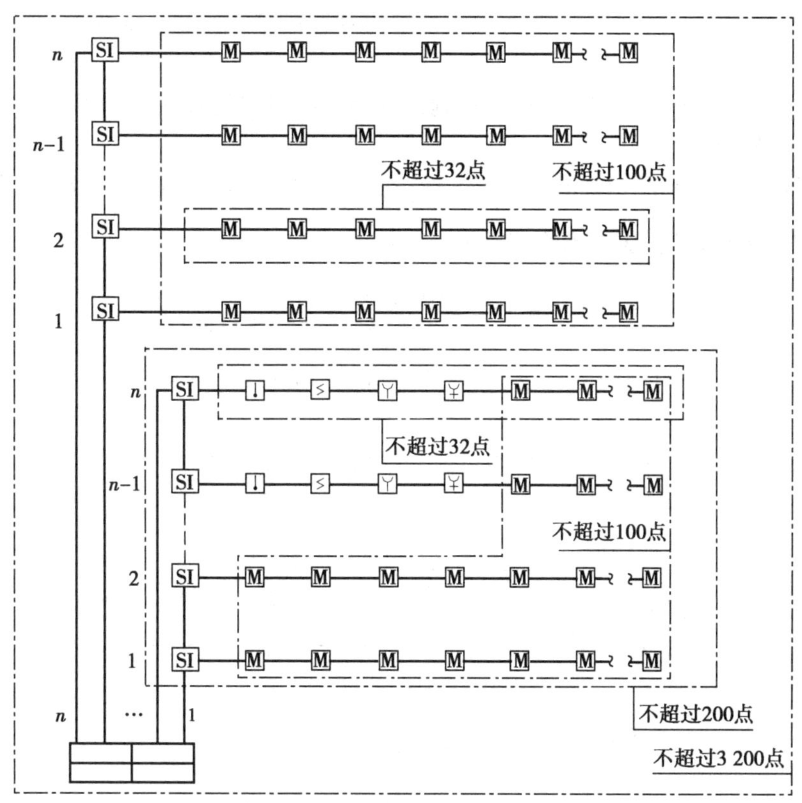

图 12.1　总线短路隔离器的设置(放射形布置)

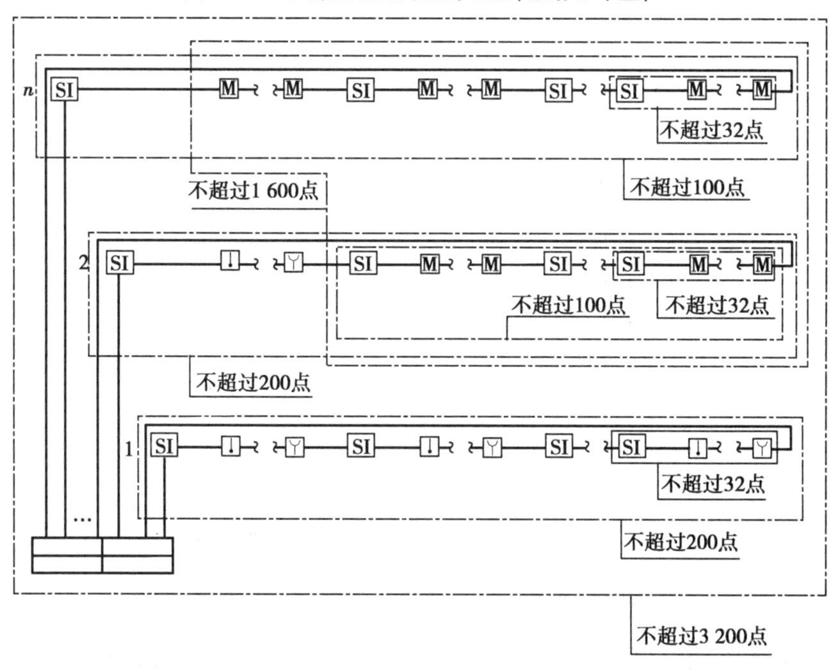

图 12.2　总线短路隔离器的设置(环形布置)

12.2.4　火灾自动报警系统分类

根据系统的功能,可将火灾自动报警系统分为具有报警功能的系统及具有报警功能和联动控制的系统。

根据火灾自动报警系统和消防联动控制系统是否共用控制器,可将火灾自动报警系统分为一体化系统及分体化系统。

根据系统的规模,可将火灾自动报警系统分为需要做或不需要做防火分区的系统。

1)具有报警功能的火灾自动报警系统

系统只有报警需要,没有联动要求,称为区域报警系统。

(1)仅有1个防火分区的火灾自动报警系统

这类系统通常仅有1个防火分区,系统构成方式十分简单,适用于小型建筑物,如图12.3所示。

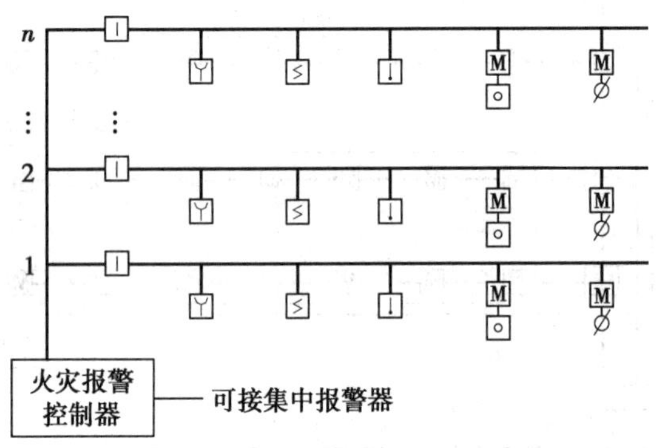

图12.3　仅有1个防火分区的火灾自动报警系统示意图

(2)需做防火分区的火灾自动报警系统

在这类系统中,由火灾报警显示盘作火灾报警分区内的火灾报警显示装置,系统构成方式较为简单,与1个报警区域设置1台区域报警控制器的系统相比,这种系统具有造价低、可靠性较高的优点,适用于不要求联动控制的二级保护建筑物,如图12.4所示。

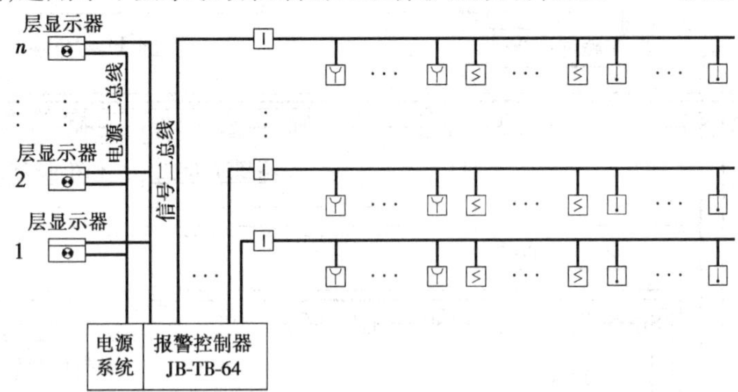

图12.4　需做防火分区的火灾自动报警系统示意图

2)具有报警功能和联动控制的系统

火灾自动报警与消防联动控制系统有两种系统构成方式:一种方式为火灾自动报警与消防联动控制采用不同的控制器,分别设置总线回路,称为报警、联动分体化系统;另一种方式为火灾自动报警与消防联动控制采用同一控制器，报警与联动共用控制器总线回路，称为报警、联动一体化系统。

无论是一体化系统还是分体化系统，都应满足本书12.2.3中的要求。

(1)总线短路隔离器

报警、联动一体化系统将火灾探测器与各类控制模块接入同一总线回路，由一台控制器进行管理。因此，这种系统的造价较低，施工与设计较为方便。但由于报警与联动控制器共用控制器总线回路，余度较小，系统的整体可靠性比分体化系统略低。

①仅有1个防火分区的火灾自动报警与消防联动控制系统，如图12.5所示。

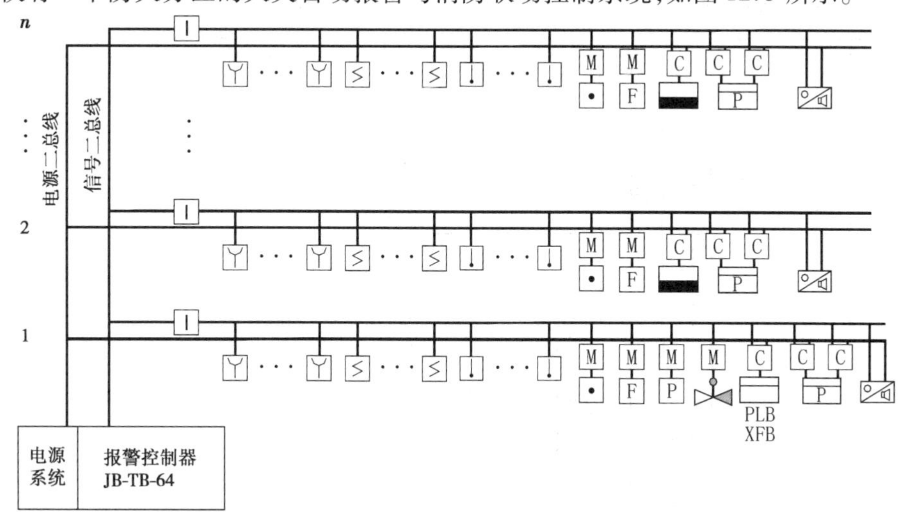

图12.5　仅有1个防火分区的火灾自动报警与消防联动控制系统

②需做防火分区的火灾自动报警与消防联动控制系统，如图12.6所示。

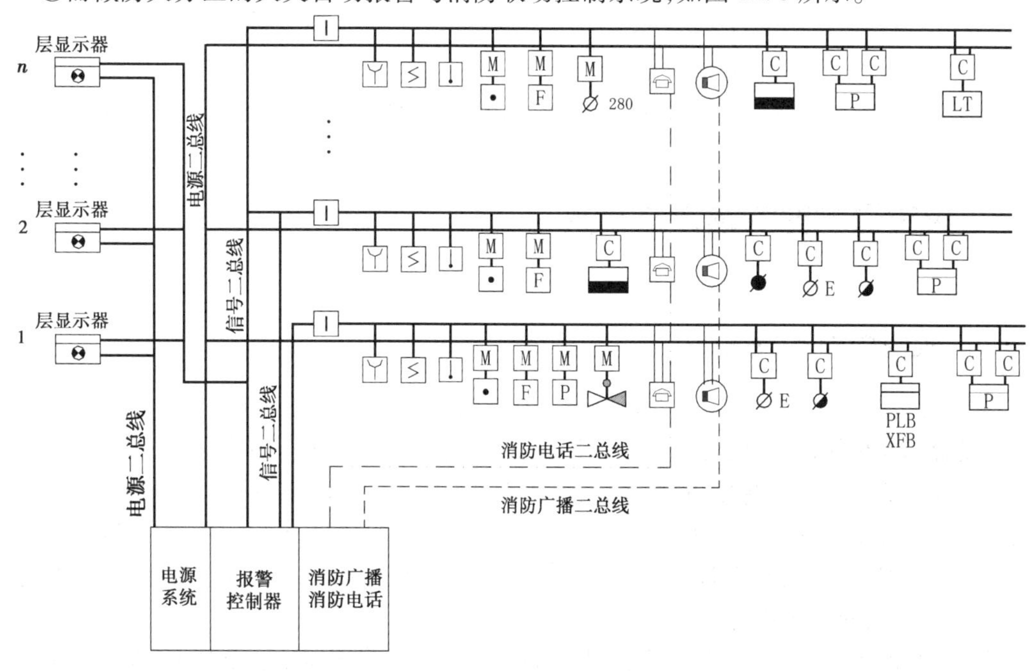

图12.6　需做防火分区的火灾自动报警与消防联动控制系统

(2)报警、联动分体化系统

报警、联动分体化系统中,火灾探测器通过报警回路总线接入火灾报警控制器,由火灾报警控制器管理;而各类监视与控制模块则通过联动总线接入专用消防控制器,由联动控制器进行管理。由于分别设置了控制器及总线回路,整个报警及联动系统的可靠性较高。但系统的造价也较高,设计较复杂,施工与布线较为困难。

可燃气体探测报警系统应独立组成,可燃气体探测器不应直接接入火灾报警控制器的报警总线。

分体化火灾自动报警与消防联动控制系统,如图 12.7 所示。

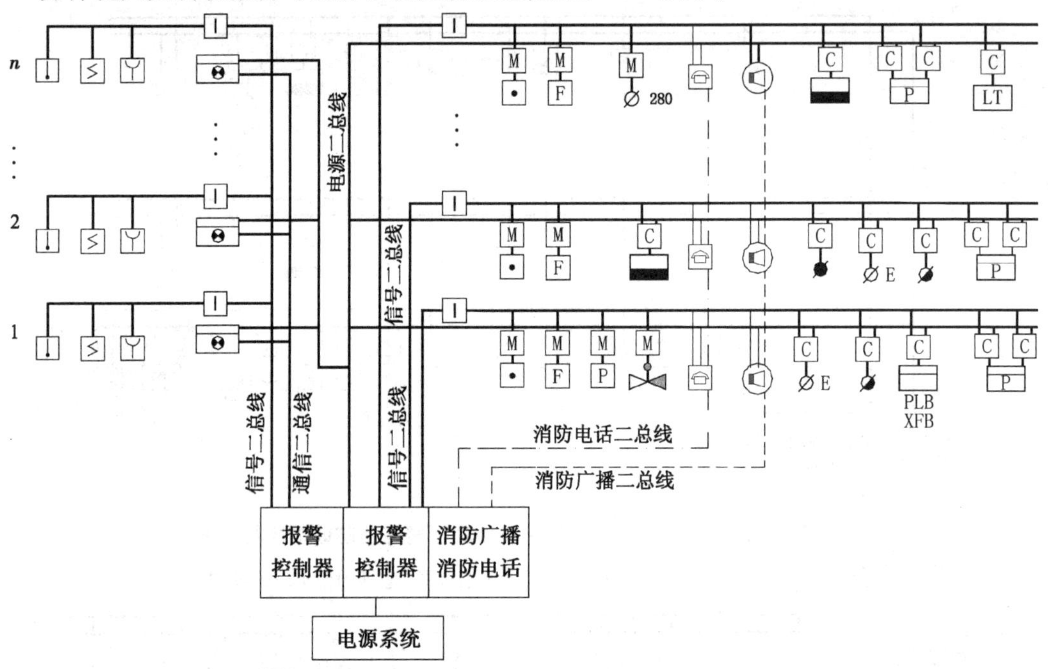

图 12.7　分体化火灾自动报警与消防联动控制系统

12.3　火灾探测器的选择与布置

12.3.1　火灾探测器的选择

感烟探测器用作前期报警、早期报警是非常有效的。离子感烟探测器和光电感烟探测器的适用场合基本相同,但使用时应注意它们有各不相同的特点:离子感烟型对人眼看不到的微小颗粒同样敏感,如人能嗅到的油漆味、烤焦味等都能引起探测器动作,甚至一些分子量大的气体分子也会使探测器发生动作,在风速过大的场合(如大于 5 m/s)将引起探测器工作不稳定甚至发生误动作;光电感烟型不具有离子感烟型的上述缺点,但在具有过强的红外光源的场合,可能会引起工作不稳定。

感温探测器用于火灾形成期(早期、中期)的报警,它工作稳定,不受非火灾性烟、雾、汽、尘等干扰。凡无法应用感烟探测器、非爆炸性的场所都可应用感温探测器。定温型允许温度有较大的变化,比较稳定,但火灾造成的损失较大;差温型适于火灾的早期报警,火灾造成的损失较小,但如果火灾温度升高过慢则无反应而漏报;差定温型具有差温型的优点而又比它可靠,所以最好选用差定温探测器。在自动探测—自动灭火的场合,可使用定温探测器,但必须采取可靠的措施。

感烟与感温探测器的组合,宜用于配电房、发电机房,大、中型计算机房,洁净厂房以及防火卷帘设置的部位等处。

火焰探测器适宜在放置易燃物品的房间、火灾时有强烈的火焰辐射、液体燃烧火灾等无阴燃阶段的火灾、需要对火焰做出快速反应的场所等处使用。

装有联动装置、自动灭火系统以及用单一种类探测器不能有效确认火灾的场所,宜采用感烟探测器、感温探测器、火焰探测器(相同或不同类型)的组合。

1)火灾探测器的选择原则

火灾探测器的选择应满足设置场所火灾初期特征参数的探测报警要求。(详见9.8.2节)

2)点型火灾探测器的选择

(1)对不同高度的房间

可按表12.1选择火灾探测器。

表12.1 对不同高度的房间点型火灾探测器的选择

房间高度 h/m	感烟探测器	感温探测器			火焰探测器
		一级62 ℃	二级70 ℃	三级78 ℃	
$12<h\leq 20$	不适合	不适合	不适合	不适合	适合
$8<h\leq 12$	适合	不适合	不适合	不适合	适合
$6<h\leq 8$	适合	适合	不适合	不适合	适合
$4<h\leq 6$	适合	适合	适合	不适合	适合
$h\leq 4$	适合	适合	适合	适合	适合

(2)宜选择点型感烟探测器的场所

①饭店、旅馆、教学楼、办公楼的厅堂、卧室、办公室、商场、列车载客车厢等;

②电子计算机房、通信机房、电影或电视放映室等;

③楼梯、走道、电梯机房、车库等;

④书库、档案库等。

感烟探测器的响应行为由其工作原理所决定。不同的烟粒径、烟的颜色和不同可燃物产生的烟对离子感烟探测器或光电感烟探测器的响应是不相同的。从理论上讲,离子感烟探测器对烟粒子尺寸无特殊限制,可以探测任何一种烟,只存在响应行为的数值差异。而光电感烟探测器对粒径小于0.4 μm的粒子的响应较差。

对于油毡、棉绳、山毛榉等引起的阴燃火,安装光电感烟探测器比离子感烟探测器更合适;而对于石蜡、乙醇、木材等引起的明火则反之。

(3)不宜选择点型离子感烟探测器的场所

①相对湿度经常大于95%;

②气流速度大于5 m/s;

③有大量粉尘、水雾滞留;

④可能产生腐蚀性气体;

⑤在正常情况下有烟滞留;

⑥产生醇类、醚类、酮类等有机物质。

(4)不宜选择点型光电感烟探测器的场所

①有大量积聚的粉尘、水雾滞留;

②可能产生蒸气和油雾;

③在高海拔地区;

④在正常情况下有烟滞留。

(5)宜选择点型感温探测器的场所

下列场所宜选择点型感温探测器,且应根据使用场所的典型应用温度和最高应用温度选择适当类别的感温探测器:

①相对湿度经常大于95%;

②可能发生无烟火灾;

③有大量粉尘;

④吸烟室等在正常情况下有烟或蒸汽滞留的场所;

⑤厨房、锅炉房、发电机房、烘干车间等不宜安装感烟探测器的场所;

⑥需要联动熄灭“安全出口”标志灯的安全出口内侧;

⑦其他无人滞留且不适合安装感烟探测器,但发生火灾时需要及时报警的场所。

(6)可能产生阴燃火或发生火灾不及时报警将造成重大损失的场所,不宜选择点型感温探测器;温度在0 ℃以下的场所,不宜选择定温探测器;温度变化较大的场所,不宜选择具有差温特性的探测器

(7)宜选择点型火焰探测器或图像型火焰探测器的场所

①火灾时有强烈的火焰辐射;

②可能发生液体燃烧等无阴燃阶段的火灾;

③需要对火焰做出快速反应。

(8)不宜选择点型火焰探测器和图像型火焰探测器的场所

①在火焰出现前有浓烟扩散;

②探测器的镜头易被污染;

③探测器的“视线”易被油雾、烟雾、水雾和冰雪遮挡;

④探测区域内的可燃物是金属和无机物;

⑤探测器易受阳光、白炽灯等光源直接或间接照射。

(9)探测区域内正常情况下有高温物体的场所,不宜选择单波段红外火焰探测器

(10)正常情况下有明火作业,探测器易受X射线、弧光和闪电等影响的场所,不宜选择紫外火焰探测器

(11)下列场所宜选择可燃气体探测器

①使用可燃气体的场所；

②燃气站和燃气表房以及储存液化石油气罐的场所；

③其他散发可燃气体和可燃蒸气的场所。

(12)在火灾初期产生一氧化碳的下列场所可选择点型一氧化碳探测器

①烟不容易对流或顶棚下方有热屏障的场所；

②在棚顶上无法安装其他点型火灾探测器的场所；

③需要多信号复合报警的场所。

(13)污物较多且必须安装感烟探测器的场所,应选择间断吸气的点型采样吸气式感烟探测器或具有过滤网和管路自清洗功能的管路采样吸气式感烟探测器

在装有联动装置或自动灭火系统用单一探测器不能有效确认火灾时,宜采用感烟、感温、火焰探测器(同类型或不同类型)的组合。

3)线型火灾探测器的选择

(1)无遮挡的大空间或有特殊要求的房间,宜选择线型光束感烟探测器

(2)不宜选择线型光束感烟探测器的场所

①有大量粉尘、水雾滞留；

②可能产生蒸气和油雾；

③在正常情况下有烟滞留；

④固定探测器的建筑结构由于振动等原因会产生较大位移的场所。

(3)宜选择缆式线型感温探测器的场所或部位

①电缆隧道、电缆竖井、电缆夹层、电缆桥架；

②不易安装点型探测器的夹层、闷顶；

③各种皮带输送装置；

④其他环境恶劣不适合点型探测器安装的场所。

(4)宜选择线型光纤感温探测器的场所或部位

①除液化石油气外的石油储罐；

②需要设置线型感温火灾探测器的易燃易爆场所；

③公路隧道、敷设动力电缆的铁路隧道和城市地铁隧道等；

④需要监测环境温度的地下空间等场所宜设置具有实时温度监测功能的线型光纤感温探测器。

(5)线型定温探测器的选择,应保证其不动作温度符合设置场所的最高环境温度的要求

12.3.2　火灾探测器和手动火灾报警按钮的设置

1)点型火灾探测器的设置数量和布置

①探测区域内的每个房间至少应设置 1 只火灾探测器。

②感烟、感温探测器的保护面积和保护半径,应按表 12.2 确定。

表 12.2　感烟、感温探测器的保护面积和保护半径

火灾探测器的种类	地面面积 S /m²	房间高度 h/m	一只探测器的保护面积 A 和保护半径 R					
			屋顶坡度 θ					
			θ≤15°		15°<θ≤30°		θ>30°	
			A/m²	R/m	A/m²	R/m	A/m²	R/m
感烟探测器	S≤80	h≤12	80	6.7	80	7.2	80	9.0
	S>80	6<h≤12	80	6.7	100	8.0	120	9.9
		h≤6	60	5.8	80	7.2	100	9.0
感温探测器	S≤30	h≤8	30	4.4	30	4.9	30	5.5
	S>30	h≤8	20	3.6	30	4.9	40	6.3

③感烟、感温探测器的安装间距，应根据探测器的保护面积和保护半径确定，且不应超过图 12.8 节中探测器安装间距极限曲线 D1～D11(含 D9′)所规定的范围。

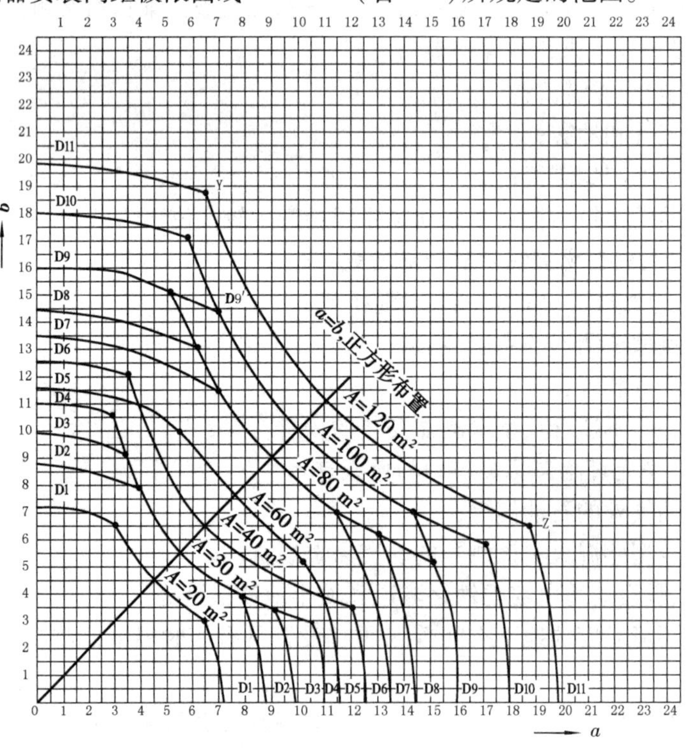

图 12.8　探测器安装间距极限曲线

注：A——探测器的保护面积，m²；a，b——探测器的安装间距，m；D1～D11(含 D9′)——在不同保护面积 A 和保护半径 R 下确定探测器安装间距 a，b 的极限曲线；Y，Z——极限曲线的端点(在 Y 和 Z 两点间的曲线范围内，保护面积可以得到充分利用)。

④单个感烟探测器、感温探测器的保护面积可参考表 12.2。一般民用建筑中，感温探测器单个的保护面积约为 20 m²。感烟探测器单个的保护面积约为 60 m²。1 个探测区域内所需设置的探测器数量，应按下式计算：

$$N \geqslant \frac{S}{KA}$$

式中 N——1 个探测区域内所需设置的探测器数量,只,N 应取整数;

S——1 个探测区域的面积,m^2;

A——探测器的保护面积,m^2;

K——修正系数,特级保护对象取 0.7 ~ 0.8,一级保护对象取 0.8 ~ 0.9,二级保护对象取 0.9 ~ 1.0。

探测器的保护面积一般由厂家提供。但在实际应用中由于各种因素的影响往往相差较大。其影响因素有下列几个方面:

a. 探测器的响应阈值越灵敏,保护空间越大。

b. 探测器的响应时间越快,保护空间越大。

c. 空间内发烟物质的发烟量越大,烟感探测器保护空间越大。

d. 燃烧性质不同时,阴燃比爆燃的保护空间大。

e. 建筑结构及通风情况。烟越易积累,且越容易到达探测器时,则保护空间越大;空间越高保护面积越小。如果出于通风原因及探测器布点位置不当,致烟无法积累或根本无法到达探测器时,则其保护空间几乎为 0。

f. 允许物质损失的程度。如允许损失较大,发烟时间较长甚至出现明火,烟可借火势迅速蔓延,则保护空间更大。

上述各种因素,有的可以预计其影响程度,有的无法考虑。因此,修正系数 K 作为综合考虑有关因素的影响。

⑤在有梁的顶棚上设置感烟探测器、感温探测器时,应满足下列规定:

a. 当梁突出顶棚的高度小于 200 mm,可不考虑梁对探测器保护面积的影响。

b. 当梁突出顶棚的高度在 200 ~ 600 mm 时,应按图 12.9,表 12.3 确定梁的影响和 1 只探测器能够保护的梁间区域的个数。

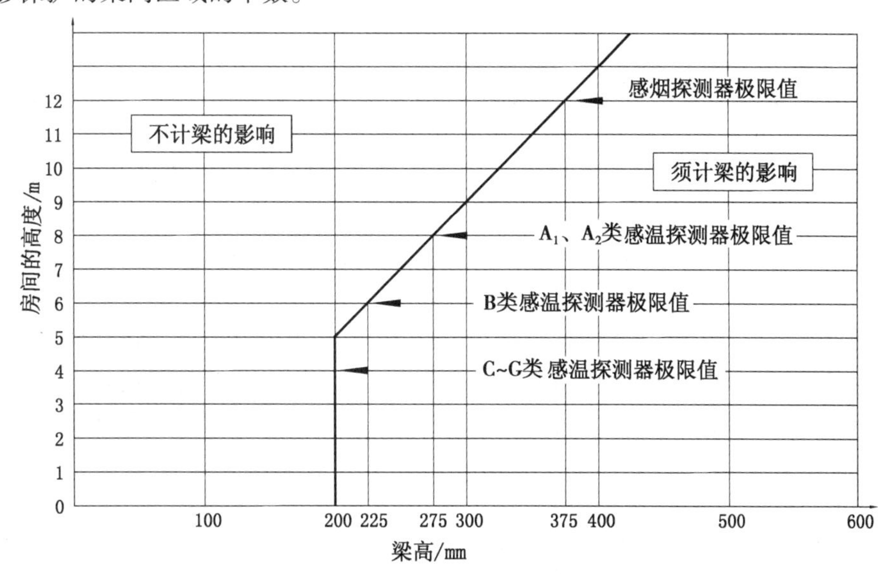

图 12.9 不同高度的房间梁对探测器设置的影响

表 12.3　按梁间区域面积确定 1 只探测器保护的梁间区域个数

探测器的保护面积 A/m^2		梁隔断的梁间区域面积 Q/m^2	1 只探测器保护的梁间区域的个数
感温探测器	20	$Q>12$	1
		$8<Q\leqslant 12$	2
		$6<Q\leqslant 8$	3
		$4<Q6$	4
		$Q\leqslant 4$	5
	30	$Q>18$	1
		$12<Q\leqslant 18$	2
		$9<Q\leqslant 12$	3
		$6<Q\leqslant 9$	4
		$Q\leqslant 6$	5
感烟探测器	60	$Q>36$	1
		$24<Q\leqslant 36$	2
		$18<Q\leqslant 24$	3
		$12<Q\leqslant 18$	4
		$Q\leqslant 12$	5
	80	$Q>48$	1
		$32<Q\leqslant 48$	2
		$24<Q\leqslant 32$	3
		$16<Q\leqslant 24$	4
		$Q\leqslant 16$	5

c. 当梁突出顶棚的高度超过 600 mm 时，被梁隔断的每个梁间区域应至少设置 1 只探测器。

d. 当被梁隔断的区域面积超过 1 只探测器的保护面积时，则应将被隔断的区域视为 1 个探测区域，并应按有关规定计算探测器的设置数量。

e. 当梁间净距小于 1 m 时，可不计梁对探测器保护面积的影响，即可将其视为平顶棚。

⑥在宽度小于 3 m 的内走道顶棚上设置探测器时，宜居中布置。感温探测器的安装间距不应超过 10 m；感烟探测器的安装间距不应超过 15 m；探测器至端墙的距离，不应大于探测器安装间距的 1/2。

⑦探测器至墙壁、梁边的水平距离，不应小于 0.5 m。

⑧探测器周围 0.5 m 内，不应有遮挡物。

⑨房间被书架、设备或隔断等分隔，其顶部至顶棚或梁的距离小于房间净高的 5% 时，则每个被隔开的部分应至少安装 1 只探测器。

⑩探测器至空调送风口边的水平距离不应小于1.5 m,至多孔送风顶棚孔口的水平距离不应小于0.5 m。

⑪当屋顶有热屏障时,感烟探测器下表面至顶棚或屋顶的距离,应符合表12.4的规定。

表12.4 感烟探测器下表面至顶棚(或屋顶)的距离

探测器的安装高度 h/m	感烟探测器下表面至顶棚或屋顶的距离 d/mm					
	顶棚或屋顶坡度 θ					
	$\theta \leqslant 15°$		$15° < \theta \leqslant 30°$		$\theta > 30°$	
	最小	最大	最小	最大	最小	最大
$h \leqslant 6$	30	200	200	300	300	500
$6 < h \leqslant 8$	70	250	250	400	400	600
$8 < h \leqslant 10$	100	300	300	500	500	700
$10 < h \leqslant 12$	150	350	350	600	600	800

⑫锯齿形屋顶和坡度大于15°的人字形屋顶,应在每个屋脊处设置一排探测器,探测器下表面距屋顶最高处的距离,应符合表12.4的规定。

⑬探测器宜水平安装,如必须倾斜安装时,倾斜角不应大于45°。

⑭在电梯井、升降机井设置探测器时,其位置宜在井道上方的机房顶棚上。

⑮下列场所可不设火灾探测器:

a.厕所、浴室等;

b.不能有效探测火灾的场所;

c.不便维修、使用(重点部位除外)的场所。

2)线型火灾探测器的设置

①红外光束感烟探测器的光束轴线至顶棚的垂直距离宜为0.3~1.0 m,距地高度不宜超过20 m。

②相邻两组红外光束感烟探测器的水平距离应不大于14 m。探测器至侧墙水平距离应不大于7 m,且不小于0.5 m。探测器的发射器和接收器之间水平距离不宜超过100 m。

③缆式线型定温探测器在电缆桥架或支架上设置时,宜采用接触式布置;在各种皮带运输装置上设置时,宜设置在装置的过热点附近。

④设置在顶棚下方的空气管式线型差温探测器至顶棚的垂直距离宜为0.1 m,相邻管路之间的水平距离不宜大于5 m。管路至侧墙水平距离宜为1~1.5 m。

3)手动火灾报警按钮的设置

手动报警按钮主要用于建筑物的走廊、楼梯、走道等人员易于抵达的场所。当人工确认火灾发生后,按下按钮上的有机玻璃片,可向控制器发出火灾报警信号。控制器接收到报警信号后,显示出报警按钮的编号或位置并发出声光报警。

手动报警按钮的设置应满足人员快速报警的要求,具体如下:

①每个防火分区或楼层应至少设置1个手动火灾报警按钮。从1个防火分区内的任何

位置到最邻近的手动火灾报警按钮的步行距离不应大于30 m 。手动火灾报警按钮宜设置在疏散通道或出入口处,如大厅、过厅、餐厅、多功能厅等主要公共活动场所的出入口,以及各楼层的电梯间、电梯前室、主要通道等。

②手动火灾报警按钮应设置在明显的和便于操作的部位。当安装在墙上时,其底边距地(楼)面高度宜为1.3~1.5 m 处,且应有明显的标志。

12.3.3 火灾探测器的安装与布线

探测区域是将报警区域按探测火灾部位划分的单元,就顶棚表面和顶棚内部而言,是被墙壁及高为规定高度(0.2 m 以上)的梁分隔的区域。

探测器的安装需考虑以下几点:

①探测器安装在梁的下部时,探测器的下端到顶棚面的距离,对感温探测器而言不应大于0.3 m,对感烟探测器而言应不大于0.6 m。

②探测器的设置位置距探测区域内的货物、设备的水平和垂直距离应大于0.5 m。

③探测器在顶板下安装时与墙壁或梁边的距离应不小于0.5 m。

④当通风管道的下表面距顶棚超过150 mm 时,则探测器与其侧面的水平距离不应小于0.5 m。

⑤在有空调的房间内,探测器的位置至空调送风口边的水平距离不应小于1.5 m,并宜接近回风口安装。

⑥在经常开窗的房间内,探测器宜靠近窗口些,以免轻微的烟流全部流出窗外而漏报火警。

⑦当建筑的室内净高小于2.5 m 或房间面积在30 m^2 以下且无侧面上送风的集中空调设备时,感烟探测器宜设在顶棚中央偏向房间出入口一侧。

⑧电梯井内应在井顶设置感烟探测器。当其机房有足够大的开口,且机房内已设置感烟探测器时,井顶可不设探测器。

⑨感烟、感温探测器一般通过探测器底座安装在建筑物上。当探测器线路为暗敷设时,探测器底座固定在接线盒的安装孔上;当探测器明敷设时,探测器底座直接固定在顶板上。

⑩探测器线路应采用不低于250 V 的铜芯绝缘导线。导线的允许载流量不应小于线路的负荷工作电流。其电压损失一般不应超过探测器额定工作电压的5%,当线路穿管敷设时,导线截面积不得小于1.00 mm^2。在线槽内敷设时导线截面积不得小于0.75 mm^2。采用多芯电缆时,芯线截面积不得小于0.5 mm^2。连接探测器的正负电源线、信号线、故障检查线等,宜选用不同颜色的绝缘导线,以便于识别。

⑪探测器线路宜穿入管内或线槽内敷设。暗敷设宜采用钢管,能起到电磁屏蔽作用;对于周围环境电磁干扰较小的场合,也可采用阻燃硬质塑料管敷设。明敷设时可采用封闭式金属线槽、铠装电缆或明敷钢管。管内穿线时,导线的总直径不应超过管径的2/3。

12.4 火灾警报和消防应急广播系统的联动控制设计

消防应急广播与火灾警报装置用来向火灾区域发出火灾警报,引导人员疏散到安全地区。

12.4.1 火灾警报装置

火灾自动报警系统应设置火灾声光警报器。

1)作用及控制

火灾警报装置是在火灾时能发出火灾音响及灯光的设备。它由电笛(或电铃)与闪光灯组成一体(也有只有音响而无灯光的)。音响的音调与一般音响有区别,通常是变调声(与消防车的音调类似)。火灾警报装置应在确认火灾后启动建筑内的所有火灾声光警报器。

未设置消防联动控制器的火灾自动报警系统,火灾声光警报器应由火灾报警控制器控制;设置消防联动控制器的火灾自动报警系统,火灾声光警报器应由火灾报警控制器或消防联动控制器控制。

2)设置要求

①公共场所宜设置具有同一种火灾变调声的火灾声警报器;具有多个报警区域的保护对象宜选用带有语音提示的火灾声警报器;学校、工厂等各类日常使用电铃的场所,不应使用警铃作为火灾声警报器。

②同一建筑内设置多个火灾声警报器时,火灾自动报警系统应能同时启动和停止所有火灾声警报器工作,火灾声警报器单次发出火灾警报时间宜为 8 ~ 20 s,同时设有消防应急广播时,火灾声警报应与消防应急广播交替循环播放。

③火灾光警报器应设置在每个楼层的楼梯口、消防电梯前室、建筑内部拐角等处的明显部位,且不宜与安全出口指示标志灯具设置在同一面墙上。

④每个报警区域内应均匀设置火灾警报器,其声压级不应小于60 dB;在环境噪声大于60 dB 的场所,其声压级应高于背景噪声 15 dB。

⑤当火灾警报器采用壁挂方式安装时,其底边距地面高度应大于2.2 m。

12.4.2 消防应急广播

集中报警系统和控制中心报警系统应设置消防应急广播。

1)作用及控制

消防应急广播主要用来通知人员疏散及发布灭火指令。消防应急广播系统的联动控制信号应由消防联动控制器发出。当确认火灾后,应同时向全楼进行广播。

2)消防应急广播扬声器的设置要求

①民用建筑内扬声器应设置在走道和大厅等公共场所,其数量应能保证从本楼层任何部位到最近一个扬声器的步行距离不超过 25 m,走道内最后一个扬声器至走道末端的距离应不超过 12.5 m。每个扬声器的额定功率不应小于 3 W。

②在环境噪声大于60 dB 的场所设置的扬声器(例如,设置在机房、文娱场所、车库或有背景噪声场所内的扬声器),在其播放范围内最远点的播放声压级应高于背景噪声 15 dB,按此来确定扬声器的额定功率。

③客房内设置专用扬声器时,其功率不宜小于1.0 W。

3)消防应急广播与建筑物内公共广播合用时的要求

①火灾时应能在消防控制室内将火灾疏散层的扬声器和公共扩音机广播强制转入消防应急广播状态。

②床头控制柜内设有服务性音乐广播扬声器时,应有消防应急广播功能。

③消防控制室应设置消防应急广播备用扩音机,其容量不应小于火灾时需同时广播的范围内消防应急广播扬声器最大容量总和的1.5倍。

④消防控制室应能监控用于消防应急广播时的扩音机的工作状态,并应具有遥控开启扩音机和采用传声器播音的功能。

⑤公共广播音响系统的设计应与消防报警系统的设计配合。

4)消防应急广播的控制方式

①独立的消防应急广播。这种系统配置专用的扩音机、分路控制盘、音频传输网络及扬声器,当发生火灾时由值班人员发出控制指令,接通扩音机电源并按消防程序启动相应楼层的火灾事故广播分路,系统方框原理图见图12.10。

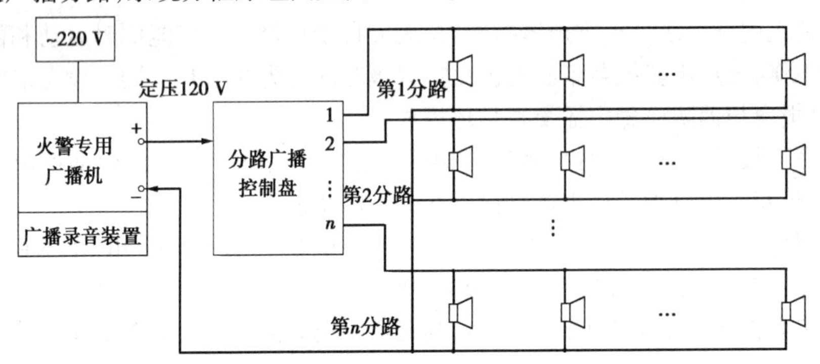

图12.10　独立的消防应急广播系统方框原理图

②消防应急广播与广播音响系统合用。在这种系统中,广播室内应设有一套消防应急广播专用的扩音机及分路控制盘,但音频传输网络及扬声器共用。火灾事故广播扩音机的开机及分路控制指令由消防控制中心输出,通过强拆器中的继电器切除广播音响而接通火灾事故广播,将火灾事故广播送入相应的分路,其分路应与消防报警分区相对应。

利用消防广播具有切换功能的联动模块,可将现场的扬声器接入消防控制器的总线,由正常广播和消防广播送来的音频广播信号,分别通过此联动模块的无源常闭触点和无源常开触点接在扬声器上。火灾发生时,联动模块根据消防控制室发出的信号,无源常闭触点打开,切除正常广播,无源常开触点闭合,接入消防广播,实现消防强切功能。如图12.11所示,1个广播区域可由1个联动模块控制。

对于一个楼层内的多个床头广播柜,可采用一个单输入—单输出模块配接一个大容量的切换模块来实现对现场大电流(直流)设备的控制,如图12.12所示。

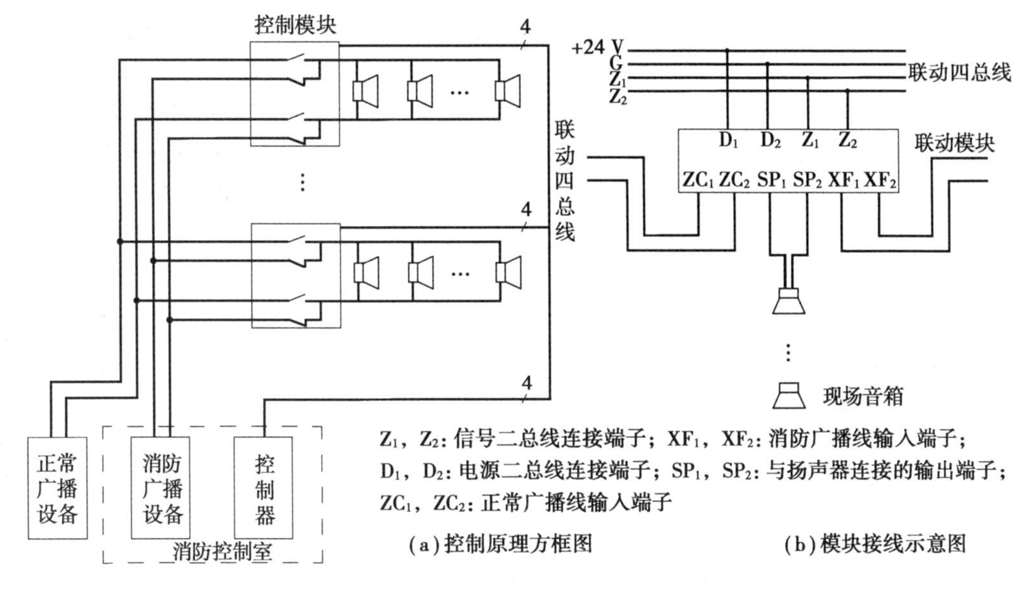

图 12.11　总线制消防应急广播系统示意图

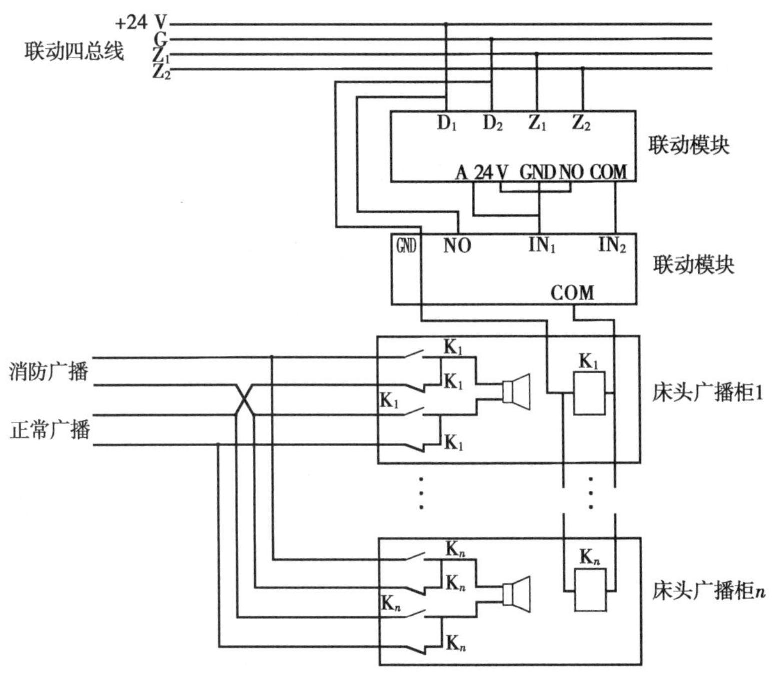

图 12.12　客房床头柜消防应急广播系统示意图

图中，大电流控制模块（DC24 V，10 A 或 AC220 V，15 A）向各床头柜内的中间继电器提供控制电源。床头柜内扬声器的消防广播和正常广播信号分别通过中间继电器 K_1（$\sim K_n$）的常开和常闭触点接在扬声器上，火灾发生时，消防控制室送来控制信号使继电器线圈得电，其常闭、常开触点状态翻转，从而实现消防广播和正常广播之间的切换。

③电缆电视-调频广播系统（CATV-FM）。该系统中，广播音响经调制器调制成射频信号输入到混合器中，与电视信号混合后，再输入到射频传输网络。终端为一带有分频器的双孔输出面板，射频信号经终端分频器分为电视（TV）及音响（FM）信号，由不同插孔输出，TV 信

号供给电视机,FM 信号进入解调器恢复音频信号经放大后供给扬声器。在这种系统中,火灾事故广播有两种配置方式:一种是设置独立的火灾事故广播系统,其原理与图 12.10 所示系统相同;一种是与 CATV-FM 系统合用扬声器,在 FM 解调器处加强拆器在音频侧进行强拆。终端 FM 解调器的输出可以是一只扬声器(如客房床头柜处),也可以是由一组扬声器组成的小型音频网络(如门厅、走廊等处)。扬声器设有开关或音量调节器的消防应急广播系统示意图,如图 12.13 所示。

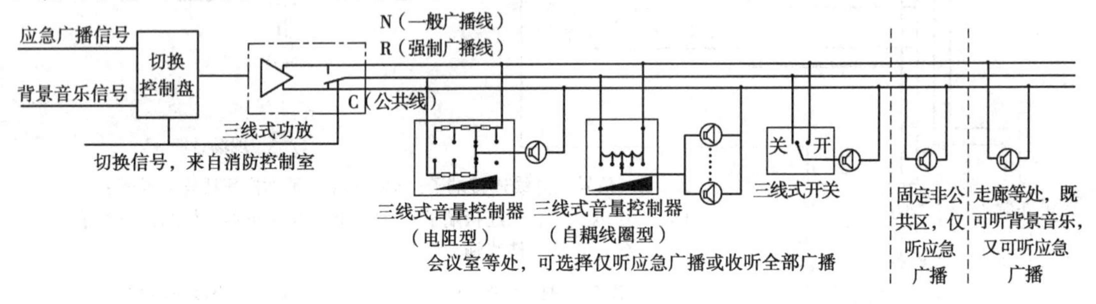

图 12.13　扬声器设有开关或音量调节器的消防应急广播系统示意图

12.5　火灾应急照明

消防应急照明和疏散指示系统是为建筑内人员疏散、发生火灾时仍需工作的场所提供照明和疏散指示的系统。

火灾应急照明是在发生火灾时,保证重要部位或房间能继续工作,保证人员安全及疏散通道上安全疏散所需最低照度的照明。

12.5.1　火灾应急照明的分类

火灾应急照明可分为以下三类。

①正常照明失效时,为继续工作(或暂时继续工作)而设的备用照明。

②为了使人员在火灾情况下,能从室内安全撤离至室外(或某一安全地区)而设置的疏散照明。

③正常照明突然中断时,为确保处于潜在危险的人员安全而设置的安全照明。

应急照明灯的工作方式可分为专用和混用两种。专用者平时不点燃,事故时强行启燃。混用者与正常工作照明一样,平时点燃作为工作照明的一部分。混用者往往装有照明开关,火灾事故发生后应能强行启燃。高层住宅的楼梯间照明兼作事故疏散照明,通常楼梯灯采用声光延时节能开关进行节能控制,需在事故时强行启燃。

12.5.2　火灾应急照明的设置部位及照度要求

1) 民用建筑火灾疏散照明的设置部位

除建筑高度小于 27 m 的住宅建筑外,民用建筑、厂房和丙类仓库的下列部位应设置疏散照明:

①封闭楼梯间、防烟楼梯间及其前室、消防电梯间的前室或合用前室、避难走道、避难层(间);

②观众厅、展览厅、多功能厅和建筑面积大于200 m^2 的营业厅、餐厅、演播室等人员密集的场所;

③建筑面积大于100 m^2 的地下或半地下公共活动场所;

④公共建筑内的疏散走道;

⑤人员密集的厂房内的生产场所及疏散走道。

2)民用建筑火灾备用照明的设置部位

①消防控制室、消防水泵房、自备发电机房、配电室、防排烟机房以及发生火灾时仍需正常工作的消防设备房应设置备用照明。

②通信机房、大中型电子计算机房、BAS 中央控制室等重要技术用房应设置备用照明。

3)民用建筑火灾备用照明的设置部位

凡在火灾时因正常电源突然中断将导致人员伤亡的潜在危险场所(如医院内的重要手术室、急救室等),应设安全照明。

4)火灾应急照明照度要求

建筑内疏散照明的地面最低水平照度应符合下列规定:

①疏散走道,不应低于1.0 lx;

②对于人员密集场所、避难层(间),不应低于 3.0 lx ;对于老年人照料设施、病房楼或手术部的避难间,不应低于10.0 lx;

③对于楼梯间、前室或合用前室、避难走道,不应低于5.0 lx;对于人员密集场所、老年人照料设施、病房楼或手术部内的楼梯间、前室或合用前室、避难走道,不应低于10.0 lx。

④消防控制室、消防水泵房、自备发电机房、配电室、防排烟机房以及发生火灾时仍需正常工作的消防设备房应设置备用照明,其作业面的最低照度不应低于正常照明的照度。

12.5.3 火灾应急照明的一般要求

火灾应急照明在正常电源断电后,应能在规定时间内自动启燃并达到所需最低的照度,此照度要求及延续时间见表12.5。疏散指示照明是在发生火灾时能指明疏散通道及出入口的位置和方向,便于有秩序地疏散的照明。因此,疏散照明除了在能由外来光线识别安全出入口和疏散方向,或防火对象在夜间、假日无人工作时之外,平时均处于燃亮状态。当采用自带蓄电池的应急照明灯时,平时应使电池处于充电状态。

除地面上设置的标志灯的面板可以采用厚度4 mm 及以上的钢化玻璃外,设置在距地面1 m 及以下的标志灯的面板或灯罩不应采用易碎材料或玻璃材质;在顶棚、疏散路径上方设置的灯具的面板或灯罩不应采用玻璃材质。

表12.5 备用照明及疏散照明的最少持续供电时间及最低照度规定

<table>
<tr><th rowspan="2">区域类别</th><th rowspan="2">场所举例</th><th colspan="2">最少持续供电时间/min</th><th colspan="2">照度/lx</th></tr>
<tr><th>备用照明</th><th>疏散照明</th><th>备用照明</th><th>疏散照明</th></tr>
<tr><td rowspan="6">平面疏散区域</td><td>建筑高度100 m及以上的住宅建筑疏散走道</td><td rowspan="2">—</td><td rowspan="2">≥90</td><td>—</td><td>≥1</td></tr>
<tr><td>建筑高度100 m及以上公共建筑的疏散走道</td><td>—</td><td>≥3</td></tr>
<tr><td>人员密集场所、老年人照料设施、病房楼或手术部内的前室或合用前室、避难间、避难走道</td><td rowspan="2">—</td><td rowspan="2">≥60</td><td>—</td><td>≥10</td></tr>
<tr><td>医疗建筑、10 000 m^2以上的公共建筑、20 000 m^2以上的地下及半地下公共建筑</td><td>—</td><td>≥3</td></tr>
<tr><td>建筑高度27 m及以上的住宅建筑疏散走道</td><td rowspan="2">—</td><td rowspan="2">≥30</td><td rowspan="2">—</td><td>≥1</td></tr>
<tr><td>除另有规定外，建筑高度100 m以下的公共建筑</td><td>≥3</td></tr>
<tr><td rowspan="2">竖向疏散区域</td><td>人员密集场所、老年人照料设施、病房楼或手术部内的疏散楼梯间</td><td>—</td><td rowspan="2">应满足以上3项要求</td><td>—</td><td>≥10</td></tr>
<tr><td>疏散楼梯</td><td>—</td><td>—</td><td>≥5</td></tr>
<tr><td>航空疏散场所</td><td>屋顶消防救护用直升机停机坪</td><td>≥90</td><td>—</td><td>正常照明照度50%</td><td>—</td></tr>
<tr><td>避难疏散区域</td><td>避难层</td><td rowspan="4">≥180或≥120</td><td>—</td><td>正常照明照度50%</td><td>—</td></tr>
<tr><td rowspan="3">消防工作区域</td><td>消防控制室、电话总机房</td><td>—</td><td>正常照明照度</td><td>—</td></tr>
<tr><td>配电室、发电站</td><td>—</td><td>正常照明照度</td><td>—</td></tr>
<tr><td>消防水泵房、防排烟风机房</td><td>—</td><td>正常照明照度</td><td>—</td></tr>
</table>

注：1. 当消防性能化有时间要求时，最少持续供电时间应满足消防性能化要求；

2. 120 min为建筑火灾延续时间为2 h的建筑物。

火灾状态下，灯具光源应急点亮、熄灭的响应时间应符合下列规定：

①高危险场所灯具应急点亮的响应时间不应大于0.25 s；

②其他场所灯具应急点亮的响应时间不应大于5 s;

③具有两种及以上疏散指示方案的场所,标志灯光源点亮、熄灭的响应时间不应大于5 s。

12.5.4 火灾应急照明对设计及安装的要求

1)消防应急照明和疏散指示系统设计的一般规定

①系统按消防应急灯具的控制方式可分为集中控制型系统和非集中控制型系统。

②系统类型的选择应根据建、构筑物的规模、使用性质及日常管理及维护难易程度等因素确定,并满足:

设置消防控制室的场所应选择集中控制型系统;

设置火灾自动报警系统,但未设置消防控制室的场所宜选择集中控制型系统;

其他场所可选择非集中控制型系统。

③系统设计应遵循系统架构简洁、控制简单的基本设计原则,包括灯具布置、系统配电、系统在非火灾状态下的控制设计、系统在火灾状态下的控制设计;集中控制型系统尚应包括应急照明控制器和系统通信线路的设计。

④系统设计前,应根据建、构筑物的结构形式和使用功能,以防火分区、楼层、隧道区间、地铁站台和站厅等为基本单元确定各水平疏散区域的疏散指示方案。疏散指示方案应包括确定各区域疏散路径、指示疏散方向的消防应急标志灯具(简称“方向标志灯”)的指示方向和指示疏散出口、安全出口消防应急标志灯具(简称“出口标志灯”)的工作状态,并满足:

具有一种疏散指示方案的区域,应按照最短路径疏散的原则确定该区域的疏散指示方案。

具有两种及以上疏散指示方案的区域应分别按最短路径疏散原则和避险原则确定相应的疏散指示方案。

⑤系统中的应急照明控制器、应急照明集中电源(以下简称“集中电源”)、应急照明配电箱和灯具应选择符合现行国家标准《消防应急照明和疏散指示系统技术标准》(GB 17945—2018)规定和有关市场准入制度的产品。

⑥住宅建筑中,当灯具采用自带蓄电池供电方式时,消防应急照明可以兼用日常照明。

2)对设计及安装的要求

①灯具在地面设置时,每个回路不超过64盏灯;灯具在墙壁或顶棚设置时,每个回路不宜超过25盏灯。

②消防应急疏散照明的蓄电池组在非点亮状态下,不得中断蓄电池的充电电源。疏散标志灯平时应处于点亮状态,疏散照明灯可工作在非点亮状态。

③消防应急疏散照明系统的配电线路应穿热镀锌金属管保护敷设在不燃烧体内,在吊顶内敷设的线路应采用耐火导线穿采取防火措施的金属导管保护。

④在机房或消防控制中心等场所设置的备用照明,当电源满足负荷分级要求时,不应采用蓄电池组供电。

⑤消防疏散照明灯及疏散指示标志灯设置应符合下列规定:

a. 消防应急(疏散)照明灯应设置在墙面或顶棚上,设置在顶棚上的疏散照明灯不应采用嵌入式安装方式。灯具选择、安装位置及灯具间距以满足地面水平最低照度为准;疏散走道、楼梯间的地面水平最低照度,按中心线对称 50% 的走廊宽度为准;大面积场所疏散走道的地面水平最低照度,按中心线对称疏散走道宽度均匀满足 50% 范围为准。

b. 疏散指示标志灯在顶棚安装时,不应采用嵌入式安装方式。安全出口标志灯,应安装在疏散口的内侧上方,底边距地不宜低于 2.0 m;疏散走道的疏散指示标志灯具,应在走道及转角处离地面 1.0 m 以下墙面上、柱上或地面上设置,采用顶装方式时,底边距地宜为 2.0 m~2.5 m。

设在墙面上、柱上的疏散指示标志灯具间距在直行段为垂直视觉时不应大于 20 m,侧向视觉时不应大于 10 m;对于袋形走道,不应大于 10m。

交叉通道及转角处宜在正对疏散走道的中心的垂直视觉范围内安装,在转角处安装时距角边不应大于 1 m。

c. 设在地面上的连续视觉疏散指示标志灯具之间的间距不宜大于 3 m。

d. 一个防火分区中,标志灯形成的疏散指示方向应满足最短距离疏散原则,标志灯设计形成的疏散途径不应出现循环转圈而找不到安全出口。

e. 装设在地面上的疏散标志灯,应防止被重物或受外力损坏,其防水、防尘性能应达到 IP67 的防护等级要求。地面标志灯不应采用内置蓄电池灯具。

f. 疏散照明灯的设置,不应影响正常通行,不得在其周围存放有容易混同以及遮挡疏散标志灯的其他标志牌等。

g. 疏散标志灯的设置位置示例,如图 12.14 所示。

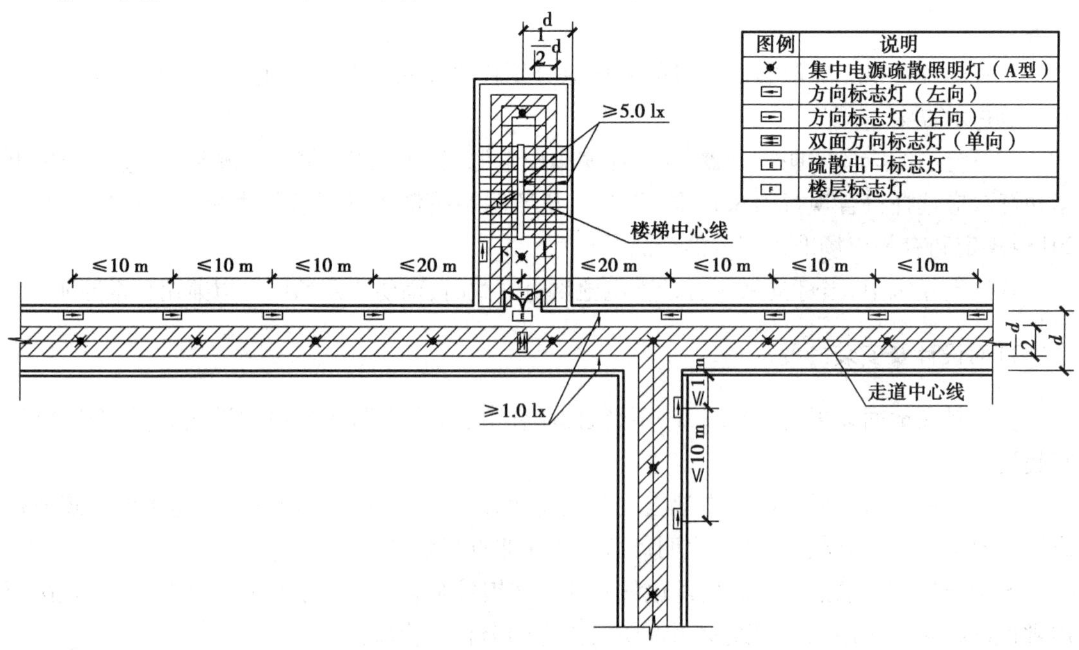

图 12.14　疏散标志灯设置原则示例

⑥下列建筑或场所应在疏散走道和主要疏散路径的地面上增设能保持视觉连续的灯光疏散指示标志或蓄光疏散指示标志：

a. 总建筑面积大于 8 000 m^2 的展览建筑；

b. 总建筑面积大于 5 000 m^2 的地上商店；

c. 总建筑面积大于 5 00 m^2 的地下或半地下商店；

d. 歌舞娱乐放映游艺场所；

e. 座位数超过 1 500 个的电影院、剧场，座位数超过 3 000 个的体育馆、会堂或礼堂；

f. 车站、码头建筑和民用机场航站楼中建筑面积大于 3 000 m^2 的候车、候船厅和航站楼的公共区。

⑦疏散照明平时应处于点亮状态，但下列情况可以例外：

a. 在假日、夜间定期无人工作或使用而仅由值班或警卫人员负责管理时；

b. 可由外来光线识别的安全出口和疏散方向时。

当采用带有蓄电池的应急照明灯时，一般应采用三线式配线（充电电源不经过电源断路器），以使蓄电池处于经常充电状态。

⑧安全出口标志灯宜安装在疏散门口的上方；在首层的疏散楼梯应安装于楼梯口的里侧上方。安全出口标志灯距地高度宜不低于 2 m。

⑨疏散照明位置的确定，还应满足能方便地在疏散路线中找到所有手动报警器、呼叫通信装置和灭火设备等设施。疏散照明的位置还应不妨碍通行，其附近不应出现易于混同或遮挡疏散指示灯的广告牌等。

12.5.5　消防应急照明和疏散指示系统的联动控制

消防应急照明和疏散指示系统按控制方式有三种类型：集中控制型、集中电源非集中控制型、自带电源非集中控制型。无论采用哪种形式，当确认火灾后，由发生火灾的报警区域开始，顺序启动全楼疏散通道的消防应急照明和疏散指示系统，系统全部投入应急状态的启动时间不应大于 5 s。

（1）集中控制型消防应急照明和疏散指示系统

集中控制型系统主要由应急照明集中控制器、双电源应急照明配电箱、消防应急灯具和配电线路等组成，消防应急灯具可为持续型或非持续型。其特点是所有消防应急灯具的工作状态都受应急照明集中控制器控制。发生火灾时，火灾报警控制器或消防联动控制器向应急照明集中控制器发出相关信号，应急照明集中控制器按照预设程序控制各消防应急、灯具的工作状态。

联动控制由火灾报警控制器或消防联动控制器实现，如图 12.15 所示。

（2）集中电源非集中控制型消防应急照明和疏散指示系统

集中电源非集中控制型系统主要由应急照明集中电源、应急照明分配电装置、消防应急灯具和配电线路等组成，消防应急灯具可为持续型或非持续型。发生火灾时，消防联动控制器联动控制集中电源和（或）应急照明分配电装置的工作状态，进而控制各路消防应急灯具的工作状态。

联动控制由消防联动控制器实现，如图 12.16 所示。

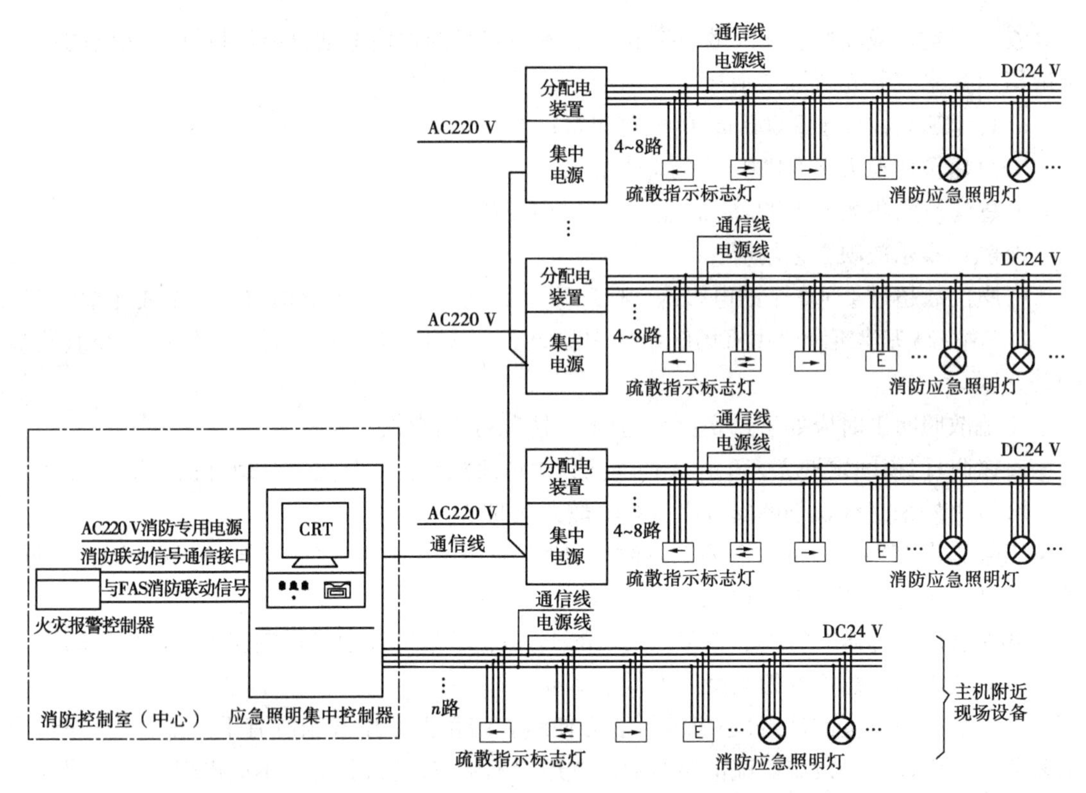

图12.15　集中控制型消防应急照明和疏散指示系统的联动控制

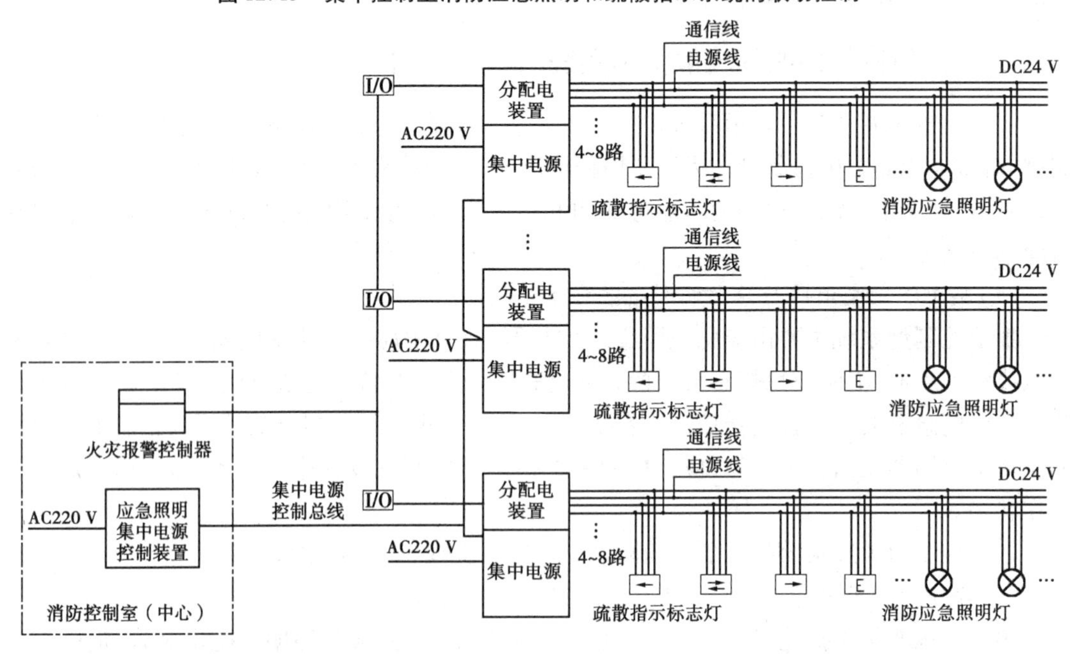

图12.16　集中电源非集中控制型消防应急照明和疏散指示系统的联动控制

(3)自带电源非集中控制型消防应急照明和疏散指示系统

自带电源非集中控制型系统主要由应急照明配电箱、消防应急灯具和配电线路等组成。发生火灾时，消防联动控制器联动控制应急照明配电箱的工作状态，进而控制各路消防应急灯具的工作状态。

联动控制由消防联动控制器联动消防应急照明配电箱实现,如图 12.17 所示。

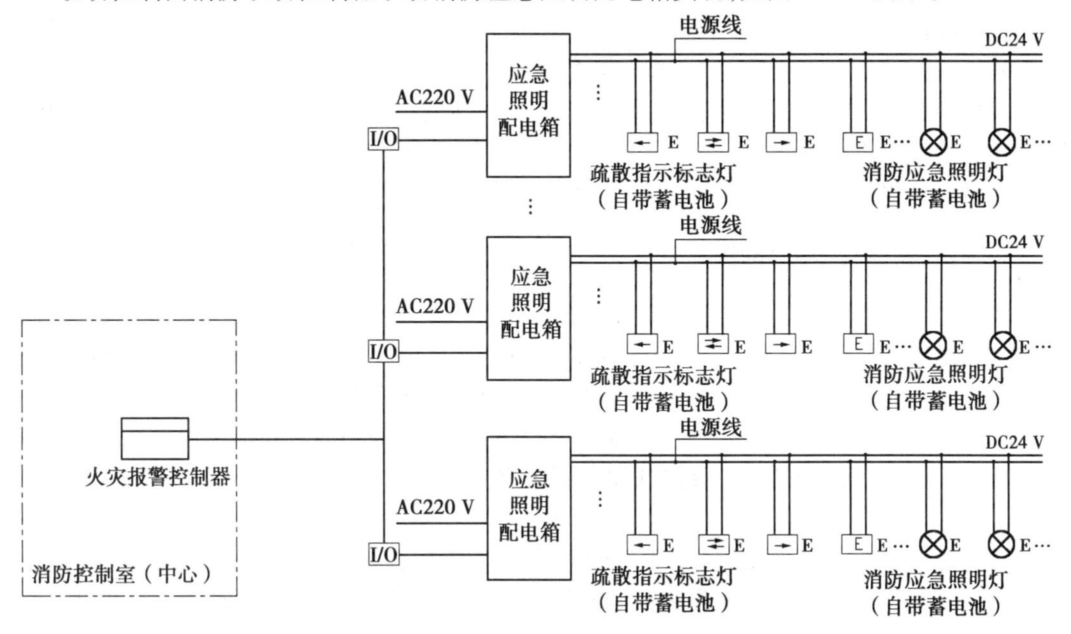

图 12.17　自带电源非集中控制型消防应急照明和疏散指示系统的联动控制

12.6　消防控制室

为了便于控制和管理,设有火灾自动报警和自动灭火或有消防联动控制设施的建筑物内应设消防控制室。具有 2 个及以上消防控制室的大型建筑群或超高层建筑应设置消防控制中心。仅有火灾报警系统而无消防联动控制功能时,可设消防值班室。消防值班室宜设在首层主要出入口附近,可与经常有人值班的部门合并设置。

12.6.1　消防控制室(中心)的位置选择及布置要求

1)消防控制室(中心)的位置选择

①消防控制室应设置在建筑物的首层(或地下一层),并应设置直接通往室外的安全出口。

②消防控制室的门应向疏散方向开启,且入口处应设置明显的标志,以使内部和外部的消防人员能够尽快找到。

③不应将消防控制室设于厕所、锅炉房、浴室、汽车库、变压器室等的隔壁和上、下层相对应的房间。

④有条件时宜与防灾监控、广播、通信设施等用房相邻近。

⑤应适当考虑长期值班人员房间的朝向。

⑥根据工程规模的大小,应适当考虑与消防控制室相配套的其他房间,诸如电源室、维修

室和值班休息室等。应保证有容纳消防控制设备和值班、操作、维修工作所需的空间。

⑦消防控制室内不应穿过与消防控制室无关的电气线路及其他管道,亦不可装设与其无关的其他设备。

⑧为保证设备的安全运行,室内应有适宜的温、湿度和清洁条件。根据建筑物的设计标准,可对应地采取独立的通风或空调系统。如果与邻近系统混用,则消防控制室的送、回风管在其穿墙处应设防火阀。

⑨消防控制室的土建要求,应符合国家有关建筑设计防火规范的规定。

2)消防控制室(中心)的布置要求

消防控制盘可与集中火灾报警器组合在一起。当集中火灾报警器与消防控制盘分开设置时,消防控制盘有控制柜式或控制屏台式,控制柜式显示部分在柜的上半部,操作部分在柜的下半部;控制屏台式的显示部分设于屏面上,而操作部分设于台面上。

①设备面盘前操作距离:单列布置时应不小于1.5 m,双列布置时应小于2 m,但在值班人员经常工作的一面,控制屏(台)到墙的距离应不小于3 m。

②盘后维修距离不宜小于1 m。

③设备控制盘的排列长度大于4 m时,控制盘两端应设置宽度不小于1 m的通道。

④集中报警控制器或火灾报警控制器安装在墙上时,其底边距地面高度宜为1.3~1.5 m。控制器靠近门轴的侧面距墙应不小于0.5 m,正面操作距离应不小于1.2 m。

消防控制室内设置的自动报警、消防联动控制、显示等不同电流类别的屏(台),宜分开设置。若在同屏(台)内布置时,应采取安全隔离措施或将不同用途的端子板分开设置。

3)消防控制室(中心)的设备显示要求

消防控制室内应有显示被保护建筑的重点部位、疏散通道及消防设备所在位置的平面图或模拟图以及报警、灭火、疏散等信号和操作指令反馈信号的显示盘等。一旦发生火情并经确认后,消防控制中心即按预定的消防程序发出相应的防灾、灭火、疏散的操作指令。上述指令的执行情况应由执行机构的反馈信号来显示。显示的方式是用信号灯。按信号灯的布置有窗口式及模拟式两种。其中模拟式比较直观,它实际上是整个建筑物各层消防设施的竖向模拟显示,使消防人员一目了然地了解火情发展趋势,有利于指挥灭火工作。

12.6.2 消防控制室(中心)的控制功能

1)消防控制室的作用

根据我国国情,按照《火灾自动报警系统设计规范》(GB 50116—2013)对消防控制室(中心)的控制及显示功能规定,消防控制室应具有接收火灾报警、发出火灾信号和安全疏散指令、控制各种消防联动控制设备及显示电源运行情况等功能。

2)消防控制室的设备组成

消防控制设备根据需要可由下列部分或全部控制装置组成:

①火灾报警控制器;

②自动灭火系统的控制装置;

③室内消火栓系统的控制装置；
④通风空调、防烟、排烟设备及电动防火阀的控制装置；
⑤常开电动防火门、防火卷帘的控制装置；
⑥电梯回降控制装置；
⑦火灾应急广播设备的控制装置；
⑧火灾警报装置的控制装置；
⑨火灾应急照明与疏散指示标志控制装置。

12.6.3 消防控制室(中心)的系统接地

消防控制室内火灾自动报警系统采用专用接地装置时，其接地电阻值应不大于4 Ω，采用共用接地装置时，接地电阻值应不大于1 Ω 。

火灾自动报警系统应设置专用的接地干线，并应在消防控制室设置专用接地板。为了提高可靠性和尽量减少接地电阻，专用接地干线从消防控制室专用接地板用线芯截面面积不小于25 mm^2 的铜芯绝缘导线穿硬质塑料管埋设至接地体。由消防控制室专用接地板引至各消防设备的专用接地线采用线芯截面积不小于4 mm^2 铜芯绝缘导线。

采用交流供电的消防电子设备的金属外壳和金属支架等应作保护接地，此接地线应与电气保护接地干线(PE线)可靠相连。

设计中采用共用接地装置时，应注意接地干线的引入段不能采用扁钢或裸铜排等，以避免接地干线与防雷接地、钢筋混凝土墙等直接接触，影响消防电子设备的接地效果。接地干线应从接地板引至建筑最底层地下室的钢筋混凝土柱基础作共用接地点，而不能从消防控制室上直接焊钢筋引出。

火灾自动报警系统接地装置示意图，如图12.18所示。

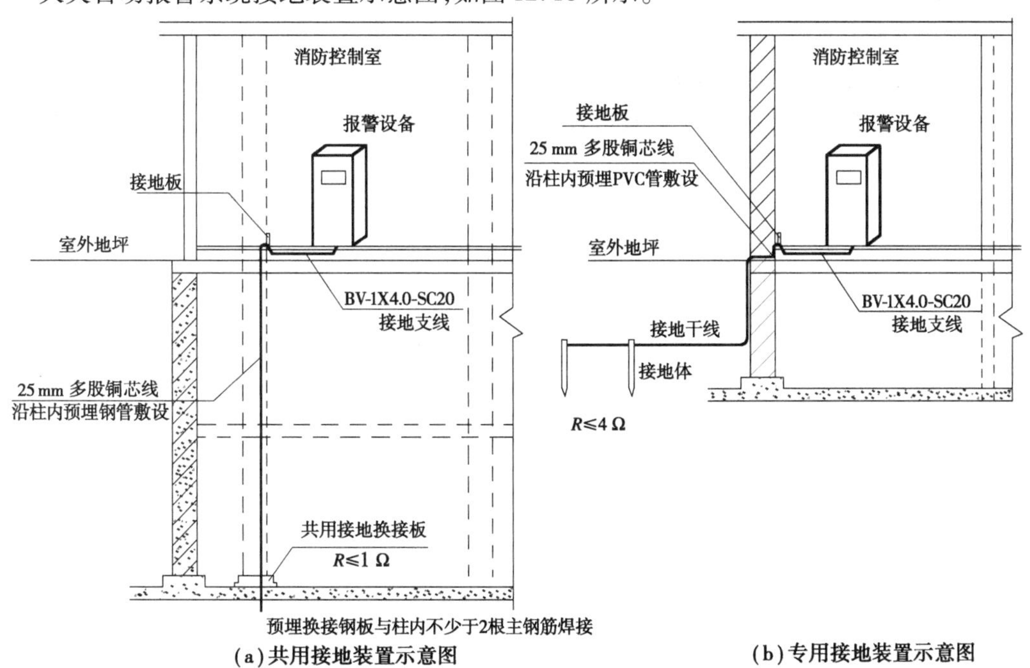

(a)共用接地装置示意图　　(b)专用接地装置示意图

图12.18　火灾自动报警系统接地装置示意图

12.7 消防专用电话

消防专用电话是与普通电话分开的独立系统,用于消防控制室与火灾报警器设置点及消防设备机房等处之间的紧急通话。消防专用电话通常采用集中式对讲电话,电话总机设在消防控制室,分机设在其他各部位。较大型的火灾自动报警系统,在建筑各层的关键部位及机房等处设有与消防控制室联系的消防专用电话插孔,巡视人员自带的话机可随时插入插孔进行紧急通话。

设计时应注意以下几个方面:

①消防专用电话网络应为独立的消防通信系统,不能利用一般电话线路或综合布线网络代替消防专用电话线路。

②消防控制室应设置消防专用电话总机,且宜选用共电式电话总机或对讲通信电话设施。即消防专用电话总机与电话分机之间或总机与电话塞孔之间的呼叫方式应该是直通的,中间不应有交换或转接程序。

③消防控制室或集中报警控制器室应装设城市 119 专用火警电话用户线。

④建筑物内消防水泵房、配变电室、备用发电机房、主要通风和空调机房、排烟机房、消防电梯机房及其他与消防联动控制有关的且经常有人值班的机房、灭火控制系统操作装置处或控制室、消防值班室、企业消防站、总调度室等处均应装设消防专用电话分机。

⑤设有手动火灾报警按钮、消火栓按钮等处宜设置电话塞孔。电话塞孔在墙上安装时,其底边距地面高度为 1.3～1.5 m。

⑥特级保护对象的各避难层应每隔 20 m 设置一个消防专用电话分机或电话塞孔。

⑦消防专用电话布线不应与其他线路同管或同线槽布线。

⑧报警器之间的线路应采用钢管敷设,暗敷时应埋入非燃烧体内并具有保护层,明敷时在金属管上应涂防火涂料。

思考题

12.1　选择填空

①火灾报警及其消防控制位置的设置(　　)。

A. 都必须集中于消防控制室

B. 报警装置和联动控制装置应分散安装在不同的位置

C. 因建筑物的使用性质和功能不同,可以在其他房间分散设置

D. 各种消防设备的信号不一定都反馈到控制室

E. 各种操作信号都应反馈到消防控制室

②消防控制室是(　　)。

A. 设有火灾自动报警控制系统和消防联动控制设备的专门处所

B. 设计人员认为有必要设置才设计的

C. 消防控制系统的监测、控制中心

D. 可 24 小时监测各种消防设备的工作状态的场所

E. 控制室工作人员值班的场所

③由消防控制室接地板引至各消防电子设备的专用接地线应选用铜芯绝缘导线,其芯线截面面积不应小于(　　)mm^2。

A. 1　　B. 2　　C. 3　　D. 4

④任一台火灾报警控制器所连接的火灾探测器、手动火灾报警按钮和模块等设备总数和地址总数,均不应超过(　　)点,其中每一总线回路连接设备的总数不宜超过(　　)点,且应留有不少于额定容量 10% 的余量。

A. 1 000,100　　B. 1 600,100　　C. 3 200,200　　D. 5 000,300

⑤集中报警系统和控制中心报警系统中均应设置 2 台及其以上的区域火灾报警控制器。关于区域火灾报警控制器,设置正确的是(　　)。

A. 一般每个报警区域设置一台区域火灾报警控制器或区域显示器

B. 报警区域不得跨越楼层

C. 除高层公寓和塔楼住宅外,报警区域不得跨越楼层

D. 高层建筑中,分层设置区域火灾报警控制器或区域显示器

E. 通常,住宅塔楼部分可共同设 1 台区域火灾报警控制器或区域显示器

⑥任一台消防联动控制器地址总数或火灾报警控制器(联动型)所控制的各类模块总数不应超过(　　)点,每一联动总线回路连接设备的总数不宜超过(　　)点,且应留有不少于额定容量 10% 的余量。

A. 1 000,100　　B. 1 600,100　　C. 3 200,200　　D. 5 000,300

⑦除建筑高度小于 27 m 的住宅建筑外,民用建筑、厂房和丙类仓库的(　　)部位应设置疏散照明。

A. 封闭楼梯间、防烟楼梯间及其前室、消防电梯间的前室或合用前室、避难走道、避难层

(间)

B. 观众厅、展览厅、多功能厅和建筑面积大于 200 m^2 的营业厅、餐厅、演播室等人员密集的场所

C. 建筑面积大于 100 m 的地下或半地下公共活动场所

D. 公共建筑内的疏散走道

E. 人员密集的厂房内的生产场所及疏散走道

⑧消防电话的设置应满足(　　)。

A. 消防专用电话网络应为独立的消防通信系统

B. 消防电话可以利用综合布线网络

C. 消防控制室应设置消防专用电话总机,且宜选用共电式电话总机或对讲通信电话设施

D. 消防专用电话总机与电话分机之间或总机与电话塞孔之间的呼叫方式应该是直通的,中间不应有交换或转接程序

12.2　对消防控制室(中心)的位置选择有哪些要求?对消防报警及联动控制系统接地有何具体要求?当采用共用接地系统时,消防系统接地干线应从何处引出?能否由消防控制室内结构柱内钢筋就近引出,为什么?

12.3　火灾自动报警系统的布线施工应符合哪些规定?

12.4　高层建筑中,哪些部位应设置火灾应急照明和疏散指示标志?

参考文献

[1] 中华人民共和国住房和城乡建设部,国家市场管理监督总局. 消防设施通用规范: GB 55036—2022[S]. 北京: 中国计划出版社,2022.

[2] 中华人民共和国住房和城乡建设部,中华人民共和国国家质量监督检验检疫总局. GB 50016—2014 建筑设计防火规范 [S]. 2018 年版. 北京:中国计划出版社,2018.

[3] 中华人民共和国住房和城乡建设部,中华人民共和国国家质量监督检验检疫总局. GB 50084—2017 自动喷水灭火系统设计规范[S]. 北京:中国计划出版社,2017.

[4] 中华人民共和国住房和城乡建设部,中华人民共和国国家质量监督检验检疫总局. 二氧化碳灭火系统设计规范: GB/T 50193—1993 [S]. 2010 年版. 北京: 中国计划出版社,2010.

[5] 中华人民共和国住房和城乡建设部,中华人民共和国国家质量监督检验检疫总局. 气体灭火系统设计规范: GB 50370—2005[S]. 北京: 中国计划出版社,2006.

[6] 中华人民共和国住房和城乡建设部,中华人民共和国国家质量监督检验检疫总局. 消防给水及消火栓系统技术规范: GB 50974—2014[S]. 北京:中国计划出版社,2014.

[7] 中华人民共和国住房和城乡建设部,中华人民共和国国家质量监督检验检疫总. 建筑防烟排烟系统技术标准: GB 51251—2017[S]. 北京:中国计划出版社,2017.

[8] 中华人民共和国住房和城乡建设部,中华人民共和国国家质量监督检验检疫总局. 汽车库、修车库、停车场设计防火规范: GB 50067—2014[S]. 北京:中国计划出版社,2014.

[9] 中华人民共和国住房和城乡建设部,中华人民共和国国家质量监督检验检疫总局. 供配电系统设计规范: GB 50052—2009[S]. 北京:中国计划出版社,2009.

[10] 中华人民共和国住房和城乡建设部,中华人民共和国国家质量监督检验检疫总局. 低压配电设计规范: GB 50054—2011[S]. 北京:中国计划出版社,2011.

[11] 中华人民共和国住房和城乡建设部,中华人民共和国国家质量监督检验检疫总局. 火灾自动报警系统设计规范: GB 50116—2013[S]. 北京:中国计划出版社,2013.

[12] 中华人民共和国住房和城乡建设部. 民用建筑电气设计标准: GB 51348—2019[S]. 北京:中国建筑工业出版社,2019.

[13] 中华人民共和国住房和城乡建设部,国家市场管理监督总局. 消防应急照明和疏散指示

系统技术标准:GB 51309—2018[S].北京:中国计划出版社,2018.
[14] 中国建筑标准设计研究院.《建筑设计防火规范》图示:18J811-1[M].北京:中国计划出版社,2018.
[15] 中国建筑标准设计研究院.应急照明设计与安装:19D702-7[M].北京:中国计划出版社,2019.
[16] 中国建筑标准设计研究院.常用水泵控制电路图:16D303-3[M].北京:中国计划出版社,2016.
[17] 中国建筑标准设计研究院.常用风机控制电路图:16D303-2[M].北京:中国计划出版社,2016.
[18] 中国建筑标准设计研究院.《火灾自动报警系统设计规范》图示:14X505-1[M].北京:中国计划出版社,2014.
[19] 龙莉莉,肖铁岩.建筑电气控制培训读本[M].北京:机械工业出版社,2007.
[20] 实用消防手册编写组.实用消防手册[M].北京:中国建筑工业出版社,1992.
[21] 姜文源.建筑灭火设计手册[M].北京:中国建筑工业出版社,1997.
[22] 李天荣,袁丹,张斌.建筑小区工程管线综合工作探讨[J].重庆建筑大学学报,1999,21(6):24-26.
[23] 李天荣,朱跃强,周忠民.高层建筑常高压自动喷水灭火系统设计探讨[J].给水排水,1999,25(8):58-59.
[24] 谢德隆,东靖飞,庄楚雄,等.七氟丙烷(HFC-227ea)灭火系统[J].消防科学与技术,1999,18(4):51-54.